第二届中国海油开发开采青年技术交流会论文集

景凤江　主编

中国石化出版社

图书在版编目(CIP)数据

第二届中国海油开发开采青年技术交流会论文集/景凤江主编.
—北京:中国石化出版社,2017.3
ISBN 978-7-5114-4012-9

Ⅰ.①第… Ⅱ.①景… Ⅲ.①海上石油开采 - 中国 - 文集
Ⅳ.①TE53 - 53

中国版本图书馆 CIP 数据核字(2017)第 037700 号

中国石化出版社出版发行

地址:北京市朝阳区吉市口路 9 号
邮编:100020   电话:(010)59964500
发行部电话:(010)59964526
http://www.sinopec-press.com
E-mail:press@sinopec.com
北京科信印刷有限公司印刷
全国各地新华书店经销

*

787×1092 毫米 16 开本 26 印张 624 千字
2017 年 9 月第 1 版   2017 年 9 月第 1 次印刷
定价:98.00 元

《第二届中国海油开发开采
青年技术交流会论文集》

编 委 会

前　言

　　中国海油 2010 年国内海上油气产量突破 5000 万吨，2015 年达到 6000 万吨，成为我国油气产量增长最快的区域之一。

　　2015 年国际油价呈断崖式下跌，至今仍处于低迷状态，使得中国海油"保增长"任务更为艰难，油气生产经营形势格外严峻。随着公司发展，技术人员大幅增长，目前在开发生产领域中 35 岁以下青年技术人员占 70%，为进一步调动青年技术人员的工作热情和创造性，通过苦练内功、科技创新，提升公司开发与开采专业整体的研究水平，为实现油气田经济高效开发打下基础，在中国海洋石油总公司科技发展部的大力支持下，中国海洋石油有限公司开发生产部于 2016 年 11 月组织了"中国海油第二届开发与开采专业青年技术交流会"。本次交流会共收到论文 104 篇，以提高经济采收率为目标，以解决油气田开发生产中存在的问题为导向，涵盖了油气田挖潜技术、生产动态分析管理、储层和剩余油分布预测、产能评价、稠油热采、采油采气工艺、注水工艺等方面的专业性技术成果和典型应用案例，经过专家优选录用 53 篇论文汇集成册。

　　汇集出版本论文集是为相关专业技术人员提供一个交流展示的平台，鼓舞广大青年技术人员在油气田开发中不断开拓创新，更好的发挥科技驱动在降本增效中的价值。

　　限于编者水平，汇集中的论文在方法、认识上可能存在偏颇，敬请广大读者批评指正！

目　录

东方 1 –1 气田莺歌海组重力流沉积模式研究 ……………………………………（ 1 ）

注采井间动态连通性表征方法研究 …………………………………………………（ 10 ）

渤中 34 –1 油田持续稳产关键技术创新与实践 ……………………………………（ 19 ）

海上大井距条件下复合曲流带砂体构型解剖研究 …………………………………（ 25 ）

高含水期老油田低渗难采储层挖潜策略及提高采收率实践

　　——以 A 油田 α 层为例 …………………………………………………………（ 34 ）

老油田增油降水中的几项定量预测 …………………………………………………（ 41 ）

低渗气藏高温高压渗流机理表征技术 ………………………………………………（ 54 ）

潜山裂缝油藏挖潜策略研究与实践 …………………………………………………（ 67 ）

沉积模式约束的古近系储层描述技术

　　——以渤海湾石臼坨地区 A 油田沙一二段油藏为例 …………………………（ 73 ）

WZA 低阻油藏开发早期含水规律探讨 ……………………………………………（ 82 ）

源 – 坡 – 浪主控的海上油田中深层储层预测技术 ………………………………（ 88 ）

辫状河复合砂体期次划分方法研究及应用 …………………………………………（ 96 ）

自流注水开发油藏定量评价筛选方法 ………………………………………………（106 ）

基于小波神经网络的储层产能预测 …………………………………………………（112 ）

海上高含水油田群动态表征及液量优化研究 ………………………………………（120 ）

强底水油藏水平井控堵水技术研究与实践 …………………………………………（127 ）

南海西部高温高压气井异常产能校正方法 …………………………………………（139 ）

带油环凝析气藏开发技术对策探索与应用 …………………………………………（144 ）

水驱砂岩油藏微观渗流机理研究新突破及应用 ……………………………………（149 ）

水驱油藏相渗动态变化规律定量表征 ………………………………………………（156 ）

3.5D 地震综合解释技术及其应用研究 ……………………………………………（162 ）

一种预测河流相砂体剩余油厚度的新方法 …………………………………………（169 ）

不同油水黏度比条件下的水驱曲线计算新方法 ……………………………………（176 ）

海上复杂断块油田一体化增储上产研究与实践
　——以涠西南凹陷为例…………………………………………………（181）

西湖凹陷低渗储层水的赋存状态及出水特征研究…………………………（188）

利用广适水驱曲线计算相对渗透率曲线的方法及应用……………………（195）

高温、超低压气井不压井修井工艺研究与应用……………………………（201）

海上油田注入水与地层水配伍性程度评价方法……………………………（207）

海上油田纳（微）米微球调驱技术应用研究 ………………………………（219）

海上热采井下安全控制工具研制与试验……………………………………（225）

一种新型有机解堵剂的研发与矿场试验……………………………………（233）

水驱稠油油田复合聚合物凝胶与微界面强化分散体系组合技术研究……（237）

海上油田完井工具系列化研究新进展及发展趋势…………………………（252）

海上含蜡油田井筒结蜡剖面预测分析………………………………………（256）

海上油田注水井单步法在线酸化技术………………………………………（263）

可反洗测调一体分层注水工艺应用研究……………………………………（270）

海上油田砂岩储层新型自转向酸化技术……………………………………（275）

地层挤注缓释防垢技术在南海西部油田中的应用…………………………（282）

低渗储层水侵伤害防治技术研究与应用……………………………………（290）

海上油气田气举工具的优化设计及试验研究………………………………（296）

络合酸体系研究与现场应用…………………………………………………（301）

海上油田非均相在线调驱技术研究与应用…………………………………（307）

电泵机组及异型附件落井处理技术研究……………………………………（315）

低浓度胍胶压裂液体系在临兴－神府致密砂岩气水平井压裂中的应用…（324）

"一投三分"在大斜度注水井分层配注中的创新应用……………………（331）

基于等级加权法的海上机械采油方式优选方法……………………………（336）

弯曲与热耦合作用下热采井极限井底温度确定……………………………（344）

海上稠油多元热流体注采一体化关键技术研究……………………………（352）

渤海油田注水井高效智能测调技术研究与应用……………………………（362）

渤海油田锦州9－3油田聚驱受效井过筛管压裂解堵增产新技术研究……（370）

海上油田注水水质指标建立及优化技术……………………………………（384）

层内生成 CO_2 调驱技术研究及在蓬莱油田的应用 ………………………（393）

渤海油田电控分采技术的研制与实验………………………………………（401）

东方1-1气田莺歌海组重力流沉积模式研究

王庆帅 雷霄 张辉 岳绍飞 陈晓武 李佳

［中海石油(中国)有限公司湛江分公司］

摘 要 前人对莺歌海盆地东方1-1气田莺歌海组的物源供给以及沉积模式一直存在争议，笔者结合区域母岩特征、重矿组合、含砂率及地震反射特征对东方1-1气田的物源进行分析，认为东方1-1气田浅层莺歌海组沉积时期受越南及海南岛双重物源的影响，且以越南物源为主；利用岩心沉积构造、粒度分析、地震反射特征及地震属性资料对沉积模式进行研究，认为东方1-1气田浅层储层为以重力流形式搬运越过沉积坡折后卸载形成的，是受牵引流改造后的席状浊积岩沉积；另外结合本区域独特的盆地演化模式、基底形态，提出具有莺歌海盆地特色的"沉积坡折"背景下的"环形"低位体系域沉积。在全新的沉积模式基础上，根据沉积微相、地震相与开发动态特征的对应关系，进行了储层分类识别，成功解决了气田开发中一直以来存在的压力、动储量、储层分布无规律可循等难题，为东方1-1气田的高效开发提供了可靠的技术保障。

关键词 东方1-1气田 莺歌海组 重力流 低位扇 斜坡扇

1 概述

东方1-1气田是我国海上最大的自营天然气田，自1992年发现以来已有二十多年的历史，许多油气地质工作者对该气田进行了系统的构造、沉积、层序研究。由于该气田所处盆地构造演化复杂，区域井点资料有限，对于该气田莺歌海组的物源供给方向以及沉积模式一直存在争议。

近年来随着开发实践的进行，该气田表现出越来越多的复杂、异常情况，如压力、CO_2、气水分布无规律，砂体互相切割叠置、动用关系复杂。研究人员逐渐意识到之前认为的沉积环境、搬运机理及水动力条件可能存在一定的误区，因此在最新的勘探开发资料的指导下，利用最新取得的钻井、地震等资料重新确定东方1-1气田莺歌海组储层的形成机制就显得极为重要。

本次研究跳出了气田，从盆地尺度入手，通过综合分析源区岩石类型、盆地构造演化、并结合具有本地特色的层序地层学理论，提出了"莺歌海组为以莺西物源为主、越过沉积坡折后的席状浊积岩"这种全新的沉积模式，较为合理的解答了开发历程中所揭示出的矛盾所在。

2 东方1-1气田浅层储层形成机制分析

2.1 地质背景

东方1-1气田位于南海北部莺歌海海域，海南省莺歌海镇正西方约100km处，区域构造位置位于莺歌海盆地中央泥底辟构造带。气田区水深为64~70m。东方1-1气田在浅层莺歌海组有工业性发现，目前浅层已证实的气藏大多已投入开发生产。东方1-1构造是在泥底辟发育背景下形成的穹隆背斜构造。整体上构造具有较好的继承性，上下各层构造高点重合，构造中心部位即为泥底辟。构造近南北走向，东陡西缓，埋藏较浅(图1)。

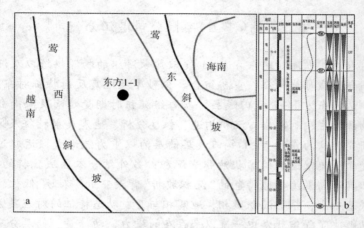

图1 莺歌海盆地地质背景图

（a—东方1-1气田地理及区域构造位置；b—东方1-1气田莺歌海组层序模式）

东方1-1气田目前在生产的浅层气藏，属新近系莺歌海组二段地层，将莺二段的含气层段自上而下划分为Ⅰ、Ⅱ上、Ⅱ下、Ⅲ上、Ⅲ下、Ⅳ共6个气组。气田目前开发的是Ⅰ、Ⅱ上、Ⅱ下、Ⅲ上气组，地震剖面上主要介于T27—T28之间。莺二段各气组储层岩石类型以石英砂岩为主，主要岩性为极细砂岩和粉砂岩，岩石的成分成熟度较高，砂岩分选中等—好。储层物性具有中高孔、中低渗的特点。

2.2 研究方法

2.2.1 物源认识的转变

1）区域资料、母岩及重矿组合分析

莺歌海盆地现今的周缘水系显示莺歌海盆地西部受红河、马江、蓝江等众多水系的影响，东部则主要为海南岛方向水系影响。盆地周源母岩特征在越南北部的红河、马江流域母岩以高级变质岩为主，在越南东部的蓝江流域母岩以灰岩、碎屑岩及岩浆岩为主，而在海南岛出露母岩以酸性岩浆岩为主。

在对区域母岩概况了解基础上，从钻井上分析重矿含量从而确定物源方向。近年来，随着勘探实践的进行，盆地内部新增了多口探井、评价井井点资料，为区域物源研究提供了详实的资料基础。通过重矿物分析，盆地西北部的井显示变质岩含量高，重矿物以磁铁矿、石榴石、帘石类及白钛矿为主，受越南北部红河、马江物源影响明显；而盆地东部的井岩心显示母岩以岩浆岩为主，重矿物以锆石、电气石、白钛矿为主，主要受海南岛物源影响；北部井变质岩含量增加，帘石类、磁铁矿含量增加，受海南岛和红河物源共同影响；DF1-1气田的井区以沉积岩和岩浆岩为主，变质岩较北部含量减少，自东向西，锆石含量减少，磁铁矿、帘石类含量增加，表明东方1-1气田储层主要受越南西部蓝江、红河物源和东部海南岛物源的双重影响(图2)。

图2　莺歌海盆地源区母岩类型(a)及各气组含砂率分布(b)

2)区域含砂率特征

统计东方1-1气田及邻区莺歌海组钻井的含砂率，从Ⅲ、Ⅱ、Ⅰ气组的含砂率平面图上均可看出，区域沉积具有明显的多物源特征。且从Ⅲ气组到Ⅰ气组，西物源(越南方向)的影响逐渐减弱，东物源(海南方向)的影响逐渐增强。

3)地震反射特征

地震反射特征可以较好的指示沉积期物源的方向，莺歌海盆地的二维地震剖面上较为明显的显示Ⅱ、Ⅲ气组向东连续性变好，且自西向东前积反射明显，Ⅲ气组见自西向东的前积下超反射(图3a)，Ⅰ气组可见有东、西两个方向物源，在DF1-1-15井可见明显交汇(图3b)。

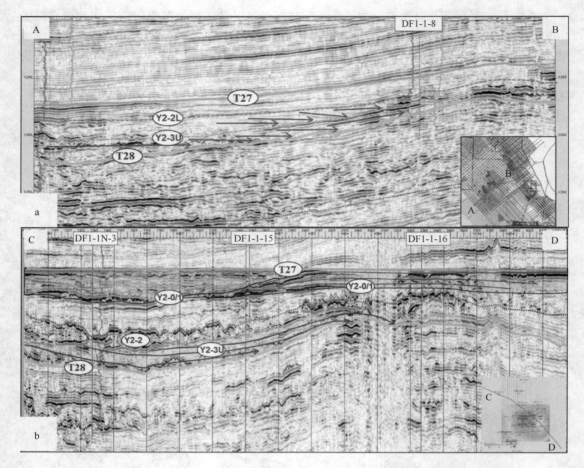

图 3　莺歌海组地震反射特征对物源的指示

（a—东方 1−1 气田北东向测线 Ⅱ、Ⅲ气组前积反射；

b—东方 1−1 气田北西向测线Ⅲ、Ⅰ、0 气组物源指示特征）

2.2.2　沉积模式分析

1）沉积构造及粒度特征

对 16 口探井的岩心重新观察表明，莺歌海组储层多口井表现出具有较为典型的重力流沉积特征，如典型的滑塌构造形成的砂体注入、包卷层理、重荷模构造以及不完整的鲍马序列（图 4），这些典型的沉积构造较好的证明了莺歌海盆地浅层莺歌海组储层沉积时期重力流的发育。

另通过粒度概率累计曲线分析，本区具有多种形态的概率累计曲线，不仅有较为典型的"分选差、粗砾发育"这种反映重力搬运沉积过程的粒度特征（图 5a），在部分井点还出现了较为典型的"两段式"牵引流沉积粒度特征（图 5b），证实了本区储层经重力流搬运后部分区域受到后期牵引流改造的过程，显示出重力流 – 牵引流交互作用的沉积特点。牵引流在本区对储层的改造作用常常表现在破坏过程，使得气田内部形成了大大小小的泥质冲沟，增强了储层的平面非均质性。

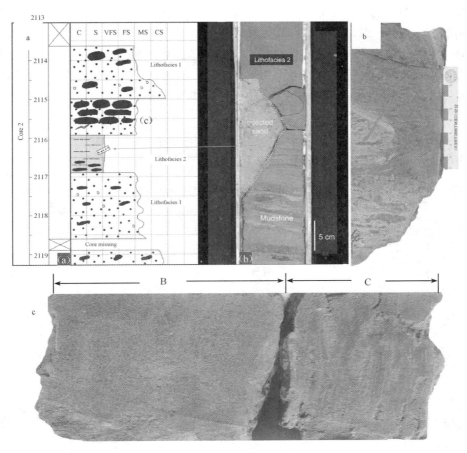

图 4　东方 1－1 气田岩心特征

（a—砂体滑塌所形成的典型的砂体注入构造，Shanmugam G，2000；

b—东方 1－1 气田岩心中识别出的典型砂体注入构造；c—不完整的鲍玛层序 B、C 段）

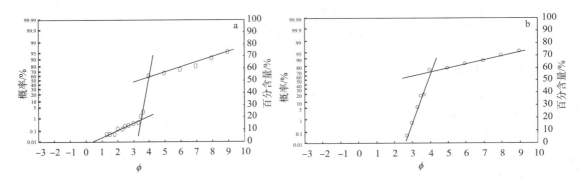

图 5　东方 1－1 气田莺歌海组粒度概率累计曲线

（a—三段式重力流沉积；b—两段式牵引流沉积）

对于东方 1－1 气田储层受牵引流改造的机理，笔者在研究过程中亦做了初步探讨：东方 1－1 气田位于泥底辟发育地带，东方 1－1 气田下伏底辟具有多期次活动的特点，在莺歌海组沉积时期，基底已经形成了一个古构造高地（图6），由于底辟位置水深相对较浅，因此水动力较强。莺歌海组储层在以高密度浊流的形式搬运至沉降中心后，存在一个由深水向浅水的低密度化沉积过程，在此过程中，高密度浊流会逐渐演变为低密度浊流甚至牵引流，因此，莺歌海组储层实际上为重力流和牵引流交互作用下形成的，且国内外的众多研究也证实了深水环境中牵引流的存在，这也在一定程度上为该模式提供了实例论证。

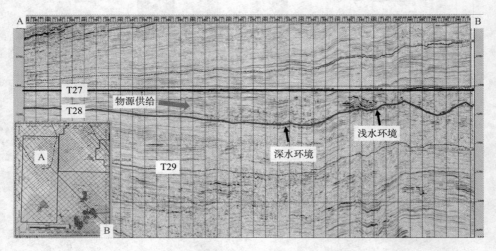

图6　莺歌海组沉积基底形态特征（T27 拉平）

2）地震反射特征

地震反射特征往往可以指示地下沉积特征，如平行、连续、高频反射常和相对静水环境下海平面规律性升降有关，而杂乱反射则可以反映快速滑塌堆积掩埋的过程，再如扇三角洲沉积常常会在地震剖面上显示出向两侧尖灭的巨型透镜体地震相。

根据此规律，在新的沉积模式指导下笔者对东方1-1气田莺歌海组沉积格架进行了分析，可以看出东方1-1气田 NW 向二维测线地震反射显示较好的低位滑塌特征，T28 界面有明显大规模海退产生的剥蚀面，剥蚀点上下反射特征不同，剥蚀点以上平行连续，反应浅海沉积；以下连续性差、杂乱反射，反映快速滑塌堆积。滑塌沉积在地震剖面上一般表现为杂乱反射，并常伴有铲状滑脱断层，在侧向上与正常沉积呈突变接触，而在气田西翼也发现了较为典型的铲状滑塌（图7）。

结合前文所述，东方1-1气田莺歌海组受重力流-牵引流双重作用，因此莺歌海组地层为越过沉积坡折后的低位沉积，属于受到牵引流改造后的席状浊积岩沉积（图8）。

2.2.3　低位域类型探讨（具有盆地特色的"沉积坡折"背景下的"环形"低位域）

经典层序地层学理论是目前油气勘探开发中应用最为广泛的一种层序模式。在层序地层学概念中，深水滑塌、斜坡扇、盆底扇常发育在低位体系域中的特定位置，而且在时空次序上有着比较严格的规律。但是，经典层序地层学理论是建立在简化了的被动大陆边缘的基底上，许多会影响层序发育的因素都是理想模式，如不考虑坡折类型，不考虑沉积物供应方式变化等。

在对东方1-1气田的层序分析中，也遇到了一些与常规模式不吻合的现象。如在常

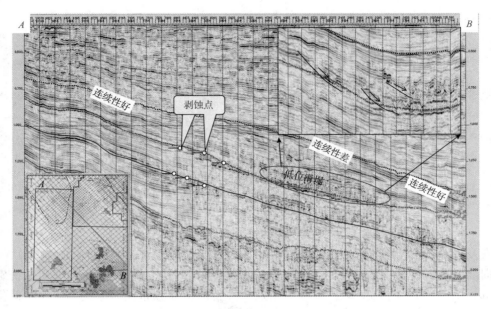

图 7　东方 1-1 气田 NW 向测线重力流地震反射特征

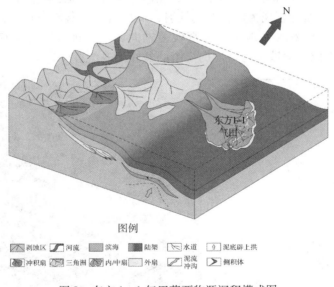

图例

剥蚀区　　河流　　滨海　　陆架　　水道　　泥底辟上拱

冲积扇　　三角洲　　内/中扇　　外扇　　泥流冲沟　　侧积体

图 8　东方 1-1 气田莺西物源沉积模式图

规的层序分析中认为斜坡扇前端应该发育一套以杂乱反射为特征的盆底扇,而在东方 1-1 气田东西发育的斜坡扇之间应该发育盆底扇的位置,却发育一套和两边斜坡扇突变接触的平行反射地震相(图 9)。这些问题用常规层序地层学理论均无法得到合理的解释,在仔细分析本区沉积基底形态、物源供给后,笔者创新性地提出了具有莺歌海盆地特色的"沉积坡折"背景下的"环形"低位域来解决这些问题。

在建立东方 1-1 气田莺歌海组层序地层模式时,笔者在经典层序地层学理论的基础上加入了物源、基底形态等变量,使得层序地层学完成了"本土化"的过程。例如:陆架坡

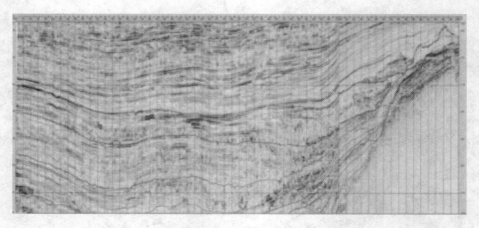

图9　莺歌海盆地莺歌海组斜坡扇地震展布特征

折展布及物源供给控制着沉积物的卸载并影响着体系域的发育，东方1-1气田并非典型的单向陆坡坡折及单物源供应，而是受形成与陆架内部的、次一级的环形沉积坡折影响，越过沉积坡折后地形平缓，致使莺歌海组发育独特的平面分布较为广泛、连片的低位域，较难识别出低位前积楔；而多物源供应也使莺歌海盆地形成了独特的"环形"低位域沉积模式。莺歌海盆地沿岸众多河流注入（图10），斜坡扇为来自盆地短轴方向的滑塌体，由于地形陡峭，在地震剖面上表现为前积杂乱反射，低位扇来自盆地长轴方向，因为地形较为平缓，地震反射连续性好。盆地中部发育较多轴向底床侵蚀，证实了存在南北向水流影响，东方1-1气田位于斜坡扇与盆地扇交汇的盆底中心位置。

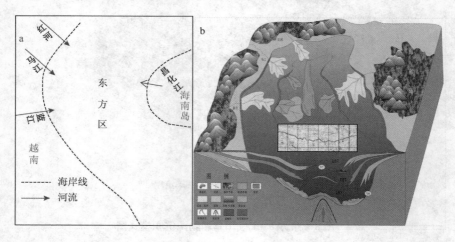

图10　莺歌海盆地模式图

（a—莺歌海盆地周缘水系分布；b—莺歌海组三维沉积模式图）

3　结论与认识

（1）东方1-1气田莺歌海组储层以来自越南蓝江的物源为主，后期有部分海南岛物源的影响。

（2）东方1-1气田储层为越过沉积坡折后沉积在古构造高地上的席状浊积岩沉积，地史时期莺歌海组储层受重力流-牵引流双重流体改造影响，造成了该区储层强烈的非均质性。

（3）莺歌海组低位沉积属于独特的"沉积坡折"背景下的"环形"低位域。

（4）新的沉积模式解决了多年来东方 1-1 气田开发中存在的矛盾，确定了新的挖潜目标区域，为该气田的高效、合理开发提供了坚实的技术保障。

参 考 文 献

[1] 姜平，于兴河，黄月银，等. 储层精细描述在东方 1-1 气田中的应用[J]. 地学前缘（中国地质大学（北京）；北京大学），2012，19（2）：87-94.

[2] 殷秀兰，李思田，杨计海，等. 莺歌海盆地 DF1-1 底辟断裂系统及其对天然气成藏的控制[J]. 地球科学-中国地质大学学报，2002，27（4）：391-396.

[3] 王华，朱伟林，王彦. 莺歌海盆地充填史及中深层储层特征[J]. 石油与天然气地质，1999，20（1）：55-58.

[4] 王振峰，何家雄，解习农. 莺歌海盆地泥-流体底辟带热流体活动对天然气运聚成藏的控制作用[J]. 地球科学-中国地质大学学报，2004，29（2）：203-210.

[5] 郝芳，董伟良，邹华耀，等. 莺歌海盆地汇聚型超压流体流动及天然气晚期快速成藏[J]. 石油学报，2003，24（6）：7-12.

[6] 朱洪涛，杨香华，周心怀，等. 基于地震资料的陆相湖盆物源通道特征分析：以渤中凹陷西斜坡东营组为例[J]. 地球科学-中国地质大学学报，2013，38（1）：121-129.

[7] Shanmugam G，Spalding T D，Rofheart D H. Traction structures in deep-marine bottom-current reworked sands in the Pliocene and Pleistocene，Gulf of Mexico[J]. Geology，1993b，21：929-932.

[8] 黄春菊，陈开远，李思田. 莺歌海盆地泥底辟活动期次分析[J]. 石油勘探与开发，2002，29（4）：44-46.

[9] Shanmugam G. 49 years of the turbidite paradigm（1950s-1990s）：deep water processes and facies models-a critical perspective[J]. Marine and Petroleum Geology，17（2000）：285-342.

[10] 吴嘉鹏，王英民，王海荣，等. 深水重力流与底流交互作用研究进展[J]. 地质评论，2012，58（6）：1110-1120.

[11] 高振中，何幼斌，罗顺社，等. 深水牵引流沉积：内潮汐、内波和等深流沉积研究[M]. 北京：科学出版社，1996.

[12] 杨云岭. 地质模式在地震解释中的重要作用[J]. 油气地球物理，2003，1（1）：4-7.

[13] 纪友亮. 层序地层学原理及层序成因机制模式[M]. 北京：地质出版社，1998.

[14] 柳保军，庞雄，颜承志，等. 珠江口盆地白云深水区渐新世-中新世陆架坡折带演化及油气勘探意义[J]. 石油学报，2011，32（3）：234-242.

[15] 徐强，王英民，王丹，等. 南海白云凹陷深水区渐新世-中新世断阶陆架坡折沉积过程响应[J]. 沉积学报，2010，28（5）：906-917.

[16] 冉怀江，林畅松，代一丁，等. 陆架坡折带识别及其对沉积层序的控制作用[J]. 石油地球物理勘探，2012，47（1）：125-130.

第一作者简介： 王庆帅，2009 年本科毕业于中国海洋大学地质学专业，工程师，现从事油气田开发地质研究，邮箱：wangqsh1@cnooc.com.cn，电话：15875939050。

通讯地址：广东省湛江市坡头区南油二区地宫楼；邮编：524057。

注采井间动态连通性表征方法研究

石洪福　何逸凡　凌浩川　廖辉　孙强

[中海石油(中国)有限公司天津分公司]

摘　要　注水是目前渤海油田的主要开发手段，如何提高注水开发效果、降低自然递减是渤海油田实现十三五及中长期产量目标的主要工作方向。油藏连通性研究是油藏评价的重要内容之一，是完善注水方案和提高注水效果的基础。目前业界常用连通性研究方法可以分为两类：第一类是基于静态数据，包括地震属性及地质模式；第二类主要是基于动态数据，包括试井、随钻测压、注采动态响应、常规数值模拟等。这两类方法得到结果均为定性认识，无法实现定量表征。针对目前研究现状，笔者尝试采用流线数值模拟和阻容模型(CRM)来定量描述注采连通性，并形成一套计算方法和可视化图版，在秦皇岛32-6和渤中25-1南油田得到成功应用。

关键词　渤海　注水　注采　连通性　定量　表征　流线　模拟　阻容　模型

1　引言

注水是目前渤海油田的主要开发手段，而注采井间储层的非均质性是制约油田开发的一个主要因素，平面注采连通性和层内注入水的推进情况的认识是提高平面/层内水驱动用程度的关键。平面注采连通性定量化表征是评价油田注水开发过程中注采平衡状况，反映产液量、注水量与地层压力之间联系的一个综合性指标，是规划和设计油田注水量的重要依据。基于目前注采连通性的研究现状，笔者尝试采用流线数值模拟和阻容模型(CRM)来定量描述注采连通性，并形成一套计算方法和可视化图版，在秦皇岛32-6和渤中25-1南油田得到成功应用。根据油田实际地质特点与开发状况，有的放矢地调节配注量和注水方向，对地层压力水平和水驱平面波及进行能动地控制，是实现整个开发注采系统最优化的一个重要方面。

2　注采连通性研究方法回顾

目前业界常用油藏注采连通性研究方法可以分为两类：第一类是基于静态数据，包括地震属性切片及地质模式指导指导下河道解剖；第二类主要是基于动态数据，包括试井、随钻测压、注采动态响应、常规数值模拟和示踪剂测试等。这两类方法中除示踪剂测试外，得到结果均为定性认识，无法实现定量描述，难以满足高含水油田平面上注采精细调控的需求。示踪剂测试成本高、工期长，在目前降本增效和质量效益的大环境下，无法在海上油田实现单井单层逐一测试。

鉴于目前静动态方法认识注采连通性的局限性，本文提出了两种定量计算平面注采连通性的新方法：流线数值模拟和阻容模型（CRM），并形成一套可视化计算软件，指导单砂体平面精细注采调控。

首先定义注采连通系数 λ，它是指注入水在平面上的分配比例。对于注水井 i 和生产井 j 之间的连通系数可以定义为 λ_{ij}，若注水井 i 同时给 K 口生产井注水，则有：

$$0 \leqslant \lambda_{ij} \leqslant 1 \text{ 且 } \sum_{j=1}^{K} \lambda_{ij} = 1 \tag{1}$$

其次采用定性理论分析结果和概念模型验证新方法可靠性，再次将新方法的计算结果与实际井组的静动态数据进行对比分析，进一步证实新方法的合理性和有效性。最后将该方法成功应用于秦皇岛 32 - 6 和渤中 25 - 1 南等油田的主力砂体，指导平面精细注采调控，提高层内水驱动用程度，挖潜剩余油。

3 流线数值模拟计算注采连通性

3.1 流线数值模拟方法的引入

流线模拟本质是通过建立运动方程等，得出压力等势面，由此建立流线场，并进一步通过流场求解饱和度场。它相对于传统有限差分数值模拟具有收敛性好、运算速度快、不受网格方向影响、结果显示直观形象等优点。当驱替流体和被驱替流体之间的流度比为 1 时，流线边界恒定，在整个驱替过程中流线分布位置不变。因此，压力场和流线场只需要求解一次，而饱和度求解就可以沿流线进行。对于流度比不为 1 的驱替，处理流线有两种方法：第一种是在驱替过程中，流线几何位置不变，但是其流量发生变化；第二种是流线分布变化，但是流线的流量保持不变。本文采用第二种处理方法，流线流量恒定，因此注采井间连通系数与流线条数成正比。

1）基本微分方程

基于油水两相黑油模型的假设条件，并忽略重力和毛细管压力的影响，且流体和岩石均为不可压缩，由质量守恒原理及达西渗流定律，引入源汇项，给出流线模型的数学模型：

$$\nabla \cdot \left(\frac{\rho_i k k_{ri}}{\mu_i} \nabla p \right) + \rho_i q_i = \frac{\partial (\phi \rho_i S_i)}{\partial t} \tag{2}$$

式中，下标 i 代表 O 和 W，分别表示油相或水相；ρ_i 为油相或水相密度，g/cm³；k 为绝对渗透率，$10^{-3} \mu m^2$；k_{ri} 为油相和水相相对渗透率；μ_i 为地层原油和水的黏度，mPa·s；p 为地层压力，MPa；q_i 为单位岩石体积中注入或采出的油或水的地下体积流量，m³/d；ϕ 为岩石孔隙度；S_i 为油相和水相的饱和度；t 为时间，d。

油藏数值模拟需要给定边界条件和初始条件，一般考虑外边界为封闭边界：

$$\left. \frac{\partial p}{\partial n} \right|_G = 0 \tag{3}$$

式中，n 为油藏外边界 G 的外法线方向。

内边界条件油井定产或者定压：

$$Q_l(x,y,z,t)\mid_{x=x_w,\,y=y_w,\,z=z_w,} = Q_i(t)\,;p(x,y,z,t)\mid_{x=x_w,\,y=y_w,\,z=z_w,} = p_{wf}(t) \tag{4}$$

初始条件一般指初始时刻油藏内压力场和饱和度场分布：

$$p(x,y,z,0)\mid_{t=0,} = p^o(x,y,z) \tag{5}$$

$$S_l(x,y,z,0)\mid_{t=0,} = S^o(x,y,z) \tag{6}$$

联立以上方程，并采用差分离散方法得到一个关于压力场的正定矩阵，采用预处理共轭梯度法求解计算压力场的分布。在此基础上根据达西公式求解各方向达西速度和真实速度。

2）求解饱和度场

引入流线的传播时间（time of flight）概念，即指微粒沿着流线运移到某一给定距离所需的时间。从数学意义上讲，沿着某一条流线的传播时间定义为：

$$\tau(s) = \int_o^s \frac{\phi(\xi)}{\mid \nu_t(\xi) \mid} \,\mathrm{d}\xi \tag{7}$$

式中，τ 为传播时间，d；s 为传播距离，m；ξ 为沿着流线的距离坐标，m；$\phi(\xi)$ 为沿着流线的孔隙度，m；$\nu_t(\xi)$ 为沿着流线的速度，m。

由式（1）和式（4）得到沿流线一维坐标水相渗流方程：

$$-\phi\frac{\partial s}{\partial \tau}\frac{\partial f_w}{\partial \xi} = \phi\frac{\partial s}{\partial t} \tag{8}$$

式中，f_w 为含水率。

经过化简变换可得到：

$$\frac{\partial f_w}{\partial \xi} + \frac{\partial s}{\partial t} = 0 \tag{9}$$

根据式（2）~式（6），水相饱和度的初始条件和边界条件，并结合式（7）求得流线任何位置 τ 和任意时刻 t 的含水饱和度 $S_w(\tau,t)$，通过加权平均方法对每个网格中流线饱和度分布进行处理，得到网格平均饱和度分布。

3.2 流线数值模拟定量计算连通性可靠性检验

为进一步检验该方法的可靠性，建立 2 个概念模型，平面渗透率为 1D，原油黏度为 50mPa·s，生产井定压差生产，注采平衡。模型一为五点井网均质模型，1 注 4 采；模型二为五点井网非均质模型，注水井 I 和生产井 P4 之间发育优势通道，优势通道渗透率为 5D（图 1）。

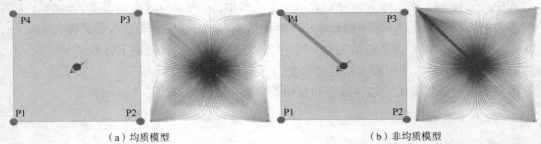

（a）均质模型　　　　　　　　　　　　　（b）非均质模型

图 1　概念模型流线模拟结果

理论分析认为均质模型中注采井连通系数相同，流线模拟同样证实流线条数相同。同样对于非均质模型，理论分析认为，生产井 P4 和注水井 I 之间连通系数最大，却无法给出定量结果，但是通过流线模拟可计算出非均质模型中注水井和每口井生产井之间的连通系数(表 1)。

表 1   流线模拟计算注采连通系数

连通系数		P1	P2	P3	P4
理论值	模型一	25.0%	25.0%	25.0%	25.0%
	模型二	较小	较小	较小	最大
流线模型计算	模型一	25.0%	24.8%	25.2%	25.0%
	模型二	22.4%	22.3%	22.4%	32.9%

4   阻容模型计算注采动态连通性

随着油藏的不断开发，储层参数发生了很大变化，基于地质和物探的静态连通性已经不能准确反映储层性质，因此有必要加深油藏井间动态连通性的认识。基于流线模拟的储层动态连通性定量化研究，对软件和油藏工程师要求较高，建模和数模过程需要参数较多，耗时费力，且历史拟合具有一定多解性。基于此，研究者们提出了利用易于获取的注采动态数据反演油藏井间动态连通性的方法。笔者基于水电相原理建立阻容模型，并使用粒子群算法对模型进行优化求解，增强了模型的实用性。利用反演得到的井间动态连通性，可以为油藏非均质性评价、精细注采调控、优势通道识别以及调剖堵水的优化决策等工作提供指导。

4.1   阻容(CRM)模型引入

油藏是具有储容性的多孔介质，因此注采响应具有两个特点：压力的衰减性和信号响应的滞后性；在 RC – 阻容(电阻和电容)电路模型中电压经过电阻会降低，由于电容的充放电，电灯信号响应会有滞后性，因此同样具有电压的衰减性和信号响应的滞后性。基于水电相似原理首先建立一注一采油藏物质平衡方程[图 2、式(10)]。

$$C_t V_p \frac{\mathrm{d}\bar{p}}{\mathrm{d}t} = i(t) - q(t) \tag{10}$$

式中，$C_t(t)$ 为综合压缩系数，MPa^{-1}；$\bar{p}$ 为平均油藏压力，MPa；t 为时间，d；i 为日注水量，m^3/d；V_p 为孔隙体积，m^3；q 为日产液量 m^3/d。

在实际油藏中，注采井往往是以井网的形式呈现，即多口生产井和多口注水井同时存在。一口生产井的产液量往往是多口注水井的综合注水结果，因此必须建立一个描述这种情况的模型。根据式(1)定义 λ_{ij} 为注水井 i 和生产井 j 之间的连通系数，亦表征注水量中对生产井起作用的那部分注水量所占的百分比。由物质平衡方程得到。

$$C_{tj} V_{pj} \frac{\mathrm{d}\bar{p}}{\mathrm{d}t} = \sum_{i=1}^{I} \lambda_{ij} i_i(t) - q_j(t) \tag{11}$$

引入线性产量模型：

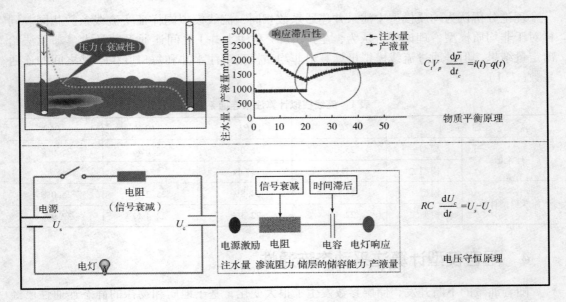

图2 水电相似原理示意图

$$q_j = J_j(\bar{p} - p_{wf_j}) \tag{12}$$

定义：

$$\tau_j = \frac{C_{t_j} V_{p_j}}{J_j} \tag{13}$$

联立式（11）、式（12）、式（13）消去油藏平均压力可得到：

$$\tau_j \frac{\mathrm{d}q_j}{\mathrm{d}t} + q_j(t) = \sum_{i=1}^{I} \lambda_{ij} i_i(t) - \tau_j J_j \frac{\mathrm{d}p_{wf_j}}{\mathrm{d}t}$$

进一步对上式进行积分，我们就可以得到包括注水井 i 和生产井 j 之间的阻容模型为：

$$q_j(t) = q_{0j} + q_j(t_0) e^{\frac{-(t-t_0)}{\tau_j}} + \frac{e^{\frac{-t}{\tau_j}}}{\tau_j} \int_{t_0}^{t} e^{\frac{\xi}{\tau_j}} \lambda_{ij} i_i(\xi) \mathrm{d}\xi +$$

$$v_j \left[p_{wf_j}(t_0) e^{\frac{-(t-t_0)}{\tau_j}} - p_{wf_j}(t) + \frac{e^{\frac{-t}{\tau_j}}}{\tau_j} \int_{t_0}^{t} e^{\frac{\xi}{\tau_j}} p_{wf_j}(\xi) \mathrm{d}\xi \right] \tag{14}$$

数值形式为：

$$q_j(n) = q_j(n_0) e^{\frac{-(n-n_0)}{\tau_p}} + \sum_{i=1}^{I} \lambda_{ij} i_{\lambda_{ij}}'(n) + \sum_{k=1}^{K} \nu_{ijj} \begin{bmatrix} p_{wf_j}(n_0) e^{\frac{-(n-n_0)}{\tau_{kj}}} \\ - p_{wf_{kj}}(n) + p'_{wf_{kj}}(n) \end{bmatrix} \tag{15}$$

设 $\overline{q_j(n)}$ 为实际产液量，模型的求解可以归结为优化问题。式（16）根据各参数的物理意义，连通性系数介于 0 和 1 之间，且每口注水井的与之相关的所有动态连通系数之和等于 1，因此有约束条件式（17）根据实际油田的开发，注水信号存在一定程度的衰减和延迟，时间常数的值应大于 0，因此有约束条件式（18）。因此数学优化模型为：

$$\begin{cases} \min \sum_{j=1}^{j=K} \left\{ \sum_{n=1}^{N} \left[q_j(n) - \overline{q_j(n)} \right]^2 \right\} & (16) \\ s.\,t.\,0 \leqslant \lambda_{ij} \leqslant 1 \text{ 且} \sum_{j=1}^{K} \lambda_{ij} = 1 & (17) \\ \tau_j > 0 & (18) \end{cases}$$

4.2 模型的求解

首先利用惩罚函数法将问题转化为无约束优化问题，然后应用粒子群算法优化求解。粒子群算法是基于群体的演化算法，其思想来源于人工生命和进化计算理，该方法搜索速度快、效率高，算法简单，适合于实值型处理。粒子群算法的一般步骤为：初始化，评价每一个粒子，粒子的更新，检验是否符合结束条件。如果当前的迭代次数达到了预先设定的最大次数（或达到最小错误要求），则停止迭代，输出最优解，否则转到评价每一个粒子。

4.3 方法验证

采用前面建立 2 个五点井网概念模型，进一步检验该方法的可靠性（图 3）。理论分析和流线模型认为均质模型中注采井间连通系数相同，对于非均质模型中，理论分析认为生产井 P4 和注水井 I 之间连通系数最大，但是无法给出定量计算结果，流线模拟可计算出非均质模型中注水井和每口井生产井之间的连通系数（表 2），将阻容模型计算结果与理论分析及流线模拟结果对比分析，验证阻容模型的可靠性。结果显示，阻容模型计算均质模型和非均质模型注采连通系数与理论定性分析相同，与流线模拟定量描述结果基本一致，证实建立阻容模型新方法的可靠性及方程求解的合理性。

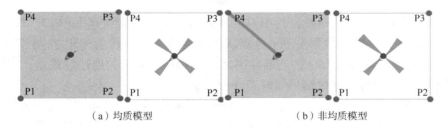

（a）均质模型　　　　　　　　　（b）非均质模型

图 3　阻容模型计算注采连通系数

表 2　三种方法结果对比

连通系数		$P1$	$P2$	$P3$	$P4$
理论值	模型一	25.0%	25.0%	25.0%	25.0%
	模型二	较小	较小	较小	最大
流线模型计算	模型一	25.0%	24.8%	25.2%	25.0%
	模型二	22.4%	22.3%	22.4%	32.9%
阻容模型计算	模型一	24.9%	25.0%	25.1%	25.0%
	模型二	22.4%	22.2%	22.3%	33.1%

5　新方法的矿场应用

5.1　多方法在实际井组中应用

在地震属性和生产动态分析的基础上，利用流线模型和阻容模型对 NmⅣ6 小层 C30 井组注采连通系数进行定量分析，并将结果与示踪剂测试对比，进一步证实新方法在油田实际开发中可靠性(图4)。

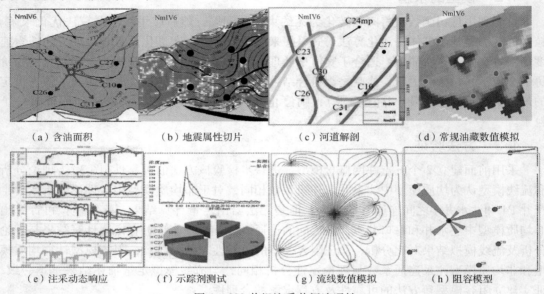

（a）含油面积　　　　（b）地震属性切片　　　　（c）河道解剖　　　　（d）常规油藏数值模拟

（e）注采动态响应　　　（f）示踪剂测试　　　　（g）流线数值模拟　　　　（h）阻容模型

图 4　C30 井组注采井间连通性

该井组包括 1 注 6 采 7 口井，其中 C30 注水井，周边 6 口生产井(C23、C24m、C26、C27、C10、C31)，从静态数据分析(地震属性和河道展布)认为 C30 井与 C23、C24m、C26 连通性较好，C30 井与 C27 的连通性次之，与 C10 和 C31 的连通性最差；根据注采响应动态数据分析连通性，评价结果与静态分析基本一致。

分别采用在历史拟合基础上的流线数值模拟和阻容模型对该井组注采连通系数进行定性计算，并与示踪剂测试对比分析(表3)。结果显示，两种新方法可以实现对注采动态连通系数的定量计算，由于渤海油田一般采用非分配性示踪剂，该示踪剂只溶于水，因此，对于C24m、C10、C31 这类测试时不含水或者含水较低(小于 20%)的生产井适应性较差，有一定误差。新方法规避了示踪剂测试的局限性，凸显了技术和成本优势。

表 3　不同研究方法计算 C30 井组注采连通性

研究方法	生产井						备注
	C23	C24m	C26	C27	C10	C31	
地震属性	很好	好	中	中	差	差	定性评价
生产动态	很好	好	中	中	差	好	定性评价
流线模型	34%	14%	16%	21%	7%	8%	定量描述
阻容模型	36%	13%	17%	20%	6%	8%	定量描述
示踪剂测试	39%	未检测到	20%	18%	11%	12%	定量描述

5.2 识别优势流场，指导精细调控

采用流线数值模拟和阻容模型对 D23 井组注采连通性进行研究，计算结果显示 D23 井注入水绝大部分流向 D13 井，D23—D13 井之间发育优势通道。基于研究成果对 D13 井进行卡层，卡层后流场重新分布（图 5），D23 井含水降低 40%，D25 井受效明显，产液量产油量大幅上升，日增油 22m³。

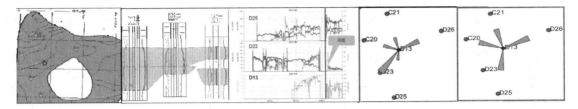

图 5　D13 井组卡层前后注采井间动态连通性及效果

5.3 新方法的推广应用

进一步利用新方法对秦皇岛 32 - 6 及渤中 25 - 1 南油田主力砂体进行注采连通性研究，绘制平面注采连通图（图 6），指导油田精细注采调控。2015 年秦皇岛 32 - 6 油田实现南区零递减；渤中 25 - 1 南油田，通过精细注水，油田最大日增油 170m³，全年优化注水增油 $9.7 \times 10^4 \text{m}^3$，自然递减小于 10%。

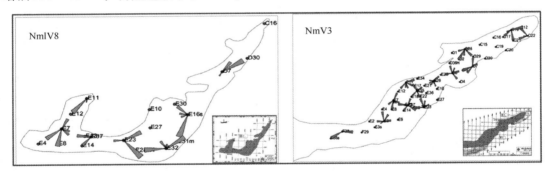

图 6　主力砂体注采动态连通图

6　结论

（1）鉴于静态数据（地震和地质）的注采连通性定性分析难以满足高含水油田后期精细注采调控的需求，本文建立两种定量描述注采连通性的新方法：流线数值模拟和阻容模型。

（2）通过与油藏工程师主观定性认识、理论分析、概念模型、示踪剂测试结果等对比分析，进一步验证本文建立新方法的可靠性。

（3）通过该方法在实际油藏中的应用，进一步证实了注采连通性定量分析在优势通道识别、层内精细注采调控、调驱决策等油藏管理方面有效性。通过该方法油田实现层内精细挖潜，开发生产形势持续变好。总之，新方法对类似水驱开发油藏有一定借鉴意义，在矿场应用上有一定推广价值。

参 考 文 献

[1]刘慧卿. 油藏数值模拟方法专题［M］. 东营：石油大学出版社，2001.

[2]乐友喜. 利用流线模型预测剩余油气饱和度分布［J］. 天然气地球科学，2004，15，42-4 6.

[3]王洪宝，苏振阁，陈忠云. 油藏水驱开发三维流线模型［J］. 石油勘探与开发，2004，31，99-103

[4]陈永生. 油藏流场［M］. 北京：石油工业出版社，1998：1-2

[5]姜汉桥，姚军，姜瑞忠. 油藏工程原理与方法［M］. 东营：石油大学出版社，2002：45-50

[6]张钊，陈明强，高永利. 应用示踪剂术评价低渗透油藏油水井间连通关系［J］. 西安石油大学学报（自然科学版），2006，21(3)：48-49.

[7]胡娟. 井间示踪监测技术在腰英台油田的应用［J］. 科学技术与工程，2012，12(12)：2947-2950.

[8]廖红伟，王琛，左代荣. 应用不稳定试井判断井间连通性［J］. 石油勘探与开发，2002，29(4)：87-89.

[9]Yousef A. A.，Gentil P. Jensen J. L.，et al. A Capacitance Model To Infer Interwell Connectivity From Production and Injection Rate Fluctuations［J］. SPEREE，2006，630-646.

[10]杨维，李歧强. 粒子群优化算法综述［J］. 中国工程科学，2004，6(5)：87-93.

第一作者简介：石洪福，2012 年毕业于中国石油大学华东油气田开发工程专业，工程师，现从事油藏工程研究，邮箱：shihf2@ cnooc. com. cn，电话：15922218336。

通讯地址：天津市滨海新区海川路 1221 号渤海石油大厦 B 座；邮编：300459。

渤中 34-1 油田持续稳产关键技术创新与实践

黄琴　张建民　江聪　王月杰　刘美佳　杨明

[中海石油(中国)有限公司天津分公司]

摘　要　渤中 34-1 油田为渤海典型的河流相复杂断块油藏,平面分 4 个井区,纵向上"一砂一藏",单砂体储量小、储量丰度低、"十二五"平均采油速度 3.4%,高采油速度下储采比下降快,油田稳产难度大;油田油水关系复杂,油藏类型多样,以边水油藏、气顶油藏为主,油田开采 8 年逐渐暴露出气顶气窜、注入水向生产井方向舌进和向高渗透层突进的现象,油井含水上升快、递减加大。为了提高水驱油田的开发效果,实现油田的持续稳产,本文提出了基于生产压力史反演油藏动态储量的评价技术、基于不同油藏类型的非稳态注水新方法以及基于不同含水阶段与井型的 WI 决策技术,总结形成了一套海上中轻质油田高效开发技术方法。生产实践表明,渤中 34-1 油田连续六年稳产 $100 \times 10^4 m^3$,采油速度一直保持在 3.0% 以上,采出程度接近 20.0%,含水率仅 40.0%,开发效果达到海上一类油田开发标准,好于陆地同类油田开发效果。该技术在渤中 28/34 油田群得到推广应用,取得较大的经济、社会效益。

关键词　持续稳产　动态储量　精细配注　注采调整　开发效果

1　概述

渤中 34-1 油田为渤海典型的河流相复杂断块油藏,在明下段中上部发育浅水三角洲沉积,砂体连片性较好,明下段下部 V 油组以曲流河沉积为主,砂体横向变化大;砂体在平面上多呈条带状及片状发育。主要油气藏类型为岩性油气藏、岩性–构造油气藏和层状构造油气藏,纵向上及平面上存在多套流体系统,表现为"一砂一藏"的特点,具有高孔、高渗、非均质性强的特点,属于中轻质油油藏。

油田 2007 年底投产,采用定向井、定向井 + 水平井联合的不规则井网开发。目前已进入开发中期,油田含水率 40.0%,采出程度 20.0%。该油田共有 73 个探明油单元,单砂体储量小,大于 $100 \times 10^4 m^3$ 的砂体仅有 10 个,小于 $100 \times 10^4 m^3$ 的砂体有 63 个,物质基础薄弱,3.0% 的高采油速度下,储采比低于 10,持续稳产存在困难;其次,油田逐渐暴露出注入水向生产井方向舌进和向高渗透层突进现象严重,造成开发效果变差。因此,必须寻找一套改善中轻质油田开发效果,实现油田的增储上产的技术方法。针对渤中 34-1 油田目前存在的问题,提出了基于生产压力史反演油藏动态储量的评价技术、基于不同油藏类型的非稳态注水新方法以及基于不同含水阶段与井型的 WI 决策与精细提液技术等，总结形成了一套海上中轻质油田高效开发技术方法，该技术的推广应用可以为海上其他中轻质油田的开发提供借鉴。

2 基于生产压力史反演油藏动态储量的评价技术

2.1 基本原理

渤海油田自 2005 年以来，永久式井下压力计得到推广应用。以渤南油田群为例，井下压力计配备率高达 90% 以上。压力计具有精度高、存储量大、稳定性好的特点，可以实时、连续记录井底压力随时间变化。

不稳定渗流理论表明，当油井在封闭边界的地层中定流量生产时，压力波传播到封闭边界后，渗流进入"拟稳定流动期"。此时，井底压力随时间的变化率保持不变，为一常数。在直角坐标系中，井底压力 P_{wf} 与时间 t 成一直线关系，这也是"拟稳定流动期"的诊断曲线（图 1）。

$$P_{wf}(t) = A - m^* t$$

$$A = P_i - \frac{\mu q B}{2\pi Kh}\left(\ln\frac{r_e}{r_w} - \frac{3}{4}\right) \tag{1}$$

$$m^* = \frac{qB}{\pi \phi h r_e^2 C_t}$$

油藏孔隙体积的表达式为：

$$V_p = \pi r_e^2 h\phi \tag{2}$$

将式（2）代入式（1）得到油藏孔隙体积与斜率的关系式：

$$V_p = \frac{qB}{24 m^* C_t} \tag{3}$$

定容封闭油藏地面原油地质储量的计算公式为：

$$N = \frac{V_p S_o}{B} = \frac{q S_o}{24 m^* C_t} \tag{4}$$

线性回归井底压力与时间的关系曲线，选取直线段（图 1）求出斜率 m^*，就可以用公式（4）计算定容封闭油藏地面原油地质储量。

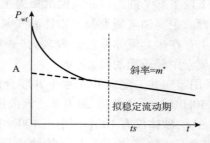

图 1　井底流压与时间的关系曲线

2.2 应用效果

渤中 34 - 1 油田部分区域受气云区的影响，气云带内地震资料品质差造成部分砂体构造解释及储层识别非常困难。如 2、3 井区、S1 井区及 7 井区的多个砂体存在动静态矛盾，砂体采出程度已高达 70% 以上。因此，采用新方法计算多个砂体的动态储量(表 1)，油田预计新增原油地质储量 740.00 × 10^4 m^3，新增调整井 14 口，新增技术可采储量 148.00 × 10^4 m^3。2016 年计划实施 9 口调整井，目前已实施 2 口(图 2)，预计年增油量为 2.50 × 10^4 m^3。

表 1   渤中 34 − 1 油田 P − t 压降关系曲线计算的动态储量汇总表

砂体名	2 − 1507	2 − 1477	3 − 1655	A19 − 1507	A17 − 1492	1S − 1 − 1703	7 井区	合计
动态储量/10^4 m^3	185	35	35	145	25	200	115	740

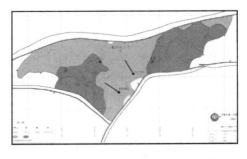

图 2   渤中 34 − 1 油田新增调整井示意图

3   基于不同油藏类型的非稳态注水新方法

渤中 34 − 1 油田以带气顶油藏、边水油藏为主，采用不规则井网开发。约 62.1% 的储量分布在边水油藏，纯油区呈窄条状，过渡带储量比例较大(部分砂体过渡带储量所占比例超过 30%)，开发初期采用边外注水开发模式(图 3)；约 21% 的储量分布在气顶油藏，采用屏障注水(气油界面注水)开发模式(图 4)。针对不同油藏类型优化现有分层配注方法和注水模式，控制含水上升率、减缓产量递减，保证油田高产稳产。

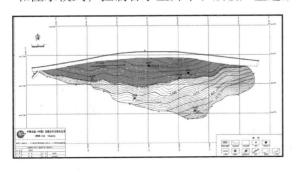

图 3   边水油藏含油面积图

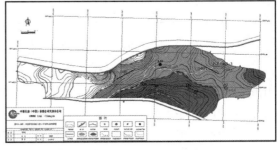

图 4   带气顶油藏含油面积图

3.1   边水油藏边外注水配注新方法

目前注水配注方法主要有 3 种：KH 值法、H 法、剩余油法。边水油藏采用上述方法进行配注，油井出现流压下降快，产液量下降，压力保持状况较差的现象。因此，有必要找到适用于边水油藏的配注新方法，补充和完善现有配注技术。

按照达西渗流定律，油田注水开发是通过注水井与采油井建立注采压差形成水驱油驱动过程使得生产井正常生产，因此有效注水与井网、注采井距、流体黏度、储层渗透率有关。将注水井实际注水量分解为压差有效注水、平衡法有效注水、无效注水。研究发现受砂体规模小、井网的影响，平衡法有效注水量极小。因纯油区范围较小，在毛管压力与油水黏度差的影响下，压差有效注水量接近边缘注水注水井实际注水量。因此得到总注水量与有效注水量的注水倍数比：

$$\frac{Q_{Inj-Total}}{Q_{Inj-effect}} = \left(1 + \frac{K_{ro}(S_w)\mu_w}{K_w\mu_o}\frac{r_w}{r_o}\right) \cdot m \tag{5}$$

$$m = \frac{K_{ro}(S_w)r_o^2 + K_w r_w r_o}{K_{ro}(S_w)} \tag{6}$$

式中，$Q_{Inj-Total}$ 是总注水量；$Q_{Inj-effect}$ 是有效注水量；S_w 平均含水饱和度；μ_w 地层水黏度；μ_o 原油黏度；r_w 注水井与油水界面间的距离；r_o 油水界面与采油井间的距离。常规配注法计算的配注量乘以注水倍比，得到边水油藏的边外注水井的真实配注量。

2015 年根据新方法对油田 9 口注水井实施配注（表 2），其中以边外注水为主的 A28 井组的 A25 井生产形势变好，井底流压明显回升，产油量稳定，全油田年增油量 $3.20 \times 10^4 m^3$。

表 2 渤中 34 – 1 油田边水油藏配注措施效果表

井组	砂体号	原设计配注量/（m³/d）	优化配注量/（m³/d）	受效油井	年增油量/$10^4 m^3$
A28	1S – 1 – 1232	240	235	A36H	1.7
	1S – 1 – 1425	176	210	A25	
	1S – 1 – 1547	50	103	A25	
A14	1S – 1 – 1232	60	82	A29	1.5
	A29 – 1398	90	83	A37H	
	1S – 1 – 1425	50	73	A26	
	1S – 1 – 1547	100	118	A26	

3.2 气顶油藏非均衡配注方法

开发气顶油藏的主要问题是如何有效防止油气区的原油、天然气相互窜流，目前多采用屏障注水。要提高屏障注水开发效果，关键在于控制油气水之间平衡。本文建立机理模型，总结屏障注水气驱油、水驱油的油气界面运移特征，结果表明，气驱油时剩余油富集在储层中高部位，实施水气交替驱能有效提高注水波及体积，改善开发效果。

建议含水率在 40% ～60% 的开发阶段实施周期注水；气顶指数在 0.5 ～2.0 之间，以 0.6 ～0.8 的低注采比，此时以气驱油为主，周期为 50 ～80d；再以 1.2 ～1.4 的高注采比加强注水，注水周期为 60 ～90d。2015 年对主力砂体 4 – 1474 实施周期注水，实际增油效果较好，产液量保持稳定，含水率大幅下降（图 5），年增油约 $1.10 \times 10^4 m^3$。

4 基于不同含水阶段与井型的 WI 决策技术

通过建立数值模拟机理模型，得到生产压差与干扰系数的关系，结果表明：低含水期放大生产压差，能够克服启动压力动用更多油层，层间干扰系数减小。中高含水期，层间

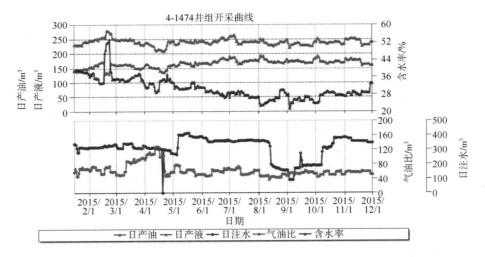

图 5　4 - 1474 砂体开发曲线

矛盾突出，增加压差，层间干扰系数增大。在低含水阶段，采用"定向井提液、水平井控液"的策略，避免水平井含水上升过快，延长无水采油期。实施后水平井整体的含水低于定向井（图 6）；中高含水阶段，由于定向井含水已高于水平井，采用"定向井卡水、水平井提液"的方式稳油控水。

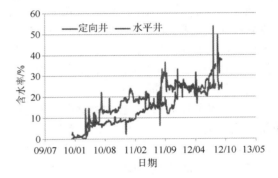

图 6　油田中低含水阶段含水率对比图

　　中高含水期，对于定向井卡水是降低油井含水，减缓层间干扰的有效办法。目前常规技术对优势渗流通道仅仅是定性认识。本文应用一种定量化确定优势通道与定向井卡水的决策新方法——WI 决策技术。

$$WI = \frac{\int_{t_1}^{t_2} f_w \, dt}{t_2 - t_1} \qquad (7)$$

　　式中，WI 为油井产液中的含水上升率上升指数；f_w 为油井产液中的含水率；t_1 为统计开始时间（按月或按季度）；t_2 为统计结束时间（按月或按季度）。WI 就是含水率随时间的导数，数值越大，表征含水上升速度越快，水窜越明显，选择 WI 值大的井卡水。计算所有定向井的 WI 值（表 3），优选出三口井（A13、A22S、A25）进行卡水，稳油控水效果明显，如 4 - 1300 砂体 A22S 卡水后含水率从 55% 降低至 5%，有效期达到 3 年以上（图 7）。

表 3　渤中 34 - 1 油田定向井 WI 值计算表

井号	A13	A22S	A25	A40	A25	A29	A16	A39S	A30	平均值
WI 值	55.3	35.7	29.6	16.5	16.3	16.1	14.4	13.3	2.4	18.3

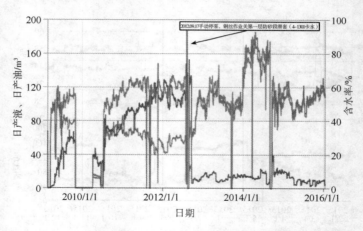

图 7　渤中 34 - 1 油田 A22S 井开采曲线

5　结论与认识

通过本文的研究工作，总结形成了一套适合海上中轻质油田高效开发的油藏工程方法和创新技术。这些新技术与新方法都很好的应用于科研生产。

（1）形成了生产数据动态反演砂体潜力储量的新方法，克服了气云区储层识别困难、储量规模认识不清、油田稳产难度大等困难，为油田下一步调整挖潜夯实了储量基础。十二五期间调整井增油量约 $17 \times 10^4 \mathrm{m}^3$，采收率提高 0.5%。

（2）形成了针对边外注水井网配注校正新方法与气顶油藏屏障注水模式下的非均衡配注新方法。渤中 34 - 1 油田矿场实践证明，油田实施优化注水后，稳油控水效果明显，减缓油田自然递减，如 A28 井等 3 个注采井组年增油约 $8 \times 10^4 \mathrm{m}^3$。

（3）应用不同井型不同含水阶段的 WI 决策技术有效指导油田生产井的高效管理，通过卡提措施后，改善油田开发效果。

参 考 文 献

［1］张建国，雷光伦，张艳玉 . 油气层渗流力学［M］. 东营：中国石油大学出版社，2005：37-38.

［2］贾晓飞，李其正，杨静，等 . 基于剩余油分布的分层调配注水井注入量的方法［J］. 中国海上油气，2012，24（3）：38-40.

［3］张元玉，宫长路，吴晓慧，等 . 喇萨杏油田控水效果及含水变化趋势预测［J］. 大庆石油地质与开发，2010，29（1）：51-53.

［4］梁文福，吴晓慧，宫长路，等 . 喇萨杏油田含水上升规律研究及变化趋势预测［J］. 大庆石油地质与开发，20009，28（6）：79-81.

［5］张金庆 . 一种简单实用的水驱特征曲线［J］. 石油勘探与开发，1998，25（3）：56-57.

［6］秦积顺，李爱芬 . 油层物理 . 中国石油大学出版社［M］. 2006：251-252.

第一作者简介： 黄琴，2009 年毕业于西南石油大学油气田开发工程专业，油藏工程师，现从事油田开发和提高采收率技术研究，邮箱：hqalice@126.com，电话：022 - 66500922。

通讯地址：天津滨海新区海川路 2121 号渤海石油管理局 B 座；邮编：300459。

海上大井距条件下复合曲流带
砂体构型解剖研究

何康　苏进昌　李超　周军良　汪全林　来又春　甘立琴

[中海石油(中国)有限公司天津分公司渤海石油研究院]

摘　要　秦皇岛32 - 6油田是渤海大型河流相沉积的稠油油田,含油层系明下段属于曲流河沉积,主力含油层以多次废弃的复合曲流带沉积为主,非均质性强,注水受效不均。如何在海上大井距的条件下,更准确有效的刻画复合曲流带内不同的单一曲流带,认识不同单一曲流带间或单一曲流带内的砂体沉积结构是该油田开发生产中面临的主要问题。本次研究以秦皇岛32 - 6油田北区 NmⅣ1 - 2复合曲流带砂体为例,根据岩心、测井、地震等资料,通过井间河道砂对比分析,总结该曲流带内部存在4种不同单一曲流带间的切叠模式,利用地震正演模拟合成地震记录,认识到不同的切叠模式会产生不同的地震波形特征,提取相应的地震属性,再结合井上剖面相研究以及定量地质知识库的约束作用,有效识别内部不同单一曲流带边界,完成对复合曲流带砂体内部多个单一曲流带的构型刻画,并结合生产动态数据对砂体内的连通性进行分析,研究成果为该油田储层精细描述及优化注水方案提供了坚实的地质依据。

关键词　海上油田　复合曲流带　正演模拟　单一曲流带

在陆地油田的密井网条件下,曲流河储层构型研究技术已趋于完善,在曲流河储层期次划分研究基础上,曲流河构型研究已在国内外学者的深入探讨下趋于成熟,形成了小尺度曲流河砂体构型分析技术、曲流河砂体三维构型建模技术等。但海上油田开发井距较大,无法满足密井网曲流河砂岩构型表征技术,需要利用海上高分辨率的地震资料,应用模型正演、地震属性分析等地球物理方法与地质理论密切结合的技术来进行曲流河砂体构型解剖的研究。因此,本文以渤海秦皇岛32 - 6油田北区 NmⅣ1 - 2复合曲流带沉积的主力含油砂体为例,在曲流河沉积模式指导下,结合岩性、测井、地震资料,形成一套将地震正演模拟与地质构型分析相结合的海上大井距条件下的复合曲流带砂体内部构型解剖技术,不但提高油田储层研究精度,而且对油田优化注水方案提供有力的地质依据。

1　研究区概况

秦皇岛32 - 6油田位于渤海湾盆地渤中坳陷石臼坨凸起的中部(图1),是一个大型低幅度披覆背斜稠油油田。主力含油层为新近系明化镇组下段和馆陶组上段,埋深在 - 950 ～

1430m，为一套河流相沉积的砂岩储层，其中明下段为曲流河沉积，常发育复合曲流带砂体，馆陶组为辫状河沉积。岩性以细砂岩为主，物性表现为高孔高渗。根据开发管理及构造发育特征，将油田划分为北块、北区、南区和西区共4个开发区块。

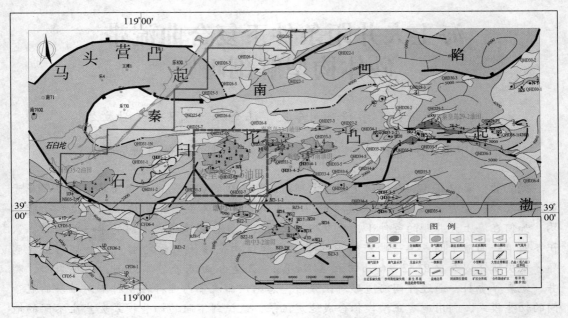

图1　秦皇岛 32－6 油田区域构造位置图

油田自 2001 年投产开发以来，针对油田不同开发阶段暴露出的主要矛盾和油田开发需求，先后进行了多次开发调整。经过 15 年的开发，油田现有井数 397 口，平均开发井距约为 350～500m 之间，综合含水率已达 90%，已进入高含水阶段。随着近两年油田综合调整开发井的投产，部分老井转注，主力含油砂体上注采矛盾日益突出，部分井组注采不见效的现象时有发生，亟需开展针对主力含油砂体的内部构型解剖工作，寻找制约注采效率的地质因素，为油田高效优化注采结构，保证油田稳产提供地质依据。

2　复合曲流带砂体内部单一曲流带期次划分

本次研究选取了秦皇岛 32－6 油田北区 NmⅣ1－2 主力含油砂体，平面呈片状复合曲流带分布，该砂体上开发井距主要分布在 300～400m 之间，个别过路井井距 100m 左右，区块内地震资料品质较好，频带宽度为 20～90Hz，主频约 60Hz，垂向最小分辨率为 6m 左右。

对于片状复合曲流带砂体构型解剖第一个层次是区分不同期次的单一曲流带。针对于目标砂体，开展砂体内部小尺度细分单河道。在岩电标定基础上，根据测井曲线的回返特征、储层横向相变、不同河道砂顶面高程差（h＞5m）以及曲流河下切模式等方法，纵向上将北区 NmⅣ1－2 复合砂体划分为 3 条不同的单一曲流带沉积，并命名为曲流带1、曲流带2、曲流带3（图2）。根据井上实钻数据，划分后的单一曲流带其沉积砂体厚度分布在 5～8m 之间，属于地震资料识别精度范围内。

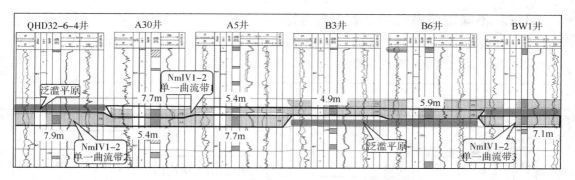

图2 复合曲流带内部小尺度细分对比

3 单一曲流带砂体构型解剖研究

3.1 地质模型的建立

在井间单一曲流带期次划分基础上，开展剖面相分析工作，结合曲流河沉积模式，根据河道发育规模、切叠情况等，总结出目标砂体内部共存在4种单一曲流带切叠模式(图3)，包括相似规模的末期河道切叠早期废弃点坝、不同规模的末期河道切叠早期废弃点坝、末期点坝切叠早期废弃点坝、不同末期河道相切叠、同一河道内不同点坝间的切叠。根据这一认识，建立5种正演地质模型。对于正演模拟的相关参数，这里主要是根据油田实际情况，结合文献调研，对模型中的三种微相沉积的声波速度选取如下：点坝砂 $V=2200$，泛滥泥 $V=2578$，废弃河道泥质砂 $V=2450$。

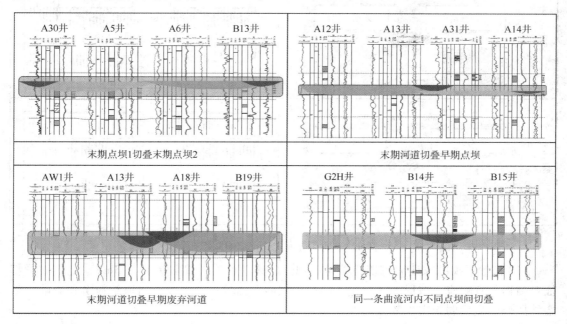

图3 复合曲流带内部不同单一曲流带切叠模式

3.2 不同切叠模式的正演响应特征

本次正演模拟采用波动方程法,利用 Tesseral 软件实现。根据正演模拟结果,发现不同的切叠模式其地震响应有较大差异(图4)。

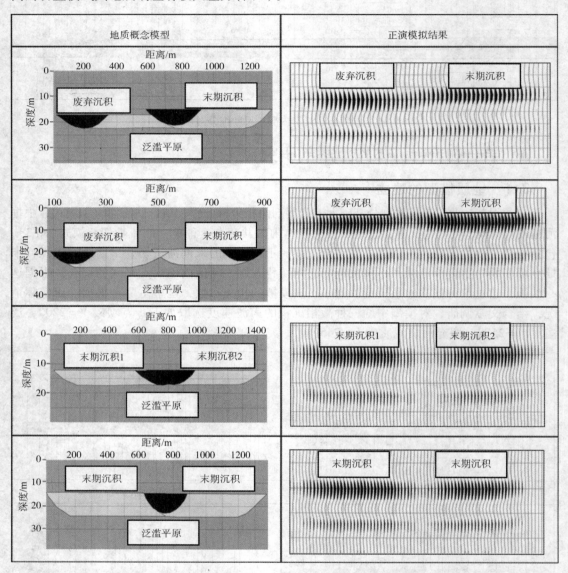

图4 不同切叠模式的正演响应特征

(1)相似规模的末期河道切叠早期点坝。砂体顶面存在高程差($h > 3\mathrm{m}$),地震波形特征对高程差有响应,波形产状变化,两边点坝砂振幅较强,受废弃河道细粒沉积影响,切叠处振幅明显变弱,出现复波。

(2)相似规模的末期点坝切叠早期点坝。砂体顶面高程差不明显($h < 3\mathrm{m}$),地震波形特征对高程差响应不明显,切叠处地震波形变弱,地震资料上能有效识别两边点坝砂体强振幅波形。

（3）相似规模的末期河道切叠末期河道。砂体顶面高程差不明显（$h < 3m$），地震波形特征对高程差响应不明显，受双向废弃河道细粒沉积影响，切叠处振幅明显变弱且横向波及范围较大，地震资料上能有效识别两边点坝砂体强振幅波形。

（4）同一河流相邻点坝间沉积。砂体顶面高程差不明显（$h < 3m$），地震波形特征对高程差响应不明显，受废弃河道细粒沉积影响，切叠处振幅明显变弱横向波及范围较小，地震资料上能有效识别两边点坝砂体强振幅波形。

不同的切叠模式地震响应特征不同，但在切叠处受相变、岩性、高程差的影响，均表现为波形产状变化、振幅变弱的特征，可以作为单一曲流带内构型边界的识别标志。

3.3 单一曲流带构型解剖研究

1）单一曲流带砂体定量规模研究

在单一曲流带砂体期次划分基础上，根据井上单一曲流带砂体沉积厚度，结合砂体地震解释成果，利用 Leeder 经验公式进行定量规模约束，确定单一曲流带砂体分布范围。预测研究区单一曲流带内河流的满岸宽度分布为 118～200m，单一曲流带宽度分布为 920～1500m（图 5、图 6）。

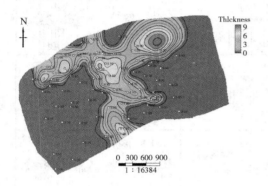

图 5　NmⅣ1－2 曲流带 1 砂体厚度等值线图　　　图 6　NmⅣ1－2 曲流带 2、3 砂体厚度等值线图

2）单一曲流带砂体内部构型边界识别

根据正演模拟结果，切叠界面均表现为波形振幅变弱的特征，根据海上油田地震资料的特点，对不同期的单一曲流带砂体进行最小振幅属性提取。属性资料表明呈条带状分布的低值区代表该处波形振幅变弱，发育切叠界面（高亮显示）。结合前面对单一曲流带砂体分布范围研究成果，初步确定不同单河道平面展布特征（图 7、图 8）。

在确定砂体分布范围内的切叠界面位置的基础上，结合切叠处地震波形特征、周边井剖面相分析以及曲流河沉积模式，对切叠界面处进行构型界面识别，即识别废弃河道或点坝边界。例如过 A4－A30 井剖面（图 7、图 9a），井间地震波形特征表现为两边砂顶有高程差，波形振幅强度变弱，结合剖面相及正演模拟成果，该处为末期河道切叠早期点坝，井间弱振幅为废弃河道沉积；过 A12－A13－A31－A14 井剖面（图 8、图 9b），向 A14 井方向，地震波振幅明显变弱，结合剖面相及正演模拟成果，该处为不同规模的末期河道切叠早期点坝，波形开始变化处为废弃河道沉积；过 AW1－A18－B18 井剖面（图 8、图 9c），由于此处为两条废弃河道互相切叠，井间地震波形振幅明显变弱，波形开始变化处为相切叠的末期河道沉积。

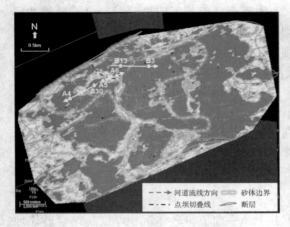 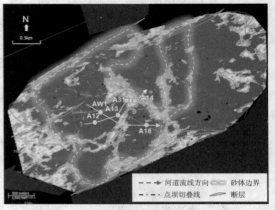

图 7 单一曲流带 1 最小振幅属性资料　　　　图 8 单一曲流带 2、3 最小振幅属性资料

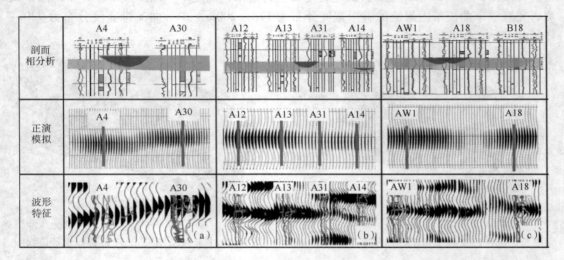

图 9 单一曲流带不同切叠模式及界面的识别

3）单一曲流带构型解剖特征

通过对废弃河道及点坝边界的识别，结合前面对单一曲流带沉积规膜，最终完成了对不同单一曲流带砂体平面展布规模的刻画（图 10、图 11）。分析认为，油田内部早期发育曲流带 2 和曲流带 3，在较短的时期内，两条曲流带由于距离较近快速融合，最终形成了南北向贯穿全区的曲流带 1，三条曲流带纵向叠合沉积，形成了主力复合曲流带 NmⅣ1 - 2 砂体。

4　单一曲流带构型解剖应用

针对前面提出的北区 NmⅣ1 - 2 复合曲流带含油砂体平面注采受效不均的问题，结合该砂体多年的动态生产数据、示踪剂分析资料以及我们前面对该砂体内部单一曲流带构型解剖的研究成果，认为复合曲流带内部不同单一曲流带砂体切叠界面，由于岩性、砂体厚度或物性在此发生变化，具有一定的侧向遮挡作用，是影响注采受效的主要因素。

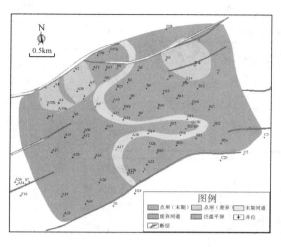

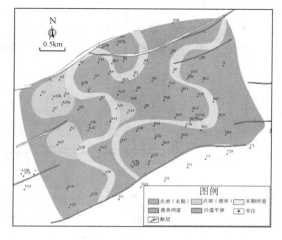

图 10　单一曲流带 1 沉积平面展布图　　　图 11　单一曲流带 2、3 沉积平面展布图

在以上成果认识基础上，我们首先对该砂体上注采收效差的井组提出注采优化方案，即完善单一点坝内部井网，如 A20、A24 井处于同一个点坝砂内部，无直接注水井对其注水，因此，提出 A20 转注建议。A20 转注后，A24 井日产油由 12m³/d 增加到 26m³/d，含水由 82% 下降到 67%，效果显著。其次，对单独处于一个点坝内的采油井，可以通过增加周边注水井注水量，最大程度抵消注采井间的切叠界面的半遮挡作用，取得了较好的增产降水的效果，如 A4 与 A8 井位于不同点坝砂体上，通过增大 A4 注水量，降低井间废弃河道的半遮挡作用，A8 井日产油由 8.5m³/d 增加到 19.2m³/d，效果明显（图 12、图 13）。

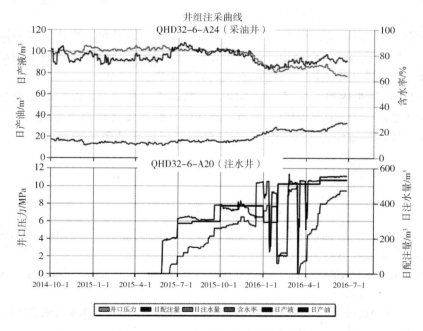

图 12　A20 - A24 井组注采曲线对比图

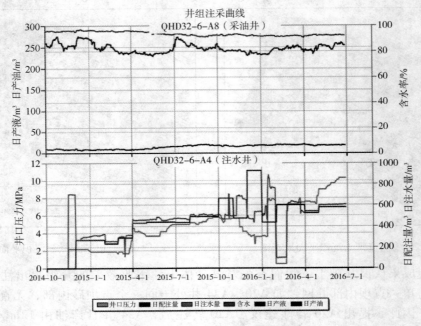

图 13   A4 - A8 井组注采曲线对比图

5   结论

（1）利用剖面相分析，总结了目标砂体内部典型的砂体切叠模式，并利用正演模拟的方法对不同砂体切叠模式进行地震响应模拟，认识到不同的切叠模式具有不同的地震响应特征。

（2）根据正演模拟结果，利用提取最大波谷振幅属性，平面上精确识别不同切叠模式中切叠界面的平面位置，结合周边井剖面相分析，完成了对复合曲流带内不同单一曲流带界面的识别，即对曲流带内废弃河道或点坝边界的识别。

（3）在复合曲流带内单一曲流带砂体构型解剖的研究基础上，结合动态资料，认识到复合曲流带含油砂体内部的不同单一曲流带砂体的切叠界面具有侧向半遮挡作用，是部分井组注采不见效或见效缓慢的主要因素，并总结了目标含油砂体内部各个井组注采受效规律。

参 考 文 献

[1]MIALL A D. Architectural element analysis：a new method of facies analysis applied to fluvial deposites[J]. Earth Science Reviews，1985，22(2)：261-308.

[2]MIALL A D. Reservoir heterogeneities in fluvial sandstone：Lessons from outcrop studies[J]. AAPG Bulletin，1988，72(6)：682-697.

[3]马中振，戴国威，盛晓峰，等. 松辽盆地北部连续型致密砂岩油藏的认识及其地质意义[J]. 中国矿业大学学报，2013，42(2)：221-229.

［4］吴胜和，岳大力，刘建民，等．地下古河道储层构型的层次建模研究［J］．中国科学：D辑，2008，38（增刊I）：111-121.

［5］岳大力，吴胜和，谭河清，等．曲流河古河道储层构型精细解剖：以孤东油田七区西馆陶组为例［J］．地学前缘，2008，15（1）：101-109.

［6］岳大力，吴胜和，刘建民．曲流河点坝地下储层构型精细解剖法［J］．石油学报，2007，28（4）：99-103.

［7］岳大力，吴胜和，程会明，等．基于三维储层构型模型的油藏数值模拟及剩余油分布模式［J］．中国石油大学学报：自然科学版，2008，32（2）：21-27.

［8］于兴河．油田开发中后期储层面临的问题与基于沉积成因的地质表征方法［J］．地学前缘，2012，19（2）：001-014.

［9］季敏，王尚旭，李生杰，等．物理模型的地震属性预测效果分析［J］．石油勘探与开发，2007，34（3）：339-341.

第一作者简介：何康，2011年毕业于中国石油大学（北京），工程师，现从事油气田开发地质研究，邮箱：hekang@cnooc.com.cn，电话：18622462741。

通讯地址：天津滨海新区海川路2121号渤海石油管理局B座；邮编：300459。

高含水期老油田低渗难采储层挖潜策略及提高采收率实践
——以 A 油田 α 层为例

李威　张伟　代玲　朱义东　邹信波

[中海石油(中国)有限公司深圳分公司]

摘　要　受早期珠江口盆地油田开发策略制约,相当规模低渗难采储层得不到有效动用,如何经济有效地动用好这类储量,A 油田 α 层通过工业化试采、挖潜策略转变、新技术尝试,开辟了海域低渗难采储层整体开发先例。文中总结了 α 层在挖潜策略及提高采收率新技术的实践与经验:"引水增能"理念实现从避水到引水的转变,解决了低渗储层内部能量不足问题;依据油田自身特点,采用"轮动挖潜"实施策略将调整井风险最小化;利用"老支新芽"MRC 技术,极大地增大了井筒油藏接触面积;爆燃压裂酸化技术为海上低渗储层改造增产提供了有效途径。上述实践认识在提高 α 层开发效率及经济性取得了显著成效,对类似低渗难采储层的挖潜和开发具有重要借鉴意义。

关键词　低渗难采　引水增能　轮动挖潜　MRC 技术　爆燃压裂酸化

1　引言

长期以来,珠江口盆地油田"少井高产、先肥后瘦"的开发策略使得相当规模的难采储量(因低渗、油稠或油层薄)得不到有效动用。而随着老油田的逐年开发,主力丰产层挖潜空间逐渐枯竭,如何更有效、更经济地动用好这类资源,对老油田后期增产稳产显得尤为重要。

A 油田主力 2500 油藏,根据储层物性特征分为下部丰产层和上部(SL1 ~ SL4 小层)低渗 α 层,在生产 20 年来,油藏整体进入特高含水阶段,下部丰产层采出程度高达 50% 以上,而上部 α 层一直被视为"禁区"。2006 年以来,通过挖潜策略转变、一系列新技术攻关尝试等,开辟了海域低渗难采储层工业化动用,截止已累积贡献产量超 $150 \times 10^4 m^3$,保证了老油田近六年的连续稳产。为更好指导海域类似难采储层动用挖潜和技术推广,对 A 油田 α 层挖潜策略及提高采收率实践经验进行分析总结是非常有必要的。

2　α 层动用难点

1)物性差,产能低

α 层属海陆过渡相,以泥质粉砂岩为主,SL2、SL4 小层夹杂灰质致密层,小层物性差，测井解释渗透率在 10~200mD，其中 70% 区域的井点渗透率低于 50mD，部分井点甚至低于 10mD。早期 DST 测试结果表明，若单独以 α 层作为一套层系开发，定向井射孔生产采液指数仅 18.4m³/(d·MPa)，若按常规开采理念，即使放大生产压差下，高含水期单井日产油量仅为 7.6m³，经济性开采和规模化动用受到限制。

2）早期 α 层驱替能量不足

α 层试采尝试始于 2003 年部署 23H 水平井，投产后一度间歇性生产（图 1），不到三个月后被迫关井。分析认为其中一个很重要的原因是上部低渗 α 层驱替能量供应不足：底水油藏驱替过程中，油水界面不断抬升，下部丰产层由于物性好、强水淹状态，水动力场强，生产压差传递容易；而处于未动用状态的 α 层及其附近区域水动力场弱，底水难以借助层间窜流递进到上部低渗区域。

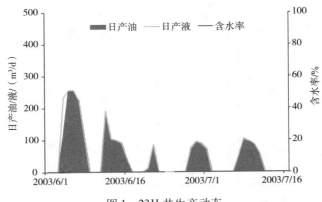

图 1 23H 井生产动态

早期一直被视为开采"禁区"，但随着油田特高含水期的到来及下部丰产层资源逐步枯竭，对 α 层的动用日趋迫切。继 2003 年试采以来，在多批次精细地质油藏研究基础上，通过不断摸索、尝试、总结，逐步实现了对相对储量规模的 α 层整体开发。

3 整体挖潜策略转变

3.1 引水增能

"引水增能"方法的提出是在试采失利水平井 23H 基础上得到的经验和启示。2003 年 23H 井试采 α 层时因地层能量不足，间歇生产 3 个月后，被迫侧钻到高渗 SL8 层，以双分支水平井 23Ha 进行完井（保留 23H 水平段），投产后生产状况较好，井口压力达到 1.0~1.4MPa，不存在能量供应问题，由于距离油水界面较近，底水能量快速补充，含水率基本在 80% 以上（图 2）。

同时，于 2009 年在 23H 井附近顶部 SL1、SL3 小层部署水平井 27H1，投产后生产动态（如图 3）表现出产液量较稳定，不存在能量不足现象。从 23H、23Ha、27H1 这三口井不同时间下的生产动态表明：只要有效的布井和合理的开发，将油藏本身较强的边、底水逐渐引到油藏内部，上部低渗难采储层是可以转化成可动储量而被采出来的。

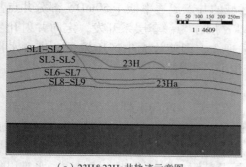
（a）23H&23Ha井轨迹示意图

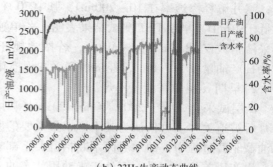
（b）23Ha生产动态曲线

图2　23H&23Ha井轨迹示意及生产动态

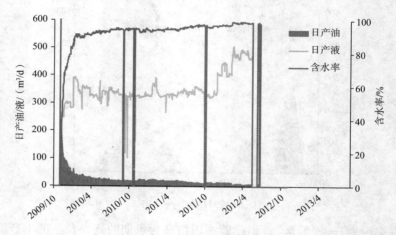

图3　27H1井生产动态

鉴于前面的探索，大胆提出"引水增能"新理念以解决能量不足问题。即依照"自下而上、合理有序、逐步引导"开发政策，不失时机将能量引到油藏内部，实现底水油藏从避水到引水的转变，并发挥边底水、夹层和开发政策三者的耦合作用，达到自食其力，开发好油田和提高油田采收率的目的。基于新理念的指引，指导了近年调整井的部署及α层的逐渐动用，统计2009年以来调整井的初产和增油情况（图4）可以看出，随着能量逐渐引入α层内部，调整井初产油逐年呈现增加趋势，单位长度增油量也呈现逐年增大趋势，从而极大地提高了α层动用程度和采收率。

3.2　轮动挖潜

随着α层整体挖潜和水淹程度增大，后续调整井也逐渐转向井间加密和井网扩边，如何更好防范风险，基于A油田特点，总结出了"轮动挖潜"的实施策略（图5）。即以精细地质油藏研究为基础，以整体开发方案为基调，以"证实区挖潜＋深层过路评价＋领眼探边评价"进行轮次滚动实施，以保证潜力基础上尽量将风险最小化。

具体体现为：2012年基于整体开发方案，在高部位证实区和井网未完善区实施12H1、27H2，5H2；2013年对油田新发现的深层储量集中挖潜，过路2500层落实潜力；2014年在领眼井25P1和11P1分别落实构造边北部和东南部潜力基础上，实施25H1和11M2进行扩边；2015年在深层过路井14PH（2011）的证实潜力区，实施26H1井间加密；2016年

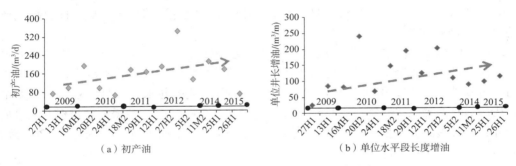

（a）初产油　　　　　　　　　　　（b）单位水平段长度增油

图 4　2009 年以来 α 层调整井逐年开发效果对比

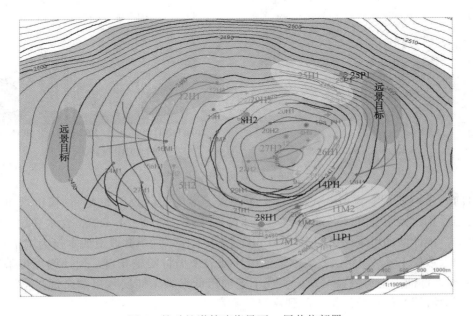

图 5　轮动挖潜策略指导下 α 层井位部署

计划在深层过路井 8H2（2014）和 28P1（2014）的证实潜力区，实施加密井 29H2、17M2；未来仍将在过路或邻眼落实基础上，对边部远景潜力目标实施落实和挖潜。

在相关策略指导下，"十二五"期间 α 层共计实施调整井 8 口，平均单井初产 $211m^3/d$，预测累积增油 $94 \times 10^4 m^3$，平均单井增油量 $10 \times 10^4 m^3$ 以上，提高 α 采出程度近 21.8%，效果显著。

4 提高采收率新技术实践

基于物性差、产能低、难动用特点，α 层自试采以来，通过不断矿场试验，摸索出一系列适合海上低渗储层解放产能、提高采收率的新技术，确保了高效经济开发。

4.1 "老枝新芽"MRC 技术

低渗储层，由于泄油面积和驱油效率有限，长期水驱下零星剩余油广泛发育，受制于常规手段经济性挖潜受限，为有效解决近井地带剩余油资源利用问题。大胆提出"老枝发新芽"新思路，即在生产水平井 MRC 技术：在现有生产井井筒内，从裸眼水平段合适位置,悬空划槽派生若干分支位移井眼,不下入任何下部完井管串裸眼完成,即可增加产油量的提高采收率技术。

29H1 井进行了海域首次先导试验。该井老支 2011 投产生产 4 个月后,因井壁泥岩垮塌,产液和产油急剧降低,若无任何改造下,井控储量最终采出程度不足 15%。对此,在潜力分析基础上,2012 年制定 MRC 措施方案(图 6),从原井水平段悬空划槽派生两个分支,措施后日产油从 33m³ 增至 183m³,实现年增油 2.5×10⁴m³,使得侧钻目标井变身成为高产井,预计最终井控储量采收率提高 15% ~20%。当年油价下,总花费仅 1200 万元,创收达 2 亿元人民币,降本增效突出。

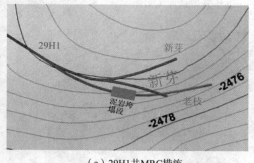

（a）29H1井MRC措施

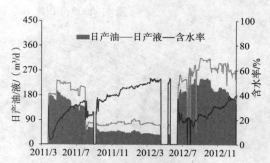

（b）29H1措施前后生产动态

图 6 · 29H1 井 MRC 技术

目前 α 层已累积实施 MRC 改造技术 7 井次,措施前后效果如表 1,可以看出:增效上,措施后相比措施前提高产油约 2 ~7.3 倍,提高液量 1.5 ~4.3 倍,含水平均降幅可到 22% 以上,预计增加可采储量超 17×10⁴m³;降本上,平均单井改造成本仅为调整井的 1/3,平均作业天数仅 12d,当年回收成本。油田计划未来仍将实施 6 口,预计增加可采储量近 15×10⁴m³,低油价下可效益可观。实现了老油田低渗难采储层零星剩余油挖潜和高效经济开发,对海域类似储层的推广起到一定借鉴意义。

表 1 α 层 MRC 措施前后效果对比

井号	MRC 措施前			MRC 措施后				综合评价		
	产油/ (m³/d)	产液/ (m³/d)	含水/ %	投产日期	产油/ (m³/d)	产液/ (m³/d)	含水/ %	产油 倍比	产液 倍比	含水 降低/%
29H1	33	71	53.1	2012/7/14	184	236	22.2	5.5	3.3	-30.9
24H1	20	99	79.6	2013/2/19	83	295	71.8	4.1	3	-7.8
21H1	30	152	80.5	2014/1/25	122	280	56.7	4.1	1.8	-23.8
13H1	31	127	75.6	2014/2/13	142	308	54.1	4.6	2.4	-21.5
5H2	20	80	74.6	2014/10/12	88	342	73.8	4.3	4.3	-0.8
16MH	15	256	94	2014/10/29	111	391	66.7	7.3	1.5	-27.3
27H2	36	623	94.3	2015/11/11	70	1202	94	2.0	1.9	-0.3

4.2 爆燃压裂酸化技术

受海上特殊的油藏条件、完井方式、平台规模等限制,目前主要的压裂、酸化等常规增产措施手段有限。对此，引入了一种适合海上低渗透储层的改造技术——"爆燃压裂酸化"复合增产技术。

"爆燃压裂酸化"复合增产技术，即使用物理和化学复合方法进行增产(图7)。物理方法即爆燃压裂，采用火药或推进剂在井筒中燃烧产生的动态高压气体对地层进行压裂，形成辐射状多裂缝油流通道；化学方法即酸化，解除近井堵塞，沟通渗透通道，进一步防止裂缝闭合，增强物理效果。

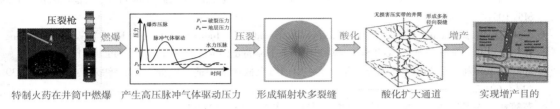

特制火药在井筒中燃爆　产生高压脉冲气体驱动压力　形成辐射状多裂缝　酸化扩大通道　实现增产目的

图7　爆燃压裂酸化复合增产技术示意图

以6井为例，2015年1月，该井因井下设备故障关停，关停前日产油井68m³/d，通过油层参数分析，认为上部物性差，产能低，鉴于SL6层为一泥质夹层，有较好隔水作用，以关停为契机对SL1-5小层进行爆燃压裂酸化(图8)，措施后日产油117m³，一跃成为油田第一高产井，产液提高约2.4倍，含水降低5%，预计增加可采近2.4×10⁴m³。作为一口典型小措施大效益井，25d回收作业成本。也推动了19H和14S2两口井的爆燃压裂酸化作业进程。

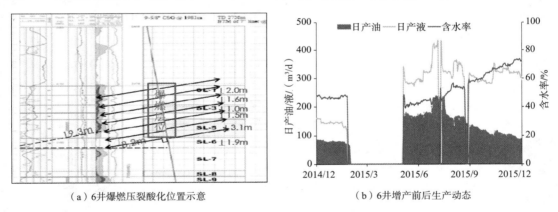

（a）6井爆燃压裂酸化位置示意　　　　　　（b）6井增产前后生产动态

图8　6井爆燃压裂酸化技术

由此可见，爆燃压裂酸化技术为海上低渗储层改造增产提供了一种有效途径，作为首家中国海上油田的成功实施，未来海域其他低渗储层具有广阔应用前景。

5　结束语

随着在生产老油田优质产层动用程度增大，深层古近系低品位油田相继发现，低渗日益成为南海东部海域勘探开发、增储上产的重要领域。受制于物性差、海上油田开发特殊性等，难以实现有效动用和整体高效开发，近年来通过对A油田低渗α层的摸索、尝试、总结，利用新理念转变挖潜策略，指导油藏整体开发生产，利用新技术解放低渗产能，提高油田采收率及经济性，不仅成功开发好了相当储量规模的低渗储层，同时，这些宝贵的经验对类似难采储层的挖潜和开发提供了很好的借鉴意义。

参 考 文 献

［1］邹信波，杨云，许庆华，等．珠江口盆地难采储层工业化试采矿场实践［J］．中国海上油气，2011，23（30）：166-169．

［2］邹信波，许庆华，李彦平，等．珠江口盆地（东部）海相砂岩油藏在生产井改造技术及其实施效果［J］．中国海上油气，2014，26（3）：86-92．

［3］S. P. Salamy, H. K. AL-Mubarak et al. MRC Wells Performance Update：Shaybah Field, Saudi Arabia［J］. SPE 105141，2007．

［4］Abdulaziz O. Al-Kaabi, Nabeel I. Al-Afaleg et al. Haradh-Ⅲ：Industry's Largest Field Development Using Maximum-Reservoir-Contact Well Smart-Well Completions and I-Field Concept［J］. SPE 105187，2007．

［5］孙林，宋爱莉，易飞，等．爆压酸化技术在中国海上低渗油田适应性分析［J］．钻采工艺，2016，39（1）：60-62．

［6］黄毓林．爆燃压裂工艺技术［J］．油气井测试，1993，2（4）：24-33．

　　第一作者简介：李威2014年毕业于中国石油大学（北京）油气田开发专业，工程师，现从事油藏工程研究，邮箱：liwei154@cnooc.com.cn，电话：18565578361。

　　通讯地址：深圳市南山区后海滨路（深圳湾段）3168号中海油大厦A座1405室；邮编：518000。

老油田增油降水中的几项定量预测

陈朝辉　姚为英　史长林　朱宝坤　尹彦君

（中海油能源发展工程技术公司）

摘　要　针对渤海 A 油田水驱含水率上升过快的现状，计划实施聚合物驱开发，其中先导试验井组筛选、聚合物段塞优化及风险分析极为重要。首先采用模糊评判方法，针对三类井网（反九点法、五点法、加密五点法）共 8 个井组进行评价，再经 7 项指标定量考核，加密五点法 8 号井组最优，推荐为先导试验井组。在此基础上，开展聚合物驱段塞优化，应用正交设计方法对聚合物段塞大小和浓度进行设计，运用多元回归方法得到累计增油量和净现值及其影响因素间的函数模型，利用蒙特卡洛方法对函数模型进行分析预测，得到累计增油量的大小与概率，同时得到影响因素大小分布；在最优区间精细加密后，进一步得到最优段塞结果。最后考虑聚合物性能及地质、油藏差异对驱油效果影响，进行了定量研究。首先运用正交设计与数值模拟方法，建立了影响聚合物驱效果的 8 项因素与提高采收率幅度间函数模型，然后运用蒙特卡洛方法预测，不但得到 8 项因素的权重分布，而且计算出提高采收率幅度与概率分布结果。最后，应用数值模拟计算对预测结果进行检验，误差小于 5%，说明该方法稳定、可靠，可以为聚合物驱油风险分析提供定量预测。

关键词　模糊评判　增油降水　正交设计　定量预测

1　前言

聚合物驱作为油田开发稳产和增产的重要手段，在我国的大庆、胜利、克拉玛依等主要油区都进行了矿场试验并取得巨大成功。渤海 A 油田属于边水油藏，含水率高达 79.9%，采出程度仅为 9.7%。虽已采取优化注水、分层开发等措施，但效果不理想，故针对单独开发的主力层 Nml^3 开展聚合物驱研究。首先，先导试验井组的筛选是聚驱方案效果的重要环节，研究采用模糊评判方法，提供了定量计算结果，避免了凭借经验选取的不足之处。其次，段塞优化是聚合物驱油效果的重要保证，能提高聚合物的使用效率。传统优化方法局限于单因素敏感性分析，反复应用油藏数值模拟计算迭代优化目标，计算量大而繁琐，此方法不能充分考虑各参数之间的交互作用，难以获得最佳方案。耿站立等人的研究虽然减少了试验次数，但优化结果不具连续性，不能找到因素和响应值之间的明确回归方程，从而无法找到整个区域上因素的最佳组合和响应值的最优值，急需开展新方法的研究。最后，一般聚合物驱研究只与水驱结果作对比，或通过室内物理模拟实验指导实际生产。刘朝霞等人对水驱预测经验公式进行改进，可考虑聚合物溶液黏度、注入孔隙体积倍数及最大残余阻力系数等对聚合物驱效果的影响，但其适用范围受一定限制；此次考虑影响聚合物驱效果的 8 项因素，定量预测聚合物驱提高采收率幅度及概率分布，为聚合物驱相关决策提供依据。

2 油田概况

渤海 A 油田以 $Nm1^3$、$Nm2^3$、$Nm3^2$、$Nm4^1$ 为主力储层，占全区总储量 70%，其中 $Nm1^3$、$Nm2^3$ 属于底水油藏，黏度 258mPa·s，采用天然能量开发；$Nm3^2$、$Nm4^1$ 层属于边水油藏，黏度 77mPa·s，单独采用反九点注采井网开发，边部采用面积注水井网。目前整体采油速度 1.0%，虽采取优化注水、分层开发等措施，但效果不理想，故针对单独开发的主力层 $Nm3^2$、$Nm4^1$ 开展聚合物驱方案研究。

3 先导试验井组的模糊评判筛选

3.1 先导试验井组设计

为筛选最佳试验井组，设计了三种井网类型：反九点法 2 个、五点法 2 个、加密井网 4 个，共计 8 个井组，具体可见图 1。

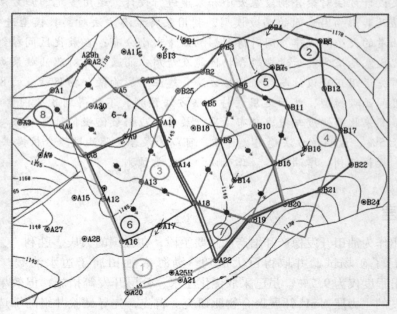

图 1　先导试验井组设计结果示意图

8 个井组方案中，九点法井网选取了受边水影响较小、井网相对完整的 1 号和 2 号井网方案；五点法井网选取了 3 号和 4 号方案；加密井网方案考虑到加密井的成本及剩余油分布情况，选取 5、6、7、8 号井网方案。

3.2 井组聚合物驱计算

聚合物驱参数设定如下：注采速度参照水驱历史拟合最后三个月的生产数据，转注井配注量依据井组注采平衡原则确定，各井组增油量、聚合物分布等参数结果见表 1 和表 2。

表1   各井组聚合物驱计算结果

项目	No. 1	No. 2	No. 3	No. 4	No. 5	No. 6	No. 7	No. 8
水驱累产油/$10^3 m^3$	632	669	271	118	225	237	134	806
聚驱累产油/$10^3 m^3$	773	1133	337	190	276	284	184	944
累积增油量/$10^3 m^3$	141	463	67	72	51	47	50	138
聚合物累用量/t	5818	5218	3524	2449	1999	1431	1757	2967
吨聚增油量/t	24.2	88.7	19.0	29.4	25.5	32.8	28.5	46.5
水驱含水率/%	97.7	97.9	99.0	99.2	95.3	96.3	97.4	97.1
聚驱含水率/%	99.1	97.3	98.4	99.6	95.7	97.0	97.1	97.6
第一段塞/年	5.2	5.2	3.4	5.5	1.8	3.0	2.0	2.0
第二段塞/年	7.1	7.0	4.6	7.1	2.9	4.2	3.1	3.3
第三段塞/年	10.2	16.6	10.2	13.2	9.9	10.4	9.3	11.1
后续水驱/年	16.5	25.6	14.9	18.9	17.0	16.6	15.4	18.9

表2   各井组聚合物驱分布结果

项目		No. 1	No. 2	No. 3	No. 4	No. 5	No. 6	No. 7	No. 8
聚合物分布	保留在水中	61.9%	54.8%	80.2%	72.7%	67.6%	61.4%	66.5%	40.9%
	吸附储层中	10.2%	9.5%	11.9%	13.3%	12.9%	13.8%	13.4%	9.4%
	回收产出	27.9%	35.7%	7.9%	14.0%	19.4%	24.8%	20.2%	49.0%
聚合物产出	井组外回收	14.5%	4.6%	9.6%	30.7%	13.2%	18.1%	8.8%	0.1%
	井组内回收	85.5%	95.4%	90.4%	69.4%	86.8%	81.9%	91.1%	99.9%

根据各井组聚合物驱计算结果，统计并计算了各井组方案的聚合物费用、新井费用、油井转注费用及累计费用等(具体费用值大小可根据实际情况进行调整，此文研究取值为：聚合物每吨2500元，新井每口3500万元，转注(抽)每口井300万元)，具体见表3。

表3   聚合物驱方案成本投入分析

名称	聚合物/t	聚合物/万元	新井支出/万元	转注支出/万元	总计/亿元
No. 1	5818	1454.50	0	600	0.79
No. 2	5218	1304.50	0	1200	0.77
No. 3	3524	881.00	0	900	0.53
No. 4	2449	612.25	0	600	0.37
No. 5	1999	499.75	14000	600	1.71
No. 6	1431	357.75	14000	600	1.64
No. 7	1757	439.25	14000	300	1.65
No. 8	2967	741.75	10500	300	1.45

3.3   模糊评判筛选分析

先导试验井组的主要作用是验证聚合物驱技术对于A油田的有效性，同时可为后续扩大井组试验和推广应用提供借鉴。因此，先导试验井组筛选时，主要考虑以下方面指标：

试验井组提供信息的质量、井组的封闭性和非均质性、现场的可实施性、注聚时间、投资规模、经济性等方面考虑；各项指标所占权重可根据实际问题调整，在先导试验井组中，提供信息的质量、井组的封闭性所占权重最大，取值 5，其余指标依次降低，经济性所占权重最小，取值 1，具体结果可见表 4。

表 4　聚合物驱井组综合评价表

项目	信息质量	井组封闭性	非均质性	现场可实施性	注入时间	投资规模	经济性	得分
权重	5	5	4	3	3	2	8	300
No. 1	2	5	3	6	3	5	1	92
No. 2	3	6	1	6	5	6	9	166
No. 3	0	1	2	4	1	7	5	82
No. 4	3	4	4	4	7	8	7	156
No. 5	1	2	5	2	3	1	4	84
No. 6	2	3	6	2	4	2	6	119
No. 7	7	7	1	2	5	2	3	143
No. 8	8	8	8	8	6	3	8	224

根据表 1 与表 2 中计算结果，对各井组方案的 7 项指标进行评价，单因素满分为 10 分，总分为 300 分。经过评价打分，No. 8 号井组得分最高，为 224 分；No. 7 井组得分次之。经过综合分析，No. 8 号井组位于区块边部，可降低对目前区块开发的影响程度，故选定 No. 8 号井组（4 注 9 采，五点法加密井网）。

4　基于蒙特卡洛的聚合物驱段塞精细优化

4.1　聚合物驱段塞设计及初步筛选

1）段塞设计

聚合物驱段塞组合方式一般为三级聚合物段塞，再加后续水驱段塞，各段塞大小与聚合物浓度分别设计高、低 2 个水平，即 7 因素 2 水平（表 5）。

表 5　聚合物驱段塞参数取值

项目	注入孔隙体积倍数				浓度/mg·L^{-1}		
	段塞 1	段塞 2	段塞 3	段塞 4	段塞 1	段塞 2	段塞 3
低	0.0	0.0	0.0	0.6	1400	900	300
高	0.2	0.4	0.2	1.0	2000	1500	700

2）段塞设计预测

为了取得精确结果，研究设计采用 L_{12}（7 因素 2 水平）正交设计（表 6）。聚合物驱段塞优化主要考虑净现值与注入时间，累计增油量与吨聚增油量作为参考，目的是将试验效果和经验及时应用于全油田。净现值是根据注聚的前期投入、每年的成本、收入等进行核算，预测指标为油藏模拟计算结果，具体计算结果见表 6。

表6　正交设计及计算结果

编号	注入孔隙体积倍数				浓度/mg·L⁻¹			累计增油量/10⁴m³	吨聚增油量/10⁴m³·t⁻¹	净现值/MM $	注入时间/a
	段塞1	段塞2	段塞3	段塞4	段塞1	段塞2	段塞3				
1	0.2	0.4	0.0	1.0	1400	900	0	41.0	18.90	8.80	8.85
2	0.2	0.0	0.0	0.6	2000	0	0	29.5	21.80	−6.50	7.18
3	0.0	0.4	0.2	0.6	0	900	300	30.8	21.62	3.32	6.91
4	0.2	0.0	0.0	0.6	1400	1500	0	51.0	17.10	8.52	12.86
5	0.2	0.0	0.0	1.0	2000	0	300	34.0	21.81	−3.36	9.22
6	0.2	0.4	0.2	0.6	2000	900	700	51.5	16.89	2.19	14.19
7	0.0	0.4	0.0	1.0	0	1500	0	41.1	20.25	6.10	8.72
8	0.0	0.0	0.0	1.0	0	1500	300	43.3	19.37	7.52	10.73
9	0.0	0.0	0.2	0.6	0	0	700	10.7	22.57	−20.19	2.15
10	0.0	0.0	0.0	1.0	1400	0	700	30.8	21.68	4.96	6.16
11	0.0	0.0	0.0	1.0	0	0	0	0.0	0.00	0.00	0.00
12	0.0	0.0	0.0	0.0	0	0	0	0.0	0.00	0.00	0.00

3）蒙特卡洛分析

通过多元线性回归，得到目标函数（净现值、累计增油量、吨聚增油量和注聚时间）同7个变量因素之间的关系式：

$$NPV = 23.35x_1 - 0.001x_2 + 15.98x_3 + 0.003x_4 - 1.192x_5 - 0.006x_6 + 11.846x_7 - 13.35 \quad (1)$$

$$CIO = 102.1x_1 + 0.0003x_2 + 12.42x_3 + 0.017x_4 + 62.54x_5 - 0.01x_6 + 1.406x_7 + 1.814 \quad (2)$$

$$OPP = 318.1x_1 + 0.002x_2 - 140x_3 + 0.082x_4 + 465.1x_5 - 0.02x_6 - 14.436x_7 + 82.91 \quad (3)$$

$$TIME = 24.52x_1 + 0.0004x_2 + 4.3476x_3 + 0.0035x_4 + 23.1927x_5 - 0.0047x_6 - 1.4013x_7 + 1.26 \quad (4)$$

式中，NPV 为净现值，MM $；$CIO$ 为累计增油量，$10^4 m^3$；OPP 为吨聚增油量，$10^4 m^3 \cdot t^{-1}$；$TIME$ 为聚合物注入时间，a；x_1 为第1段塞体积，注入孔隙体积倍数；x_2 为第1段塞浓度，$mg \cdot L^{-1}$；x_3 为第2段塞体积，注入孔隙体积倍数；x_4 为第2段塞浓度，$mg \cdot L^{-1}$；x_5 为第3段塞体积，注入孔隙体积倍数；x_6 为第1段塞浓度，$mg \cdot L^{-1}$；x_7 为第4段塞体积，注入孔隙体积倍数。

根据多元线性回归结果，对比4个目标函数的实际值和预测值，除吨聚增油量回归效果稍差外，其他3个函数回归较好。

为简化，对各段塞体积和浓度不确定性参数均取均匀分布，$U(a, b)$ 中 a 代表最小值，b 代表最大值。例：第1段塞体积采用均匀分布时，体积大小在 0～0.2 倍注入孔隙体积倍数之间取任何值的概率是相同的，应用蒙特卡洛模拟方法对输入参数进行了10000次随机组合，计算得出：影响累计增油量的主要因素是第2段塞体积、第1段塞体积和第2段塞浓度，而后续保护段塞及第1段塞浓度对累计增油量影响相对较小；同时确定累计增油量为 $40.2 \times 10^4 m^3$ 时发生概率为90%，累计增油量为 $46.6 \times 10^4 m^3$ 时发生概率为50%，

累计增油量为 $53.2 \times 10^4 m^3$ 时发生概率为 10%。

应用回归结果，对全组合方案的累计增油量和净现值进行预测，根据预测结果（图2），随着聚合物用量增大，净现值先上升后下降，累计增油量单调递增；对应累计增油量发生概率为 90% 和 10% 的聚合物用量为 1600～3000kg（图中绿色阴影部分），同时为净现值较高的方案分布范围，故在此最优区域加密方案部署，寻求最优方案。

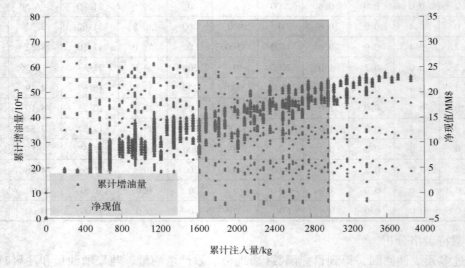

图2　全组合方案预测结果

4.2　聚合物驱段塞精细优化

在聚合物用量最优区间内，优化聚合物段塞参数，进一步细化设计 20 套方案，设计过程中重点应用前文敏感性分析结论：主要考虑第 2 段塞体积、第 1 段塞体积和第 2 段塞浓度，而忽略后续水驱等影响相对较小的因素；再应用蒙特卡洛方法预测得图3结果，在加密方案结果中，净现值先上升后下降，进一步缩小最优区间范围为 2100～2700kg（图3中阴影部分）。

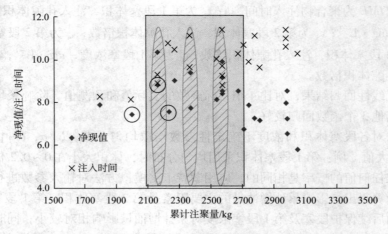

图3　优势区间加密方案预测结果

4.3　推荐段塞优化分析

将分布于优势区间 2100 ～ 2700kg（图 3 阴影部分）的方案整理（包括之前正交设计结果，方案编号 1、4、8，见图 3 中圆圈包含的点），在优势区间中选取净现值最高的 3 个方案进行初步推荐（见图 3 中斜线区域内 3 个高点），3 套方案结果见表 7。综合分析推荐编号 32 方案，因为其注入时间相对较短，利于指导油田扩大注聚工作。

表 7　推荐方案结果

编号	注入孔隙体积倍数				浓度/mg · L^{-1}			累计增油量/10^4m^3	吨聚增油量/10^4m^3 · t^{-1}	净现值/MM $	注入时间/a
	段塞 1	段塞 2	段塞 3	段塞 4	段塞 1	段塞 2	段塞 3				
15	0.2	0.4	0	0.8	1700	900	0	44.8	14.4	9.4	9.6
27	0.2	0.4	0	0.8	2000	900	0	45.1	15.1	9.8	9.7
32	0.2	0.4	0	0.8	1400	900	0	44.9	16.6	10.3	9.3

5　老油田增油降水中的风险定量预测

5.1　聚合物驱效果影响因素分析

聚合物驱油开发过程是一项复杂的系统工程，该研究中考虑了 8 项相关影响因素。与聚合物性能相关的 4 项因素包括黏度保留率、储层剪切系数、储层渗透率下降系数和聚合物在储层的吸附系数。黏度保留率（VIS）为聚合物溶液刚刚进入储层时的黏度值与其充分溶解后的黏度值之比，溶液进入地层前已经过地面加压泵、地面管汇、水井管柱、炮眼等处剪切，黏度值存在一定程度下降，此处取原始黏度值的 55% ～ 75%；剪切系数（SHEAR）为储层对聚合物溶液的剪切程度，在原始取值基础上上下浮动 15%；渗透率下降系数（RRF）为聚合物溶液驱替前后储层渗透率的比值，取值 1.2 ～ 2.2；吸附系数（ADS）为单位质量储层岩石对聚合物的吸附量，参考类似油藏状况可取值 1.7×10^{-7} ～ 3.7×10^{-7} g/g。与地质和油藏密切相关的 4 项因素包括矿化度、地层温度、储层岩石不可及孔隙体积和井组含水率。矿化度（SALT）为实际测量结果，介于 1500 ～ 4000mg · L^{-1}；油藏温度（TEMP）一般随深度增加而增大，该井组油藏温度为 55 ～ 65℃；岩石不可及孔隙体积（IPV）为储层地质特征，取 5% ～ 15%；井组含水率（GWCT）是指某一时刻先导试验井组综合含水率，能够表征此刻井组内油水分布状况，而聚合物驱油方案实施存在提前或推迟可能，故选取最可能实施注聚方案的 3 个时间点进行数值模拟计算即可：2018 年底对应 93.8%、2017 年底对应 93.2%、2016 年底对应 92.2%。

聚合物性能在各研究中差异较大，其指标性能除受储集层性质、工程工艺等外界因素影响外，主要取决于其自身特性。针对该研究中先导试验井组情况，各项指标取值见表 8。

表 8 聚合物驱效果影响参数及取值

指标	取值		
	上限	中值	下限
VIS	0.55	0.65	0.75
RRF	1.2	1.7	2.2
ADS/10^{-7}g·g^{-1}	1.7	2.7	3.7
SALT/mg·L^{-1}	1500	2750	4000
TEMP/℃	55	60	65
SHEAR/%	15	0	−15
IPV/%	5	10	15
GWCT/%	93.8	93.2	92.2

注：各参数取 3 个水平，以完善 2 水平正交设计结果。

5.2 聚合物驱风险计算

聚合物驱效果影响因素复杂，简化处理各因素为相对独立变量，采用蒙特卡洛方法进行定量分析。

1）正交设计及应用

研究过程涉及 8 种因素评估，取值已在表 9 中给出，结合正交试验设计的特点，试验设计采用 L12（8 因素 2 水平）正交设计，具体见表 9。根据正交设计结果，应用 ECLIPSE 油藏数值模拟器聚合物驱模块完成计算，得到相对水驱开发的提高采收率幅度，其值介于 4.8% ~ 10.7% 之间。

表 9 正交设计及计算结果汇总

序号	VIS	RRF	ADS/10^{-7}g·g^{-1}	SALT/mg·L^{-1}	TEMP/℃	SHEAR/%	IPV/%	GWCT/%	EOR/%
1	0.75	1.2	3.7	1500	55	+15	15	93.8	6.3
2	0.75	2.2	1.7	4000	55	+15	5	93.8	7.2
3	0.55	2.2	3.7	1500	65	+15	5	92.2	8.1
4	0.75	1.2	3.7	4000	55	−15	5	92.2	4.8
5	0.75	2.2	1.7	4000	65	+15	15	92.2	6.4
6	0.75	2.2	3.7	1500	65	−15	5	93.8	7.5
7	0.55	2.2	3.7	4000	55	−15	15	92.2	6.2
8	0.55	2.2	3.7	4000	65	+15	15	93.8	6.6
9	0.55	1.2	1.7	4000	65	−15	5	93.8	7.1
10	0.75	1.2	1.7	1500	65	−15	15	92.2	6.0
11	0.55	2.2	1.7	1500	55	−15	15	93.8	10.7
12	0.55	1.2	1.7	1500	55	+15	5	92.2	8.0

注：各参数取 3 个水平，以完善 2 水平正交设计结果。

2）蒙特卡洛预测模型的建立

通过多元线性回归，建立蒙特卡洛预测模型，即目标函数（提高采收率幅度）同 8 项因素间关系，见式（5）。

$$EOR = -7.083 \cdot x_1 + 0.940 \cdot x_2 - 26559.968 \cdot x_3 - 0.001 \cdot x_4$$
$$- 0.025 \cdot x_5 + 0.167 \cdot x_6 - 0.833 \cdot x_7 + 0.325 \cdot x_8 - 640.218 \qquad (5)$$

式中，EOR 为提高采收率幅度，%；x_1 为 VIS；x_2 为 RRF；x_3 为 ADS，10^{-7} g/g；x_4 为 SALT，mg/L；x_5 为 TEMP，℃；x_6 为 SHEAR，%；x_7 为 IPV，%；x_8 为 GWCT。

根据多元线性回归结果重新预测目标函数，将预测结果与油藏数值模拟计算结果对比，结果见图 4。由图 4 可知，提高采收率幅度与目标函数回归较好，可以用于 8 个因素的全方案预测。

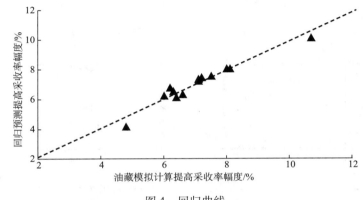

图 4　回归曲线

3）蒙特卡洛模型预测结果及分析

考虑各参数分布的一般规律，将 8 项因素取值概率均取正三角分布。例如，温度取值范围为 55~65℃，中值为 60℃，则随机抽取该因素时的概率满足正三角分布原则。

应用蒙特卡洛模拟方法对输入参数进行了 20000 次随机组合，计算出 8 项影响因素与提高采收率幅度关系（表 10）。由表 10 可知，影响提高采收率幅度的主要因素是聚合物黏度保留率，其次为矿化度，影响最小的因素为剪切系数与不可及孔隙体积。综上可以看出，应首先选取合适的聚合物类型，注入过程中保持聚合物溶液的黏度是关键因素；其次，由于对注入水矿化度及地层水矿化度要求较高，因此，应尽力降低这 2 项因素的影响。

表 10　影响提高采收率幅度的 8 项因素分析

影响因素	排名	影响系数
VIS	1	3.6
RRF	3	3.1
ADS	5	2.5
SALT	2	3.5
TEMP	6	0.6
SHEAR	8	0.1
IPV	7	0.2
GWCT	4	2.6

蒙特卡洛方法预测聚合物驱提高采收率结果见图5。由图5可知，聚合物驱提高采收率幅度为5.68%时发生概率为90%（记为P90），提高采收率幅度为7.07%时发生概率为50%（记为P50），提高采收率幅度为8.45%时发生概率为10%（记为P10）。

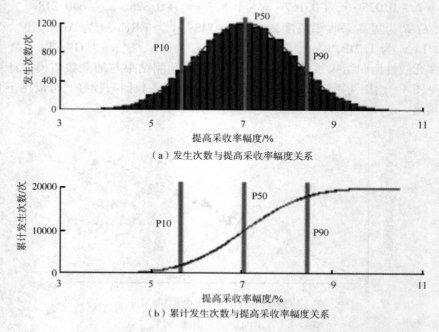

（a）发生次数与提高采收率幅度关系

（b）累计发生次数与提高采收率幅度关系

图5　蒙特卡洛方法预测聚合物驱提高采收率结果

4）聚合物驱效果预测

根据上述P10、P50、P90三套方案提高采收率预测结果，在8项因素全组合方案的预测结果中，选取相同提高采收率幅度方案进行数值模拟预测，可得3套方案预测结果：主要包括井组日产油量、含水率及累计产油量（图6～图8）。

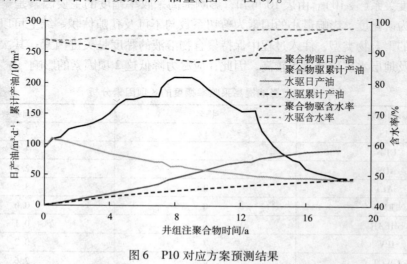

图6　P10对应方案预测结果

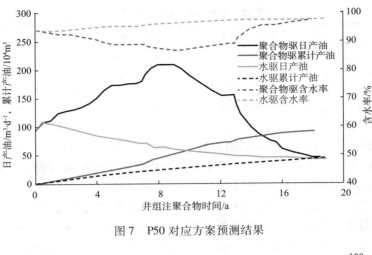

图7 P50对应方案预测结果

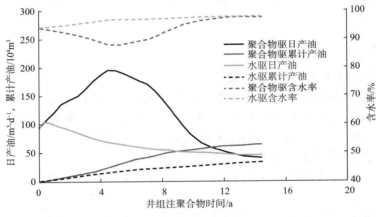

图8 P90对应方案预测结果

5.3 预测结果验证及风险分析

1)蒙特卡洛预测结果验证

为检验蒙特卡洛方法预测的准确性,将3套随机方案进行数值模拟计算,其8项参数取值及计算结果见表11,对比数值模拟计算结果与蒙特卡洛预测结果上表12。3套方案提高采收率幅度误差均小于5%,说明蒙特卡洛方法预测结果精度满足要求。

表11 油藏数值模拟计算结果

序号	VIS	RRF	ADS/ (10^{-7}g/g)	SALT/ mg·L^{-1}	TEMP/ ℃	SHEAR/ %	IPV/ %	GWCT/ %	EOR/ %
P90	0.75	1.2	3.7	1500	65	−15	15	93.8	5.63
P50	0.65	1.7	2.7	2750	60	0	10	92.2	7.06
P10	0.55	2.2	1.7	1500	65	+15	5	93.8	8.61

表 12　蒙特卡洛预测结果验证

序号	数值模拟 EOR/%	蒙特卡洛 EOR/%	误差/%
P90	5.63	5.68	0.89
P50	7.06	7.07	0.14
P10	8.61	8.45	1.86

2）风险分析

推荐聚合物驱提高采收率幅度采用 7.07%，考虑文中 8 项因素的影响，提高采收率幅度最低可降至 5.68%，最高可升至 8.45%。若油田采用保守开发策略，可按 5.68% 完成经济评价；进行预测研究时，一般采用 7.07% 即可满足要求。

推荐聚合物驱提高采收率幅度采用 7.07%，考虑此文中仅研究了 8 项因素的影响，尚存在很多不确定因素的影响，故可取提高采收率幅度最低可降至 5.68%，最高可升至 8.45%。若油田采用保守开发策略，可按 5.68% 完成经济评价；进行预测研究时，一般采用 7.07% 即可满足要求。

6　结论

1）针对先导试验井组筛选得出的结论

（1）研究提供了一套定量优化先导试验井组的方法，改善了仅凭经验选取的局限。

（2）研究过程中定量分析了井组质量、封闭性、非均质性、现场可实施性、注入时间、投资规模、经济评价等 7 项指标，最终优选出 8 号为试验井组。

2）针对聚合物驱段塞精细优化得出的结论

（1）提出了一种应用蒙特卡洛模型优化聚合物驱段塞优化的方法，能够客观得实现段塞精细优化。

（2）研究不但得到累计增油量的大小与概率分布，还得到影响因素由大到小依次为第 2 段塞体积、第 1 段塞体积和第 2 段塞浓度，而后续保护段塞大小及第 1 段塞浓度影响相对较小。

（3）此方法不但适用于聚合物段塞优化研究，还可应用于油藏工程它类似领域研究。

3）针对聚合物驱风险分析得出的结论

（1）提出了一种预测聚合物驱风险的新方法，考虑了聚合物黏度保留率、剪切系数、渗透率下降系数、吸附系数、矿化度、油藏温度、岩石不可及孔隙体积、井组含水率共 8 项参数的影响。

（2）方案设计过程采用正交设计方法，能够代表多维空间的全方案分布，避免了传统方法和单因素研究方法的弊端，使得研究过程更加客观、精确。

（3）采用蒙特卡洛分析方法，研究了 8 项因素的影响，明确了聚合物驱过程中的重要环节与注意事项，而且得出了提高采收率幅度的大小及概率分布，为聚合物驱方案制订提供了重要参考。考虑 8 项因素的最低提高采收率幅度值为 5.68%，为经济评价、风险预测提供了有力保障。

（4）预测结果经 3 套随机方案验证，最大误差为 1.86%，小于 5.00%，说明该方法准确、可靠。该方法可应用于其他领域类似问题研究中，可进行多种因素影响的定量预测。

参 考 文 献

[1] 王凤兰，石成方，田晓东，等. 大庆油田"十一五"油田开发技术对策研究[J]. 大庆石油地质与开发，2007，26（2）：62-66.

[2] EzeddinShirif Mobility control by polymers under bottom-water conditions experimental approach ［C］. SPE64506，2000.

[3] 周守为，韩明，向问陶，等. 渤海油田聚合物驱提高采收率技术研究及应用[J]. 中国海上油气，2006，18（6）：386-389.

[4] 冯其红，圆士义，韩冬. 可动凝胶深部调驱候选井筛选方法研究[J]. 石油天然气学报（江汉石油学院学报），2006，28（3）：363-386.

[5] 王敬，刘慧卿，张颖，等. 常规稠油油藏聚合物驱适应性研究[J]. 特种油气藏，2010，17（6）：75-77.

[6] 石磊. 冀东高浅北区聚合物驱注入参数优选[J]. 大庆石油地质与开发，2013，32（2）：87-91.

[7] 耿站立，姜汉桥，李杰，等. 正交试验设计法在优化注聚参数研究中的应用[J]. 西南石油大学学报，2007，29（5）：119-121.

[8] 王渝明，王加滢，康红庆，等. 聚合物驱分类评价方法的建立及应用[J]. 大庆石油地质与开发，2012，31（3）：130-133.

[9] 李俊键，马佳，刘勇，等. 基于代理模型与遗传算法的海上油田聚合物驱注入参数优化控制方法[J]. 中国海上油气，2012，24（4）：43-49.

[10] 刘丽，皮彦夫，隋新光，等. 大庆油田典型注聚区块开发效果评价与分析[J]. 佳木斯大学学报（自然科学版），2010，28（1）：81-85.

[11] 刘朝霞，王强，张禹坤，等. 一种预测聚合物驱开发动态的模型[J]. 海洋石油，2012，32（1）：53-56.

[12] 冯其红. 可动凝胶深部调驱油藏工程方法研究 ［D］. 北京：中国石油勘探开发研究院，2004.

[13] 刘露，李华斌，申乃敏，等. 渗透率变异系数对聚合物驱油影响的数值模拟研究[J]. 油田化学，2011，28（4）：414-417.

[14] 郑家朋. 基于蒙特卡洛方法的提高原油采收率潜力风险性评价[J]. 石油天然气学报，2010，32（1）：343-351.

第一作者简介：陈朝辉，开发工程师，2009 年硕士毕业于中国石油大学（华东）油气田开发工程专业，现从事油气田开发与提高采收率相关研究。E-mail：chenzhh7@ cnooc. com. cn。

低渗气藏高温高压渗流
机理表征技术

陈自立

［中海石油（中国）有限公司上海分公司］

摘　要　众所周知，气藏渗流机理是气田开发设计、动态分析、气井开采、增产工艺的理论基础，更直接影响地层参数求取、数值模拟、采收率预测的准确度。目前低渗气藏渗流机理表征参数主要通过岩心渗流实验测得，但目前国内外研究低渗气藏渗流机理实验，如：应力敏感、启动压力、水驱相渗，往往基于实验室条件（常温常压），此类环境下的实验无法考虑地层压力、温度对渗流的影响，导致渗流实验结果与真实渗流情况相差较大，进而造成低渗气藏后期开发研究成果误差增大。针对低渗气藏如何在地层条件下（高温高压）进行渗流机理表征实验是这类气藏渗流实验的关键所在。本文通过攻关研究，形成了低渗气藏在高温高压条件下的渗流机理表征实验方法，选取了气田三个层位21块岩心在地层条件下进行实验。实验结果表明，高温高压下束缚水饱和度更低，残余气饱和度更大，水驱气效率更低，应力敏感较常规测试弱。该技术实验结果已经在N气田数值模拟、产能评价以及开发方案编制中得到了应用，为保障低渗气田开发研究成果的准确度提供了技术支撑。

关键词　厚层低渗　高温高压　常温常压　机理表征

1　引言

　　储层渗流机理是气藏产能评价、数值模拟、开发方案编制、生产动态等气藏工程研究重要基础，目前研究的海上N气藏属海上厚层低渗气藏，呈现储层巨厚，低孔、低渗，多产层，纵横向上储层非均质性强等特点。对于这类厚层低渗气藏，其渗流机理在国内外鲜有相关研究文献，因此其应力敏感、启动压力、水锁污染与解除、气水两相渗流等非线性渗流问题都需要进行研究。但目前业界关于低渗气藏渗流研究的方法主要基于实验室条件，未考虑无法考虑地层条件（高温高压）对储层渗流的影响，这与实际地层条件下的渗流条件存在较大的差异。

　　本次研究针对上述问题，通过对低渗气藏气水相渗等渗流机理测试方法进行充分调研，经过不断修改和调整，建立了低渗气藏高温高压渗流机理表征实验方法，包括：高温高压条件下水驱气过程的气水相渗测试流程及方法；高温高压条件下定围压、降内压的渗透率应力敏感测试方法；高温高压条件下气藏反渗吸水锁伤害评价实验测试方法。由于N

气藏为海上厚层低渗气藏，因此选取气藏三个主力层位共 21 块岩心分别进行常温常压与高温高压气水相渗、应力敏感等实验，并对比结果、分析原因，明确渗流机理，为气藏开发提供技术支撑。

2 高温高压气水相渗实验

2.1 实验装置及流程

本实验主要考虑实际气藏储层高温高压条件下天然气溶解于地层水的情况，在实验流程中加入装有一定体积天然气和地层水的中间容器以模拟平衡气和平衡水，并且在岩心出口端添加冷凝装置实现气液分离。整个实验流程主要包括岩心夹持器、高压驱替泵、中间容器、高压回压阀、恒温箱以及压力表装置和气水收集器装置。高温高压气水相渗测试流程如图 1 所示。

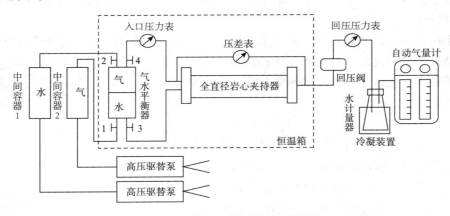

图 1　高温高压气水相渗测试流程图

2.2 实验样品选择

实验用的岩心为取自于该气藏不同产层的直径为 25mm 岩心，共 8 块。先后进行常温常压和高温高压水驱气相渗测试，其基本物性见表 1。为使两组实验更具对比性，两组实验用气均为商品氮气，地层水均为 $NaHCO_3$ 型，总矿化度 14450.36mg/L。

表 1　实验用 8 块岩样物性对比分析表

岩心编号	孔隙度/%	渗透率/mD	层位温度/℃	层位压力/MPa
382	8.08	3.77	151	37.1
183 – 1	16.96	146.5	151	37.1
460	11.48	8.37	151	37.1
591	13.51	11.63	151	37.1
16 – 2	9.24	0.242	163	45.5
1448	5.63	0.313	163	45.5
1467	7.34	0.15	174	54.1
1469	7.63	0.0942	174	54.1

2.3 实验流程设计与数据处理方法

1）常温常压水驱气相渗测试

将岩心清洗后烘干 24h，然后抽真空、完全饱和地层水，采用气驱水方式建立束缚水饱和度，然后进行水驱气实验流程，每块岩心的驱替过程中记录时间、岩心两端压力、出口端气量、水量等数据。常规气水相渗数据按照行业标准 SY/T 5345—2007 "岩石中两相流体相对渗透率测定方法"进行处理，以列表中岩心气测绝对渗透率作为计算水–气相对渗透率的基础值。

2）高温高压水驱气相渗测试

高温高压条件下的气水相对渗透率曲线数据处理方法主要参照行业标准 SY/T5345—2007 "岩石中两相流体相对渗透率测定方法"。由于在高温高压条件下，实际实验过程中不仅需要考虑温度和压力对天然气和地层水体积系数的影响，其次还需要考虑天然气在地层水中溶解的情况。

因此在处理高温高压条件下的气水相对渗透率实验数据时，结合平衡气和平衡水单脱测试结果，忽略地层水在天然气中的溶解，首先将在大气压条件下收集得到的累积产水量和累积产气量校正到高温高压条件下的实际累积流体体积，具体的校正方法如下式所示：

$$V_{wi}'(t) = V_{wi}(t) \cdot B_w$$

$$V_{gi}'(t) = [V_{gi}(t) - V_{wi}(t) \cdot GWR_w] \cdot B_g$$

式中　$V_{wi}'(t)$——校正后的累积产水量，cm^3；

　　　$V_{gi}'(t)$——校正后的累积产气量，cm^3；

　　　$V_{wi}(t)$——大气压条件下的累积产水量，cm^3；

　　　$V_{gi}(t)$——大气压条件下的累积产气量，cm^3。

在高温高压条件下，气水相对渗透率和含气饱和度的具体计算方法如下：

$$f_w(S_g) = \frac{dV_w(t)}{dV(t)}$$

式中　$f_w(S_g)$——含水率，小数；

　　　$V_w(t)$——无因次累积产水量，以孔隙体积的分数表示；

　　　$V(t)$——无因次累积产液量，以孔隙体积的分数表示。

　　其中：

$$V_w(t) = \frac{V_{wi}'(t)}{V_p}$$

$$V(t) = \frac{V_{wi}'(t) + V_{gi}'(t)}{V_p}$$

式中　V_p——岩心的孔隙体积，cm^3。

$$I = \frac{Q(t)}{Q_0} \frac{\Delta p_0}{\Delta p(t)}$$

$$Q(t) = \frac{\left[V_{wi}'(t) - V_{wi}'(t-1)\right] + \left[V_{gi}'(t) - V_{gi}'(t-1)\right]}{\Delta t}$$

式中　I——流动能力比，无因次；

　　$Q(t)$——t 时刻岩心出口端面产液流量，cm^3/s；

　　Q_0——初始时刻岩心出口端面产水流量，cm^3/s；

　　Δp_0——初始驱替压差，MPa；

　　$\Delta p(t)$——t 时刻驱替压差，恒压驱替实验时 $\Delta p(t) = \Delta p_0$，MPa；

　　Δt——时间差，s；

　　t——时间，s。

$$S_{ge} = V_w(t) - V(t)f_w(S_g)$$

式中　S_{ge}——岩心出口端面的含气饱和度，小数。

联合以上几式可以分别计算得出高温高压条件下的水相相对渗透率 K_{rw} 和气相相对渗透率 K_{rg}，如下式：

$$K_{rw} = f_w(S_g)\frac{d[1/V(t)]}{d\{1/[I \cdot V(t)]\}} \qquad K_{rg} = K_{rw}\frac{\mu_g}{\mu_w}\frac{1-f_w(S_g)}{f_w(S_g)}$$

式中　K_{rw}——水相相对渗透率，小数；

　　K_{rg}——气相相对渗透率，小数；

　　μ_g——地层条件下天然气的黏度，$mPa \cdot s$；

　　μ_w——地层条件下地层水的黏度，$mPa \cdot s$。

2.4　实验结果分析

实验用 8 块岩心按渗透率从大到小分别作常温常压和高温高压水驱气相渗对比曲线，见图 2。为了使变化趋势看起来更加明朗，图中横坐标为含水饱和度，纵坐标为相对渗透率的对数坐标。同时对实验数据进行处理，亦可得到等渗点、水驱气效率、两相驱范围等实验结果，可见表 2、图 3。

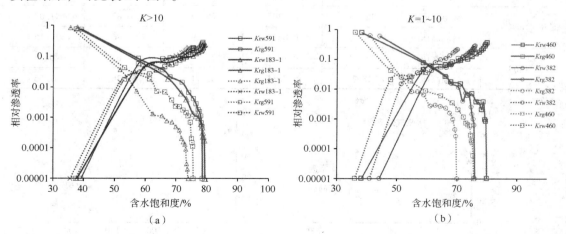

（a）　　　　　　　　　　　　　　　（b）

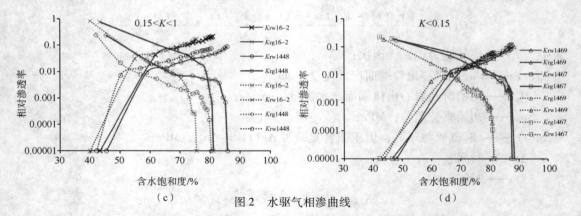

（c）　　　　　　图2　水驱气相渗曲线　　　　　　（d）

表2　实验岩心在不同实验条件下的水驱气相渗曲线特征参数

岩心编号	测试条件	残余气饱和度/%	残余气下水相相对渗透率	等渗点 Sw/%	水驱气效率/%	两相区范围/%
382	常温常压	24.08	0.3005	62.14	56.87	31.75
	高温高压	30.09	0.2223	51.87	49.07	28.99
183－1	常温常压	20.63	0.2413	59.93	66.84	41.59
	高温高压	26.11	0.1975	52.40	59.51	38.37
460	常温常压	20.14	0.3665	60.20	67.39	41.62
	高温高压	24.42	0.2478	48.30	61.84	39.57
591	常温常压	21.45	0.2875	58.70	64.77	39.44
	高温高压	24.44	0.1934	53.91	60.95	38.14
16－2	常温常压	18.92	0.2165	66.06	66.62	37.76
	高温高压	24.52	0.1751	55.50	59.1	35.43
1448	常温常压	14.24	0.0892	60.96	73.89	40.3
	高温高压	19.6	0.0741	50.68	66.14	38.28
1467	常温常压	12.39	0.1207	75.26	76.83	41.08
	高温高压	18.54	0.0627	65.09	67.86	39.15
1469	常温常压	11.62	0.1005	75.34	77.63	40.33
	高温高压	18.7	0.0634	63.71	66.76	37.55

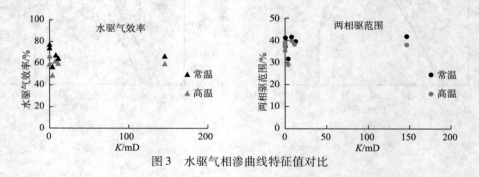

图3　水驱气相渗曲线特征值对比

从以上图表中可以看出，高温高压条件下的气水相对渗透率曲线与常温常压相比，气相相对渗透率在相同含水饱和度条件下都出现明显的降低，而水相相对渗透率在相同含水饱和度条件下都出现明显的增加，气相相对渗透率下降更快，同时水相相对渗透率上升更快、更早，曲线整体向左下偏移。

从水驱气相渗特征点的对比图可以看出，温高压条件下的气水相对渗透率曲线与常温常压相比，束缚水下的气相渗透率变化不明显，有稍微增长，而残余气下水相渗透率有所降低，残余气饱和度更大，残余气饱和度下的水相相对渗透率明显减小，等渗点向左移动，且等渗点相对渗透率减小，高温高压条件下的气水相对渗透率曲线整体表现为气水两相的共渗区变小，水驱气效率也有明显下降，实验结果说明在高温高压条件下气水两相的渗流能力得到减弱。

分析认为，影响气水相渗的因素很多，大量学者研究证实，高温高压下储集层孔隙结构、流体性质与常温常压不同。地层条件下，高温增大了液体分子间距离，分子间引力减小，同时高压使地层水中溶解大量天然气，水的密度减小，气体受压密度增大，两相的密度比减小，最总表现为气水两相界面张力降低。那么，水进入岩心沿着孔隙表面渗流更快，指进现象更严重。高温高压下界面张力降低，气驱水黏度比更小，气驱水束缚水更小，但反过来水驱气时，黏度比对驱气不利，因此水驱气时残余气更高。在地层条件下高渗岩心水驱效率更低，残余气更高，这是储层非均质性造成的。

3 高温高压定围压、降内压的渗透率应力敏感测试

3.1 实验装置及流程

本实验为了研究由于孔隙流体压力的改变而导致的储层岩石渗透率的变化规律，采用固定围压改变孔隙流体压力的实验方法以模拟研究地下储层有效应力变化的实际情况下的应力敏感。实验中应力敏感的评价方法和评价标准采用石油天然气行业标准 SY－T5358—2002《储层敏感性流动实验评价方法》和 SY/T6385—1999《覆压下岩石孔隙度和渗透率测定方法》。本次应力敏感实验流程及具体实验装置如图 4 所示。

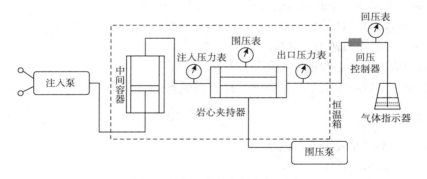

图 4　应力敏感测试实验流程图

3.2 实验样品选择

实验采用三个主力储层岩样共 7 块，测试真实地层条件下渗透率应力敏感曲线。实验基质岩心的基本物性参数见表 3。

表3 实验岩心的基本物性参数

岩心编号	孔隙度/%	基岩渗透率/mD	层位温度/℃	层位压力/MPa
464	9.96	14.16	151	37.1
591	13.51	11.63	151	37.1
98-2	10.12	3.94	151	37.1
233	6.83	0.149	163	45.5
1380	3.79	0.118	163	45.5
1467	7.34	0.15	174	54.1
1469	7.63	0.0942	174	54.1

3.3 实验流程设计与数据处理方法

本次实验从地层压力开始进行恒速氮气或地层水驱测量渗透率。相同层位岩心以等净应力间隔进行测试，直至内压降为5MPa。测试完成后继续降压至下一个压力测试岩心渗透率。在实验过程中，每个测试点都记录系统稳定期间的参数，如时间、驱替速度、驱替压力、回压、围压、压差、泵值等数据。每个点测试3次，计算平均值，作出净应力与 K_i/K 初始的关系曲线。

1）岩心气体渗透率的计算

气体在岩心中流动时，根据达西定律计算岩心的气测渗透率公式如下：

$$K_g = \frac{2Qp_a\mu L}{A(p_1^2 - p_2^2)} \times 10^2$$

式中　K_g——岩心气测渗透率，mD；

　　　μ——测试条件下的流体黏度，mPa·s；

　　　L——岩心长度，cm；

　　　A——岩心横截面积，cm^2；

　　　p_a——测试条件下的标准大气压，MPa；

　　　Q——气体在一定时间内通过岩心的体积，cm^3/s；

　　　p_1——岩心进口压力，MPa；

　　　p_2——岩心出口压力，MPa。

2）不同净应力下岩心渗透率变化率的计算

不同净应力下岩心渗透率变化率的计算公式如下：

$$D_{stn} = \frac{K_i - K_n}{K_i} \times 100\%$$

式中　D_{stn}——不同净应力下渗透率变化率；

　　　K_i——初始渗透率，mD；

　　　K_n——岩心渗透率，mD。

3）应力敏感性损害程度评价指标

应力敏感性损害程度评价指标见表4。

表 4 应力敏感性损害程度评价指标

应力敏感性损害率/%	损害程度
$D \leqslant 5$	无
$5 < D \leqslant 30$	弱
$30 < D \leqslant 50$	中等偏弱
$50 < D \leqslant 70$	中等偏强
$D > 70$	强

注：D 表示 D_{st}。

3.4 实验结果分析

实验用 7 块岩心按气藏压力由高到低绘制压力变化与 K_i/K_1 关系图，见图 5。从图中可以看出，随着气藏压力的减小，岩心承受的有效应力的逐渐增加，岩心渗透率逐渐减小。气藏压力减小、有效应力增大的过程中，在过程中的初期时，渗透率下降较快，而到过程的后期，渗透率下降幅度稳定，几乎与横坐标平行，其变化呈线性关系。这是因为，在有效应力增加的初期，由于岩心中尚有较多的未闭合喉道，因此有效应力的增加使这部分容易闭合的孔喉迅速闭合，表现出较强的应力敏感趋势；而随有效应力的进一步加大，未闭合的喉道数越来越少，且多为不易闭合的喉道，致使岩石受压后压缩量减小，所以渗透率下降趋势逐渐减缓。

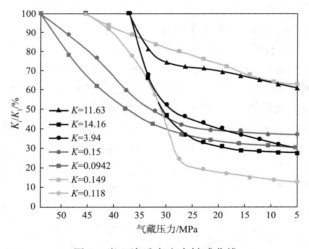

图 5 岩心渗透率应力敏感曲线

根据实验处理结果，参照表 4 编制不同净应力下岩心渗透率变化率表，如表 5 所示。从表可知，在同一层位中，基本上随着渗透率的降低，岩心的渗透率损害率增大，呈现出应力敏感性增强的趋势。根据岩石的物性分析，渗透率越低，岩样的平均喉道越小，在相同的压力变化下，渗流通道的减小对较小的喉道影响更大，从而使得其应力敏感性更强。岩心 464 在实验中属渗透率最大岩心，应力敏感损害程度最高达到 71.87%，岩心 1380 与同层另一块岩心 233 渗透率相差不大，应力敏感损害程度最高达到 87.32%，应力敏感性强很多，与常规认识不符。

表5 不同净应力下岩心渗透率变化率

岩心	孔隙度/%	渗透率/mD	K_{min}/K_1/%	损害程度
591	13.51	11.63	38.44	中等偏弱
464	9.96	14.16	71.87	强
98－2	10.12	3.94	69.52	中等偏强
233	6.83	0.149	37.58	中等偏弱
1380	3.79	0.118	87.32	强
1469	7.63	0.0942	68.74	中等偏强
1467	7.34	0.15	62.60	中等偏强

　　分析原因认为，岩心464和1380相比于其他实验岩心砾岩含量较高，应属砂砾岩。一般来说，影响储层应力敏感性的因素可分为内部因素(岩石组分，孔隙类型，胶结方式，颗粒分选性与接触关系)和外部因素(有效应力，孔隙流体类型及饱和度，储层温度)。储集层岩石骨架颗粒和填隙物等的矿物成分、结构、含量、分布以及岩石的孔隙结构和喉道特征都是影响和决定储层损害的内在因素。填隙物包括胶结物和杂基两部分，它们的分布特征和产状对油气储集层敏感性的影响各异。内部因素对储层应力敏感性的强弱起决定性作用，外部因素的变化可能引起储层应力敏感。砾岩的填隙物主要为泥级细杂基和砂级、粉砂级粗杂基，胶结物以碳酸盐为主。因此砂砾岩的结构成熟度较低，以砾石为骨架的孔隙空间全部或部分被砂级颗粒充填，而在由砂粒组成的孔隙中，又被黏土杂基充填，构成复杂的双模态或复模态结构。因此在气藏压力降低、有效应力逐渐增大的过程中，砂砾岩中，特别是充填较疏松的地方，受力后的砾岩间填隙物便会迅速地从骨架颗粒上脱落下来，发生分散运移，堵塞孔喉形成强应力敏感损害。

　　将本次实验成果与常规应力敏感测试实验进行对比。常规应力敏感测试采用的是固定流体压力，改变围压的实验方法。这种实验方法模拟的是地层上覆岩层应力的变化。而实际地下储层的应力变化是由孔隙流体压力的降低所引起的，显然流体压力是确定渗透率与应力之间关系的合理选择。因此为了了解由孔隙流体压力的改变而导致的储层岩石渗透率的变化规律，本次研究采用固定围压改变流体压力的实验方法以模拟研究地下储层真实应力变化情况下的储层敏感性。对比图见图6。

图6中左边为已有资料中常规应力敏感测试结果，右边为本次改进实验方法后在变流体压力条件下开展敏感性实验。实验结果表明，与常规应力敏感实验结果相比，首先，本次实验中采用与真实储层一样的地层条件，并且最大有效应力达到了91MPa；其次，变流体压力条件下渗透率变化趋势较为平缓，而且根据计算得到的K_i/K_1可知，在该实验条件下的渗透率变化没有常规实验中的孔渗变化那么明显。

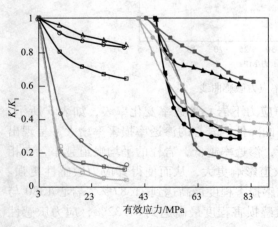

图6 实验结果对比

4　高温高压气藏反渗吸水锁伤害评价实验

4.1　实验装置

高温高压气藏反渗吸水锁伤害评价实验装置如图 7 所示。

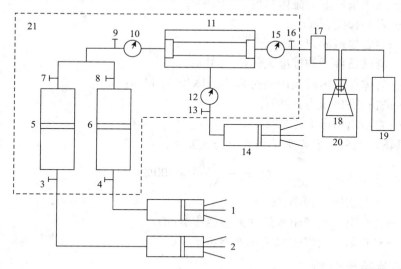

图 7　水锁测试系统流程图

1、2、14—注入泵；3、4、7、8、9、13、16—阀门；5—水样中间容器；

6—气样中间容器；10—入口压力表；12—围压表；15—出口压力表；17—回压调节器；

18—水样收集器；19—气样收集器；20—冷凝器；21—恒温箱

4.2　实验样品选择

本文实验采用实际储层岩样 6 块，实验基质岩心的基本物性参数见表 6，实验用水采用储层复配地层水。

表 6　水锁测试基质岩心的物性参数

岩心编号	孔隙度/%	渗透率/mD	层位温度/℃	层位压力/MPa
382	8.08	3.77	151	37.1
591	13.51	11.63	151	37.1
16－2	9.24	0.242	163	45.5
1448	5.63	0.313	163	45.5
1467	7.34	0.15	174	54.1
1469	7.63	0.0942	174	54.1

4.3　实验流程设计与数据处理方法

本实验将岩心清洗、烘干、抽真空、完全饱和地层水后气驱不出水测气相渗透率 K_1，再进行水驱气模拟水锁过程，然后再注入气驱水到不出水时测气渗透率 K_2，然后再进行水驱气进行水锁，再降压测定解封启动压力。

气体在岩心中流动时，根据达西定律计算岩心的气测渗透率公式如下：

$$K_g = \frac{2Qp_a\mu L}{A(p_1^2 - p_2^2)} \times 10^2$$

式中　　K_g ——岩心气测渗透率，mD；

　　　　μ ——测试条件下的流体黏度，mPa·s；

　　　　L ——岩心长度，cm；

　　　　A ——岩心横截面积，cm^2；

　　　　p_a ——测试条件下的标准大气压，MPa；

　　　　Q ——气体在一定时间内通过岩心的体积，cm^3/s；

　　　　p_1 ——岩心进口压力，MPa；

　　　　p_2 ——岩心出口压力，MPa。

第二次气驱水之后，岩心水锁伤害率公式如下：

$$D_s = \frac{K_1 - K_2}{K_1} \times 100\%$$

式中　　D_s ——岩心水锁伤害率，%；

　　　　K_1 ——岩心第一次气驱水后气测渗透率，mD；

　　　　K_2 ——岩心第二次气驱水后气测渗透率，mD。

4.4　实验结果分析

6块实验基质岩心水锁测试结果如表7所示。

表7　基质岩心水锁测试结果表

岩心编号	绝对渗透率/mD	第一次气驱水后渗透率/mD	第二次气驱水后渗透率/mD	回压/MPa	解锁气累计	伤害率/%	水锁气启动压差/MPa
382	3.77	2.42	2.13	37.1	0	11.98	0.4
				36.9	0		
				36.7	112		
				30	135		
				20	142		
				5	143		
591	11.63	8.56	7	37.1	0	18.22	0.3
				36.9	0		
				36.8	221		
				30	267		
				20	278		
				5	280		

岩心编号	绝对渗透率/mD	第一次气驱水后渗透率/mD	第二次气驱水后渗透率/mD	回压/MPa	解锁气累计	伤害率/%	水锁气启动压差/MPa
16-2	0.242	0.175	0.158	45.5	0	9.71	1
				44.8	0		
				44.5	75		
				40	103		
				30	106		
				5	106		
1448	0.313	0.0865	0.0766	45.5	0	11.45	2
				44.2	0		
				43.5	44		
				38	61		
				30	63		
				5	63		
1467	0.15	0.0468	0.0405	54.1	0	13.46	1.9
				52.6	0		
				52.2	63		
				45	84		
				35	86		
				5	86		
1469	0.0942	0.0263	0.0229	54.1	0	12.93	3.7
				51.3	0		
				50.4	62		
				45	86		
				35	89		
				5	89		

从图 8 和图 9 可以看出，水锁伤害程度与储集层渗透率的负相关性很强，渗透率越大，伤害越小，解锁启动压差越小，这符合理论常识，即水锁现象一般发生在低渗储层。

分析认为，当水相进入岩心后，岩心中的含水饱和度上升，气相流动阻力增大，致使气相渗透率下降，这种现象称为水锁效应。岩心中初始状态时，静态的非湿相天然气聚集于大孔道的中间地带，原生水分布于小孔道的颗粒周界附近呈平衡状态，一旦外来水侵入，由于表面张力的作用，水容易进入孔隙，而且由于孔隙半径的不规则性，在毛细管力的作用下，外来水容易进入孔隙喉道。再次气驱水时驱到一定程度就再也驱不出水，此时的含水饱和度称为束缚水饱和度，由实验数据可知实验岩心的束缚水饱和度远大于原始含水饱和度，即最终有一部分外来水留在了岩心中，破坏了聚集气的连续性，造成水堵，低渗气藏岩心的含水饱和度本来就比较高，外来液体的侵入更增加了含水饱和度，对气体有效渗透率的伤害更加严重，最终造成水锁伤害。由实验岩心测试的相渗曲线可知实验岩心属水湿，气水润湿性差异很大，水是润湿相，气是非润湿相。由于实验岩心颗粒小，比表面大，水的吸附性强，气的流动性大，最终导致再次气驱时渗透率降低。

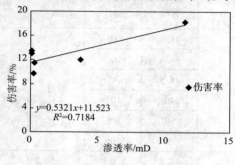
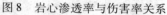

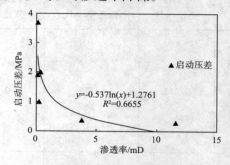

图 8　岩心渗透率与伤害率关系　　　　图 9　岩心渗透率与水锁气启动压差关系

5　结论

（1）高温高压下测试的基质岩心水驱气相渗曲线，由于受多种因素影响，较之于常温常压，曲线向左偏移，残余气饱和度更高，气水两相共渗区更小，等渗点变低，水驱气效率降低。

（2）高温高压条件下渗流高的储层应力敏感测试总体上比常规测试方法更强，渗透率低的储层应力敏感比常规应力敏感更弱，常规变围压方法不符合储层实际，建议推广使用高温高压条件下的应力敏感性测试方法。

本文主要运用室内物理模拟方法，利用实际储层不同层位多块基质岩心，分别开展和研究了常温常压和高温高压条件下的渗流实验，建立了高温高压条件下渗流机理测试表征流程及方法。与常规实验测试相比，本实验综合考虑了温度、压力以及天然气溶解于地层水的情况，测试结果更能真实的反应实际地层条件下的渗流规律。

通过这些实验方法能更加准确的测得气藏地层条件下的渗流关键参数，可以为气藏数值模拟、产能评价、采收率预测，以及气藏出水预测、产量递减分析等生产动态分析研究提供更有效的技术支持。目前研究成果已经成功应用于 N 气田的产能评价、数值模拟研究以及开发方案编制中，并取得了良好效果。

参 考 文 献

[1]贺玉龙，杨立中．温度和有效应力对砂岩渗透率的影响机理研究[J]．岩石力学与工程学报，2005，24（14）：2420-2427．

[2]郭肖，杜志敏，姜贻伟，等．温度和压力对气水相对渗透率的影响[J]．天然气工业，2014，06：60-64．

[3]周克明，李宁，张清秀，唐显贵．气水两相渗流及封闭气的形成机理实验研究[J]．天然气工业，2002，S1：122-125＋1．

[4]中国石油天然气总公司．SY/T 5345—2007 中华人民共和国石油和天然气行业标准"岩石中两相流体相对渗透率测定方法"[S]．北京：石油工业出版社，2008．

第一作者简介：陈自立，助理工程师，1987 年出生，2013 年硕士毕业于长江大学油气田开发专业，主要从事油气田开发方面的研究工作，邮箱：chenzl9@ cnooc. com. cn，电话：021 - 22830795。

通讯地址：上海市长宁区通协路 388 号中海油大厦；邮编：200335。

潜山裂缝油藏挖潜策略
研究与实践

房娜　张占女　郑浩　祝晓林　文佳涛

[中海石油(中国)有限公司天津分公司]

摘　要　潜山裂缝油藏储集空间与渗流规律复杂，开发难度大，不同开发阶段制定合理的挖潜策略是决定该类油藏高效开发的关键。以渤海锦州 25 - 1 南油田潜山裂缝油藏为例，在总结裂缝油藏产量递减快、含水上升快以及基质系统原油挖潜难度大等开发难点的基础上，采用数值模拟技术，总结基质系统和裂缝系统不同开发阶段开发规律，划分潜山三大开发阶段，针对不同开发阶段提出相应的挖潜策略。结果表明，开发早、中、晚期通过采用液流转向技术、优化合理采液速度以及周期注水技术可充分控制含水上升速度，挖潜基质系统和裂缝系统剩余油。该项配套技术预计可提高潜山裂缝油藏采收率 3.2%，同时为后续投入开发的同类油田提出很好的指导和借鉴意义。

关键词　裂缝油藏　开发阶段　挖潜策略　液流转向　采液速度　周期注水

1　引言

潜山裂缝油藏具有裂缝发育、非均质性强、储集空间与渗流规律复杂，因此裂缝油藏的开发与常规砂岩存在较大差异。目前，国内外学者针对潜山裂缝油藏的研究主要集中于裂缝的形成机理与表征方面，针对裂缝油藏挖潜策略方面，特别是如何划分裂缝油藏开发阶段，充分挖潜基质系统原油，解决裂缝油藏含水上升快、产量递减快等问题缺乏系统的研究与认识。通过对锦州 25 - 1 南油田潜山裂缝油藏开发特征与开发难点的总结，开展精细数值模拟研究，划分了潜山裂缝油藏不同开发阶段，确定了不同开发阶段合理的挖潜方向，促进了海上裂缝油藏高速高效的开发。

2　油田概况

锦州 25 - 1 南油田潜山裂缝油藏位于辽东湾海域辽西低凸起中北段，是目前渤海油田投入开发规模最大的变质岩裂缝油藏。主力产层为太古宇变质岩潜山，油藏类型为块状弱底水双重介质油藏。该油藏裂缝发育，非均质性强，具有典型的双孔 - 单渗储层特征，岩性以浅灰色片麻岩及碎裂岩为主。

3 开发难点

3.1 注水保持地层能量的同时与含水上升快的矛盾长期存在

该油藏地饱压差较大(6.2MPa)，水体能量不明确，初期采用衰竭开发。投产半年后地层压力迅速降到泡点压力附近，因此及时在构造低部位补充注水井。注水开发后，地层压力逐渐恢复，但是部分采油井，特别是位于构造较低部位采油井，含水上升较快，产量大幅度递减。

3.2 基质系统储层物性差、驱油效率低，挖潜难度大

基质岩块孔隙度相对于裂缝系统较高(一般在5%～15%)，储量占总地质储量的75%以上，特别是随着裂缝系统的原油逐渐被采出，基质系统是该类油藏中后期重点挖潜的方向。但是基质岩块渗透率多小于$1 \times 10^{-3} \mu m^2$，驱油效率低(12%～26%)，因此如何经济有效挖潜基质系统原油，是该类油藏面临的重要难点。

4 数值模拟研究

4.1 模型的建立

建模区域为$3.5 km^2$，采用$50m \times 50m$的平面网格步长、垂向$2m$的网格步长，总网格节点数为$33 \times 55 \times 218 = 395670$(个)。模型的上半部分处理成基质网格块，下半部分处理成裂缝网格块，采用基质与裂缝联通关系的Sigma因子将基质与裂缝系统关联起来，基本物性参数及相渗曲线见表1、图1。

表1　模型物性参数

参数	数值
油藏中深/m	−1750
原始地层压力/MPa	17.66
油层温度/℃	65
基质孔隙度/%	5.72
裂缝孔隙度/%	1.08
基质渗透率/$10^{-3}\mu m^2$	0.89
裂缝渗透率/$10^{-3}\mu m^2$	135～1127
基质束缚水饱和度/%	48
裂缝束缚水饱和度/%	10

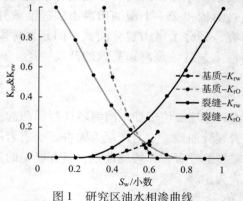

图1　研究区油水相渗曲线

4.2　开发阶段的划分

在精细历史拟合的基础上，考虑二期加密井网，采用示踪剂追踪的方法对基质系统和裂缝系统产量进行预测。裂缝系统开发特点是建产早，2011 年达到产量高峰，随后递减快。基质系统与裂缝系统相比，初期产量较低，2016 年达到产量高峰，后期缓慢递减。最终基质系统产量贡献31.6%，裂缝系统产量贡献68.4%。

根据基质系统和裂缝系统的产量贡献和含水率的关系，将潜山裂缝油藏划分为三个开发阶段(图2)：

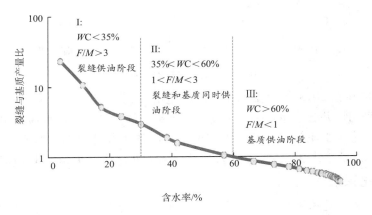

图 2　裂缝与基质产量比随含水率的变化
注：WC 为含水率，F/M 为裂缝与基质系统质量比。

（1）裂缝系统供油阶段：该阶段裂缝产量和基质产量比大于3，含水率小于35%，为中低含水阶段。由于裂缝系统导流能力较强，驱油效率较高，较小的生产压差就能采出裂缝系统原油，该阶段裂缝系统的阶段原油贡献远远大于基质系统，为原油的主要产出阶段。

（2）基质系统和裂缝系统共同供油阶段开发：开发中期，含水率在35%～60%时，裂缝产量和基质产量比在1～3之间。随着裂缝系统原油不断产出，基质系统在毛管力渗吸作用和油水密度差的作用下，原油贡献逐渐不可忽略。

（3）基质系统供油阶段：开发后期，含水率大于60%，裂缝系统的产量与基质系统的产量比小于1。该阶段随着含水不断的上升，裂缝系统大量原油被采出，主要为基质系统缓慢供油阶段。

5　挖潜策略

针对基质系统和裂缝系统供油规律，提出"明确裂缝系统主导地位，差异化挖潜基质系统原油"的总体方针。在划分裂缝油藏早、中、晚期开发阶段的基础上，提出对应挖潜策略。

5.1　液流转向技术

开发初期，以裂缝系统供油为主的阶段，为充分挖潜裂缝系统剩余油，从水动力改变液流转向原理出发，通过调整注水井2的工作制度，使注采井组内压力重新分布，从而改变原有流场分布，注水井 1 附近剩余油有效动用，充分提高注入水波及系数，水驱效果明显改善(图3)。

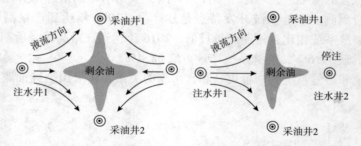

（a）常规注水（易形成十字剩余油）　　（b）液流转向（有效提高波及效率）

图3　液流转向技术示意图

采油井 A18 井在 2013 年含水率由 5% 迅速增加到 57%，产油量由 251m³/d 减少为 41m³/d。分析表明该井含水迅速突破主要由于低部位注水井 A40H 沟通高角度裂缝，注入水延裂缝突进，造成水驱效率变差。因此通过关闭注水井 A40H，提高周边注水井 A21H 注水量，使注入水流场发生改变，6 个月后 A18 井含水率降至 15%，日增油 112m³/d。

5.2　优化采液速度

开发中期，为裂缝系统和基质系统同时供油阶段，该阶段基质系统供油逐渐增加。研究表明优化合理采液速度，保持基质系统油水界面和裂缝系统油水界面相当，可充分发挥两者共同作用。通过设计采液速度在 1%、2%、3%、4%、5% 等不同情况下，采用数值模拟技术预测采出程度及含水率的变化。从图 4 中可以看出采出程度随着采油速度的增加呈现先增加后减小的趋势，且采油速度在 3% 时，采出程度最大。同时，采油速度越大，含水率上升速度越快，特别是当采液速度大于 2% 时，含水率上升速度出现大幅度增加，因此优化采液速度在 2% ~3% 之间。

2014 年潜山整体含水呈现快速突破，含水由 20% 增加至 45%，日产油由 1012m³/d 减少为 789m³/d。为充分控制裂缝油藏含水上升速度，通过逐步控制采液强度在 2% 左右，3 个月后含水率由 45% 降低为 19%，日增油 180m³/d。

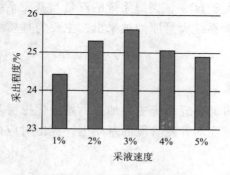

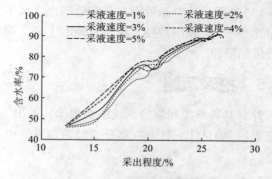

（a）不同采液速度下采出程度变化　　(b)不同采液速度下采出程度与含水率变化关系

图4　不同采液速度下采出程度及含水率变化关系

5.3 周期注水

开发后期，以基质系统供油为主，研究表明周期注水技术是挖潜基质系统剩余油有效手段。周期注水的原理是通过周期性的改变注水井的工作制度，在区块或注采井网形成压力扰动，加速基质和裂缝之间油水交渗作用，使基质系统一部分原油克服贾敏效应运移到裂缝中去，充分提高基质系统采收率。

考虑到位于构造低部位采油井目前水淹严重，含水率达到80%以上，单井日产油低于20m³/d。2015年通过逐步调整注水井A41H井和A39H井注水量，注采比保持在0.6~1.5的范围内波动，注采半周期采用3~4月。阶段末实现含水率由81%降低至65%，年增油2.4×10⁴m³（图5）。

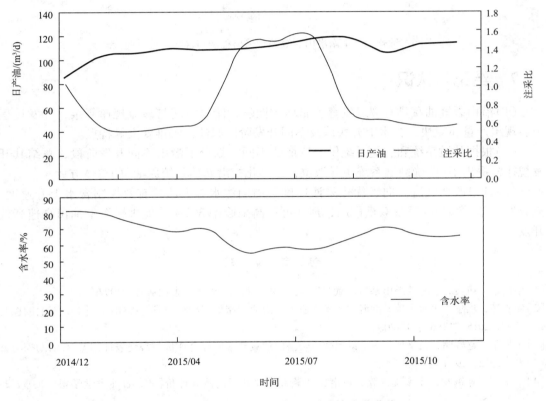

图5 研究区产油量、注采比及含水率变化曲线

6 开发效果评价

通过液流转向、优化合理的采液速度以及周期注水等技术的研究与应用，潜山地层压力稳中有升，产量逆势上扬，2015年锦州25-1南油田潜山裂缝油藏实现负自然递减率，采出程度在13.5%的情况下含水稳定在20%左右，预计采收率可提高3.2%，开发效果好于陆地同类油藏（图6）。同时该项配套技术为后续投入开发的同类型油田提出很好的指导和借鉴意义。

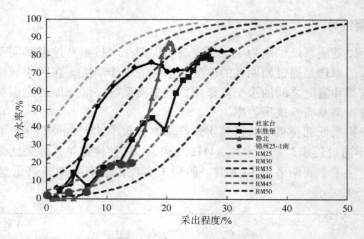

图6 锦州25－1南潜山裂缝油藏采出程度与含水率关系曲线

7 结论与认识

（1）潜山裂缝油藏具有裂缝发育、非均质性强、储集空间与渗流规律复杂，开发过程中表现出产量递减快、含水上升快以及不同开发阶段原油挖潜难度大等特点。

（2）根据基质系统和裂缝系统供油特征的不同，划分了潜山不同开发阶段，总结其开发规律，提出了"明确裂缝系统主导地位，差异化挖潜基质系统原油"的总体方针。

（3）通过改变液流方向、优化采液速度和周期注水等方法，有效控制含水上升速度，充分发挥基质和裂缝系统双重作用，预计可提高采收率3.2%，促进了海上油田高速高效开发。

参 考 文 献

[1] 柏松章，唐飞. 裂缝性潜山基岩油藏开发模式[M]. 北京：石油工业出版社，1997.

[2] 周心怀，项华，于水，等. 渤海锦州南变质岩潜山油藏储集层特征与发育控制因素[J]. 石油勘探与开发，2015，32（6）：17-20.

[3] 童凯军，赵春明，吕坐彬，等. 渤海变质岩潜山油藏储集层综合评价与裂缝表征[J]. 石油勘探与开发，2012，39（1）：56-63.

[4] 王学军，陈钢花，张家震，等. 古潜山油藏裂缝性储层的测井评价[J]. 石油大学学报，2003，27（5）：25-27，35.

[5] 黄保纲，汪利兵，赵春明，等. JZS油田潜山裂缝储层形成机制及分布预测[J]. 石油与天然气地质，2011，32（54）：710-717.

[6] 黄凯，宋洪亮，陈建波，等. JZS油田潜山岩性识别及油层判断[J]. 测井技术，2014，38（3）：321-324.

[7] 俞启泰，等. 周期注水油藏数值模拟研究[J]. 石油勘探与开发，1993，20（6）：46-53.

第一作者简介： 房娜，2013年毕业于中国石油大学（北京）油气田开发专业，油藏助理工程师，现从事油气田开发工程方向。邮箱：fangna@cnooc.com.cn，电话：18602688248。

通讯地址：天津市滨海新区海川路2121号渤海石油管理局大厦B座1303室；邮编：300459。

沉积模式约束的古近系储层描述技术

——以渤海湾石臼坨地区 A 油田沙一二段油藏为例

胡晓庆　王晖　范廷恩　肖大坤　栾东肖　牛涛　张宇焜　赵卫平

（中海油研究总院）

摘要 近年来，渤海湾古近系海上油田的勘探取得了重大突破，比如石臼坨地区 A 油田沙一二段油藏，砂岩厚度达 330m，油层累积厚度达 200m，酸化测试产量高达 1000m³/d。但是该类油田受古地貌控制，储层发育极其复杂，如岩性多样、厚度变化大、中高渗与低渗共存、多期砂体叠置，且受制于埋藏较深、地震资料品质低、评价井少等资料条件，储层分布认识不清，严重影响了油田的高效开发。通过精细研究，建立了一套沉积模式约束的古近系储层描述技术体系，包括基于古地貌分析的沉积模式研究、模式指导的等时沉积地层格架构建、相控约束的储层预测、多信息融合的储层分类评价和岩－电－震一体化地质建模。基于该技术体系，将石臼坨地区 A 油田沙一二段储层纵向精细化为 5 期砂体并识别出每期砂体的平面分布，同时预测了不同类型储层的空间展布；据此优化了钻探部署，从降低开发风险、提高投资效益考虑，有针对性地暂缓砂体尖灭位置附近的 9 口开发井钻探，并优选 I 类储层 I －2 砂层作为优先开发层。该技术体系可为类似油田的可动用储量分析、层系划分及井网优化等提供技术支撑。

关键词 古地貌　沉积模式　等时格架　储层分类　地质建模

1 引言

渤海湾盆地石臼坨凸起周边富集了我国多个重要的含油气盆地，古近系中深层储集体广泛发育，为渤海海域增储上产起到重要作用。但渤海古近系油田埋藏较深、地震资料品质低、评价少，勘探评价阶段储层预测研究多为宏观的区域性沉积体系及沉积相类型的研究，难以满足开发的需求。目前针对海上古近系砂岩油藏的开发，虽然已形成了储层描述相关技术，但是受构造类型和沉积类型多样化的影响，储层复杂多变，海上中深层油田开发的储层描述仍然是一大难题。

本文以渤海湾石臼坨地区沙一二段 A 油田为例，以预测优质储层分布，推动边际油田开发为目标，综合运用 ECS 测井、岩心、分析化验和地震等资料，开展储层岩性识别、沉积模式、等时地层格架和储层预测等研究，以确定 A 油田沙一二段油藏的储层空间分布和优质储层范围，提出有效的开发建议，为海上油田的高效开发奠定基础。

2 问题的提出

A油田位于渤海湾盆地石臼坨凸起东倾末端北侧断层下降盘的断坡带上，主力含油层位为沙一二段。受古地貌和沉积物源的影响，该油田不同于同一区域范围内的古近系储层，是近年来渤海湾发现的比较少见的高产厚层、复杂岩性油藏，其酸化测试产量可达 $1000m^3/d$。由于地质条件极其复杂，储层存在"变、厚、杂、低"的特点：①横向厚度变化快，砂岩厚度分布为 $60 \sim 330m$；②油层累加厚度高达 $200m$，内部隔夹层不发育，单油层厚度达 $130m$；③岩性复杂，A2 井区（A-1、A-2 和 A-6）为常见的长石岩屑砂岩，A4 井区（A-4 和 A-5）包括有灰质砂岩、鲕粒白云岩、白云质砂岩、凝灰质砂砾岩、砂岩和砂砾岩；④物性差，占探明储量 66% 的 A4 井区平均渗透率为 $4.5 \times 10^{-3}\mu m^2$。勘探评价阶段，受地震资料品质、研究时间等因素的限制，对储层空间分布认识不清，按照构造层状模式把不同岩性组合段作为同一单元计算储量，单个开发单元规模达到 3000 多万方。但在油田开发阶段，若按照构造层状模式采用常规的规则井网开发，势必使得该油田的开发存在较大不确定性，可能造成早期大量的风险投资。因此，为了能够合理开发此类厚层复杂岩性油藏，有必要深入研究，解决储层空间分布问题以及优质储层分布范围。

3 储层描述方法的建立

针对 A 油田的复杂地质特点，形成沉积模式约束的古近系储层描述技术体系（图1）。该技术体系包括以下 5 个方面。

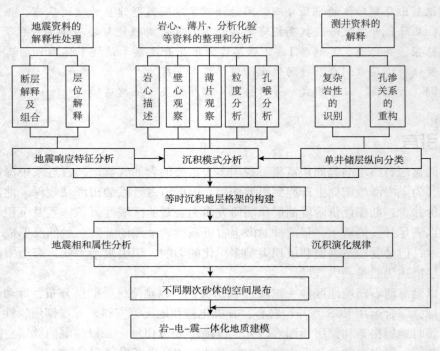

图 1　研究思路和技术路线图

（1）基于古地貌分析的沉积模式研究，在区域地质背景基础上，通过层拉平、三维可视化、古坡度求取等方法，恢复物源区和承接区双重控制的古地貌，进一步结合岩心薄片、分析化验、测井和地震等资料，利用沉积充填过程演绎的模式分析方法，明确不同井区、不同时期的沉积模式，从根源上确定储层展布方向。

（2）模式指导的等时沉积地层格架构建，综合岩性、电性、沉积旋回和地震层序的特征，建立储层精细对比剖面，以"先大后小，分级控制，逐级细化"为原则，沉积模式为指导，剖、平互动进行精细沉积地层格架构建，解决储层垂向叠置问题。

（3）相控约束的储层预测，以精细地层格架为单元，分析地震相，并利用地层切片技术获取依靠地震同相轴难以解释的层位，进而提取多种地震属性，以沉积演化规律为约束，确定不同期次砂体的平面展布范围。

（4）多信息融合的储层分类评价，综合元素俘获谱（ECS）测井、岩心、薄片、阴极发光、X-衍射等资料，识别复杂岩性，建立基于岩石相的渗透率解释模型，结合微观特征，提出储层分类评价标准，确定单井纵向上的储层类别，解决储层内部非均质性问题，明确储层"甜点"发育层。

（5）岩-电-震一体化地质建模技术，充分融合地层格架、储层预测、储层分类、沉积模式等成果，通过相控定边、岩相定类别、多极约束建模等方法，建立合理的地质模型，解决储层定量表征问题。

综合储层垂向、平面的展布和储层分类结果，可有效预测出不同类型储层的空间展布，为油田优质储层预测和高效开发奠定基础。

4 储层描述的关键技术

4.1 基于古地貌分析的沉积模式研究

古近系储层往往受古地貌控制，储层横向变化非常快，古地貌分析也是沉积模式研究的基础。通过沙一二段沉积前古地貌的恢复，A油田沉积初期整体具有沟梁相间的特征，其中A2井区古冲沟较浅，地势相对平坦，物源主要来自西部的428西凸起；东部A4井区所处的古冲沟较深，坡度最大，物源主要来自南部的428东凸起。在古地貌基础上，进一步结合岩心薄片、分析化验、测井和地震等资料，明确A2井区为缓坡扇三角洲沉积、A4井区为陡坡扇三角洲沉积，整体呈现水进过程（图2）。Ⅱ、Ⅲ油组沉积时期湖体范围小，物源供给充足，沉积坡度大，主要发育扇三角洲相，局部地区发育小规模的碳酸盐岩台地沉积（图2a）。随着湖平面上升，两个物源区供给强弱不一，A-2井区物源供给不足，扇体规模小；A-4井区物源供给充足，沉积物向湖推进距离大，沉积范围扩大，扇体规模大，同时受古地貌以及物源供给间歇性等因素影响，A-4井区还发育有滨湖的滩相沉积，包括鲕粒滩、生屑滩等（图2b）。

4.2 模式指导的等时沉积地层格架构建

等时地层格架是油气田开发各项地质研究的基础，等时地层格架构建的精细程度决定着油藏描述的精度。而古近系储层由于砂体横向变化快，多期砂体叠置，地层标志层不明确，地震分辨率低，地震同相轴复杂，导致期次划分和地层格架建立难度大。通过地震资料品质提升、模式指导的地震解释、古地貌约束的储层细分等方法，井震紧密结

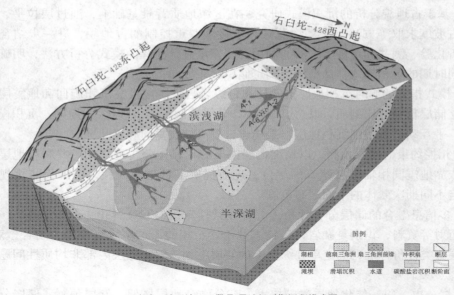

（a）A油田沙一二段Ⅱ\Ⅲ油组时期沉积模式图

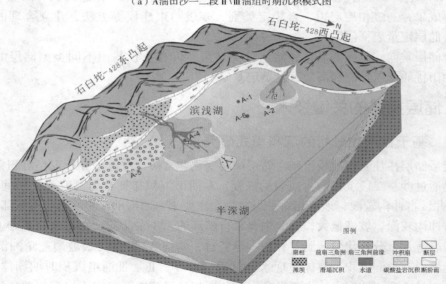

（b）A油田沙一二段Ⅰ油组时期沉积模式图

图2　A油田沙一二段沉积演化模式图

合，遵循"先大后小，分级控制，逐级细化"为原则，可建立精细的等时沉积地层格架。首先通过旋回对比、岩性、油水关系、地震层序，将沙一二段细分为Ⅰ油组、Ⅱ油组和Ⅲ油组，Ⅰ油组地层与Ⅱ油组界面呈现明显的上超接触，Ⅲ底面与下伏地层呈明显不整合接触，为地震易识别的层序界面。然后依据波组特征和岩性组合的差异，将Ⅰ油组细分为Ⅰ-1砂层组、Ⅰ-2砂层组和Ⅰ-3砂层组，可识别Ⅰ-2砂层组和Ⅰ-3砂层组界面，进而剖、平互动，构建精细沉积地层格架，解决厚层储层垂向叠置复杂难题（图3）。

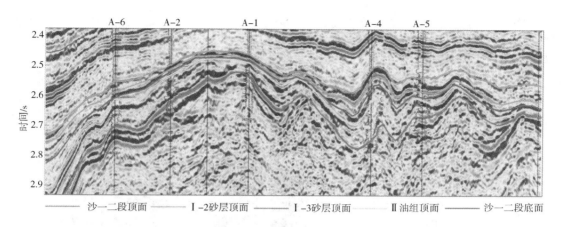

图3　A油田沙一二段井震联合连井剖面图

4.3　相控约束的储层预测

A油田主力目的层沙一二段，砂岩段集中，主要发育扇三角洲沉积，对应的地震反射特征为杂乱、不连续反射（图3），与湖相泥岩的平行反射明显不同。但仅仅根据地震相横向的变化，追踪同相轴确定沉积体系边界比较难实现。而在地震垂向分辨率很低的情况下，地层切片演绎，可弥补垂向分辨率的不足。因此，在已有的精细地层格架内，采用地层切片演绎技术，获取Ⅲ油组和Ⅰ-1砂层组的层位。然后在格架的控制下，提取多种地震属性，以沉积演化规律作为控制，优选可以反映地质规律的地震属性，以确定砂体平面分布范围（图4）。整体上至下而上，呈现为水进过程，砂体范围逐渐缩小。

4.4　多信息融合的储层分类评价

A4井区在陆源碎屑沉积和碳酸盐岩沉积多相共存的背景下，陆源碎屑与鲕粒、生物碎屑等不同程度的混合形成了空间上复杂的岩性组合。首先利用元素俘获谱测井（ECS）宏观判断岩性矿物组合，结合丰富的岩心、薄片、阴极发光、扫描电镜资料，微观确定岩石类型，将厚层储层岩性进行垂向细分，包括5个岩性段6大类岩性，灰质砂岩、鲕粒白云岩、白云质砂岩、砂岩、砂砾岩和凝灰质砂砾岩（图5）。然后在岩性识别的基础上，通过核磁共振测井技术合并同类岩性段，按同类岩性重构孔渗关系，获取较为精确的渗透率。最后，综合岩性、物性和微观特征，提出厚层复杂储层分类评价标准（表1），共计分为3类（Ⅰ类、Ⅱ类和Ⅲ类）。从而识别出井点纵向上的储层类别。

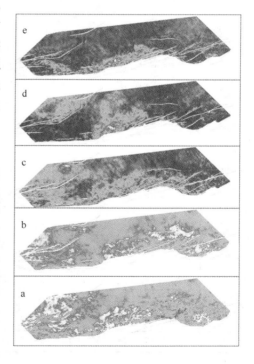

图4　A油田沙一二段各砂组地震
属性平面图

a—Ⅲ油组；b—Ⅱ油组；c—Ⅰ-3砂层组；
d—Ⅰ-2砂层组；e—Ⅰ-1砂层组

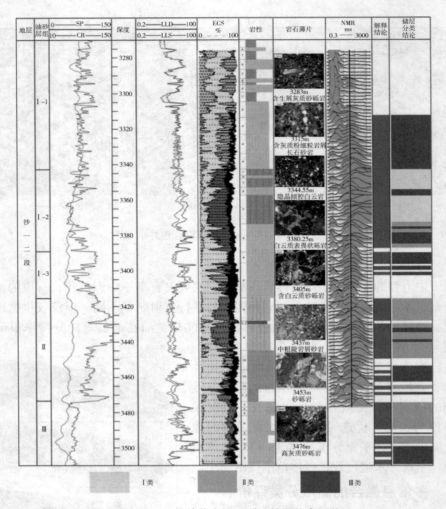

图5　A-5井单井岩性识别及储层综合评价

表1　A油田储层分类评价标准

储层类型	岩性特征	物性特征		微观特征		
		孔隙度/%	渗透率/$10^{-3}\mu m^2$	排驱压力/MPa	饱和度中值压力/MPa	孔喉中值半径/μm
Ⅰ类	鲕粒白云岩、生屑白云岩	20～25	≥10	0.04～0.7	0.8～4.2	0.17～0.92
Ⅱ类	含生屑白云质砂岩、岩屑砂岩、凝灰质砂砾岩	15～20	1～10	0.32～2.4	8.2～24	0.03～0.09
Ⅲ类	灰质岩屑砂岩	9～15	≤1	8.5～13	27～42	0.02～0.03

4.5　岩-电-震一体化地质建模技术

古近系储层地质建模依托地质知识库的合理约束，在地层格架、沉积相、属性展布预测、储层分类等基础上，首先搭建精细地层格架模型，在构造模型框架控制下利用地震属性，采用确定性建模方法，建立各期次的扇体沉积相模型；然后基于储层分类成果，采取序贯指示随机模拟法建立储层类型岩相模型，对不同类型储层的空间分布进行了合理的预测；最后在不同类型储层相的约束下根据储层参数的分布规律，通过序贯高斯随机模拟方法分相控进行井点属性的插值外推，多极约束建立储层参数分布模型。从而定量表征了储层内部的非均质性，明确了储层"甜点"的空间分布(图6)。

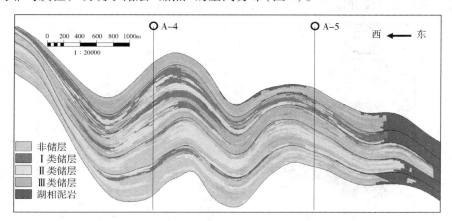

图6　A油田沙一二段东西向储层类型相模型过井剖面图

5　应用效果

5.1　精细描述储层，合理动用储量，降低储量风险

勘探储量评价阶段，A油田A-4井区按照构造法计算储量，即直接在构造图上采用油水界面圈定含油范围，认为储层横向分布范围较广(图7)。开发方案编制阶段，通过精细描述储层，对沙一二段储层进行重新认识，充分认识到储层受古地貌控制，在空间上范围受到一定限制，横向存在岩性边界，属于构造-岩性油藏(图7)。因此，基于新的储层认识，储量单元细化为5个，探明石油地质储量减少约20%，定量表征出了可动用储量，从而规避了因储层认识不清而导致的储量风险。

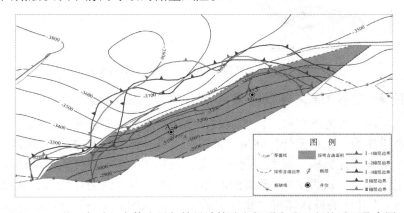

图7　A4井区各砂组扇体边界与储量计算阶段探明含油面积的平面叠合图

5.2　分析储层风险，有效规避风险，减少开发投资

若基于储量评价阶段的构造层状认识，则会在含油面积范围内均匀部署井网，认为储层均是存在的(图8)。但是，基于新的储层认识，认为A-4井西侧和A-5井东侧存在有岩性尖灭的风险，建议暂时取消岩性尖灭线范围外的9口开发井的部署，并且在岩性尖灭线附近部署兼评价开发井以先期评价储层范围，从而减少早期的开发风险投资(图9)。

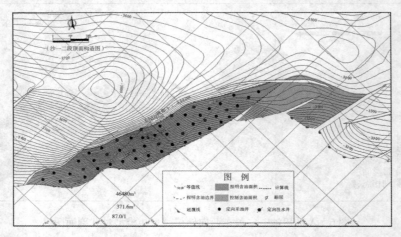

图8　基于储量评价阶段模式的井网部署图

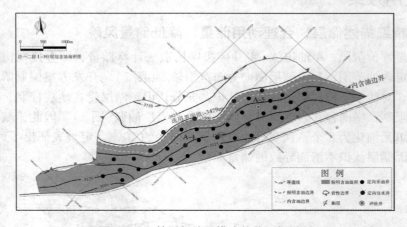

图9　基于储层新认识模式的井网部署图

5.3　预测优质储层，寻找开发甜点，推动油田开发

勘探评价阶段，受地震资料品质的限制，纵向上对沙一二段未进行细分，笼统地将不同岩性的组合段作为一个单元计算储量，油田开发难。但通过复杂岩性识别、精细等时地层格架构建、地震属性分析、沉积演化等研究，明确了A-4井区5期砂体垂向上的叠置关系和平面上的展布。认为Ⅰ-2砂层组时期，砂体受湖水改造作用强，其储集性能得到了改善，是A-4井区的最佳储层。物性分析结果也表明，Ⅰ-2砂层物性最好，平均孔隙度为17%，平均渗透率$15 \times 10^{-3} \mu m^2$；Ⅱ油组、Ⅲ油组和Ⅰ-3砂层物性次之，平均孔隙度为14%，平均渗透率$4 \times 10^{-3} \sim 9 \times 10^{-3} \mu m^2$；Ⅰ-1砂层物性最差，平均孔隙度为

11%，平均渗透率 $0.2 \times 10^{-3} \mu m^2$。因此，建议优先开发Ⅰ－2砂层，带动其他层的开发，为油田的"储量动用"、"整体部署，分布实施"等策略的制定提供依据。

6 结论

（1）通过沉积模式分析、等时地层格架构建、相控约束储层预测、储层分类评价等深入的研究，利用岩－电－震一体化地质建模技术，有效刻画出 A 油田沙一二段油藏 5 期砂体的空间展布，解决了古近系厚层复杂储层描述难的问题，可为同类油气田的储层研究提供一种新思路。

（2）基于精细储层表征成果，认为 A 油田沙一二段油藏属于构造－岩性油藏模式，提出砂体尖灭位置附近的 9 口开发井暂缓钻探的建议，在开发过程中应充分考虑储层连通性的风险，制定规避风险的应对措施。

（3）综合单井纵向储层分类结果和不同期次砂体沉积分析，有效预测了优质储层的富集区带，主要集中于Ⅰ类储层较为发育的Ⅰ－2砂层组，为复杂油藏的层系划分、井型选择和井网部署提供有利依据。

参 考 文 献

[1]徐长贵，赖维成，薛永安，等.古地貌分析在渤海古近系储集层预测中的应用[J].石油勘探与开发，2004，31（5）：53-56.

[2]张树林，费琪，叶加仁.渤海湾盆地边缘凹陷的构造意义[J].石油实验地质，2006，28（5）：409-413.

[3]万桂梅，周东红，汤良杰.渤海海域郯庐断裂带对油气成藏的控制作用[J].石油与天然气地质，2009，30（4）：450-454.

[4]徐长贵，赖维成.渤海古近系中深层储层预测技术及其应用[J].中国海上油气，2005，17（4）：231-236.

[5]田晓平，陈国成，杨庆红，等.渤海海域古近系碎屑岩储层展布定量研究[J].中国海上油气，2012，24（1）：72-76.

[6]汪利兵，赵春明，曹树春，等.渤海古近系辫状河三角洲储层描述配套技术[J].重庆科技学院学报，2011，13（3）：65-69.

[7]孙红杰，黄子俊，金宝强，等.陡坡带三角洲储层精细对比研究及应用[J].海洋石油，2013，33（3）：29-34.

[8]范廷恩，胡光义，余连勇，等.切片演绎地震相分析方法及其应用[J].石油物探，2012，51（4）：371-375.

第一作者简介： 胡晓庆，2007 年毕业于中国石油大学（华东）矿产普查与勘探专业，储层地质高级工程师，现从事油气田开发和地质建模方面的工作，邮箱：huxq@ cnooc. com. cn，电话：15810222628。

通讯地址：北京市朝阳区太阳宫街 6 号芍药居海油大厦 B 座 507 室；邮编：100027。

WZA 低阻油藏开发早期含水规律探讨

黄冬梅　李正健　李标　彭旋　张骞　彭文丰　张乔良

[中海石油(中国)有限公司湛江分公司]

摘　要　WZA 油田为低阻油藏，早期见水规律与常规油藏截然不同。本文从成藏机理着手，通过分析油气成藏时浮力和毛管力的关系，结合密闭取心实验饱和度测试结果，提出低阻油藏"可动水"模式的理论。研究认为 WZA 油田构造幅度低，地层倾角小，储层孔喉较细，油水密度差小，成藏时毛管附加力大于浮力，影响油气充注，较细孔喉存在"可动水"。在油井开发早期，由于生产压差远大于毛管力，因此"可动水"快速进入油井导致含水率迅速升高。而多井早期含水与油柱高度、物性的相关性统计结果，也证实了"可动水"理论的合理性，为正确认识低阻油藏早期含水上升规律及制定合理的开发策略具有重要的指导意义。

关键词　低阻油藏　可动水　含水上升规律　浮力　毛管附加力

1　概述

WZA 油藏为断层控制海相低幅背斜构造，储层发育上下两套砂体，上部岩性以偏泥质细粉砂岩为主，油层电阻率 $2.0 \sim 3.2\Omega \cdot m$，与水层电阻率 $1.4\Omega \cdot m$ 接近，测井解释泥质含量 $15.3\% \sim 19.1\%$，初始含水饱和度高于 60%，为典型的低阻油藏；该油藏为底水油藏，天然能量充足。2013 年 1 月 WZA 油田投产 2 口水平井(WZA - 15H、WZA - 16H)，两井开井即产水，含水率在 $8\% \sim 10\%$ 之间，投产初期含水率经历了两个阶段(图 1)：第一个阶段为迅速上升阶段，WZA - 15H 井投产后含水率从 10% 上升到 78%，WZ - A16H 井含水率从 8% 上升到 55%；第二个阶段为回落并平稳阶段，WZ - A15H 和 WZ - A16H 井含水率分别回落到 55% 和 38%，然后趋于平稳。生产动态表明低阻油藏早期见水规律与常规油藏截然不同，其产水机理和早期含水上升规律有待重新认识。

本文针对低阻油藏开发特征，从油藏成藏机理出发，结合密闭岩心实验结果，分析低阻油藏的成藏模式和早期含水上升规律。

2　低阻油藏成藏机理分析

油气藏的形成需要通过初次运移和二次运移两个阶段才能形成。其中二次运移主要是在储集层的运移。砂岩储集层的孔隙直径大多介于 $0.2 \sim 500\mu m$ 之间，属于毛细管孔隙，所以常把储集层的孔隙系统视为毛细管系统。该系统的孔隙空间原来为水所饱和。二次运

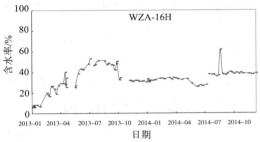

图 1　WZA – 15H/16H 井投产初期含水测试曲线

移主要是非润湿相的油驱替润湿相水的过程，其主要动力为浮力，主要阻力为毛管力所导致的附加力(简称毛管附加力)。当孔喉中浮力大于毛管附加力时，油气沿着喉道将水驱替出来并集聚成藏(图2)；而当毛管附加力大于浮力时，油很难进入喉道中将水驱替出来，孔喉中仍充满原生水。若出现大量孔喉中充满原生水状态时，储层含水饱和度会偏高，导致电阻率偏低。

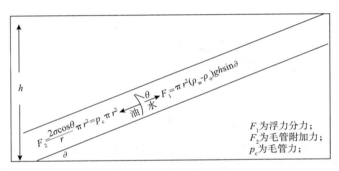

图 2　原油在孔喉运移时受力示意图

2.1　成藏浮力分析

油气二次运移成藏过程中，由于油水密度差的原因，油将受到向上的浮力。根据阿基米德原理，在倾斜地层的孔喉中水对油的最大浮力分力可表示为：

$$F_1 = \pi r^2(\rho_w - \rho_o)gh\sin\partial = \pi r^2 \Delta p \tag{1}$$

式中，F_1 为最大浮力分力，N；r 为毛细管半径，μm；ρ_w 为水的密度，g/cm^3；ρ_o 为油的密度，g/cm^3；g 为重力加速度，N/kg；h 为圈闭高度，m；α 为地层的倾角，(°)；Δp 为浮力压强差，N/m。

影响成藏浮力的因素有孔喉半径、油水密度差、储集层的构造幅度及地层倾角。WZA 油田地层原油密度为 0.895g/cm^3，油水密度差异小；圈闭幅度小，最大闭合高度约45m；地层倾角最大约3.8°。

2.2　成藏毛管附加力分析

成藏阻力分析：当油进入饱含水的储集层孔喉时，毛管附加力可表示为：

$$F_2 = \frac{2\sigma\cos\theta}{r}\pi r^2 = p_c\pi r^2 \tag{2}$$

式中，F_2 为毛管附加阻力，N；σ 为油水表面张力，N/m；θ 为润湿角，(°)；p_c 为毛管力，N。

由(2)式可知，毛管附加力和毛管力成正比关系，毛管力又和油水界面张力、油水润湿角及孔喉半径有关，因此储层孔喉越小，则毛管力越大，阻碍油藏成藏的可能性越大。WZA 油田油水界面张力取 27.81mN/m，油水润湿角取 45.5°。

2.3 成藏作用力对比分析

以孔喉半径为横轴，最大浮力分力和毛管附加力为纵轴绘制成图（图3），由图可知：当孔喉半径小于 11.9μm，毛管附加力大于浮力分力，当孔喉半径超过 11.9μm 后，浮力分力大于毛管附加力。

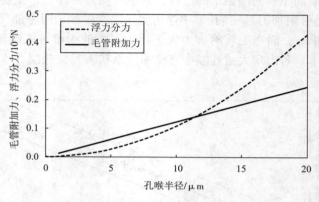

图 3 成藏作用力和孔喉半径的关系图

WZA 油田油层段主要发育浅滩沉积，岩性以泥质粉砂岩和粉细砂岩为主，偏细，泥质含量较高。从 WZA－20P1 井 13 个样品的压汞实验结果（表 1）可知，岩心最大孔喉半径大于 11.9μm，但其平均孔喉半径小于 11.9μm。

表 1 WZA－20P1 压汞参数表

样品号	取样深度/m	排驱压力/MPa	汞饱和度50%时压力/MPa	平均孔喉半径/μm	变异系数	最大汞饱和度/%	最大孔喉半径/μm	汞饱和度50%时孔喉半径/μm	退汞效率/%
1－2－9	1060.28	0.041	8.20	1.98	1.80	78.89	17.81	0.09	39.72
1－3－14	1061.43	0.031	3.01	4.20	1.46	83.74	23.75	0.24	33.01
1－4－10	1062.42	0.031	0.19	6.90	0.96	85.6	23.75	3.85	16.49
1－5－12	1063.39	0.024	0.05	13.25	0.66	90.27	30.52	13.73	6.02
2－2－15	1065.25	0.024	9.06	0.91	94.58	30.51	7.31	15.10
2－3－7	1065.93	0.031	0.62	5.46	1.09	82.42	23.74	1.19	21.64
2－4－11	1067.16	0.041	2.95	3.23	1.42	77.34	17.83	0.25	25.17
2－7－18	1070.51	0.100	1.29	2.13	1.09	83.38	7.374	0.57	25.30
2－8－16	1071.19	0.041	0.12	6.27	0.78	94.02	17.81	6.20	11.30

续表

样品号	取样深度/m	排驱压力/MPa	汞饱和度50%时压力/MPa	平均孔喉半径/μm	变异系数	最大汞饱和度/%	最大孔喉半径/μm	汞饱和度50%时孔喉半径/μm	退汞效率/%
3 - 1 - 9	1072.1	0.041	0.56	4.45	1.02	83.87	17.81	1.31	22.38
3 - 2 - 16	1073.33	0.041	0.54	4.78	0.84	73.67	17.81	1.37	14.35
3 - 3 - 16	1074.33	0.031	0.16	7.99	0.84	85.14	23.52	4.57	11.56
3 - 4 - 4	1074.88	0.058	4.12	2.21	1.36	80.68	12.57	0.18	35.61

分析认为，低阻油藏因大部分孔喉中毛管附加力大于浮力，油滴较难进入这部分孔喉，这类孔喉中仍饱含原生水，使得油藏含水饱和度高，测井电阻率低。

3 低阻油藏密闭岩心实验分析

鉴于先期投产的 WZA - 15H 和 WZA - 16H 井渗流规律异常，2014 年 6 月油藏实施调整时进行密闭取心，并进行多项岩心化验研究。

3.1 密闭岩心饱和度实验

采用库仑法、蒸馏法和核磁共振对密闭岩心进行含水饱和度实验。其中，库仑法、蒸馏法取含水饱和度值，核磁法取束缚水饱和度值（图4）。实验结果表明，由库仑法和蒸馏法测定的含水饱和度普遍较高，库仑法测定平均含水饱和度 68.9%，蒸馏法测定平均含水饱和度为 70.0%，个别含水饱和度甚至高达 89.8%，而核磁法测定的束缚水饱和度仅 32% ~49%，远远低于油藏原始含水饱和度，其差值客观反映了地层中"可动水"的存在，同时也验证了上述低阻油藏成藏机理的正确性。

3.2 岩心油水两相相渗实验

采用 AFS200 自动流体驱替系统模拟地层条件，测定 6 块岩心的油水相对渗透率曲线（非稳态法），由结果可知，低阻层束缚水饱和度在 31.8% ~48.0% 之间，与核磁法测得结果较为接近（图5）。

库仑法、蒸馏法测定的含水饱和度与岩心油水两相相渗、核磁实验测定的束缚水饱和度存在较大差异。而密闭岩心饱和度实验表征的是油藏

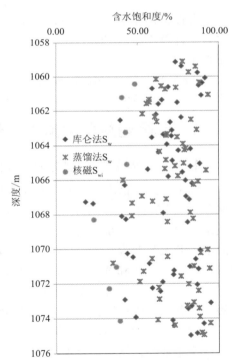

图 4　WZA - 20P1 不同方法测试饱和度成果图

静态稳定情况下的真实含水饱和度，分析认为低阻油藏在二次运移成藏时，受到低幅度构造、地层倾角小、储层物性差、油水密度差异小等原因的综合作用，油气未能充分占据孔喉，大部分较细孔喉仍被原生水所占据，导致油藏含水饱和度高。而室内岩心实验测得的

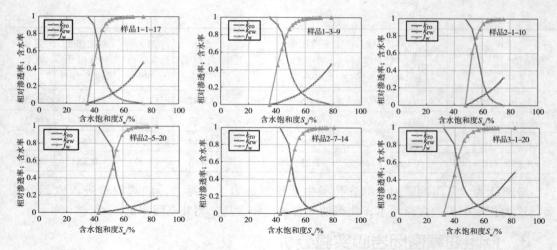

图 5   WZA - 20P1 井岩心油水相对渗透率曲线

油水相对渗透率曲线是在充分饱和油情况下进行的，两者之间的差异表明油藏内部存在"可动水"，且受储层非均质性影响而分布不均。在油藏静态条件下，油藏以高含水饱和度的状态存在；在开发条件下，因生产压差远远大于微观作用力，"可动水"变成了可采出水，统计 WZA 油田生产井投产两个月累产水 $0.15 \times 10^4 \sim 0.55 \times 10^4 m^3$，表明油藏开发时正处于油水两相渗流区。

WZA 低阻油藏成藏时毛管附加力占主导因素，孔喉大部分未被原生水驱替，油藏以高饱和水的状态存在，生产时高饱和水导致油水同出，可把这类油藏类型称为"可动水"油藏。

4   低阻油藏早期含水上升规律研究

4.1   含水率变化规律及原因分析

综上所述，低阻油藏开发初期产出水并不是边底水推进所致，而是油藏内部的"可动水"，所以在油井投产后，含水存在迅速上升的阶段；而"可动水"毕竟只存在于部分孔喉较细的储层中，分布不均匀，导致随着"可动水"的产出，含水逐步回落并趋于稳定，且低阻油藏开发初期含水率的大小是由初始含水饱和度决定的。

WZA - 15H 和 WZA - 16H 分别部署在油藏高部位，有效层段平均含水饱和度分别为 46.6%、39.6%。由于油藏非均质性较强，两井水平段均钻遇含水饱和度超过 60% 的层段，在此含水饱和度(归一化油水等渗点处含水饱和度约 60%)下，水相的渗流能力远大于油相，造成含水率迅速上升，这一段即为初期含水率迅速上升阶段；最终稳定时的含水率取决于油井初始平均含水饱和度，因此含水率回落并平稳在 55% 和 38% 左右。

4.2   早期含水上升规律应用

基于 WZA - 15H 和 WZA - 16H 井的含水上升规律，WZA 油田调整井设计尽量部署在高部位含油饱和度相对较高的小层，2014 年 6 月加密投产 4 口水平井(WZA - 18H ~ A21H)，投产初期各井含水率均在预测范围内，各井稳定含水率分别为 30.1%、42.5%、45.8%、43.2%(图 6)。投产后 4 口水平井预计累产油 $36.4 \times 10^4 m^3$(设计累产油 $33.4 \times 10^4 m^3$)，较为准确的预测低阻层的开发指标。

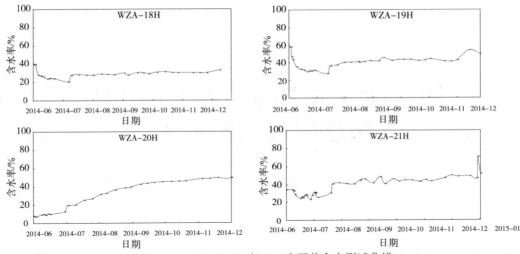

图 6　WZA 油田 2014 年 4 口水平井含水测试曲线

5　结束语

通过分析油气成藏作用力的关系，认为构造幅度低、地层倾角小、储层孔喉细、油水密度差异小、以及成藏时作为阻力的毛管附加力起主导作用是形成高饱和水低电阻率油藏的重要原因。结合岩心实验结果，低阻油藏中"可动水"的存在，使得油藏在初始条件下以高饱和水状态存在。生产时油水同出，开发井产水。低阻油藏开发早期据具有特殊的含水上升规律，因"可动水"饱和度高，在毛管力的作用下，含水率迅速上升，随后因"可动水"饱和度降低，含水逐步回落并趋于稳定。

参 考 文 献

[1]刘强，张莹. 低电阻率油层成因机制综述[J]. 断块油气田，2007，14(6)：5-7.

[2]孙建孟，陈钢花，杨玉征，等. 低阻油气层评价方法[J]. 石油学报，1998，19(3)：83-88.

[3]吕洪志，李兴丽，顾保祥. 渤海新近系低电阻率油层成因及测井响应特征[J]. 中国海上油气，2006，18(2)：97-102.

[4]回雪峰，吴锡令，祝文亮. 油气田低电阻率油层成因机理分析[J]. 辽宁工程技术大学学报：自然科学版，2004，23(1)：24-27.

[5]王瑞丽，孙万华，邹明生，等. 北部湾盆地涠西南凹陷低阻油层成因分析[J]. 断块油气田，2010，17(5)：642-645.

[6]康志勇. 低电阻油层成因及其研究方法：以辽河油田为例[J]. 新疆石油地质，1997，18(4)：380-384.

[7]戴启德，黄玉杰. 油气田开发地质[M]. 山东东营：石油大学出版社，1999.

[8]刘柏林，李治平，匡松远，等. 低含油饱和度油藏油水渗流特征[J]. 油气地质与采收率，2007，14(1)：69-73.

[9]孙志刚. 低含油饱和度砂岩油藏水驱特征实验[J]. 油气地质与采收率，2008，15(2)：105-107.

[10]刘金玉，王殿生，刘柏林，等. 低渗低饱和砂岩水驱油过程中含水率变化规律研究[J]. 西安石油大学学报(自然科学版)，2011，26(1)：37-41.

第一作者简介： 黄冬梅，2007 年毕业于廊坊分院渗流所渗流力学专业，工程师，现从事油藏工程及数值模拟研究，邮箱：huangdm1@cnooc.com.cn，电话：13726908189。

通讯地址：广东省湛江市坡头区中海石油(中国)有限公司湛江分公司研究院；邮编：524057。

源－坡－浪主控的海上油田中深层储层预测技术

张建民　王西杰　周立业　崔龙涛　张岚　李超

[中海石油(中国)有限公司天津分公司]

摘　要　滩坝砂岩油藏分布复杂，预测难度大，特别是在埋深3000m以下实现10m厚度的储层预测更是困难重重。滩坝砂岩油藏储层精细研究已经成为制约渤海油田增储上产的技术难题之一。本文以渤海南部海域渤中34－2/4油田为例，采取了"定沉积环境、定沉积规模、定古地貌、定厚度"的研究方法，探索适用于海上大井距条件下的中深层滩坝相储层沉积规律精细刻画和预测方法。具体研究方法是通过以岩心观察入手，用多种沉积标志定沉积环境。在明确了其滩坝相沉积背景基础上，通过精细古地貌恢复明确了大规模滩坝砂分布的可能，综合古水动力和古风力研究明确了沉积边界。并且在地质精细研究的基础上与地球物理正演实验结合，实现了滩坝砂体的沉积厚度的定量化预测。

关键词　渤海油田　滩坝相　古地貌　古水动力　正演实验

0　引言

滩坝砂岩油藏做为一种重要的岩性油藏类型，有巨大的勘探开发潜力。相对传统的陆上浅层储层预测而言，储层预测也有其特殊性：①海上油田探井资料少，井网较稀疏，相对的资料获取难度大，资料种类比较少；②受地震资料的品质和信噪比的影响，地震资料往往分辨率很低，因此单一依靠地震资料进行储层预测难度非常大；③储层分布规律复杂：砂泥岩一般埋深都在2500m以上，单层厚度比较薄，加之砂泥岩互层，砂体范围很难确定。国内外文献调研结果表明，中深层滩坝相储层厚度和砂体展布的刻画方法目前还没有，因此探索一套高效的中深层滩坝砂储层厚度定量化预测方法具有极其重要的意义。笔者以渤海渤中34－2/4油田东营组J砂层为研究对象，提出了综合岩心资料、古地貌恢复、古水动力研究、地震正演实验的滩坝相储层定量预测技术，为中深层滩坝相储层展布精细刻画提供一种行之有效的方法。

1　地质背景

渤海渤中34－2/4油田地理位置上位于渤海南部海域，构造上属于黄河口凹陷中部（图1）。油田总体构造面貌是一个北东向展布断裂背斜。研究层段东营组J砂层为油田的主力油层段，位于古近系东营组下段，由上下两套稳定分布的砂岩加一套泥岩构成，砂层单层厚度在 3～8m（图2）。储层埋深普遍在 3000m 左右。

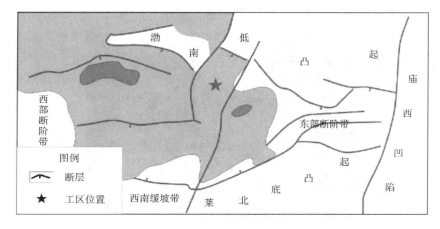

图1　渤中 34－2/4 油田区域位置图

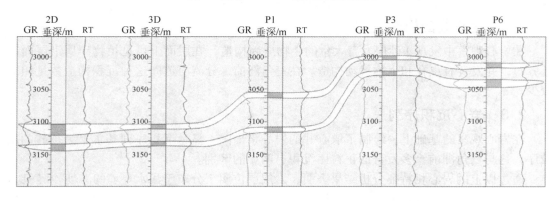

图2　渤海渤中 34－2/4 油田东营组 J 砂层储层连井剖面图

2　沉积环境分析

关于 J 砂层的沉积相认识，多年来认识一直比较模糊，主要包括三角洲相沉积和滩坝相沉积，最终的沉积类型也一直没有定论。本次研究在系统地岩心观察基础上，通过岩石矿物学特征，多种沉积构造确定了其滨浅湖的沉积环境，明确了其滩坝砂的沉积特点，为后续针对滩坝砂类型储层制定研究方法提供依据。

东营组 J 砂层储层砂岩岩石类型主要为、岩屑长石砂岩，粒径范围变化较大，以中—粗砂和中—细砂为主，粉砂次之，极少量含砾砂岩，一般在 0.1～3.5mm 左右。东营组 J 砂层泥岩颜色呈灰色、红褐色，砂岩颜色有浅灰色、浅紫红色，黄褐色等，粒度概率曲线以跳跃悬浮为主，说明东营组 J 砂层沉积时期是处于一种浅水氧化环境，岩石颗粒被波浪频繁冲刷的特征。

2.1　层理及层面构造

J 砂层发育的层理构造主要为楔状、板状交错层理，代表了强水动力作用，还发育有代表波浪作用的波状交错层理，浪成沙纹层理，而三角洲中也可见到楔状、板状及波状交错层理，但浪成沙纹层理很难见到。层面构造可以看到"峰尖谷圆"的对称波痕（图3），这体现了滩坝砂特有的双向水流的摆动，这种对称波痕在三角洲相中是见不到的。

图3　BZ28-2-1井3082.2m峰尖谷圆波痕，波长5mm，波高1mm

2.2　生物成因构造

在岩心观察中发现J砂层发育大量的生物成因构造，在层面上可见植物碎屑沿层面杂乱分布，并发育有虫孔和生物扰动构造。在三角洲前缘分流河道间这种沉积构造数量相对较少。

2.3　岩心沉积序列

在岩心观察的基础上，绘制了取心井的岩心素描图，显示沉积序列基本上为坝砂的反粒序，这与三角洲前缘多发育的正粒序沉积有明显的区别。

通过以上的岩心相特征分析结果表明，岩层层位属于分布于浅水环境的滩坝砂沉积。

3　古地貌恢复

古地貌、古水动力的、古物源等是滩坝形成的主要控制因素，以前研究认为，古地貌对砂体的分布影响很大，朱筱敏等学者认为原始地形和滩坝砂沉积息息相关。因此，预测平面滩坝砂分布的先决条件是古地貌恢复。

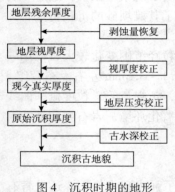

图4　沉积时期的地形

滩坝相J砂层沉积时期，水体很浅，研究区BZ34-2/4油田利用回剥法恢复古地貌：把地层在地震解释后，利用压实校正恢复该地层的原始厚度，采用了"相序法"精细恢复原始水深，最后恢复了沉积时期的地形（图4）。

3.1　地层压实校正

压实校正是恢复古地貌过程的关键步骤。研究提出了砂泥岩的孔隙度和深度相关关系，根据砂岩-泥岩孔隙度的拟合孔隙度（ϕ）-埋藏深度（H）关系式，适用于渤海海域的泥岩、砂岩相关性方程：

泥岩：　　$\phi = 0.5947\exp(-0.000722 \times H)$

砂岩：
$$\phi = 0.4916\exp(-0.000452 \times H)$$

统计测井解释的不同地层岩性百分含量，据积分模型恢复渤中 34－2/4 油田超过 20 口井的原始地层厚度。针对上述研究的分析认为，地层的压实率在 1.8～2.0 之间（表 1）。

表 1　东营组地层去压实校正表

井位	初始泥厚/m	初始砂厚/m	泥岩压实系数	泥岩初始孔隙度	砂岩压实系数	砂岩初始孔隙度	泥岩恢复厚度/m	砂岩恢复厚度/m	压实率/%
5－1	322	46	－0.00072	0.59	－0.00045	0.49	619	75	1.88
3－1	314	26	－0.00072	0.59	－0.00045	0.49	611	43	1.92
3D	254	19	－0.00072	0.59	－0.00045	0.49	512	31	1.98
2－1	267	10	－0.00072	0.59	－0.00045	0.49	532	16	1.98

3.2　古水深恢复

地层厚度仅是对古地貌的定性描述，经古水深校正后的地形才是最真实、精确的古地貌。然而定量恢复古水深比较困难，针对滩坝相沉积特点，提出了新思路：利用传统的岩相分析法确定古水深范围，根据特色"相序法"标定古水深。

岩相分析是基于沉积构造、岩石粒度和地球化学标志，确定古水深的深度范围。从岸边到湖心，沉积的砂砾岩减少，黏土的含量增加，所以岩石颗粒能够反映沉积水深的变化，如砾岩、中粗砂沉积发育时深度为 1～10m，细砂岩、粉砂岩发育水深约 5～20m。沉积构造也受水深和水动力的影响，如水深在 5～20m 环境中，平行层理、波状层理更发育（图 5）。

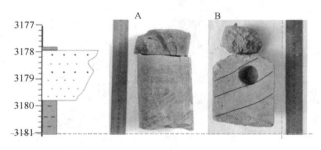

图 5　3D 井取心段描述及特殊构造

（岩心 A：红色泥岩，3180.5m；岩心 B：粗砾岩，下部见槽状交错层理，3179.4m）

4　砂体展布规律

滨岸地区包含碎浪带、破浪带、冲浪带。研究认为，在浪基面处较弱的水动力条件下，陆源碎屑滩坝不发育，因此浪基面可描述滩坝砂的展布范围。本次研究也进一步证实了该观点，即地貌低处或浪基面下，滩坝砂不发育。滨岸滩坝相储层边界的精细描述是基于渤南地区的水动力分布模型，针对各水动力带的深度进行分析，预测浪基面的水深，在定量恢复的古地貌之上，表征浪基面范围（即储层边界），确定储层的分布。

古风力影响下的波浪参数是浪基面深度的主要影响因素，浪基面深度约等于½倍的波长。因此，需要先计算不同风力影响下的波浪波长，进而预测浪基面的深度。据李国斌在相邻东营凹陷提出的5种风力－波长计算公式，求取平均值以计算渤南海域风力、波长和浪基面深度的关系。

以碎波带为例，首先研究波浪波长及其影响下的近岸坝厚度之间的关系（姜在兴，2010），据岩心分析近岸坝厚度 H，反推该期滩坝形成时最大波长 L，则浪基面深度就可计算（½倍波长 L）。以渤南海域为例，据 Michell（1994）计算的滨浅湖极限波陡值 lim $(H/L)=0.14$，在碎浪带中推算不同风力影响下的近岸坝厚度（表2）；岩心分析认为沉积时近岸坝厚度近似4m（图8），表2可知是6级风条件下形成，则最大波长 L 是28m，浪基面深度是14m，在恢复的地貌图上以 －14m 为界刻画浪基面范围，即为滩坝沉积的边界。

表2　渤南海域东营组沉积时期风级与波长、浪基面、近岸坝厚度关系

风级	最大波长 L/m	近岸坝厚度 H/m	浪基面深度/m
2	3	0.4	1.5
4	12	1.7	6.4
6	28	4.0	14.0
8	51	7.1	25.5

研究表明，研究区东北部和西南部的深水区域，位于浪基面以下，滩坝砂一般不发育，以此浪基面的深度刻画滩坝边界；而研究区中部低洼部位，水体有一定深度，滩坝砂一般发育较薄（图6）。

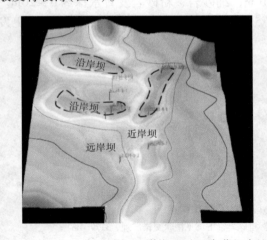 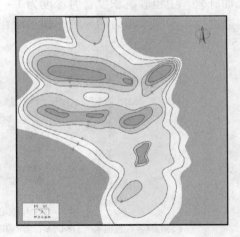

图6　渤海 A 油田东营组古地貌（左）及砂体厚度图（右）

5　古地貌控制下滩坝发育模式

渤海渤中34－2/4 地区发育宽缓坡带，浅湖相沉积发育较多，深湖区发育局限，中部呈条纹状凸起，东西地势低，东部地形陡峭。总结地貌主控下滩坝分布模式，具有如下规律：①平坦的台地地形利于滩坝大范围发育；②地形高处周缘发育滩坝砂体，最高处不是沉积最厚处；③凸起间的洼地受四周阻挡，滩坝不发育；④地貌浪基面下，波浪难触及，不发育滩坝（图7）。

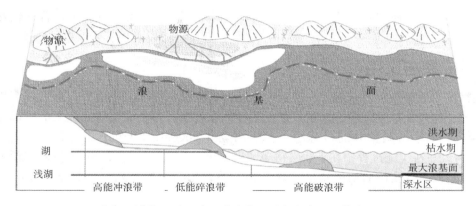

图 7 渤海 A 油田古地貌主控下滩坝发育沉积模式图

6 地震正演实验及基于属性约束下的砂体厚度预测

经过统计已钻井信息，J 砂层砂体厚度平均为 10m，均小于分辨能力 42m（¼波长）。对于这种活度小于分辨能力的储层，如何利用地震资料开展研究是储层预测的难题。本文在地震正演实验分析的基础上，探索出一套在古地貌确定砂体展布范围情况下对砂体厚度进行刻画的方法。

6.1 地震正演实验

在本次研究中，结合目的层大段"泥包砂"的砂泥岩组合特征，及 J 砂层厚度的变化趋势，分别设计了模型 A、B、C 进行了地震正演模拟（图 8）。

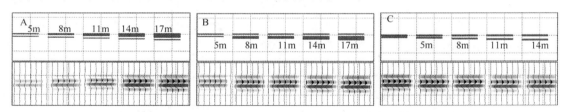

图 8 正演实验模型 A、B、C 设计

设计模型 A：两套砂层间泥岩厚度保持不变（10m），下层砂岩厚度保持不变，上层砂岩厚度分别由 5m 逐渐增大到 17m；

设计模型 B：两套砂层间泥岩厚度也保持不变（10m），且上层砂岩厚度保持不变，下层砂岩厚度分别由 5m 逐渐增大到 17m；

设计模型 C：上、下层砂体厚度保持不变，两套砂层间泥岩厚度由 0m 逐渐增大到 14m。

从实验结果来看，地震反射振幅随砂体累计厚度增大而增大。因此，对于地层厚度小于¼的砂层组，其地震反射振幅随砂体累计厚度增大而增大，与砂层组厚度无关。即砂体累计厚度是地震振幅的主控因素。

6.2 基于属性约束下的砂体厚度预测

结合地震正演的模拟结果，J 砂层是可以通过振幅属性来进行砂体厚度预测的，并且从砂体厚度和地震属性相关性分析结果来看，砂体厚度和振幅类属性相关性普遍较好，均在65%以上，其中均方根振幅属性最好，达到了75%。可以利用其开展厚度预测。

7　成果与应用

在精细古地貌恢复的基础上，通过古水动力研究圈定出了沉积边界，而后在沉积边界的约束下，通过地球物理研究，定量恢复了砂体厚度图。为了证实研究成果的准确性，在渤中34－2/4油田调整井的过程中，在距离老井2600m远处部署了两口调整井（A24、A28），两口井在实施过程中在J砂层钻遇油层厚度分别为4.7m、5.8m，与钻前预测一致（图9）。且两口井实施后油田储量实现了翻三番，为油田的高效开发打下了坚实的物质基础。

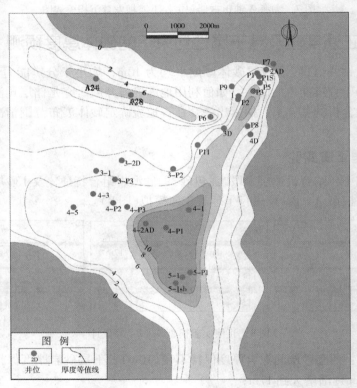

图9　渤中34－2/4油田东营组J砂层砂岩沉积厚度图

8　结论与认识

（1）结合岩石学特征分析，渤中34－2/4油田东营组沉积时期为滩坝砂沉积。

（2）精细古地貌恢复结果表明，东营组沉积早期总体呈现出"北高南低，东陡西缓，中部隆起"的古地貌形态，油田范围内为宽缓的斜坡带，发育有大范围的滨浅湖环境，有利于大规模滩坝砂体形成和分布。

（3）水动力研究结果表明，浪基面之下（水深大于14m），一般不发育滩坝砂。

（4）基于正演模拟结果，振幅属性可反映砂体累计厚度的变化。研究成果在油田增储上产过程中得到了较好的验证，实钻吻合率可到95%。

参 考 文 献

[1]邓宏文.高分辨率层序地层学——原理及应用[M].北京：地质出版社，2002.

[2]邓宏文.美国层序地层研究中的新学派——高分辨率层序地层学[J].石油与天然气地质，1995，16（2）：89-97.

[3]朱筱敏，信荃麟，张晋仁.断陷湖盆滩坝储集体沉积特征及沉积模式[J].沉积学报，1994，12（2）：20-28.

[4]邓宏文，马立祥，姜正龙.车镇凹陷大王北地区沙二上亚段滩坝成因类型、分布规律与控制因素研究[J].沉积学报，2008，26（5）：715-724.

[5]邓宏文，高晓鹏，赵宁，等.济阳坳陷北部断陷湖盆陆源碎屑滩坝成因类型分布规律与成藏特征[J].古地理学报，2010，12（6）：737-747.

[6]李国斌，姜在兴，王升兰，等.薄互层滩坝砂体的定量预测：以东营凹陷古近系沙四上亚段上为例[J].中国地质，2010，37（6）：1559-1711.

[7]杨勇强，邱隆伟，姜在兴，等.陆相断陷湖盆滩坝沉积模式：以东营凹陷古近系沙四上亚段为例[J].石油学报，2011，32（3）：417-423.

[8]王永诗，刘惠民，高永进，等.断陷湖盆滩坝砂体成因与成藏以东营凹陷沙四上亚段为例[J].地学前缘，2012，19（1）：100-107.

[9]李国斌，姜在兴，陈诗望，等.利津洼陷沙四上亚段滩坝沉积特征及控制因素分析[J].中国地质，2008，35（5），911-921.

[10]唐东.东营凹陷沙四段滩坝砂体沉积特征及储层预测[D].中国石油大学，2010.

[11]冯兴雷.车镇大王北洼陷沙二段滩坝砂体沉积微相及成因模式研究[D].中国地质大学，2008.

[12]王升兰.博兴洼陷沙四上亚段滩坝沉积体系研究[D].中国地质大学（北京），2008.

[13]李国斌.东营凹陷西部古近系沙河街组沙四上亚段滩坝沉积体系研究[D].中国地质大学（北京），2009.

[14]高晓鹏.沾化凹陷桩西地区沙四上亚段滩坝砂体沉积特征研究[D].中国地质大学（北京），2009.

[15]王健，操应长，李俊良，等.北部湾盆地涠西南凹陷南坡古近系流二段滩坝砂体分布规律[J].沉积学报，2013，31（3）：536-543.

[16]宁松华，汪勇.基于振幅属性分析法的楔状砂体厚度预测研究.石油天然气学报，2010，32（5）：92-95.

[17]卢昇，吴雪松，石倩茹，等.薄互层地震响应及分频技术的适用性分析[J].天然气地球科学，2010，21（4）：660-665.

[18]张云银.济阳坳陷第三系储层预测技术研究[D].中国海洋大学，2010.

[19]王金铎，许淑梅，于建国，等.用波形分析法预测滨浅湖滩坝砂岩储层：以东营凹陷西部地区沙四上亚段为例[J].地球科学（中国地质大学学报）.2010，33（5）：627-634.

第一作者简介：张建民，2005年毕业于西南石油大学油气田开发专业，高级工程师，现从事开发地质及油气田开发研究，邮箱：zhangjm2@cnooc.com.cn，电话13512441954。

通讯地址：天津滨海新区海川路2121号渤海石油管理局B座；邮编：300459。

辫状河复合砂体期次划分方法研究及应用

李林　申春生　康凯　刘彦成　徐中波　张俊　梁世豪　林国松

［中海石油(中国)有限公司天津分公司渤海石油研究院］

摘　要　辫状河复合砂体是油田注水开发中后期挖潜的主要对象。为了认识辫状河复合砂体叠置样式对水淹特征及剩余油分布的影响，有必要对辫状河复合砂体进行期次划分，识别单河道砂体。以渤海海域某油田馆陶组 L62 复合砂体为例，利用钻井、岩心、测井和现代河流资料，采用"岩电界面回返幅度识别法"将 L62 复合砂体垂向上识别为 B~F 共 6 个期次，完成辫状河复合砂体分期。在此基础上，采用"相变标志识别"和"单层砂厚串珠连线法"完成单期河道带平面追踪，并通过"岩心古河道规模恢复"定量分析展布规模。结果表明，该复合砂体单期带砂体厚度在 1~3m，单河道宽度在 200~300m 之间，自 F 至 B 期河道体沉积演化过程表现为平面两条单期河道带"合－分－合"的特点，河道发育方向由北东向逐渐演变为近东西向，相邻期次的单河道砂体在空间上表现为 5 种切叠样式。该辫状河复合砂体期次划分成果为剩余油分布研究和水平井部署实施提供指导。

关键词　辫状河复合砂体　期次划分　单期河道　沉积演化　切叠样式

1　引言

渤海某油田目前处于稳产上产阶段，随着大规模调整井的实施，钻遇的河流相储层越来越复杂，原本邻井钻遇的是巨厚的复合河道砂体，但在其附近 50~100m 距离内侧钻的一口井，却钻遇的是河道间的泥岩，砂体横向变化大。复合厚砂体通常是多成因、多期次的河道砂体在空间上纵横交错叠置的结果，这是造成平面辫状河道砂体厚薄不均和规律性较差的主因。由于油田地震资料品质较差，在实际研究中，调整井的厚度仅依靠已钻井资料分析预测。如果对复合厚层的河道砂体空间叠置规律没有认识清楚，对于井间的储层预测，以及井位设计实施和后期的调整挖潜，会带来极大的风险。据统计厚油层占据油田 60% 的储量，也是产量的主要贡献者。目前油田部分区块已进入中高含水阶段，厚油层是挖潜的主要对象，对其研究精细程度决定了油田开发的效果。因此，本文尝试通过对复合砂体期次划分来明确单一期次河道带砂体展布、规模尺寸及切叠样式，进一步提高储层预测精度；总结不同河道带砂体组合样式下的水淹、剩余油分布特点，指导厚油层的挖潜。

近年来，国内外学者对地下辫状河储层构型做了大量探索性的工作。复合辫状河道期次划分是辫状河储层构型的一部分，按前人构型理论，辫状河储层构型可分为 4 个层次（

复合河道、单期河道、心滩、增生体），考虑到油田实际生产需求，本次研究着重考察第二层次即单期河道的划分。

2 研究区地质与开发概况

PL 油田位于渤海中南部海域渤南低凸起中段的东北端（图1）。为一断裂背斜构造，受两组南北向走滑断层控制且内部被北东向或东西向次生断层复杂化；主力含油层系为馆陶组，可进一步细分为 L50 油组—L120 油组 8 个油组，油藏埋深 910 ~ 1400m，以辫状河沉积为主，砂地比约30%，纵向连续含油，无底水天然能量，油藏类型为岩性－构造油气藏，属于海上大型复杂河流相水驱开发油田。

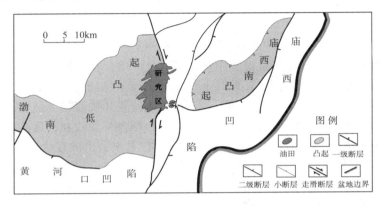

图1 研究区构造位置图

本次研究区主要位于油田中部核心区，面积约 4.3km²。目的层段为馆陶组 L60 - 1 复合砂体，累积厚度一般 17 ~ 20m，为多期河道砂体切割叠置形成，在对单砂体识别刻画和沉积微相研究成果基础上，开展复合河道单期河道识别、组合与沉积演化分析。

研究区的钻井密度达到 29 口/km²，井距 150 ~ 300m，侧钻井资料较为丰富，侧钻井井距小于 100m，目前综合含水率已达81%，采出程度22%，剩余油仍有很大潜力。研究区丰富的钻井资料和动态资料为开展本次研究奠定了坚实的基础。

3 复合砂体单期河道划分

3.1 复合河道期次划分

本文采用点－线－面逐级进行的原则划分期次。对于单井点而言，沉积界面识别是期次划分的关键，上下叠置的两期河道接触模式主要有 3 种情况，分别为：①叠加型接触模式，后期河道的冲刷作用仅把前期河道顶部泥岩段侵蚀掉（图2a），仍保留一部分较薄的泥岩或粉砂岩，这样几个相对完整的旋回互相叠置，形成厚砂岩，砂体之间保留明显的夹层，测井曲线有明显的回返，可在回返处劈分单层，表现为齿化复合箱型或钟形；②中等切叠型接触模式（图2b），后期河道冲刷掉前期河道顶部泥岩和过渡性沉积物，但两期河道间有沉积物粒度变化，此处可劈分单层，表现为复合箱型；③剧烈切叠型接触模式（图2c），后期河道的冲刷作用把前期河道顶部泥岩和过渡性沉积物全部冲刷掉，甚至把河道上部的细粒沉积也冲刷掉，其间无隔夹层，这使两期河道砂体直整体呈单一旋回的箱型。前两种类型期次可以通过单井测井曲线回返加以识别，而第三种剧烈切叠型复合河道分期难度较大。

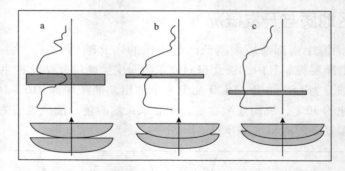

图 2　两期河道接触模式示意图

对于切叠型复合河道，在形成过程中新河道对老河道存在不同程度的侵蚀冲刷，因此冲刷面即为两期河道的沉积界面。在单井上，本文引入了"界面回返幅度法"判别单期河道间界面。其原理是在岩心界面观察基础上，统计界面处测井数值距离纯泥岩线和砂泥线的幅度比值（界面回返幅度 $= \Delta S_{界面} / \Delta S_{泥\sim砂}$）（图 3），包括伽马曲线和密度曲线。目前研究区周边共有 4 口取心井资料，对 L60 油组临近层段岩心上识别出的较为明显的河道间界面，应用对应测井曲线计算了界面回返幅度值。分析发现界面回返幅度值在 0.8 之下的界面在测井曲线上响应是明显的，可以作为未取心井中河道间界面识别和期次划分依据。依据此标准，本区识别出单期河道砂体厚度在 1～3m 之间。

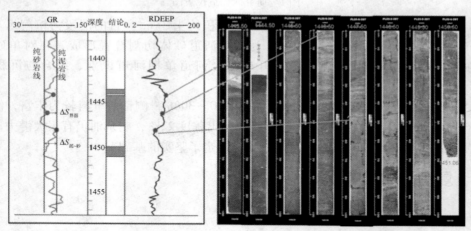

图 3　界面回返幅度法示意图

在连井砂体期次划分过程中，首选选取临近层位可靠泥岩标准层，对于非下切叠置型砂体主要依靠废弃河道泥岩夹层等结构界面来划分期次，下切叠置型砂体采用界面回返幅度法，依据上文所述的单井界面回返幅度阀值识别垂向沉积界面，并借助侧向主河道附近的溢岸沉积或者小型河道辅助识别划分。将研究区 L62 复合砂体划分为 6 个期次（图 4）。然后将期次识别结果按发育先后顺序进行统一编号，并统计全层段河道期次个数，建立相同期次河道砂厚数据库，为单层砂厚分布研究做好数据准备。

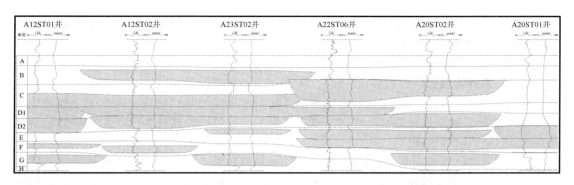

图 4　过 A12ST1 井—A20ST1 井连井复合河道分期过程剖面图

3.2　单层单河道边界识别

河道边界的准确识别是界定单河道的关键。常规的单河道是在识别成因砂体类型和精细对比的基础上，寻找相变标志，根据相变标志定性识别单河道边界。常用的相变标志包括废弃河道、河道间泥岩、河道砂体高度差异、厚度差异 4 种标志。

（1）废弃河道沉积物（图 5a）。根据废弃河道的成因，在辫流带内部，废弃河道代表一期河道沉积的结束。废弃河道沉积物是单一河道砂体边界的重要标志。

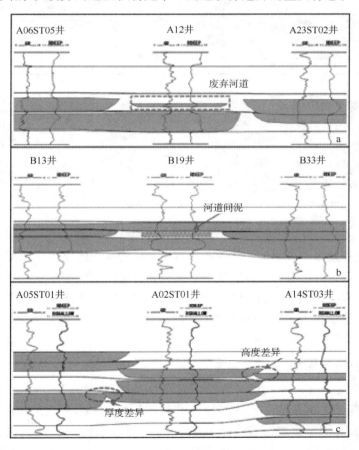

图 5　单期河道识别标志

（2）不连续河间砂体（图5b）。尽管大面积分布的河道砂体是多条河道侧向拼合的结果。但两条河道之间总要出现分叉，留下河间沉积物的踪迹，沿河道纵向上不连续分布的河间砂体正是两条不同河道分界的标志。

（3）河道砂体顶面层位差异（图5c）。不同河道砂体尽管属于同一个成因单元，但是受其沉积古地形的影响，沉积能量的微弱差别及河道改道或废弃时间差异的影响，在顶底层位上会有差异。如果这种差异出现在河道分界附近，就可以将其作为两条河道砂体的边界的标志。

（4）河道砂体厚度差异（图5c）。由于不同河道分流能力受到多种因素的影响，不同河道砂体而必然会出现差异，由此造成沉积砂体的厚度上的差异，如果这种差异性的边界可以在较大范围内追溯，很可能就是不同河道单元的指示。结合现代沉积模式和野外露头，国内外学者普遍认为在辫状河沉积环境中，砂体累积厚度最大的地方为河床中心位置，且多由心滩构成。本文在平面单层砂岩等厚图基础上，按河流发育规律，依次将砂厚中心连接起来，其连线方向指示了河道延伸方向，利用"单层砂厚串珠连线法"来区分单期河道（图6）。

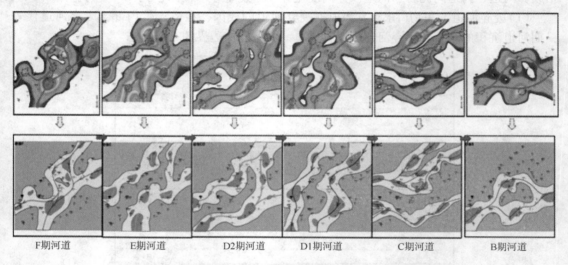

图6　单层砂厚串珠连线法识别单期河道

近年来国内外众多学者根据钻井取心、露头和现代沉积建立了交错层理厚度与单期河道规模的定量关系，并已有广泛的应用。本次研究也试图据此来定量、半定量的认识单期河道规模。通过岩性观察，发现L60油组附近地层取心段的交错层组高度在20~30cm，据此推算单河道宽度在150~310m之间。同时结合砂体平面展布，统计分析进一步认识到单期河道宽度在200~300m之间。

3.3　动静结合验证

对于注水开发油田，水淹层是检验河道砂体连通性较为有效的手段，新钻井钻遇水淹层，则说明与之相邻的生产井和注水井对应层位的砂体是连通的。而分段水淹的存在充分说明了沉积界面的存在，此次我们通过分段水淹来验证期次划分的合理性。研究区存在油层间发育水淹层的分段水淹现象（图7）。油层间发育水淹层指示了切叠型砂体的界面位置，研究区内注水井 A12ST2 井注水，采油井 A06ST5 井 C 期单河道砂体水淹，而相邻单层砂体均未水淹。这种油层间分段水淹位置与期次划分界面位置一致，验证了界面回返幅度法划分期次的合理性，同时也能判定同一期次河道砂体的连通性。

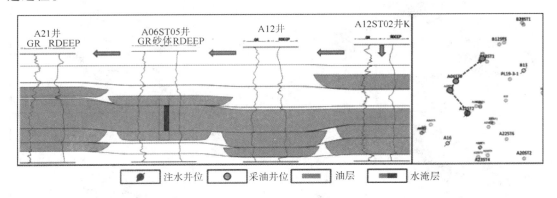

图7　单期河道砂体划分—水淹验证复合剖面

3.4　多期辫状河道沉积过程演化分析

根据单期辫状河道主流线平面迁移规律的研究，来分析辫状河在不同沉积期，其河道平面迁移摆动特点；对单期河道纵向叠置关系分析，来揭示辫状河晚期河道对早期河道切叠改造作用。

将 L62 复合砂体从 F 至 B 期砂体沉积阶段 6 个单层河道按发育先后顺序依次叠置，考察相邻期次砂体切叠位置，结果见图8，图中红颜色部分代表了切叠区域。

F 期和 E 期切叠区域主要分布在研究区的中部的 A23 井区，切叠面积较小（图 8a）；E 期和 D2 期砂体的切叠区域分布较为零散，A09 井区、A06 井区、1 井区、A23 井区及 B20ST2 井区均有小范围切叠，整体呈土豆状（图 8b）；D2 期和 D1 期砂体切叠区域分布范围较广，主要集中在研究区中部的 A09 井—A11 井—A06 井区域，和 A23 井—A15 井—B13 井—B20 井—B26 井区域，钻遇率较高，呈片状分布，单个最大切叠 0.42km² （图 8c）；D1 期和 C 期砂体切叠区域分布在研究区北部，尤其是 A16 井—A12ST2 井—A15 井—B20 井—B20ST2 井—B26 井区域，呈条带状分布，单个最大切叠面积 0.28km² （图 8d）；C 期和 B 期砂体砂体由于砂体间隔夹层较为发育，切叠区域面积较小，仅在研究区南部的 A08 井区、C43 井区分布，这两期砂体间隔夹层较为发育（图 8e）；自 F 至 B 期相邻期次河道切叠部位叠加范围分布如图 8a 所示。通过单期河道的纵向切叠剖面，可以揭示晚期河道对早期河道切叠改造作用。砂体切叠范围部位可认为是同一油水运动单元，对于水淹分析和剩余油研究具有指导作用。

在单层单期河道平面展布范围刻画的基础上，根据单期辫状河道主流线平面迁移规律的研究，分析辫状河在不同沉积期河道平面迁移摆动特点（图6）；分析认为自 F 至 B 期的地层演化过程中，研究区主要有两条河道存在，摆动幅度较小，自下往上呈现"合－分－合"的特点，展布方向也由北东方向逐渐过渡到近东西向。

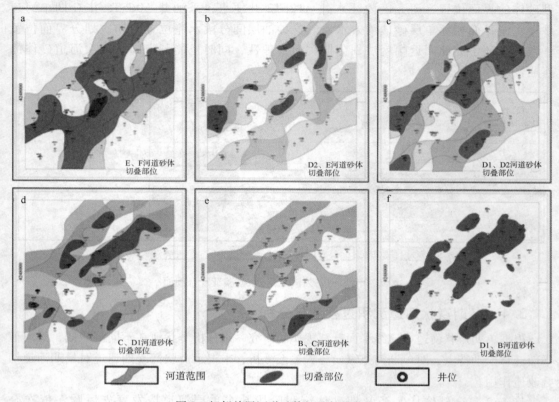

图 8　相邻单层河道砂体切叠部位分布图

4　砂体切叠样式对剩余油分布模式的控制

　　砂体叠置样式是构造沉降、可容纳空间或 A/S 比值变化的函数，低可容纳空间背景下，多数的辫状河道带迁移摆动，沉积系统主要是切割 – 充填作用为主，导致大面积尺度的垂向和侧向连通砂岩体产生；在高可容纳空间阶段，河流形成垂向上的叠加系统，切割作用较弱。在单期河道砂体划分成果基础上，根据界面发育规模和砂体叠置幅度，总结了 L62 复合砂体的 5 种剖面切叠样式（图 9），考察不同切叠样式砂体的形成背景。分别为非下切孤立型（图 9a）、非下切交错叠置型（图 9b）、非下切层状叠置型（图 9c）、小幅下切小面积叠置型（图 9d）、大幅下切大面积叠置型（图 9e）。这五种砂体叠置模式河道摆动切割逐渐减弱，垂向和侧向连通性逐渐变差，也代表了基准面旋回上升早期、早中期、中期、晚期和基准面最大值等五种典型的沉积背景。

　　在总结砂体叠置样式的基础上，考察不同叠置类型砂体的水淹情况，深化水淹认识，辅助水淹层和剩余油分布预测。对于切叠程度不明显的叠合砂体，沉积界面具有垂向阻渗作用，控制着剩余油的分布，导致砂组分段水淹，各个结构单元顶部是剩余油富集区。剧烈下切导致的无界面叠合砂体，动用状况受重力分异影响，表现为底部水淹或全淹。对于河流相储层，沉积界面是控制剩余油分布的主要地质因素。

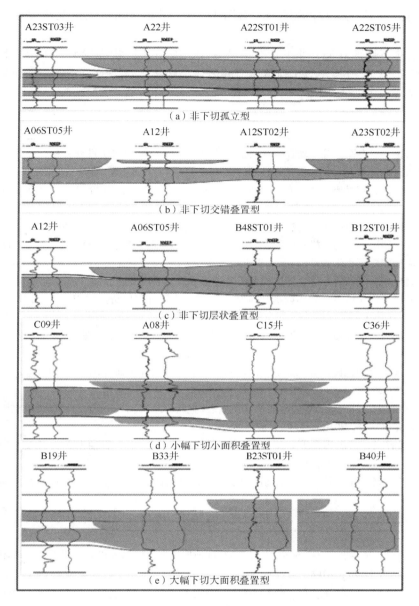

图9　单期河道砂体叠置类型

5　结论

（1）基于精细等时地层对比，采用"界面回返幅度法"将 L62 复合砂体划分为 A－F 共 6 个期次；单个期次河道砂体厚度 1～3m。

（2）通过识别相变标志，结合单层"砂厚串珠连线法"在平面上定性划分单期河道砂体边界。结合岩心沉积学参数研究和砂体平面展布统计，研究区单河道砂体发育规模 200～300m。利用分段水淹验证 L62 复合砂体单河道平面展布预测结果是可靠的。纵向上，C、D1 期砂体切叠部位、D1、D2 期砂体切叠部位面积较大。揭示了流经研究区的河道沉积演化规律：两条河道演化呈现"合－分－合"的特点，河道展布方向由北东方向过渡到近东西向。

（3）总结非下切孤立型、非下切交错叠置型、非下切层状叠置型、小幅下切小面积叠置型、大幅下切大面积叠置型 5 种单河道砂体切叠样式。对于河流相储层，沉积界面是控制剩余油分布的主要地质因素。

参 考 文 献

[1] 单敬福，张彬，赵忠军，等．复合辫状河道期次划分方法与沉积演化过程分析—以鄂尔多斯盆地苏里格气田西区苏 X 区块为例[J]．沉积学报，2015，33(4)：773-785.

[2] 于兴河，马兴祥，穆龙新，等．辫状河储层地质模式及层次界面分析[M]，北京：石油工业出版社，2004.

[3] 张昌民．储层研究中的层次分析法[J]．石油与天然气地质，1992，13(3)：344-350.

[4] 于兴河．油气储层表征与随机建模的发展历程及展望[J]．地学前缘，2008，15(1)：1-15.

[5] 李阳．河流相储层沉积学表征[J]，沉积学报，2007，25(1)：48-52.

[6] 陈欢庆，赵应成，舒治睿，等．储层构型研究进展望[J]，特种油气藏，2013，20(5)：7-13.

[7] 赵翰卿．储层非均质体系、砂体内部建筑结构和流动单元研究思路探讨[J]．大庆石油地质与开发，2002，21(6)：16-18.

[8] 刘钰铭，侯加根，王连敏，等．辫状河储层构型分析[J]，中国石油大学学报(自然科学版)，2009，33(1)：7-11.

[9] 吴胜和，岳大力，刘建民，等．地下古河道储层构型的层次建模研究[J]．中国科学(D 辑)：地球科学，2008，38(增刊 1)：111-121.

[10] 徐中波，申春生，陈玉琨，等．砂质辫状河储层构型表征及其对剩余油的控制—以渤海海域 P 油田为例[J]．沉积学报，2016，34(2)：375-385.

[11] 郭太现，刘睿成，吕洪志，等．蓬莱 19-3 油田的地质特征[J]．石油勘探与开发，2001，28(2)：26-28.

[12] 邓宏文，王红亮，阎伟鹏，等．河流相层序地层构成模式探讨[J]．沉积学报，2004，22(3)：373-379.

[13] 国景星，戴启德，吴丽艳，等．冲积-河流相层序地层学研究[J]．石油大学学报：自然科学版，2003，27(4)：15-19.

[14] 纪友亮，周勇，吴胜和，等．河流相地层高精度地层构型界面形成机制及识别方法[J]．中国石油大学学报(自然科学版)，2012，36(2)：8-15.

[15] 吕晓光，赵翰卿，付志国，等．河流相储层平面连续性精细描述[J]．石油学报，1997，18(2)：66～71.

[16] 刘波，赵翰卿，王良书，等．古河流废弃河道微相的精细描述[J]．沉积学报，2001，19(3)：394～398.

[17] Bridge J S and Tye R S. Interpreting the Dimensions of Ancient Fluvial Channel Bars, Channels, and Channel Belts from Wireline-Logs and Cores[J]. AAPG Bulletin, 2000, 84(8)：1205-1228.

[18] Kelly S. Scaling and hierarchy in braided rivers and their deposits：examples and implications for reservoir modeling. In Sambrook Smith G H, Best J L and Bristow C S eds., Braided Rivers：Process, Deposits, Ecology and Management[M]. Oxford, Blackwell Publishing, 2006.

[19] Leclair S F and Bridge J S. Quantitative Interpretation of Sedimentary Structures Formed by River Dunes [J]. Journal of Sedimentary Research, 2001, 713-716.

［20］AllenJRL. Sedimentary Structures：Their Character and Physical Basis，vol.1 ［M］. Amsterdam，Elsevier，1982.

［21］Weimer P，Posamentier H W. Siliciclastic sequence stratigraphy recent developments and application ［M］. California：AAPG，1994.

［22］Marinus E. Donselaar and Irina Overeem. Connectivity of fluvial pointbar deposits：An example from the Miocene Huesca fluvial fan，Ebro Basin，Spain［J］. AAPG Bulletin，2008，92（（9）：1109-1129.

［23］陈飞，胡光义，孙立春，等. 鄂尔多斯盆地富县地区上三叠统延长组砂质碎屑流沉积特征及其油气勘探意义[J]. 沉积学报，2012，30(6)：1042-1052.

［24］Labourdette，R. Stratigraphy and static connectivity of braided fluvial deposits of the lower Escanilla Formation，south centralPyrenees，Spain ［J］. AAPG Bulletin，2011，95（4）：585-617.

基金项目： 国家科技重大专项"渤海油田加密调整及提高采收率油藏工程技术示范"（2016ZX05058001）。

第一作者简介： 李林，2010 年毕业于中国地质大学（武汉）油气田开发工程专业，工程师，现从事开发地质研究，邮箱：lilin8@ cnooc. com. cn，电话：13622085251。

通讯地址：天津市滨海新区海川路2121 号 B 座；邮编：300459。

自流注水开发油藏定量评价筛选方法

李小东　刘国涛　秦峰　唐放

[中海石油(中国)有限公司深圳分公司]

摘　要　为筛选适宜采用自流注水方式进行开发的油藏和水层，综合运用响应面设计法、数值模拟法，建立了统计基础更强、考虑因素更全面、计算结果直观且便于快速应用、可信度更高的自流注水开发油藏定量筛选方法。该方法给出了适宜采用自流注水开发油藏的 4 个定量化判断依据：油藏原油黏度越小，采用自流注水开发对采收率提升的幅度越大，开发效果越好。当黏度大于 20mPa·s，随着水体倍数的增加，采收率没有明显提升，说明自流注水几乎没有效果，因此要求自流注水开发的油藏原油黏度小于 20mPa·s。油藏平均渗透率越大，自流注水开发对采收率提升的幅度越大，自流注水开发效果越好，建议选择的油藏平均渗透率大于 100mD。水体倍数越大，自流注水开发对采收率提高幅度越大，建议选择的水体倍数大于 200 倍。水层渗透率越大，自流注水开发效果越好，在 100mD 以上可以取得较好地提高采收率，建议选择的水层渗透率大于 100mD。油藏韵律性和油藏厚度等因素对采收率结果影响较小。筛选方法在 L 油藏的初步应用表明，适合采用 M2 水层对 L 油藏自流注水，预测采收率从 7.16% 提高到 35.12%。

关键词　筛选方法　自流注水　实验设计　响应面设计法　油藏数值模拟

1　引言

自流注水是利用油田地层水补充地层能量的一种开发方式，在国内外也得到一定范围的应用。海上油气藏开发，特别是岩性油藏，由于成本高且平台空间受限，采用自流注水开发，可以获得较好的经济效益。

研究对象为海上某区块，该构造是发育在基底隆起上的低幅度披覆背斜，构造形态完整，含油范围内无断层发育，东南部有岩性边界，采用自流注水方式补充地层能量。

目前关于自流注水的研究性内容侧重点不同，有些从钻井工艺的角度进行研究，也有文章针对自流注水量的计算进行研究。关于自流注水的影响因素，有些文章只是利用单因素分析对自流注水采收率影响进行了分析，而没有在考虑多因素共同作用下对采收率的影响。

针对这些问题，本文通过综合分析多因素共同作用下对采收率的影响，提出了自流注水开发油藏定量评价筛选方法，来选择适合自流注水的油藏和水层。最后，通过对海上油田 H 油田 L 层这样的岩性油藏进行了实例计算，验证了该方法的可行性。

2 自流注水原理

自流注水技术是将水体较大、能量较充足的地层水直接注入到需要补充能量的油藏中，以保持油藏压力的一种技术。通常要钻穿一个水层和一个油层，当水层和油层之间存在压力差，地层水就会流向压力较低的储油层，驱替油层中的油。这种方法简化了人工注水中需要先在平台进行水质处理然后用高压注水泵注入地层等一系列复杂的工艺。

3 模型建立

参考 H 油田实际油藏，建立机理模型对自流注水的影响因素进行研究。模型中模拟能量供应不足的岩性油藏 L 油藏和水层 M 层，且 L 油藏和 M 层之间有泥岩遮挡。模型大小为 $40m \times 40m \times 10m$，共有 16000 个网格。平面网格大小为 50m，纵向上网格尺寸 1m。油藏采用 1 口自流注水井 I 井和 1 口采油井 P 井进行开发。自流注水井 I 井在油藏和水层同时射孔完井，然后井口关井，利用压差对 L 油藏进行自流注水（图 1）。

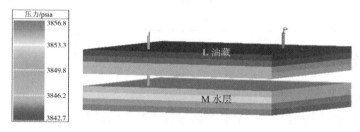

图 1　数值模型

4 敏感性因素试验设计

本文选取了对最终采收率起到主要因素的储层物性、水层物性和流体性质进行敏感性分析，共考虑了油藏厚度、油藏平均渗透率、油藏韵律性、原油黏度、水层的水体倍数、水层渗透率等 6 个因素。各因素的水平数为 3 ~ 5 个，具体取值分布范围结合地区经验，油藏厚度取值 2 ~ 20m，油藏和水层渗透率取值覆盖低、中、高、特高渗透率，3 种油藏韵律性全部考虑，原油黏度取值覆盖低、中、高黏度，水体倍数取 0 ~ 1000（表 1）。另外，考虑到密度和黏度有较强的相关性，在模型中黏度改变，密度也随之改变。

表1　敏感性因素各水平取值

水平 \ 因素	油藏厚度/ m	油藏平均渗透率/mD	油藏韵律性	原油黏度/ mPa·s	水体倍数	水层渗透率/ mD
1	2	10	均质韵律	0.2	0	10
2	5	50	正韵律	1	10	50
3	10	200	反韵律	5	100	200
4	20	500	—	10	500	500
5	—	1000	—	30	1000	1000

接下来采用响应面设计法，对自流注水效果进行评估。响应面模型是一种优化过程的

统计学实验设计，采用该法以建立连续变量曲面模型，对评价因子及其交互作用进行评价，确定最佳水平范围。不同于传统的单因素等分析方法以点为基础进行参数设计，响应面设计法以面为基础进行参数设计，并基于计算结果回归曲面，然后在设计变量空间范围内进行全局寻优，避免了优化结果的不连续性，进而提高了结果的可靠性。

基于敏感性因素各水平取值，进行响应面法实验设计，共建立了138套方案（表2），保证方案有良好的覆盖性，然后分别对各开发方案进行预测，并计算各方案的采收率。

表2　敏感性因素优化设计表

方案 ＼ 因素	油藏厚度/m	油藏平均渗透率/mD	油藏韵律性	原油黏度/mPa·s	水体倍数	水层渗透率/mD	最终采收率/%
1	5	50	正韵律	1	500	200	52.47
2	20	200	均质韵律	0.2	10	50	62.29
3	2	1000	正韵律	30	500	200	21.63
…	…	…	…	…	…	…	…
138	2	10	正韵律	0.2	0	1000	9.58

5　结果分析

5.1　极差分析法

极差分析法可以定性地对各因素对最终采收率的影响进行排序，初步筛选出对采收率影响较大的因素。根据图2，选择对最终采收率影响较大的4个因素原油黏度、水层的水体倍数、水层渗透率、油藏平均渗透率进行响应面法分析。

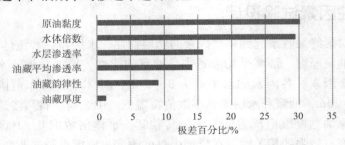

图2　自流注水6种因素极差百分比分析图

5.2　响应面分析法

响应面设计的优势在于可以在三维图像的基础上进行因素间相互影响的分析。然后使用响应面法对这极差分析法筛选出的4个因素两两组合进行分析。

首先进行油藏的筛选。由图3可以看出，油藏原油黏度越小，采用自流注水开发对采收率提升的幅度越大，开发效果越好。当黏度大于20mPa·s，随着水体倍数的增加，采收率没有明显提升，说明自流注水几乎没有效果，因此要求自流注水开发的油藏原油黏度小于20mPa·s。由图4可以看出，油藏平均渗透率越大，自流注水开发对采收率提升的幅度越大，自流注水开发效果越好，建议选择的油藏平均渗透率大于100mD。

接下来进行水层的筛选，结合图3～图5，得出水体倍数越大，自流注水开发对采收率提高幅度越大，建议选择的水体倍数大于200倍。由图5看出，水层渗透率越大，自流注水开发效果越好，在100mD以上可以取得较好地提高采收率，建议选择的水层渗透率大于100mD。

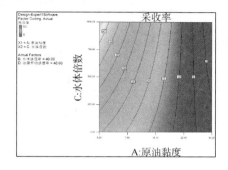 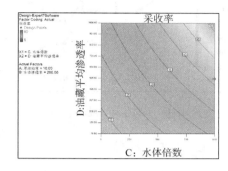

图3　原油黏度和水体倍数的采收率等值线图　　图4　油藏平均渗透率和水体倍数的采收率等值线图

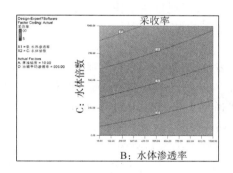

图5　水体倍数和水层渗透率的采收率等值线图

6　实例分析

研究对象为海上某区块，该构造是发育在基底隆起上的低幅度披覆背斜，构造形态完整，含油范围内无断层发育，东南部有岩性边界，采用自流注水方式补充地层能量。

L油藏物性好，平均孔隙度为0.22，渗透率为1833.9mD，原油黏度低，为3.87mPa·s。L油藏投产后，由于能量不足，生产井不得不采用间歇生产（图6）。通过测压和生产测井也证实，L油藏能量不足，于是考虑进行地层能量补充。

从油藏条件来看，L油藏的渗透率和黏度符合前面得出的筛选标准。

油藏下方有2个水层可供选择，分别为M1（水体倍数50，水层渗透率1259mD）和M2（水体倍数200，水层渗透率576mD）。根据得出的筛选标准，M2水层更适合自流注水。

2014年10月射开M2层进行自流注水，受效井2井日产油由59.15m³/d提高到158.99m³/d，泵吸入口压力8.86MPa提高到12.91MPa（图7），很好地保证了该油藏的正常生产需要。预测采收率从7.16%提高到35.12%。

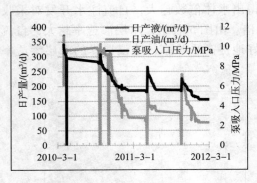

图 6　1 井生产动态

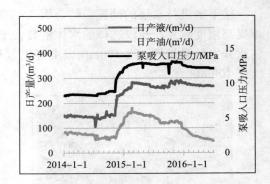

图 7　2 井生产动态

7　结论与认识

（1）综合运用响应面设计法、数值模拟法，基于 46 组实验结果，建立了统计基础更强、考虑因素更全面、计算结果直观且便于快速应用、可信度更高的自流注水开发油藏定量筛选方法。通过该方法计算的结果与现场实施效果一致，表明该方法计算结果是可靠的。

（2）得出了自流注水开发油藏的 4 个定量化判断依据：为了达到良好的开发效果，宜选择油藏原油黏度小于 20mPa·s、平均渗透率大于 100mD 的油藏进行自流注水开发；宜选择水体倍数大于 200、渗透率大于 100mD 的水体补充油藏能量。

该定量评价筛选方法对砂岩岩性油藏具有广泛的适用性。

（3）油藏韵律性和油藏厚度等因素对采收率结果影响较小。

（4）筛选方法在 L 油藏的初步应用结果表明，适合采用 M2 水层对 L 油藏自流注水，预测采收率从 7.16% 提高到 35.12%。

参 考 文 献

［1］Davies C A. The Theory and Practice of Monitoring and Controlling Dumpfloods［J］. SPE3733，1972：1-16.

［2］Singh B. B.，SulaimanMalek. Performance of Pilot Water Injection in an Oolite Reservoir［J］. SPE37787，1997：273-281.

［3］Quttainah R. B.，Al-Hunaif J. Umm Gudair Dumpflood Pilot Project，The Applicability of Dumpflood to Enhance Sweep & Maintain Reservoir Pressure［J］. SPE68721，2001：1-9.

［4］QuttainahR. B.，Al-Maraghi，E. Umm Gudair Production Plateau Extension. The Applicability of FullField-Dumpflood Injection to Maintain Reservoir Pressure and Extend Production Plateau［J］. SPE97624，2005：1-7.

［5］J Rawding，B S Al Matar et al. Application of Intelligent Integrated Well Completion for Controlled Dumpflood in WestKuwait［R］. SPE 112243 Presented at the SPE IntelligentEnergy Conference and Exhibition Held in Amsterdam，Netherlands，25-27 Feb. 2008.

［6］Chaudhry M A，Kazuo F. Improving Oil Recovery in Heterogeneous Carbonate Reservoir by Optimizing Peripheral Water Injection Through Application of Innovative Techniques［J］. SPE120382，2009：1-5.

［7］邹洪岚，刘合，郑晓武，等. 伊拉克鲁迈拉油田可控性自流注水可行性研究［J］. 油气井测试，2014，23（2）：1-4.

[8] 丁克文, 梁斌, 马时刚. 海上油田自流注水技术应用研究[J]. 重庆科技学院学报(自然科学版), 2012, 14(6): 73-75.

[9] 邹信波, 罗东红, 许庆华, 等. 海上特高含水老油田挖潜策略与措施[J]. 中国海上油气, 2012, 24(6): 28-33.

[10] 宋春华, 景凤江, 何贤科. 海上零散薄油藏地层自流注水开发实践[J]. 石油天然气学报(江汉石油学院学报), 2013, 35(5): 127-130.

[11] 黄映仕, 余国达, 罗东红, 等. 惠州 25-3 油田薄层油藏自流注水开发试验[J]. 中国海上油气, 2015, 27(6): 74-79.

[12] 唐永亮, 王倩, 李二鹏, 等. 塔中 4 油田巴楚组油藏自流注水技术可行性[J]. 新疆石油地质, 2016, 37(1): 74-77.

[13] 李杰, 史敬华, 李元如, 等. 小断块油藏同井采注水工艺技术研究[J]. 石油机械, 2009, 37(12): 89-90, 97.

[14] 程心平, 刘敏, 罗昌华, 等. 海上油田同井注采技术开发与应用[J]. 石油矿场机械, 2010, 39(10): 80-87.

[15] 于洪英, 姜彦. 同井采注水技术研究与应用[J]. 化学工程与装备, 2011, 11(1): 169-171.

[16] 周俊昌, 罗勇, 严维锋. 国内第一口自流注水井钻井实践[J]. 中国海上油气, 2011, 23(1): 43-45.

[17] 李庆等. 控制自流注水的智能完井技术. 国外油田工程[J], 2010, 26(3): 38-40.

[18] 王庆勇, 张凤喜, 昌锋, 等. 利用油藏工程方法计算薄油层自流注水量[J]. 特种油气藏, 2010, 17(6): 66-68.

[19] 郭肖, 周碧辉, 宋戈, 等. 利用多段井模型预测自流注水速度[J]. 特种油气藏, 2014, 21(5): 72-74, 84.

[20] 刘睿, 黄捍东, 孙传宗, 等. 自流注水开发可行性与技术政策界限研究. 科学技术与工程[J], 2015, 15(1): 48-53.

[21] 苏海洋, 穆龙新, 韩海英, 等. 油藏自流注水开发机理及影响因素分析. 石油勘探与开发[J], 2015, 42(5): 1-6.

第一作者简介: 李小东, 2011 年毕业于德国克劳斯塔尔工业大学油藏工程专业, 工程师, 现从事油气田开发研究工作, 邮箱: lixd5@cnooc.com.cn, 电话: 0755-26026438。

通讯地址: 深圳市南山区后海滨路(深圳湾段)3168 号中海油大厦 A 座; 邮编: 518054。

基于小波神经网络的储层产能预测

李元元　宁玉萍

[中海石油(中国)有限公司深圳分公司研究院]

摘　要　储层产能是油气储层动态特征的一个综合指标,利用测井 MDT 资料和油藏工程方法相结合来预测储层产能,可以降低油藏评价风险,指导油藏初期快速开发方案设计,并优化试油方案,节省时间,节约成本。由于 MDT 测试时间较短,直接利用其测压曲线数据来预测产能将导致误差增大,对此,利用小波分析方法对 MDT 测压曲线流动段进行 db2 小波二层分解和重构,提取小波系数,采用神经网络构建小波系数与 DST 产能劈分的数学模型,并利用南海东部海域三个油田实际 MDT 测压点和 DST 测试为样本进行网络拟合,拟合效果很好,结果表明:以珠江组中高渗油藏数据建立的 MDT 测压点小波近似系数与 DST 产能劈分量具有较强的相关性,以此方法对未进行 DST 测试的深水某边际油田进行主力油层产能定量化预测,为该油田初期开发方案设计提供有利参考。该方法能够实现小层产能定量化预测,适用性广,精度较高,具有一定的推广性。

关键词　MDT　小波分析　神经网络　产能预测

1　研究背景

储层产能评价一直是油气田勘探与开发领域的一项重要任务。良好的储层产能预测能够指引勘探部署方向,指导开发方案编制,有利于企业产量规划管理。由于油气田的开发过程具有不可重复性和不可实验性等特点,准确而又符合实际的产能预测对油气田的勘探开发和生产具有重要的指导作用。储层产能预测可以通过试油试采(试井 DST 测试)直接获得储层产能情况和储层性能参数,但是基于试井的产能预测是针对特定单层或合采层,不可能每个层位进行测试,而且海上作业成本较高、费时较长,特别是在当前低油价,油公司普遍降本增效之际,具有一定局限性。油藏工程方法上的产能预测方法主要基于各种油井产能预测理论公式、经验公式、类比法等,公式的参数往往较难获取和确定,以及区域局限性,导致预测与实际结果误差较大,类比法也只是定性判断作为参考依据,无法实现定量化分析。

随着测井技术的发展,电缆地层动态测试在油气田勘探开发中应用得越来越成熟和广泛,南海东部海域近几年广泛采用 MDT 测试,积累较多的 MDT 资料。国外测井服务公司已拥有利用 MDT 预测储层产能的核心技术,该技术能在 MDT 识别油水层的同时快速解释确定储层产能,进而有效指导勘探下一步部署方向,并指导开发快速编制开发方案，为公司决策提供有利支撑。该技术也能优化 DST 测试并替代部分 DST 测试，降低开发成本。基于此背景，本文利用测井 MDT 和油藏工程方法相结合来探究预测储层产能方法。

2 基于小波神经网络的储层产能预测原理与方法

电缆地层动态测试是研究储层产能与地层压力变化的主要资料，MDT 测试反映了储层岩心在地层温度和地层压力测试下，流体流量与压力变化的响应关系，这正是产能预测的基础。MDT 测试是探针在储层进行抽样的压力测试，由于 MDT 测试时间较短，直接利用其测压曲线数据来预测产能将导致误差增大。近几年小波分析方法发展迅速，具有"数学显微镜"的美誉，在各个领域得到广泛的应用，利用小波分析方法提取与产量有关的 MDT 压力小波系数，并采用神经网络构建 MDT 小波系数与 DST 测试产能的数学模型，从而形成储层产能定量化预测方法。

2.1 MDT 压力小波分析

MDT 压力测试是压力随时间变化的一维离散序列信号，其压力变化特征反映了不同的地质特征，该信号不仅包含有用的地质信息，也混杂着很多干扰信息。选择合适的小波种类、尺度因子、分解层数，通过小波变换，可以得到流动段的小波系数。

$$WT_x(a,\tau) = \frac{\Delta T}{\sqrt{a}} \sum_n x(n)\varphi\left(\frac{n-\tau}{a}\right) \tag{1}$$

式中，$x(n)$ 为一维离散压力信号；ΔT 为采样时间间隔；$\varphi\left(\frac{n-\tau}{a}\right)$ 为小波母函数，也叫小波基；a 为尺度因子；τ 为位移因子。

A 油田探井 1 井 DST 测试层段为 1 和 2，油层有效厚度 32m，测井平均渗透率 76mD，孔隙度 21.9%，含油饱和度 58.9%，地层原油黏度 0.76mPa·s，日产 555.4m³/d，属于中渗高产油田，图 1 为 1 井在 MD2172m 处 MDT 压力曲线，可以看出流动段位于 250～300s 之间部分。

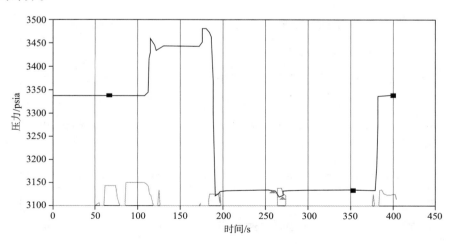

图 1　1 井 MD2172m 处 MDT 测试压力曲线

通过 matlab 编程，提取 MDT 压力原始 BSG1 数据，利用 wavelet GUI 工具箱，采用 db2 小波对该 MDT 压力曲线进行三层分解和重构，MDT 压力小波系数见图 2，其中 s 为原始信号，a_3 为三尺度分解与重构后的近似系数，代表了压力的主体低频部分，$d_1 \sim d_3$ 分别为各尺度的细节系数，代表了高频部分。

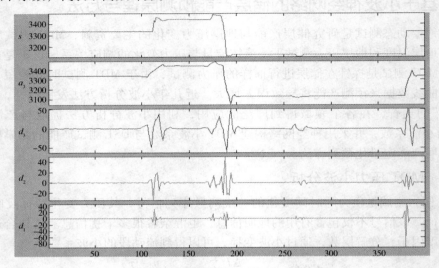

图 2   1 井 MD2172m 处 MDT 压力三尺度分解与重构

选取 MDT 压力曲线流动段进行局部放大，如图 3 所示，可见确切流动段为 $256 \sim 265s$ 之间，$250 \sim 255s$ 反映了压力测试开始以前的泥浆压力扰动，该扰动与地层产能无关，不作为流动段。从分解尺度上看，二尺度高频信息分布范围广，比较均匀，该尺度下近似系数更能代表产能信息，而且信号处理上，高频信息往往代表毛刺和噪音，因此对于中高渗储层，本文采用二尺度提取近似系数作为小波系数。

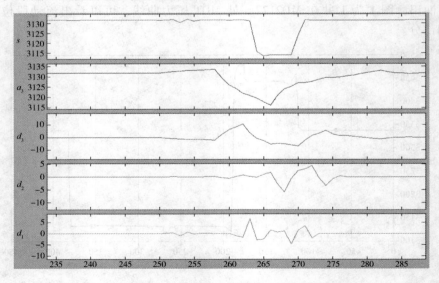

图 3   1 井 MD2172m 处流动段压力三尺度分解与重构

2.2　产能预测模型建立

2.2.1　DST 产量劈分

MDT 测试是探针工具在储层中的单点测试，考虑 MDT 测试过程中，由于测试条件及操作人员设定的条件不同等原因，MDT 数据实际是不同生产压差的流体生产数据。为了消除该影响，所有小波系数都应除以生产压差，即：

$$a_{ij} = \frac{a'_{ij}}{\Delta P} \tag{2}$$

另外，MDT 测试代表了测试点特定深度的产能，而 DST 测试一般是单层与合层测试，多数情况下，MDT 数据与 DST 数据不具有一一对应关系，而是一个 DST 测试段包含多个 MDT 测试点。因此需要选取有代表性的 MDT 点，并对 DST 产能进行产量劈分至各 MDT 点所代表的小层中。

依据达西产能公式：

$$Q = \frac{kh}{\mu} \cdot \frac{2\pi r \Delta P}{L} \tag{3}$$

式中，Q 为测试产量，m^3/d；k 为储层有效渗透率，mD；h 为储层有效厚度，m；μ 为地层原油黏度，$mPa \cdot s$；ΔP 为生产压差，MPa；r、L 分别为岩心半径与长度，m。

假设 DST 测试合采层段包含 n 个层位，每个层位的有效厚度与渗透率分别为 h_i、k_i，则：

$$Q = \sum_{i=1}^{n} q_i$$

$$q_1 : q_2 : \cdots\cdots : q_n = \frac{k_1 h_1}{\mu_1} : \frac{k_2 h_2}{\mu_2} : \cdots\cdots : \frac{k_n h_n}{\mu_n} \tag{4}$$

考虑储层垂向非均质性，真实 DST 测试时，低渗段的产能往往被抑制，原油一般从高渗段流出。以 A 油田探井 1 井为例，其 DST 测试层段有效厚度达到 31.9m，从储层渗透率垂向非均质性统计可以看出，变异系数和突进系数均较大，纵向非均质性较高，见表 1。

表 1　1 井储层渗透率垂向非均质性统计

层位	层号	1 井		
		变异系数	突进系数	非均质程度
珠江组	1	2.12	7.66	较高
	2	1.16	4	较高

选取 DST 测试目的层段内的 MDT 测试有效油点数据，从 MDT 测试有效油点的压降流度级差也可以看出垂向上流度差异较大，非均质性程度较高，见表 2。

表2　1井DST测试层段内的MDT有效油点统计

油田	油井	DST		油层	MDT		
		射孔井段/m	油层有效射开厚度/m		MD	压降流度/mob	压降流度级差
					m	md/cp	
A	1井	2157.0~2190.0	31.9	1	2158	190.3	1.54
					2159.5	245.2	1.19
					2161	23.6	12.41
					2164	70.6	4.15
					2168	2.8	104.57
					2172	130.3	2.25
				2	2176	18.3	16.00
					2177	292.8	1.00
					2178	70.5	4.15
					2179	1.1	266.18
					2180	171.1	1.71
					2184	10.7	27.36
					2184.5	8.7	33.66
					2187	40.8	7.18
					2187	19.7	14.86
					2187.5	6.3	46.48

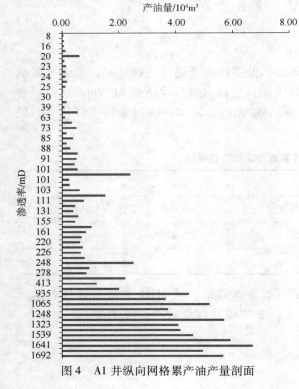

图4　A1井纵向网格累产油产量剖面

另外，邻近的开发设计直井A1井物性分布特征与1井相近，经过长达8年的生产，含水达到98%关停，从其数值模拟预测产量剖面（图4）可以看出，该井97%的累产油量是由垂向上中高渗网格产生，相对低渗部分贡献产量极少。

那么，在DST短短几十个小时的测试生产期内，相对低渗层段产能贡献更为极少，因此，中高渗储层往往更能代表DST测试的真实产能。因此，剔除压降流度级差4以上的MDT点，优选出有代表真实产能的MDT测试点，再根据kh/μ进行DST产量劈分更能够反映油层的真实产能。

另外，考虑不同油田间油品性质的差异，以油田实际地层原油黏度校正DST劈分产量，即以$q \times \mu$作为神经网络输出层数据。

2.2.2 神经网络模型

将 DST 测试层段内的劈分产量与提取的 MDT 压力小波系数构建神经网络模型，模型架构见图 5。提取优选的 MDT 测试点压力的小波系数作为神经网络的输入层，劈分产量作为神经网络的输出层，通过设置合理的隐含层，进行神经网络训练拟合。

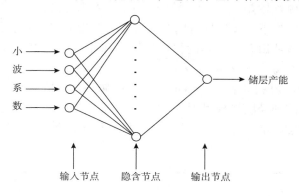

图 5　神经网络训练小波系数与储层产能之间的关系

将二尺度的 MDT 小波近似系数作生产压差的归一化后，取流动段的 17 个小波系数作为神经网络的神经元（输入节点），采用 5 个隐含节点，1 个 DST 劈分产量输出节点，建立神经网络训练。神经网络采用 Levenberg-Marquardt 反向传播算法，寻找 MSE 最优。

3　实例应用效果分析

优选南海东部海域油田类型、储层物性、流体性质相近的油田 A、油田 B（平均渗透率 960mD）和油田 C（平均渗透率 546mD），三个油田均属于中高渗轻质原油油藏，依据上述分析和方法，一共选取 12 个 MDT 测试有效油点与 DST 测试产量劈分建立小波神经网络模型，模型产能预测值与实际值比较结果见图 6，除了 1 个异常点，其他 11 个点吻合度非常好，而异常点 MDT 取样分析为低阻油层，根据小波系数特征与产量劈分对应性关系，预测值比实际高也较为合理。

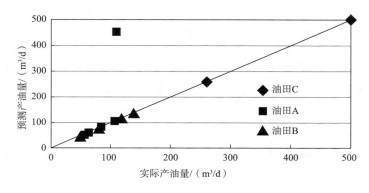

图 6　模型预测值与实际测试值关系曲线

三个不同油田的 MDT 测试与 DST 测试通过小波神经网络建立对应关系，说明以小波近似系数建立的小波神经网络预测产能模型具有良好的适应性，可靠度较高，能够实现储层产能定量化预测。

2015 年分公司新发现 D 油田水深 428m，平均渗透率 425mD，探明石油地质储量规模较小，独立开采经济效益较差，属于深水边际油田。考虑经济性，不进行 DST 测试，而其储层产能如何关系着勘探下一步勘探方向和区域联合开发方案设计，因此急需有效的手段进行产能评价，指导该油田开发方案的快速编制，加速区域油田联合开发方案设计进度，为领导决策提供有利参考。

D 与周边的 A、B 油田相隔 20～30km 左右，同属一套构造，而 D 有完整的 MDT 测试资料，因此可利用小波神经网络模型对 D 进行主力油层产能预测。因此选取 A 和 B 油田 MDT 有效油点（剔除低阻异常点）和 DST 测试资料进行小波神经网络模型建立，模型训练结果如图 7。

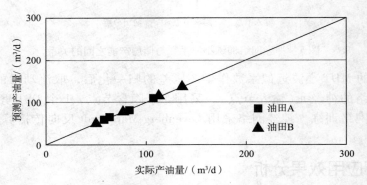

图 7　模型预测值与实际测试值关系曲线

神经网络模型拟合相关系数达到 1，均方差 9.88E－24，拟合精度高，利用该网络模型预测 D 油田四个主力油层产能分别为：100m³/d、156m³/d、869m³/d、135m³/d，详见表 3。

表 3　D 油田主力油层产能预测

油田	油井	主力油层	油层有效厚度/m	MDT		小波神经网络预测产能/(m³/d)
				MD/m	压降流度(mobmd)/cp	
D	1 井	1	5.4	2636.2	145	100
		2	4.1	2644	406	156
		3	18.5	2648.8	631	332
				2652.1	472	331
				2668	245	206
		4	17.5	2687	203	135

4　结论与建议

（1）利用测井 MDT 资料与油藏工程方法相结合的小波神经网络预测产能方法针对

MDT 测试时间短，引入了小波分析提取表征压力变化的特征向量的小波系数，提高了预测精度。考虑储层非均质性及油田油品差异，对 DST 产能劈分进行优化，更进一步提高了预测精度。实际应用效果也表明，小波神经网络模型能够较准确地预测储层产能。

（2）该方法克服了海上 DST 作业施工周期长，费用高，且测试地层流体难以处理等不足，可实现 DST 测试外的其他小层产能预测以及对未进行 DST 测试的油田进行储层产能预测，为南海东部海域产能评价提供了一种新思路。同时，该方法能够优化甚至部分替代 DST 测试方案，降低开发成本，在当前低油价、油公司普遍降本增效之际具有重要意义。

（3）在 MDT 测井初期确定油水层的同时实现储层产能预测，能够有效指导勘探下一步部署方向与开发方案的快速编制，加速勘探开发一体化进程，极具实际用途与广阔的应用前景。

参 考 文 献

[1] 刘之的，赵靖舟、高秋涛. 利用 MDT 资料预测油气产能[J]. 地质科技情报，2013，32（1）：164-171.

[2] 毛志强，李进福. 油气层产能预测方法及模型[J]. 石油学报，2000，21（5）：58-62.

[3] 韩雪，潘保芝. 利用测井资料预测储层产能[J]. 吉林大学学报，2010，40：102-105.

[4] 马建国，任国富，郭辽原，等. 用新式地层取样器测试纯油气层产能[J]. 测井技术，2005，29（2）：148-152.

[5] Schlumberger. Modular formation dynamics tester[J]. SMP，2002，5124：2-4.

[6] Whittle T M，Lee J，Gringarten A C. Will wire-line formation tests replace well tests [J]. SPE，2003，84086.

[7] Coelho A C D，de Camargo C，Kato E T，et al. Utilizing mini-DST for formation evaluation [J]. SPE，2005，94963.

[8] 叶双江，姜汉桥，陈民锋. 基于灰色关联与神经网络技术的水平井产能预测[J]. 大庆石油学院学报，2009，33（3）：53-55.

[9] 宋人杰，边奕心，闫淼. 基于小波系数和 BP 神经网络的电力系统短期负荷预测[J]. 电力系统保护与控制，2009，37（15）：87-90.

[10] 张聪慧，刘树巩，李义. 利用电缆地层测试资料进行低渗储层流度计算和产能预测[J]. 中国海上油气，2013，25（1）：43-45.

[11] 张锋，张星，张乐，等. 利用支持向量机方法预测储层产能[J]. 西南石油大学学报，2007，29（3）：24-27.

第一作者简介：李元元，2013 年毕业于中国石油大学（北京）石油与天然气工程专业，工程师，现从事油藏工程与数值模拟研究，邮箱：leemelon86@163.com，电话：18665649165。

通讯地址：广东省深圳市南山区后海滨路 3168 号海洋石油大厦 1405；邮编：518000。

海上高含水油田群动态表征及液量优化研究

刘晨[1,2]　张金庆[1,2]　周文胜[1,2]　王凯[1,2]

(1. 海洋石油高效开发国家重点实验室；2. 中海油研究总院)

摘　要　为准确把握油藏动态，针对高含水海相砂岩油田地质油藏特点，从公式推导依据、理论计算、实例应用三个方面论证了常用水驱曲线的适应性，并探讨了基于水驱曲线的高含水海相砂岩油田产液结构优化方法的适用性。研究结果表明，张型广适水驱曲线在含水高、原油黏度低的海相砂岩油田适用范围更广、预测精度更高，基于张型广适水驱曲线提出的两种油田产液结构优化方法具有互补性，实际计算过程中可协同应用，另外对于水驱规律不明显的油井可采用多种等效表征方法。

关键词　高含水油田　水驱曲线　产液结构　降水增油　等效表征

1　概述

水驱特征曲线是油田开发中广泛应用的一种油藏工程方法，如何应用水驱特征曲线准确反映油藏生产动态是油田科研工作者十分关心的问题。针对边底水能量充足、储层物性好、原油黏度低的高含水海相砂岩油田，从公式推导依据、理论计算、实例应用等方面分析了目前常用水驱特征曲线的适应性，在此基础上对高含水油田群的液量优化方法进行了探讨。

2　水驱特征曲线优选

2.1　常用水驱特征曲线对比

目前水驱特征曲线有七十多种，在海相砂岩油田常用的主要有甲型、乙型、丙型、丁型、俞型以及张型广适水驱曲线。本文从从公式推导依据、理论计算、实例应用三个方面对这些水驱曲线在高含水海相砂岩油田的适应性进行了分析。

1) 公式推导依据

常规的甲型、乙型、丙型、俞型等水驱曲线都是根据油水相相对渗透率比值的指数关系式[式(1)]推导得出的。式(1)在中高含水阶段是成立的，但在特高含水阶段不成立，此时的油水相相对渗透率比值关系式为式(2)，因此，在特高含水阶段，甲型、乙型等水驱曲线会出现"上翘"的现象，导致计算的水驱可采储量大于实际值。

$$\frac{K_{rw}}{K_{ro}} = me^{ns_w} \tag{1}$$

$$\frac{K_{rw}}{K_{ro}} = me^{as_w^2 + bs_w} \qquad (2)$$

张型广适水驱曲线是基于油水相相对渗透率的指数表达式[式（3）]推导得出的，该表达式在中高含水阶段及特高含水阶段均成立，因此，从理论上说，张型广适水驱曲线适于各含水阶段水驱规律的表征，但由于考虑操作便捷性，张型广适水驱曲线对可变参数进行了简化处理，这种简化处理会引起特高含水阶段水驱规律的表征出现一定的误差。

$$K_{rw} = K_{rw}(S_{or}) S_{wd}^{n_w}$$
$$K_{ro} = K_{ro}(S_{wi})(1 - S_{wd})^{n_o} \qquad (3)$$

南海海相砂岩油田许多油井含水率已达到98%以上，处于特高含水阶段，常规的甲型、乙型等水驱曲线从理论上不能进行有效表征，而张型广适水驱曲线则可以进行有效表征。

2）理论计算

根据可动油储量采出程度与含水率标准关系曲线，可以作出不同油水比条件下含水率随可动油储量采出程度变化关系[式（4）]。同时，根据甲型、丙型、张型广适等水驱曲线可以得到含水率与可动油储量采出程度关系，通过对比标准理论曲线，可以分析上述水驱曲线的理论精度。

$$f_w = \frac{MR^{n_w}}{(1 - R)^{n_o} + MR^{n_w}} \qquad (4)$$

由表1可知，甲型水驱曲线得到的采出程度与含水率关系受水油流度比影响，当水油流度比小于1时，随着采出程度增加，逐渐与理论含水率分离，采出程度越高误差越大。丙型水驱曲线的含水率随可动油储量采出程度始终以凸型上升，水油流度比越小（越稀），与理论含水率误差越大。张型广适水驱曲线可以精确描述含水率随可动油储量采出程度变化规律，得到的采出程度与含水率关系曲线与理论值吻合。海相砂岩油田多为稀油，水油流度比较低，从理论曲线对比来看，张型广适水驱曲线适用范围更广。

表1　三种水驱曲线采出程度与含水率关系

类型	公式	采出程度与含水率关系
甲型	$f_w = \dfrac{Be^{A+BN_R R}}{1 + Be^{A+BN_R R}}$	

续表

类型	公式	采出程度与含水率关系
丙型	$f_w = 1 - \dfrac{1}{C}(1 - R)^2$	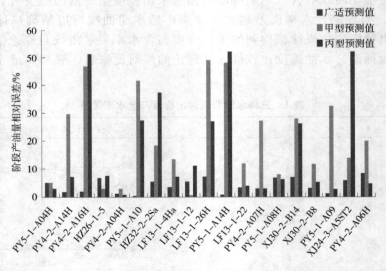
张型广适	$f_w = \dfrac{a^{\frac{1}{q}} N_R^{\frac{1}{q}-1} R^{\frac{2}{q}-1} (2 - R)}{a^{\frac{1}{q}} N_R^{\frac{1}{q}-1} R^{\frac{2}{q}-1} (2 - R) + q(1 - R)^{\frac{1}{q}+1}}$	

3）实例应用

从南海海相砂岩油田选取 19 口井进行水驱曲线预测精度分析，起始点含水率分布在 40%～96% 范围内，分别用甲型、丙型、张型广适水驱曲线预测一年的阶段产油量，通过与实际值的误差分析三种水驱曲线预测精度。

图 1　广适水驱曲线预测准确井阶段产油量的相对误差图

由图 1 可知，19 口井中，张型广适水驱曲线预测值与实际值相对误差均在 10% 以下，预测精度高，甲型和丙型水驱曲线预测值与实际值相对误差则是有高有低，低的可达 1% 以下，高的可超过 50% 以上。19 口井中 8 口井三种水驱曲线预测误差均在 15% 以下，三种水驱曲线均表现出明显的水驱规律，这 8 口井的张型广适水驱曲线预测阶段产量相对误差平均值 4.4%，而甲型、丙型水驱曲线预测阶段产量相对误差平均值 7.11%、5.65%，广适水驱曲线预测的阶段产油量精度要高于甲型、丙型水驱曲线。另 11 口井出现甲型或丙型预测误差较大，反映了甲型、丙型水驱曲线应用的局限性，而张型广适水驱曲线在中低含水阶段就会出现直线段，适用的含水率阶段和地质油藏条件要明显广于早于甲型和丙型水驱曲线。

综合公式推导依据、理论计算、实例应用三个方面分析，认为张型广适水驱曲线较甲型、丙型水驱曲线更适于高含水海相砂岩油田。

2.2 张型广适水驱特征曲线优化求解方法

广适型水驱曲线的特点是在水驱特征曲线中引入一个可变参数，通过调节可变参数实现对不同油水规律的表征，因此，不同于常规的甲型、丙型等水驱特征曲线可直接由累产油、累产液数据得到水驱特征参数，广适型水驱曲线特征参数的求取通常需要分步进行，先确定可变参数，然后确定其余水驱特征参数。可变参数取值的合理性直接决定了广适型水驱曲线的表征精度和预测效果，因此，广适型水驱曲线特征参数计算的关键是可变参数的取值。

张型广适水驱特征曲线表达式如下：

$$N_{\mathrm{p}} = N_{\mathrm{R}} - a \frac{N_{\mathrm{P}}^2}{W_{\mathrm{p}}^q} \tag{5}$$

式中，q 为可变参数。常规的 q 值求取方法通常采用试算法，即通过给定不同 q 值，根据 $N_{\mathrm{p}}^2 / W_{\mathrm{p}}^q$ 与 N_{p} 的线性关系得到 N_{p}、a 等参数，然后计算得到累产水、含水率，根据计算的累产水、含水率与实际累产水、含水率的吻合程度判断 q 值的合理性。

通常情况下上述方法是适用的，但实际应用过程中发现，有些井取不同 q 值时计算的累产水、含水率与实际累产水、含水率吻合情况均很好，难以进行区分，而不同 q 值计算的 N_{p}、a 等参数存在差异。图 2 为某口井的广适水驱特征曲线拟合结果。由图 2 可知，当 q 值分别取 0.9、1.0、1.1 三个值时，计算含水率与累产水量均与实际数据吻合很好，但计算得到的 N_{R} 值却存在一定差异（依次为 289、260、241），q 值的微小差别会造成单井生产动态预测趋势发生变化，对后期预测精度产生影响，因此，这种情况下单纯通过含水率、累产水量的拟合精度难以进行 q 值的确定。为此，提出了一种新的 q 值约束方法。

甲型水驱特征曲线在中高含水阶段适用性较好，其表现形式为：

$$\ln W_{\mathrm{p}} = A + B N_{\mathrm{p}} \tag{6}$$

根据甲型水驱曲线的两个参数与油水相指数关系以及油水相指数与张型广适水驱曲线特征参数的关系可以得到下式：

$$M = e^{A - 0.9855 \left(\ln \frac{1}{B} - \frac{3.7}{q} + 1.4 \right) + 0.2619} \tag{7}$$

又由文献可知

$$M = \frac{2}{q} a^{\frac{1}{q}} N_R^{\left(\frac{1}{q} - 1 \right)} \tag{8}$$

由式（7）和式（8）可给出下式：

$$\Delta M = \left| \frac{2}{q} a^{\frac{1}{q}} N_R^{\left(\frac{1}{q} - 1 \right)} - e^{A - 0.9855 \left(\ln \frac{1}{B} - \frac{3.7}{q} + 1.4 \right) + 0.2619} \right| \tag{9}$$

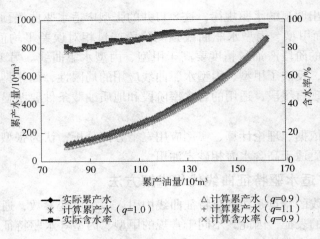

图2　单井广适水驱特征曲线拟合效果

式(9)即为 q 值判别式，在累产水和含水率拟合的基础上，通过调节 q 值使 ΔM 的值最小，即可获得合理的 q 值。以图2井为例，甲型水驱曲线特征参数 A、B 值和张型广适水驱曲线特征参数见表2，三个 q 值对应的 ΔM 分别为0.83，0.53，0.12（表2），由此可见 q 值取1.1时预测的单井生产动态才是最准确的，后续预测单井生产动态与实际生产情况的对比证实了这个结论(图3)。

表2　q 值选取表

q	a	N_R	截距 A	斜率 B	差值 ΔM
0.9	2.11	289.2778	3.1599	0.0222	0.8305
1	3.1986	260.2419	3.1599	0.0222	0.5338
1.1	5.106	241.851	3.1599	0.0222	0.1152

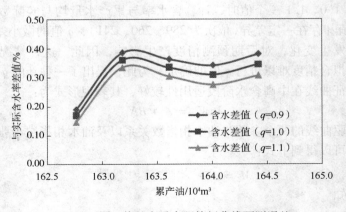

图3　不同 q 值的广适水驱特征曲线预测误差

3　油田产液结构优化方法

高含水海相砂岩油田各井含水率不同，即使含水率相同的井剩余水驱可采储量也存在差异，因此，可以通过产液结构优化提升该类油田的开发效果。张型广适水驱曲线可以较好地表征该类油田油井的水驱规律，因此，文献提出了两种基于张型广适水驱曲线的产液结构优化方法。

第一种方法根据各井无因次采液指数随含水率的变化规律进行油田内单井液量实时优化，其优点为考虑了各井地质油藏产能随含水率变化的增长趋势，不足为没能充分考虑各井生产压差的变化和单井泵排量等工艺流程对生产的约束，因此，该类方法计算的产液结构优化结果往往是各井日产液量变化幅度较小，年增油量有限。该方法可用于油田提液井的筛选评价。

第二种方法采用最优化理论，根据油田群实际生产流程，从地质油藏和生产设施两方面统筹考虑，建立平台－井筒－油藏一体化的优化模型，通过求解模型优化各井日产液量。该方法可充分考虑海上油田生产过程中的各项因素影响，包括单井泵排量、海管外输、液处理等，并实现了对它们的定量化表征，同时，该方法充分考虑了生产压差的作用，因此，该方法计算得到的产液结构优化结果实用性较强，可直接指导现场调整。该方法的不足是将油井的油藏产能短期内作为一个定值，未能充分考虑无因次采液指数随含水率的变化趋势，因此，该方法可适用于阶段时间内油田群的产液结构优化。

实际计算过程中，方法一与方法二可互为补充，基于方法一可得到各井不同含水率时的油藏产能和提液潜力井，将结果在方法二中应用，实现高含水油田的实时产液结构优化。

4 低含水井水驱规律表征的问题

高含水油田有时存在部分低含水井、新投产井以及刚进行完措施的井，这些井由于含水太低或生产时间太短，自身水驱规律尚不明显，难以直接进行表征，可采用如下几种方法进行处理：

（1）对于刚实施的措施井，可将措施实施时间作为该井生产新的起点，累产液、累产油量减去措施前的累产值，只对措施后的生产动态进行拟合；

（2）对于低含水或生产时间较短的井，由于同层近期的邻近井在储层物性、流体性质、油水动态分布等方面具有相似性，因此，可借鉴邻近井的生产动态进行预测；

（3）总结不同类型边底水油藏的水淹规律，直接套用；

（4）基于数值模拟结果，拟合出单井生产动态曲线，用于整体产液结构优化。

对于油井生产动态复杂的井需综合考虑油井生产历史，剔除无效数据，综合采用以上几种方法进行水驱规律的表征，尽可能提高表征精度。

5 结论及建议

（1）综合公式推导依据、理论计算、实例应用三个方面分析，认为张型广适水驱曲线较甲型、丙型水驱曲线更适于高含水海相砂岩油田。

（2）引入甲型水驱曲线特征参数能有效约束可变参数 q 的取值，从而提升张型广适水驱曲线的拟合效果和预测精度。

（3）基于张型广适水驱曲线提出的两种油田产液结构优化方法互为补充，在实际应用过程中可协同应用，实现高含水油田的实时产液结构优化。

符号注释

N_p—累计产油量，$10^4 m^3$；W_p—累计产水量，$10^4 m^3$；a、q、N_R—广适水驱特征曲线参数，N_R为可动油储量，$10^4 m^3$；f_w—含水率，无因次；R—可动油储量采出程度，无因次；K_{rw}—水相相对渗透率，无因次；K_{ro}—油相相对渗透率，无因次；$K_{rw}(S_{or})$—残余油饱和度下的水相相对渗透率，无因次；$K_{ro}(S_{wi})$—束缚水饱和度下的油相相对渗透率，无因次；S_w—含水饱和度，无因次；n_w—水相指数，无因次；n_o—油相指数，无因次；S_{wd}—归一化含水饱和度，无因次；M—水油流度比，无因次；m、n—系数，无因次；A、B—甲型水驱曲线特征参数；C—丙型水驱曲线特征参数。

参 考 文 献

[1] 宋兆杰，李治平，赖枫鹏，等. 高含水期油田水驱特征曲线关系式的理论推导[J]. 石油勘探与开发，2013，40(2)：173-177.

[2] 王小林，于立君，唐玮，等. 特高含水期含水率与采出程度关系式[J]. 特种油气藏，2015，22(5)：104-106.

[3] 张金庆. 水驱油田产量预测模型[M]. 北京：石油工业出版社，2012.

[4] 张金庆，安桂荣，许家峰，等. 广适水驱曲线适应性分析及推广应用[J]. 中国海上油气，2013，25(6)：56-60.

[5] 相天章，武毅. 一种广义水驱特征曲线的建立[J]. 断块油气田，2003，10(5)：58-60.

[6] 任玉林. 一种新的广义水驱曲线[J]. 新疆石油地质，2006，27(2)：188-190.

[7] 周鹏，陈小凡，乐平，等. 引入系数的新型水驱特征曲线的建立[J]. 油气地质与采收率，2012，19(4)：99-102.

[8] 李伟才，姚光庆，张建光. 一种新型广义水驱特征曲线的建立及其应用[J]. 新疆石油地质，2009，30(3)：381-383.

[9] 童宪章. 天然水驱和人工注水油藏的统计规律探讨[J]. 石油勘探与开发，1978，(6)：38-67.

[10] 张金庆，许家峰，安桂荣，等. 高含水油田适时产液结构优化调整计算方法[J]. 大庆石油地质与开发，2013，32(6)：76-80.

[11] 刘晨，张金庆，周文胜，等. 海上高含水油田群液量优化模型的建立及应用[J]. 中国海上油气，2016，28(6)：46-52.

第一作者简介：刘晨，2012年毕业于中国石油大学(华东)油气田开发工程专业，工程师，现从事油田开发及动态方面研究，邮箱：liuchen4@ cnooc. com. cn，电话：13910469597。

通讯地址：北京市朝阳区太阳宫南街6号海油大厦；邮编：100028。

强底水油藏水平井控堵水技术研究与实践

刘春志[1]　郑旭[2]　李丰辉[2]　姚为英[1]　任宜伟[1]　喻秋兰[2]

[1. 中海油能源发展工程技术公司；2. 中海石油(中国)有限公司]

摘　要　渤海 C 油田底水能量强，含水上升快，随着油田的开发，综合含水达 92.5%，大部分油井已进入高含水期，目前油田生产面临液量、电量、海管和排海指标受限等问题，因此开展水平井控堵水治理是突破油田生产瓶颈的手段之一。本文以水平井的出水机理入手，分析水平井的出水规律和出水类型，评价油井潜力，筛选出堵水目标井。针对目标井，综合考虑油井地层物性、完井方式、管柱类型，开展不同类型堵水工艺的评价和优化工作。最终在油田形成了针对老井和新井分别采取主动和预防式措施的水平井控堵水技术，多项技术的现场应用效果显著，为高含水水平井的治理探索了技术，积累了经验。

关键词　强底水油藏　水平井　出水机理　堵水工艺

1　前言

渤海 C 油田位于渤海西部海域，区域构造位于沙垒田凸起东部。油藏构造幅度低，油水关系复杂，开发的主力含油层段为古近系东营组和新近系明化镇组、馆陶组，属于高孔、高渗储层。油藏类型受构造和储层双重因素控制，主要表现为构造背景下的岩性构造油藏和层状构造油藏，次为岩性油藏。从边底水类型来看，主要发育底水油藏，其次为以底水为主的边底水油藏。油柱高度低，水体能量强，开发难度大，目前主要依靠强边底水的天然能量驱动，分层系水平井开发。

由于底水能量强，水平井见水早，含水上升快，油田稳产主要靠大泵提液和侧钻低低效井等措施。截至 2016 年 9 月，油田综合含水达 92.5%，全面进入高含水阶段。目前全油田共有水平井 152 口，含水高于 90% 的水平井占到总井数的 58%，由于平台液处理量、电量受限，高含水井的治理是油田目前面临的主要问题。因此，有必要开展高含水水平井的控堵水研究，寻找适合油田在液电受限阶段的增油控水对策，缓解油田存在的液电受限矛盾。

2 技术简介

2.1 水平井的出水机理研究

2.1.1 水平井主要水淹模式及其特征

根据水平井开采过程中底水突破的特征，可以将水平井的水淹模式分为 3 类：线性整体水淹、多点水淹和点状水淹(图 1)。

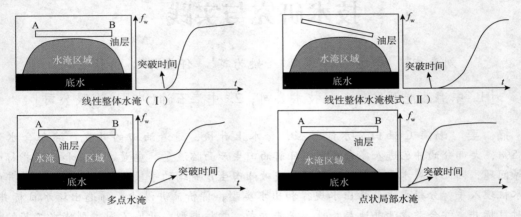

图 1 底水油藏水平井水淹模式示意图

1)线性整体水淹

沿水平段渗透率分布较为均匀，如果井筒各段垂深基本一致(避水高度相同)，当油水界面向井筒推进的速度一致时，水一旦在到达井筒某一段后，其他各段也很快见水，见水后含水快速上升；如果井筒各段垂深相差很大(避水高度差别大)，水会在避水高度较低的位置突破，而且水要经过较长一段时间才能将整个水平井水淹。

2)多点水淹

如果水平井存在两个或两个以上高渗透段，水一般会从渗透率高，避水高度低的点突破，经过一段时间后水又在渗透率相对较高，避水高度相对较低的井段再次突破，因此含水率呈阶梯式上升，直到所有高渗透段都见水后，含水也达到高含水期。

3)点状局部水淹

如果水平段只有一个高渗透段，水往往从渗透率高的层段先突破，如果层内非均质性较强，同时油水流度比相差在一定范围，水突破后底水不能迅速扩大横向波及范围，水只会在快速通道流动，含水很快达到高含水期。

2.1.2 数值模拟研究出水规律

参考 C 油田的油藏数据资料，用 CMG 软件建立底水油藏水平井机理模型，研究水平井的出水机理。模型网格尺寸 $10m \times 10m \times 0.4m$，网格数 $50 \times 50 \times 50 = 125000$，孔隙度 0.3，水平渗透率 8000mD，垂向渗透率 20mD。

1)均质油藏水平井出水规律研究

为了研究垂向渗透率对水平井出水规律影响，设置模型垂向渗透率分别为 20mD、

100mD、500mD（图2）。在均质油藏模型中，底水从水平段中部锥进，逐渐向两端扩展；垂向渗透率越高，含水上升越快。剩余油主要分布在水平井上部。

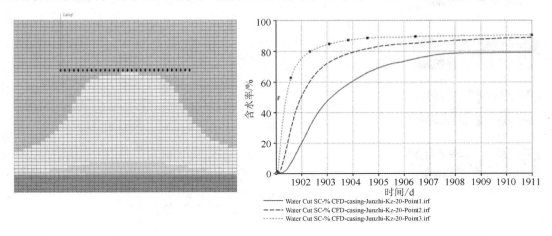

图2　均质油藏水平井含水上升形态图

2）非均质油藏水平井单点/多点出水规律研究

为了研究油藏中单条/多条高渗带对水平井出水规律影响，设置高渗带条数分别为1、2、3条，高渗带渗透率均为8000mD（图3）。只存在一条高渗带，锥进速度较快，即底水先沿高渗带锥进，将高渗带的油推向井底，高渗带条数越多，含水上升相对变缓。剩余油主要分布在低渗带区。

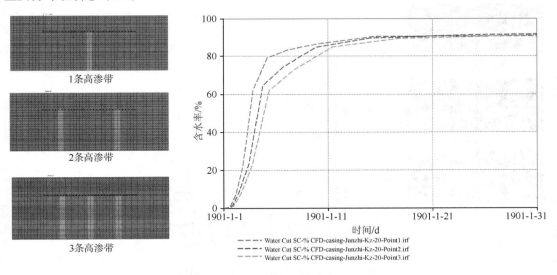

1条高渗带

2条高渗带

3条高渗带

图3　水平井单点/多点出水规律

3）非均质油藏水平井多点出水规律研究

为研究油藏中多条高渗带对水平井出水规律影响，设置模型高渗带条数为3条，中部高渗带渗透率为8000mD，两边高渗带存在一定级差分布（图4）。从图中可以看出，高渗带物性差别越小，含水上升越慢，且呈阶梯状上升的趋势越明显。

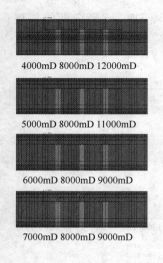

4000mD 8000mD 12000mD

5000mD 8000mD 11000mD

6000mD 8000mD 9000mD

7000mD 8000mD 9000mD

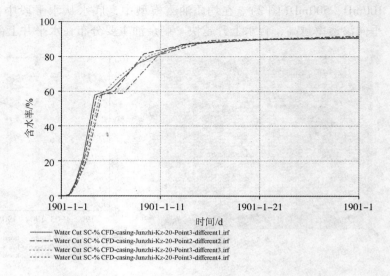

图4　水平井多点出水规律

4) 非均质油藏水平井不同长度高渗带出水规律研究

为研究油藏中单条高渗带长度对水平井出水规律影响, 设置模型高渗带长度分别为100m, 200m, 300m, 高渗带条数为1条(图5)。从图中可以看出, 高渗带长度越短, 含水上升越快。

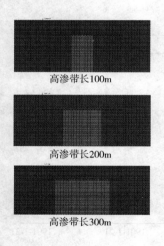

高渗带长100m

高渗带长200m

高渗带长300m

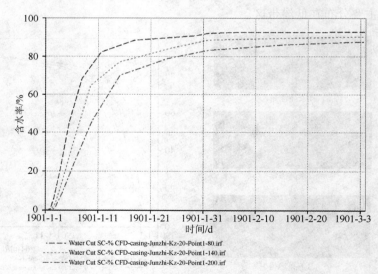

图5　不同高渗带长度水平井出水规律

以该油田88口高含水水平井为研究对象, 从实际生产动态数据入手, 结合水平井水淹模式和数值模拟研究, 确定油田高含水水平井的出水规律和出水类型, 见表1。

表1　高含水水平井见水类型统计

水淹类型		井数	所占比例
整体水淹		23	26%
点状水淹	单点出水	20	23%
	多点出水	30	34%
其他(投产即高含水)		15	17%
合计		88	100%

2.2　水平井控堵水目标井的确定

2.2.1　水平井控堵水选井原则

目前水平井堵水技术主要分为机械堵水和化学堵水两种方式,由于水平井见水规律和出水特征不同,因此针对各类堵水工艺的适用性,需确定合理的堵水选井原则保证堵水措施的成功率。本文结合油井的动静态资料认识,根据现有堵水工艺特点(表2),筛选出具备堵水潜力的井(表3),最终确定适用于渤海C油田的水平井堵水工艺。

表2　水平井控堵水工艺调研

技术分类	技术名称	优势	劣势
化学堵水	聚合物凝胶类堵剂	施工简单,投资少	针对性差,控制性弱,有效期短
	选择性堵剂		
机械卡水	机械封堵	能有效卡高含水层	需明确产水段,需防砂分段,井下电器元件易故障
	中心管控水		
	封隔器+智能滑套卡水		
机械+化学堵水	CESP+机械封隔器	针对性强,有效率高,可防止水气浸入	工艺复杂,费用高
其他	AICD/AICV完井	延缓水突进速度	需防砂分段,费用高
	分段+变完井参数		
	井下油水分离	采油注水一井多用	施工难度高,适合的水平井少

表3　水平井控堵水选井原则

原则	特征
高含水/底水锥进问题突出井	目前含水>90%,三个月内含水上升至75%
有一定潜力的井	产液>400m³/d,初期含水<25%,单井采出程度<油田平均采出程度
油藏非均质性较强的井	有详尽的测井解释,渗透率级差大
油水界面、隔夹层认识相对清楚	平面和纵向矛盾突出
出水位置认识相对清楚	结合数模和生产动态资料已判断出水平段出水位置
堵水工艺便于实施	水平段长>300m,出水部位较短,便于起下管柱

2.2.2　目标井的确定

针对油田实际情况,综合考虑现场实施的可行性、费用问题,对潜力井利用油藏工程方法开展水平井找水研究。以油井生产动态资料为基础，在分析了油井出水类型的前提下，结合油藏数值模拟和油井的静态资料（井眼轨迹、物性、原油性质、避水高度、储层的非均质性等）开展出水位置的综合评判研究，该方法不需要现场作业，简单、方便，可操作性强，可以初步判定水平井大致出水部位。

以油田 A 区块为例，根据堵水选井原则及单井实际情况，结合生产动态认识，初步筛选了 12 口井作为重点目标井，在对初筛选的 12 口井出水部位分析的基础上，利用模糊数学综合评判法对其跟端、中部、指端出水概率进行分析计算（表4）。从表中可以看出，跟端出水概率最高的为 A13H 井，指端出水概率最高的为 A63H 井。以 A13H 井为例，水平井堵水工艺优化主要基于该井测井解释曲线，显示该井中部偏跟端部位发育部分泥岩段，以便于堵水工艺实施。

表4　目标井选井结果表

项目	隔夹层认识			物性认识			含水规律	水平段轨迹	出水概率/%		
	跟端	中部	趾端	跟端	中部	趾端	点/短 多点/长	趾端根端 高度差	跟端	中部	趾端
权重	11%			57%			17%	15%			
A13H	7	2	2	9	2	2	4	2	60	20	20
A63H	2	3	7	1	2	7	3	3	18	25	58

2.3　控堵水技术工艺研究

2.3.1　AICD 控水技术

AICD 水平井智能控水技术具有能阻断水和气（低黏度），遇油时开启（高黏度），油的黏度越大，越易通过等特点。其原理是通过流经阀体的不同流体黏度的变化控制阀体内碟片的开度和开关，当相对黏度较高的油流经阀体时，碟片开启，当相对黏度较低的水或气流经阀体时，碟片因黏度变化引起的压降自动"关闭"（图6），对已发生水锥的井可有效控制出水量，增加油产量。

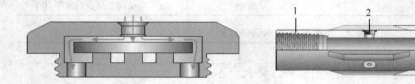

图6　AICD 与完井管柱组合示意图

根据 AICD 智能控水技术适用范围，考虑水平段长度 >300m（加入 CESP 封隔），同时优先考虑有修井计划的井，优选出 8 口井满足条件，最终确定产液量高（>1100m³/d），含水相对较高（>96%），投产初期含水上升快，预测剩余油较多，且施工难度相对容易的 A13H 井作为先导试验井，结合 A13H 井的水平段渗透率、含油饱和度和隔夹层分布，确定水平段分三段控水（图7）。该井作为全球在海上油田老井上实施的第一口 AICD 控水作业，具有极大的先导意义。

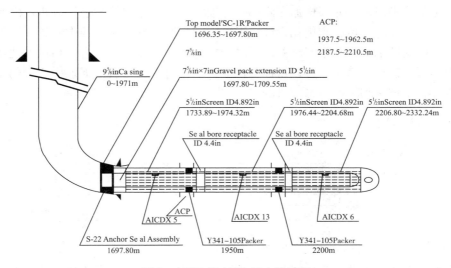

图 7　A13H 井 AICD 控水设计图

2.3.2　智能分采管柱控水技术

智能分采管柱的关键工具是井下压电控制开关，采用井口打压向井下传递不同的压力信号，压电控制开关根据压力信号驱动目标层段开关阀的开、关或开度，配合相应的井下封隔器可以将整个水平井段分为可相互独立生产的若干层段，从而获得各层段的产水产油情况，再根据堵水需要，对各层段采取相应的措施，最终实现对高含水段的封堵。具有一趟多举，操作简单，打压过程不污染油层，分层压力监测等优点，实现找水与堵水的完美结合，节约成本的同时，加深对水平井出水规律的认识。

本文根据单井实际情况，首先选取在完井防砂方式上能够满足施工条件的油井（带多个独立防砂段），结合单井含水高（ > 90%）、剩余可采潜力大（累产油 < 15 × $10^4 m^3$）、含水上升快、储层渗透率级差大等条件，确定 5 口水平井为智能分采管柱目标井，并筛选潜力相对较大的 D27H 井作为先行试验井，结合 D27H 井的水平段物性分布特征，确定水平段分四段找堵水（图8）。

2.3.3　中心管控水技术

中心管控水即在常规水平井完井基础上，向井眼中再挂上一根小于井眼直径的油管，并用封隔器封堵跟端处小直径油管和井眼之间的环空，从而改变井筒内流体流动方向，降低产水量较大井段的压差，改善水平井流入剖面，达到延缓水脊上升和增油降水的目的（图9）。实际地层是非均质的，且井不可能像理想水平井那样绝对水平，因此

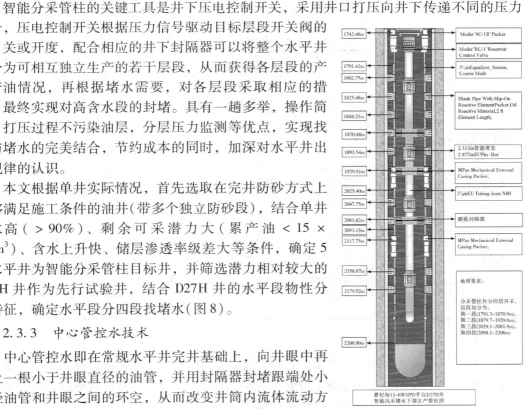

图 8　D27H 井智能分采
管柱示意图

中心管不可能像理想水平井那样加在跟端，必须结合具体井的情况进行分析。因此需要对中心管长度和管径进行拟合和优化设计，下入不同长度和不同管径的中心管，增加主要出水层在水平段局部摩阻力和生产压差，同时增加低产液井段产液能力。相比其他堵水工艺措施，中心管工艺相对简单，首先目标井在地层和井筒需同时满足下入中心管的条件，通过优化设计，整体达到增油控水的目的。

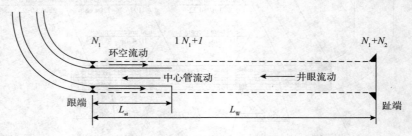

图 9　中心管井筒流动示意图

现场首次对 2 口老井和 8 口新井下入中心管实施控水，以老井 D18H 井为例，根据其生产特征和地质油藏情况，初步判断该井是点状水淹，主要出水部位在跟部，结合中心管的耦合模型进行方案设计研究，优化设计的参数主要包括中心管结构、中心管长度和管径（表 5）。

表 5　中心管方案优化

方案编号	井身结构	中心管内径/mm	加中心管段流量下降量/%	总产量下降量/%	产量/（m³/d）
无中心管					888.32
1	130　　　468	62	37.58	24.84	667.65
2		76	43.74	25.78	659.32
3		51	62.29	38.66	544.92
4	250　　　348	62	63.44	41.30	521.43
5		76	68.21	50.08	443.46
6		51	72.72	48.04	461.46
7	300　　　298	62	76.19	48.99	453.13
8		76	87.34	56.21	388.96

2.3.4　先期完井控水技术

水平井局部水锥突进的一个重要原因是地层的非均质性，即多数情况下，储层非均质性是产生不同压降和水锥局部快速突进的主要原因。因此，完井时根据地层条件调配防砂段 ICD 孔数和过滤件密度分布，改变流通面积，从而产生不同的附加压降，平衡储层非均质性，合理控制各储层段流量，同时利用封隔器进行分段，形成若干个独立的封隔仓，达到控制水锥突进，延长油井生产寿命的目的。

以新井 D42H、D45H 为例，先通过随钻实时数据决策分析水平段物性分布，同时以油藏参数开展数模预测研究，再利用实时数据进一步分析底水锥进形态和产能，增加数值模拟结果的可靠性。模拟表明：变密度 + 中心管 + 封隔器与 ICD + 中心管 + 封隔器两方案都能起到良好的控水效果和取得一定的经济效益。根据地层物性分布特征，平衡储层非均质性，拟制水锥突进，让水平段均衡产出，D42H 井分四段控堵水，D45H 井分三段控堵水（图 10、图 11）。

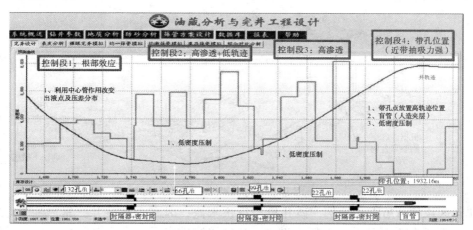

图 10　D42H 井变密度 + 中心管 + 封隔器控水方案示意图

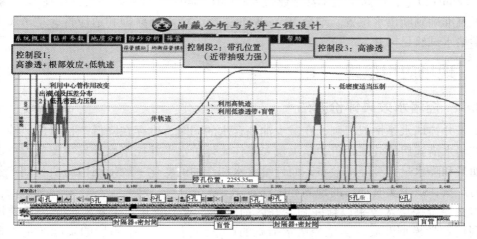

图 11　D45H 井 ICD + 中心管 + 封隔器控水方案示意图

2.3.5　化学堵剂

对于一些投产初期水平段很快水淹，但很难准确判断出水位置的水平井，无法使用精确封堵技术，如机械堵水、凝胶堵水等。因此，使用选择性堵剂，相对精确封堵技术来说，会有更高的成功率。如哈里伯顿的 WaterWeb 选择性堵水剂，处理液黏度低于 2cP，使其在地层基质内具有良好的穿透性。WaterWeb 高分子链中含有憎水基改造的基团，在水基液体内有自聚倾向，HRPM 在吸附岩层表面后，内部高分子链相互吸引，可形成多层网状的高分子结构，与传统 RPM 采用的全亲水基高分子处理液相比，WaterWeb 这种 HR-PM 的网状结构更有利于阻碍水分子流动，在拥有更好的堵水性能的同时，由于憎水基的存在，进入油层的高分子链大部分处于蜷缩的状态，对油的渗透率几乎不影响，真正能达到堵水不堵油的目的(图 12)。

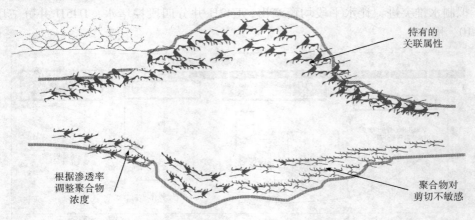

图 12　WaterWeb 作用原理

以 A 区块的 A76H 井为例，该井投产很快水淹，因高含水关井，累产油不足 $0.8 \times 10^4 m^3$，数值模拟分析该井仍有较大潜力。从储层物性来看，渗透率偏高，油层平均渗透率在 3000mD 以上，最高渗透率甚至超过 8000mD，同时渗透率级差大，存在多个隔夹层，因此很难准确判断出水位置。结合 WaterWeb 选择性堵水剂原理和适应性，把 A76H 井作为化学堵水试验目标井。

3　现场应用效果

3.1　控堵水效果评价方法

水平井控堵水是把双刃剑，在减少油井含水的同时，也存在降低产油量的风险。如何做好控堵水措施后的效果评价，是项重要工作。评价水平井控堵水效果主要通过措施前后的增油量和降水量计算经济效益，而计算含水和产油的变化一般采用措施后初期产量对比措施前产量，缺少实时动态的预测和跟踪对比。

本文评价控堵水效果以新井和老井区别对待。对于新井，主要根据钻后地质油藏认识，利用数学模型开展未实施控堵水措施的产量预测，并与措施后的实际产量、含水进行对比。对于老井，主要根据老井长期处于高含水，已达到稳定水驱，采用老井措施前的水驱曲线预测与堵水后的实际数据进行对比。综合考虑各类水驱曲线的适用性，本文主要参考适用性较广张金庆的广适水驱特征曲线进行对比分析。

3.2　现场实施效果分析

2015 年，现场共实施了各类控堵水措施 16 口井(表 7)，成功控制了各井含水上升速度，降低了单井含水率，增油控水效果明显，达到了水平井增油控水的目的。截至 2016 年 9 月，共增油 $10.3 \times 10^4 m^3$，平均单井增油 6400m^3，共降水 $15.76 \times 10^4 m^3$。

表 6 各井堵水前后生产情况对比表

井号	堵水类型	措施前/设计生产情况				措施后生产情况（2016 年 9 月）				
		日产液/（m³/d）	日产油/（m³/d）	含水/%	压差/MPa	日产液/（m³/d）	日产油/（m³/d）	含水/%	压差/MPa	累增油/m³
A13H	AICD	1200	39	96	1.3	610	32	95	2.3	0.34
A76H	化学堵水	500	8	98	0.3	400	15	96	0.5	0.29
D27H	智能分采管柱	410	38	91	2.5	280	36	87	4.6	0.44
D18H	中心管（老井）	440	21	95	0.2	800	48	94	0.7	0.38
D24H	中心管（老井）	430	24	95	0.8	500	33	94	1.2	0.27
D38H	中心管（新井）	100	48	62	2.2	80	48	40	4.5	0.79
D39H	中心管（新井）	120	60	50	2.5	76	51	33	4.3	0.47
D40H	中心管（新井）	1091	120	89	1.8	877	70	92	5.5	0.96
D41H	中心管（新井）	533	80	85	3.5	200	114	43	6.7	1.46
D43H	中心管（新井）	30	25	17	4.8	24	21	12	7.5	0.16
D44H	中心管（新井）	111	40	64	4.5	72	26	64	7.3	0.26
D46H	中心管（新井）	364	120	67	3.2	142	64	55	6.7	1.35
D48H	中心管（新井）	600	120	80	2.3	330	96	71	6.4	1.57
D45H	ICD＋中心管	75	40	47	2.5	58	34	41	5.2	0.40
D47H	变密度筛管	250	50	80	3.8	470	56	88	0.9	0.34
D42H	变密度筛管＋中心管	146	70	52	2.6	78	50	36	3.7	0.83

4 结论及建议

（1）通过水平井出水类型、均质和非均质油藏水平井出水规律研究，对强底水油藏水平井出水机理有了较深认识。根据水平井开采过程中底水突破的特征，总结出适合于该油田高含水水平井的见水规律和出水类型。

（2）在调研总结水平井控堵水选井原则基础上，深入剖析油田单井生产动态和地质油藏资料，最终确定了该油田水平井控堵水选井原则。在总结常用的水平井找水方法基础上，根据堵水选井原则和模糊数学评判方法确定堵水目标井。

（3）实践证明在该油田高含水水平井实施 AICD 控水、智能滑套控水、中心管控水、ICD 控水、变密度完井控水、化学堵水切实可行。针对新井的中心管控水、变密度筛管控水、ICD 控水见效明显。

（4）经过近两年的研究和实践摸索，目前油田已形成了对老井和新井不同控堵水策略，形成了主动和预防式措施的水平井控堵水技术。同时，形成了一套水平井控堵水效果评价方法，为高含水水平井的治理探索了技术，积累了经验。

（5）建议针对新井最好根据随钻地质资料，及早开展水平井控堵水完井管柱组合研究和实施，达到先期控堵水目的。

参 考 文 献

[1]郑旭.曹妃甸11-1油田地面地下一体化稳产挖潜技术研究[J].航海工程,2014,43(5):99-100.

[2]徐燕东,李冬梅,李江.塔河油田底水油藏水平井见水特征[J].新疆石油地质,2011,32(2):167-169.

[3]甘振维.塔河油田底水砂岩油藏水平井堵水提高采收率技术[J].断块油气田,2010,17(3):372-375.

[4]周代余,江同文,冯积累,等.底水油藏水平井水淹动态和水淹模式研究[J].石油学报,2004,25(6):73-77.

[5]万仁溥,王鸿勋.水平井开采技术[M].北京:石油工业出版社,1995.

[6]李宜坤,胡频,冯积累,等.水平井堵水的背景、现状及发展趋势[J].石油天然气学报(江汉石油学院学报),2005,27(5):757-760.

[7]侯玫,宋根才,向明光,等.水平井堵水工艺管柱的研制与应用[J].石油天然气学报(江汉石油学院学报),2005,27(6):787-789.

[8]朱迎辉,陈维华,代玲,等.强底水油藏水平井开采特征研究及AICD适用性分析[C].2015油气田勘探与开发国际会议论文集,2015.

[9]朱橙,陈蔚鸿,徐国雄,等.AICD智能控水装置实验研究[J].机械,2015,42(6):19-22.

[10]彭占刚.压电控制开关找堵水技术[J].油气田地面工程,2011,30(3):85-86.

[11]王俊奇,周学青,张祖峰.水平井中心管采油技术研究与应用[J].大庆石油地质与开发,2011,30(1):115-117.

[12]张舒琴,李海涛,韩歧清,等.中心管采油设计方法及应用[J].石油钻采工艺,2010,32(2):62-64.

[13]张锋利,郑春峰,刘跃忠,等.中心管采油技术在水平井开发底水油藏中的应用[J].特种油气藏.2013,20(4):144-146.

[14]张磊,潘豪.稳油控水技术在底水油藏水平井开发前期设计中的应用[J].重庆科技学院学报.2012,14(5):40-46.

[15]Julio Vasquez, Larry Eoff. A Relative Permeability Modifier for Water Control:Candidate Selection, Case Histories, and Lessons Learned after more than 3, 000 Well Interventions[C], SPE 165091-MS, 2013.

[16]张金庆.水驱油田产量预测模型[M].北京:石油工业出版社,2013:72.

第一作者简介:刘春志,2012年毕业于西南石油大学油气田开发工程,工程师,现从事油气田生产动态研究工作,邮箱:liuchzh2@cnooc.com.cn,电话:18649008376。

通讯地址:天津滨海新区海川路2121号渤海石油大厦A座;邮编:300459。

南海西部高温高压气井异常产能校正方法

向耀权　张凤波　洪楚侨　马帅　陈健　韩鑫　何志辉

［中海石油(中国)有限公司湛江分公司研究院］

摘　要　高温高压气井地层压力高，测试产量大，与常压气井相比，测试资料质量相对较差，常规二项式方法分析无阻流量为异常值。高压气井产能异常原因主要为两类：测试压力偏差和二项式方程局限性，根据异常产能类型，建立了三类校正方法进行异常产能校正，包括压力校正法、产能改进方程和地层参数法。新方法应用于南海西部气田新投产高温高压气井的产能测试分析，解决了气井测试资料质量差，导致难以有效评价产能的难题，为新气田的配产提供了可靠的依据。

关键词　高温高压　产能评价　异常产能校正　地层参数法

1　概述

高温高压气井由于地层压力高，测试压差占地层压力比重小，采用常规二项式分析时，二项式系数常常为负值，评价无阻流量异常。高温高压气井产能评价负异常的原因有两类，一是积液或测试时间不足导致的录取压力与真实压力值存在偏差，二是高温高压气井产能评价方法的适应性问题。通过南海西部大气田开发实践，总结了不同类型异常产能的校正方法：针对测试压力存在偏差的情况，通过压力校正法校正产能；针对二项式产能在高温高压气井适用性的情况，建立了产能改进方程和地层参数校正法，对异常产能进行校正。

2　高温高压气井异常产能校正方法

2.1　压力校正法

测试压力偏差包括两种情况，一是井底流压存在偏差，包括井底积液、凝析气相变、压力计下深距离储层较远等因素均可能导致井底流压存在偏差。二是地层压力偏差，由于关井时间不足，地层压力的计算与实际压力存在偏差。根据测试压力偏差的类型，主要有两种校正方法。

（1）井底流压校正法：通过不断调整井底流压偏差值 δ，使二项式系数为正且直线方程相关系数 $R^2 > 0.8$。由于偏差值 δ 具有多解性，主要通过积液高度或压力计与储层距离等参数来进行约束。

$$P_R^2 - (P_{wf} + \delta)^2 = Aq_g + Bq_g^2 \tag{1}$$

（2）地层压力校正法：通过不断调整地层压力偏差值 δ，使二项式系数为正且直线方程相关系数 $R^2 > 0.8$。由于偏差值 δ 具有多解性，主要通过邻井或区域压力系数等参数来进行约束。

$$(P_R + \delta)^2 - P_{wf}^2 = Aq_g + Bq_g^2 \tag{2}$$

2.2 产能改进方程

二项式方法（压力平方）由渗流力学方程在一定条件下经过简化而来（不考虑压缩因子随压力变化），是气井产能评价最常用的方法，但在高温高压气藏产能评价时表现较强的不适应性。在渗流力学方程基础上，对二项式方程进行改进，主要方法有：三项式产能方程、拟压力产能方程和一点法产能方程。

（1）三项式产能方程：高温高压气井测试时产量大，非达西效应明显，二项式系数 B 难以有效表征高压气井的高速非达西流动规律，Ezeudembah 等人提出了三项式压力平方方程进行高压气井产能评价（与二项式类似，三项式主要通过回归 A、B、C 系数得到）。

$$P_R^2 - P_{wf}^2 = Aq_g + Bq_g^2 + Cq_g^3 \tag{3}$$

$$\frac{P_R^2 - P_{wf}^2 - Aq_g}{q_g^2} = B + Cq_g \tag{4}$$

（2）拟压力产能方程：拟压力产能方程考虑压缩因子随压力的变化，采用拟压力代表压力，具有二项式方法（压力平方）相同的表达形式。在测试资料质量相同的条件下，拟压力产能方程计算产能精度高于二项式（压力平方）。

$$\psi(P_R) - \psi(P_{wf}) = Aq_g + Bq_g^2 \tag{5}$$

（3）一点法：一点法是在二项式基础上，已知变量 A 以后，测出一个稳定流量下的井底流压和地层压力，即可计算气井的 Qaof 和 IPR 曲线。二项式方程经过变形后得到一点法通用方程为式（4），不同地区一点法的差异主要体现为系数 α 差异（表1），其中高压气井 α 在 $0.35 \sim 0.42$ 之间。

$$Q_{AOF} = \frac{2(1 - \alpha)q_g}{\alpha\left[\sqrt{1 + 4\left[\frac{1-\alpha}{\alpha^2}\right]p_D} - 1\right]} \tag{6}$$

$$P_D = \frac{P_R^2 - P_{wf}^2}{P_R^2}$$

表1 不同地区一点法产能经验公式 α 取值表

方法	统计井次	经验数 α
普光	5	0.4000
台南	23	0.6480
陕北	6	0.6170
长庆	6	0.8793
吉林	7	0.3100
塔里木	8	0.4200

续表

方法	统计井次	经验数 α
陈元千	16	0.2500
崖城 13 – 1	7	0.3566
东方 1 – 1	1	0.6423

2.3　地层参数法

由于海上气井测试成本较高的特点，测试时间较短，产能测试和关井压恢都难以达到稳定状态。因此部分测试资料，无论是通过压力校正还是产能改进方程都无法有效地评价其产能。高压气井虽然产能测试资料较差，但是压恢资料较好，能够获取质量较高的地层参数。根据渗流力学方程可知，气井产能是地层参数（渗透率、有效厚度）和流体性质的函数。流体性质通过地面取样能够容易获取，以地层参数为桥梁，建立高压气井产能评价方法对异常产能进行校正，包括两类产能校正方法：

（1）试井模拟法：通过压恢资料的解释，获取可靠的地层参数，以原解释模型为基础，设计稳定状态下井底流压为 0.1MPa 时的产量，即为该井的无阻流量（图 1）。该方法直接通过渗流力学原始方程计算气井产能，没有经过简化，评价气井产能具有很高的可靠性。

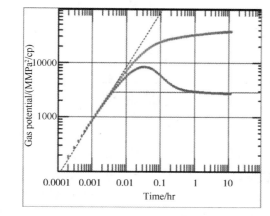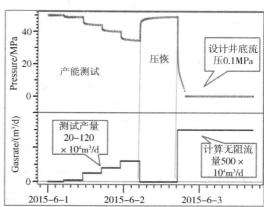

图 1　试井模拟法

（2）高温高压气井区域产能评价区域经验公式法：在渗流力学基础公式基础上，经过简化推导，得到指数式经验公式，根据区域已测试合格或专家认证的产能，建立产能与地层系数关系式（图 2）。

$$Q_{AOF} = 0.0006 \times (K_{试井}h)^{0.7810} \times P_r^2 \tag{7}$$

3　现场应用分析

东方 X 气田是南海西部第一个开发的高温高压气田，目前有生产井 6 口，地层压高 52.1 ~ 52.3MPa，地层温度 141 ~ 143℃。气田投产初期进行了系统试井，以 F4 井为例，该井测试产量 26×10^4 ~ $60 \times 10^4 m^3/d$，测试压差 1 ~ 2MPa，测试资料显示产能评价为异常（图 3）。从测试资料曲线形态分析，产能异常主要为井底流压与真实流压存在偏差问题。

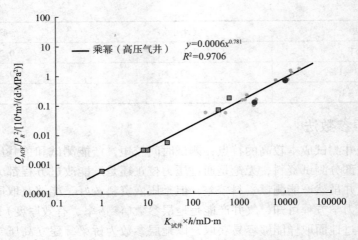

图2　高温高压气井产能评价区域经验公式图版

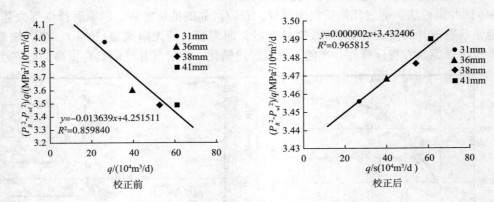

图3　东方 X 气田 F4 井产能校正前后曲线对比图

分别采用压力校正法、产能改进方程和地层参数法进行异常产能的校正，校正结果见表2。经过综合评价，测试井的无阻流量为 $239 \times 10^4 \sim 810 \times 10^4 \mathrm{m}^3/\mathrm{d}$。由于产能异常主要为井底流压偏差导致，建议采用井底流压校正结果，推荐无阻流量 $672 \times 10^4 \mathrm{m}^3/\mathrm{d}$。

表2　南海西部 X 气田异常产能校正

井名	校正方法		无阻流量/ $(10^4\mathrm{m}^3/\mathrm{d})$	备注	测试产量/ $(10^4\mathrm{m}^3/\mathrm{d})$	生产压差/ MPa
F4	压力校正法	井底流压修正法	672	修正值 0.01~0.13MPa	26~60	1~2
	产能改进 方程	一点法（东方1-1）	453~539	取各个稳定工作制度		
		三项式产能方程	420~480			
		拟压力法	负异常			
	地层参数法	试井模拟法	810	试井资料好		
		南海西部经验公式法	239	地层系数593mD·m		

异常产能校正技术应用于南海西部 X 气田新投产高温高压气井的产能测试分析，解决了测试资料质量差导致难以有效评价产能的难题，为新气田的配产提供了可靠的依据。

4 结论与认识

（1）高温高压气井产能评价出现异常，主要原因是测试压力偏差和二项式方程适应性问题，分别采用压力校正法、产能改进方程和地层参数法进行校正。

（2）压力校正法主要解决积液、压力计下深较浅、测试时间不足导致的压力偏差问题，校正结果需要积液高度、压力系数进行约束。产能改进方程是对二项式方程的补充，主要解决一些压力校正法不适应的导致的产能异常问题；地层参数法从地质角度进行产能校正，无需进行渗流方程的简化，校正结果受压恢资料质量影响较大。

（3）高温高压气井异常产能校正方法应用于南海西部新投产井的产能评价，解决了测试资料质量差导致难以有效评价产能的难题，为新气田的配产提供了可靠的依据。

参 考 文 献

[1]苟宏刚，赵继承，秦志保，等．二项式产能方程系数异常情况（B 小于零）分析[J]．新疆石油地质，2006，27（2）：210-212.

[2]陈元千．油气藏工程实用方法[M]．北京：石油工业出版社，1999：453-464.

[3]张培军，唐玉林．一点法公式在川东气田的应用及校正[J]．天然气勘探与开发，2004，27（2）：23-25.

[4]罗银富，黄炳光，王怒涛，等．异常高压气藏气井三项式产能方程[J]．天然气工业，2008，28（12）：81-82.

第一作者简介：向耀权，2008 年毕业于中国石油大学（北京）油气田开发工程专业，工程师，现从事油藏工程和试井解释研究，邮箱：xiangyq@cnooc.com.cn，电话：13822501459。

通讯地址：广东湛江市坡头区南油二区研究院；邮编：524000。

带油环疑析气藏开发技术对策探索与应用

宋刚祥　鹿克峰　朱文娟

[中海石油(中国)有限公司上海分公司]

摘　要　M 油气田为东海首次投入开发的带油环疑析气藏，该类气藏的渗流机理、开发技术与常规气藏存在本质的区别，如气窜、油侵及水侵三元一体交互作用影响；油环与气顶的开采速度如何合理耦合，实现气顶、油环均衡生产，使气顶与油环采收率达到最优。针对上述问题，通过技术攻关形成带油环疑析气藏的三项开发关键技术：形成了一套包括混合驱动条件下驱油贡献指数实时跟踪技术、饱和原油与凝析气同采井的分相产量劈分方法、基于地下气油体积比的平衡开采条件判别方法在内的带油环疑析气藏动态跟踪评价技术；建立了油环与气顶开采速度合理耦合的研究技术；提出了带油环疑析气藏水驱油效率计算新方法。这些技术成果为准确掌握 M 油气田动态趋势发挥了关键作用，可为带气顶的油藏或带油环的凝析气藏等同类复杂油气藏的开发提供重要的借鉴及技术支撑。

关键词　合理耦合　油气同采　分相劈分　实时判别　定量结合

1　引言

带油环的凝析气藏或带气顶的油藏是世界上公认的难开发复杂油气藏，开发面临诸多难题与挑战，地层中原油、凝析油、气层气、溶解气、地层水等多相流体共存，渗流机理比较复杂，开发过程难以控制。由于驱动机理复杂，油层的开发易同时引起气窜和水锥，导致开发效果变差，在气窜引起气顶压力低于油层压力时，也会导致原油侵入气顶造成原油损失。世界上带油环的凝析气藏很少见，能借鉴的开发经验较少，针对该类油气藏的开发有必要开展技术攻关研究，解决气窜、油侵及水侵三元一体交互作用影响的难题。

2　带油环疑析气藏动态跟踪评价技术

具有气顶与边水活跃的油藏投入开发后油层压力下降，致使油气界面下降，形成气侵区；油水界面上升，形成水侵区。在剖面上分为气顶区、气侵区、含油区、水侵区和含水区。综上所述，具有活跃水驱的气顶油藏投入开发后，驱油机理主要有气顶驱（气顶膨胀）；溶气驱（含油区地层压力低于饱和压力，溶解气分离出来并膨胀驱油）；边水驱；对地层倾角大的油藏还可分为重力驱。

不同油藏由于驱油机理不同，驱油效率是不同的，即使是同一油藏在不同开发阶段油层压力变化不同也会出现不同的驱油能量，其采油量也不相同。传统计算驱动指数的方法考虑了弹性驱、注入水驱、边底水驱对产油贡献的大小，不足之处是无法表征出气顶开采状况对产油的影响，而定量表征出气顶开采状况对于知悉带气顶油藏在混合驱动条件下各项驱油贡献指数非常重要。针对传统方法尚未解决的难题，本文提出了以净气驱代替气驱，以对产油贡献指数代替对产油气的贡献指数的新方法（图1）。根据推导得出的公式（1）可实时计算出混合驱动条件下带油环凝析气藏的各项驱油贡献指数。

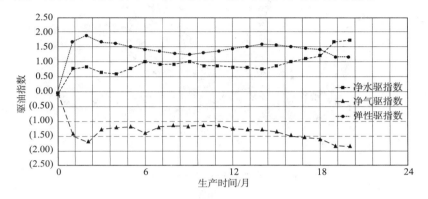

图1　混合驱动条件下驱油贡献指数实时跟踪图

$$\frac{NE_o}{F - W_p B_w} + \frac{NmE_g}{F - W_p B_w} + \frac{W_e - W_p B_w}{F - W_p B_w} = 1 \tag{1}$$

研究结果表明目前净水驱指数为1.8，净气顶驱指数为 -1.3，表明水驱作用大部分被气顶开采抵消。气驱指数为负，与气油比变化规律一致，控制气油比可改善开发效果。

带油环的凝析气藏与一般油藏或凝析气藏的区别在于：存在原油、气顶气、水、凝析油、溶解气等五相流体。对于计量的油、气生产数据如何进行分相产量劈分？如何实时判断气窜、油侵及水侵的动态转换过程？通过推导得出公式（2），提出饱和原油与凝析气同采井的分相产量劈分方法，根据劈分结果（图2、图3）可知，气顶气采出程度远大于原油采出程度，气顶气开采速度远大于原油开采速度，目前油气开采不平衡，气窜严重，下步措施应重点进行适时调控，研究合理配产及合理采油气速度。

$$q_y = \frac{q_o R_n - q_g}{R_n - R_s} \tag{2}$$

3　油环与气顶开采速度合理耦合技术

带油环凝析气藏油、气、水交错分布，驱动类型多，驱动方向不同，再加上多油层非均质（层间、平面和层内沉积韵律不同、渗透率各向异性）驱油的非活塞性等使油气、油水运动非常复杂。要充分利用气顶和边水能量使油气、油水界面均匀推进，在层间和平面避免过早地发生水窜和气窜是开发控制和调整的核心问题，也是提高这类油藏采收率的关键。

油藏在不同开发方式条件下，具有不同的生产特征。如：在衰竭式开采条件下，表现出地层压力下降快，油气比上升快，原油采收率低的特点。在注水或活跃水驱条件下在未见水和气窜时，气油量和油气比均保持稳定，见水后靠放大生产压差仍能稳产，但到一定含水率后放大压差也不能稳产。气窜后由于气的干扰作用（不同层）和油相渗透率的下降

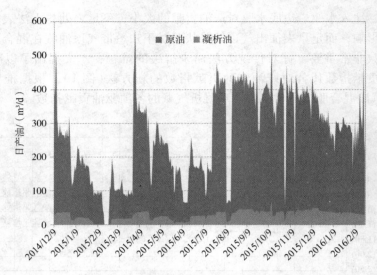

图 2　原油与凝析油产量变化图

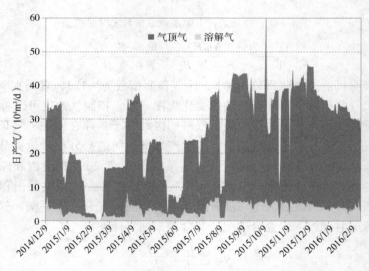

图 3　气顶气与溶解气产量变化图

(同一层)产油量下降,油气比上升,故对同一井靠放大压差稳产很困难。油层压力在刚性水压驱动下,能使整个开发过程始终保持稳定。

　　根据生产动态实时跟踪与气顶油藏数值模拟耦合技术优化带油环凝析气藏合理采油速度,控制气油比,维持油气界面的平衡。研究表明气顶底油均衡生产的条件是气顶的弹性能完全用于气井生产,利用此技术原理计算得出平衡气油比与生产气油比的关系图(图4),可见,中间一段平衡气油比较稳定,建议通过调整生产工作制度,使气油比保持在平衡气油比附近。

　　将气顶底油均衡生产条件的研究成果反馈到气顶油藏数值模拟模型(图5)中进行模拟验证。通过采用三维地质建模与油藏数值模拟历史拟合互馈技术进行带油环凝析气藏精细表征,对油气藏水体倍数、夹层分布、水侵模式等均有了新认识,从技术层面实现了地质、油藏的定量化结合。通过地质、油藏工程的定量结合，实现了油环与气顶开采速度的耦合研究。

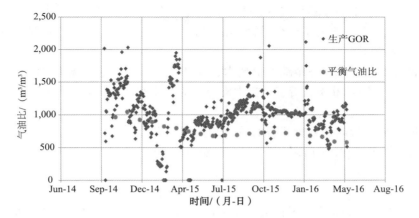

图 4　生产气油比与平衡气油比关系图

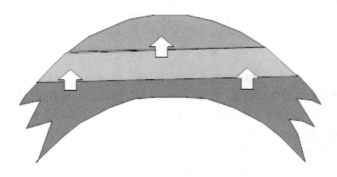

图 5　数值模拟三相示意图

4　带油环疑析气藏水驱油效率计算新方法

带油环凝析气藏水驱油效率计算方法不同于常规油藏，那么该怎么确定考虑生产全过程的水驱油效率？

首先研究带油环凝析气藏的驱动机理，先考虑底油部分，水侵入油藏水驱油效率，再考虑气顶部分，原油先侵入气顶后，水侵入气顶，最后推导得出考虑生产全过程的带油环凝析气藏水驱油效率见公式（3）。

$$E = E_{\mathrm{w-o}} \times E_{\mathrm{w-o-g}} = \frac{1 - S_{\mathrm{wi}} - S_{\mathrm{or(ow)}}}{1 - S_{\mathrm{wi}}} \times \frac{1 - S_{\mathrm{wi}} - S_{\mathrm{gr}} - S_{\mathrm{or(og)}}}{1 - S_{\mathrm{wi}} - S_{\mathrm{gr}}} \tag{3}$$

研究表明带油环疑析气藏水驱油效率不仅取决于束缚水饱和度与水驱油残余油饱和度，而且还取决于气驱油残余油饱和度以及残余气饱和度，基于这一机理，提出了适合带油环疑析气藏的水驱油效率计算新方法。应用结果表明：仅考虑水侵入底油的水驱油效率为 57.1%，而考虑生产全过程的水驱油效率为 30.8%，降低为原来的 54%。可见，原油侵入气顶导致水驱油效率大幅度降低。

5 结论

（1）本文建立了带油环凝析气藏或带气顶的油藏等同类复杂油气藏的动态跟踪评价技术体系，并已成功应用于东海首个带油环的凝析气藏，新技术为准确掌握 M 油气田动态趋势发挥了关键作用。

（2）带油环疑析气藏动态跟踪评价技术、油环与气顶开采速度合理耦合等技术为同类复杂油气藏的开发提供重要的借鉴及技术支撑，对未来东海类似油气藏开发将产生深远的影响。

（3）研究结果对带油环疑析气藏的后续开发调整有重要的启示：保护气顶或限制气顶开采，防止原油侵入气顶是后续开发的主要调整措施之一。

符号注释：

N —油藏原始地质储量，m^3；G_p—累积产气量，m^3；B_w— 地层水体积系数；W_p—累积产水量，m^3；W_e—水侵量，m^3；C_p—岩石压缩系数，MPa^{-1}；C_w—地层水压缩系数，MPa^{-1}。S_{wi}— 束缚水饱和度，小数；B_g— 气体体积系数；S_{gr}— 残余气饱和度，小数。

参 考 文 献

[1]余忠，赵会杰，等．正确选择气顶油藏高效开发模式[J]．石油勘探与开发．2003，30（2）：70-73．

[2]戚志林，唐海，杜志敏．带油环的凝析气藏物质平衡方程[J]．天然气工业，2003，23（1）：70-72．

[3]何更生．油层物理[M]．北京：石油工业出版社，1997．

[4]黄炳光．气藏工程与动态分析方法[M]．北京：石油工业出版社，2004．

[5]李治平，邬云龙，青永固，等．气藏动态分析与预测方法[M]．北京：石油工业出版社，2002．

[6]钟孚勋．天然气开采工程丛书[M]．北京：石油工业出版社，2001．

[7]赵春明．渤海锦州20-2 凝析气田开发实践[J]．油气井测试，2011，20（1）：61-64．

[8]余贝贝，唐海，等．莫索湾盆五底水油环凝析气藏剩余油分布研究[J]．天然气勘探与开发，2010，33（1）：42-45．

第一作者简介：宋刚祥，2013 年毕业于长江大学油气田开发工程专业，获硕士学位，研究方向为油气藏工程及油藏数值模拟，现从事油气田开发工程研究。联系电话：021－22830790，邮箱：Songg×5@cnooc. com. cn。

通讯地址：上海市长宁区通协路 388 号中海油大厦；邮政编码：200335。

水驱砂岩油藏微观渗流机理研究新突破及应用

王攀荣　李文红　叶苗　晏庆辉　卢婧

［中海石油(中国)有限公司湛江分公司］

摘　要　文昌海相砂岩油田多为储层分布稳定、物性好、产能高、天然能量充足的边底水驱砂岩油藏，经过多年开发，主力层已进入高含水期，面临水淹区剩余油分布、动用条件和极限驱油效率认识不清等问题，并且存在岩心测试驱油效率与油田采出程度相差较大的矛盾。针对以上问题，创新性开展了水驱砂岩油藏微观渗流机理研究，建立了岩石孔道空间构型和微观渗流实验表征新技术，并结合高倍水驱相渗测试实验，对目标区水驱油效率有了突破性认识，明确了目标区的开发潜力；在此基础上，采用宏观数值模拟与微观渗流机理有机结合的新方法，以物性分区作为油水前缘突破差异的依据，精细刻画剩余油分布，指明了高含水期的挖潜方向，同时结合低效井治理、有效提液、细分开采的挖潜思路，形成了基于微观渗流机理研究的水驱砂岩油藏挖潜技术体系。

关键词　微观油水产出　剩余油分布规律　提液增油机理　数值模拟研究

1　前言

油田进入中高含水阶段以后，剩余油呈现总体分散，局部相对富集的特点，无效和低效水循环现象加剧，如何在高含水阶段实现稳产挖潜，难度越来越大，是当前油田开发面临的重点工程。

本文以微观渗流机理为核心，借助微观驱替实验从定性角度分析剩余油赋存状态；通过核磁共振驱替实验，定量分析了提液增油的微观机理、微观剩余油分布及动用条件；结合数值模拟方法深入分析了高含水层位剩余油分布规律，最后结合油田实际生产，提出了海相砂岩油藏高含水期稳产挖潜措施建议。

2　微观渗流机理实验研究

微观渗流实验是进行微观提高采收率基础理论研究和渗流机理研究的重要方法，通过大量的实验，可以研究油藏流体在岩石中的流动规律、驱油机理，指导油田开发方案的设计和优选。本次微观渗流机理的研究过程中，基于现有实验方法的总结，创新性的设计了高温高压可视化微观渗流实验和核磁共振岩心驱替实验相结合的实验流程，从定性与定量两个角度对微观渗流机理进行研究。

2.1 微观剩余油定性分析

利用可视化实验观察水驱微观剩余油形成过程、分布规律及动用条件，从定性角度分析提液增产的微观机理。

根据水驱过程的观察（图1），水驱前缘按最小阻力原则优先沿大孔隙向前推进，驱替过程中，微观孔隙的非均质性越强，水驱前缘推进的指进现象越严重，在驱替阻力较大的小孔喉内容易形成原油的滞留区；出口端见水后，水相沿突破路径形成一条低阻力渗流通道，由于单相渗流阻力减小，使得其余孔道内的油水界面推进速度减缓；在高含水阶段，大量的地层水沿突破路径低效率的流过，对绕流区内的微观剩余油并没有起到较好的驱替效果，实验结束后，微观孔道内的剩余油大量的富集在渗流阻力较大的绕流区内，也有部分剩余油以油膜形式附着在孔道壁面；实验过程中发现，在高含水阶段，通过提液可以有效改变孔隙网络内的流场分布，增大波及范围，从而改变在短期内，有效的将部分剩余油驱出。

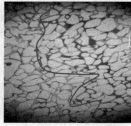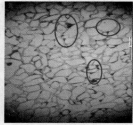

图1 水驱油示意图（先恒速后提液）

2.2 微观剩余油定量分析

在可视化实验定性分析微观渗流机理的基础上，本次研究还通过核磁共振实验时监测岩心内部的饱和度变化，借助于核磁共振 T2 弛豫时间谱，可以对不同孔隙、不同孔径内的水驱采出程度进行定量的分析和计算，从定量的角度来研究微观孔隙内的油水流动规律。

本次共选取的高低渗两组岩心渗透率分别为788mD、43mD，模拟了高含水阶段，不同提液速度下的水驱过程（图2、图3）；对比初始条件下岩心的T2谱图，低渗组岩心非均质性较强，孔径在弛豫时间为 1~10ms 范围的小孔道分布相对集中，但弛豫时间为 10~300ms 的大孔道频率也相对较高，高渗组的岩心较为均质，孔道分布较为集中，多为 100~1000ms 的大孔道，1~10ms 的小孔道占总孔隙体积较少。

根据实验测试结果，在低渗组岩心中，主要储集空间为弛豫时间0.1~10ms 的小孔道，但低速驱替条件下，主要参与流动的孔道为 50~300ms 的大孔道，因此在高含水阶段，剩余油含量较大，提液后微观波及范围增大，历次提液都能有较好的增油效果；而高渗组岩心均质性较好，在低速驱替下也能达到较好的驱替效果，高含水阶段的提液增油潜力较小；此外，对比不同驱替速度下，大小孔径的采出程度贡献（图4、图5），高渗组岩心在后两级的提液中，小孔道并没有参与流动，最终在小孔道内的采收率与低渗组相差21%（图4），而大孔道最终的采出程度相差并不大（图5）；由此也可以看出，水淹程度较大时，孔径级差过大会导致小孔道内动用程度低，成为剩余油富集区。

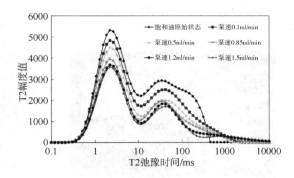

图2 低渗组岩心核磁共振T2谱图

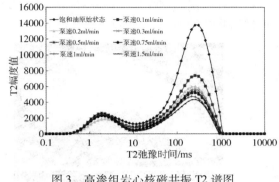

图3 高渗组岩心核磁共振T2谱图

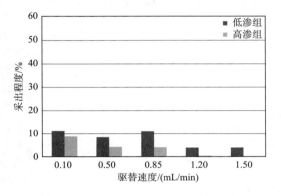

图4 不同驱替速度下小孔道的采收率
（0.1~10ms）

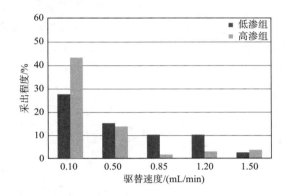

图5 不同驱替速度下大孔道的采收率
（50~372ms）

根据实验结果分析，结合微观剩余油分布规律以及动用条件，在高含水阶段，低渗组由于非均质性较强，后期的潜力相对较大，主要的挖潜方向为渗流阻力较大的小孔道内，通过提液可以增大微观孔道的波及范围，在短期内，高效的将部分剩余油驱出。

3 数值模拟剩余油分布研究

在微观渗流机理分析的基础上，本次研究还结合数值模拟方法，对剩余油分布进行精细描述，与常规数值模拟方法不同之处在于，本次数值模拟中针对常规数模方法中的三方面问题进行了改进。

常规数值模拟方法中存在问题：①模型采用粗化后的网格模型，粗化后容易导致细小的隔夹层失真，不能真实反映储层特征；②流体饱和度场的初始化采用相渗曲线标定，网格饱和度均为统一的数值，与实际油藏流体饱和度分布不符；③全区采用归一化的相渗曲线，不能反映物性差异而引起的两相渗流特征的影响；由于这三方面的问题，使得模拟结果很难真实的反映地下油水渗流特征和分布规律。

针对这三方面问题，本次数值模拟过程中进行了改进：①建立精细的油藏地质模型，网格模型采用未粗化的模型数据；②流体饱和度的初始化中，引入流体饱和度场，使模型在流体分布上与实际储层更为相符（图6）；③模型运算中考虑由物性差异而引起的渗流特征的差异，按照物性划分标准对储层进行分区，不同物性区采用不同的相渗曲线，模拟不同储层物性的两相驱替特征(图7)。

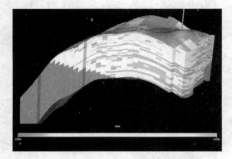 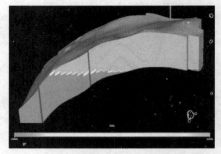

（a）引入饱和度场的流体饱和度分布　　　　　　（b）归一化相渗曲线的流体饱和度分布

图6　新老模型流体饱和度场分布对比

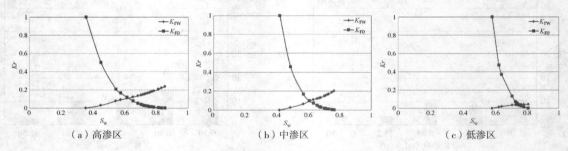

（a）高渗区　　　　　　　　　（b）中渗区　　　　　　　　　（c）低渗区

图7　不同物性区对应的油水相对渗透率曲线

　　通过对老模型存在问题的改进，在初始化中流体分布更加接近储层真实情况，并且通过不同相渗曲线的运用，突破了常规岩心驱替实验在特高含水期对油、水渗流规律描述的盲区，提高了油藏开发后期剩余油分布的描述精度。

　　对比新老模型最终的剩余油预测结果(图8)来看，剩余油的分布受平面及纵向非均质性影响严重，采用归一化相渗曲线的模型中，受储层非均质性影响较小，水驱较为均匀，对应的剩余油分布也比较均匀；而新模型中，根据物性分区给相应的相渗曲线，明显存在与微观渗流实验中相对应的绕流剩余油富集区，整体认识与微观渗流实验相符。

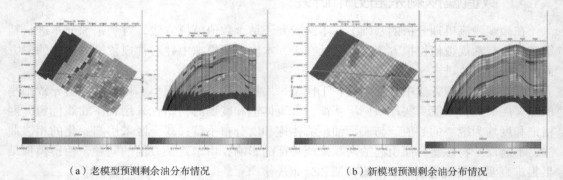

（a）老模型预测剩余油分布情况　　　　　　　（b）新模型预测剩余油分布情况

图8　含水95%时新老模型预测剩余油分布情况

根据数值模拟计算结果，新老模型最终采收率相近，但传统模型三个分区采出程度相差不大，均为60%左右，而新模型中，预测最终采收率为60.1%，其中高渗区最终采收率可高达74%，而低渗区最终采出程度仅为46%，远小于整体采出程度60.1%，准确反映了由于储层物性差异而导致的微观渗流特征的不同，进而导致最终采出程度相差较大，整体上表现出在高含水阶段，低渗区是主要的挖潜方向。

通过对常规数值模拟方法的改进，在精细刻画储层特征的基础上，引入饱和度场及微观渗流特征后，建立的数值模拟模型更为合理，而且在两相渗流特征及剩余油分布描述上，能充分反映由于储层非均质性导致的高低渗层间、层内干扰现象，使得物性较差的区域动用程度较低，为高含水阶段的主要挖潜方向，整体认识也与微观渗流实验中的认识更为相符。

4　产液结构优化

在精细刻画剩余油分布的基础上，针对目标靶区具体存在的问题，制定了产液结构优化方法、优化思路，并通过整体部署，分布实施，完成了目标油田的产液结构调整。

4.1　优化方法

目标油田生产中存在的问题：①目标油藏为海相砂岩油藏，储层岩心胶结作用不强，较为疏松，局部泥质含量较大，孔喉特征以缩颈型为主，在生产及作业的过程中极易出现储层污染的情况；②油田进入高含水阶段，纵向开发层系较多，多层合采层间矛盾突出，存在提液后增液不增油的问题。

针对油田生产中存在的两方面问题，结合历年各项增产措施的效果总结，本次产液结构提出的优化方法主要包括三方面：①污染井治理，释放产能；②结合历年提液措施效果总结，分析提液时机、合理生产压差，评价极限液量条件下油田的开发效果，优选潜力井进行提液；③细分层系，进行开发层系重整，解决层合采井间矛盾突出的问题。

4.2　优化思路

在微观渗流机理及数值模拟研究认识的基础上，结合油田调整方法，对目标油田潜力区制定了调整措施，调整思路为：先井点，后油组，再到油藏，逐步实现油田的调整挖潜。

单井产液结构调整中，针对非均质性较强，采出不均现象严重的情况，对产液较低、含水较低的潜力区，重点实施大幅提液，卡换层等措施，实现潜力区的挖潜；在油组产液结构调整中，针对水淹程度较高，产液量大的区域，重点部署补孔、调整井措施，一方面实现潜力的挖潜，完善井网分布，另一方面空余液量供潜力井提液，改善水驱效果；最后通过井点与油组的结合，提高低含水井的产液比例，降低高含水井的产液比例，实现全油田产液结构的调整。

4.3　实施效果

结合目标油田剩余油分布特征、产液结构调整方法及思路，对目标油田实施产液结构优化，在产液量保持不变的条件下，通过提液、调整井、卡换层以及上返补孔措施，对目标油田进行产液结构调整，含水率大于90%的产油井实现降低液量2400m³/d，分配给中低含水井提液，调整前后产液及产油结构有了明显改善（图9），实现初期日增油386m³/d，全年增9.1×10⁴m³。

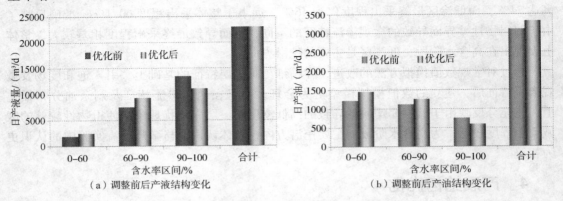

（a）调整前后产液结构变化　　　　　　　（b）调整前后产油结构变化

图9　调整前后油田产液及产油结构

在历年措施研究分析及本次微观渗流机理研究基础上，结合油藏物质条件及生产情况，对目标油田潜力区提出下一阶段调整计划，预计实施措施29井次，其中老井侧钻6井次，卡换层4井次，提液15井次，解堵及补孔4井次，实现累计增油78.8×10⁴m³，有效实现高含水阶段油田的稳产挖潜。借鉴本次研究成果，指导文昌油田群实施调整挖潜，预测累计增油200×10⁴m³左右，增油效果显著，对海上同类油田开发具有指导性意义。

5　结论与认识

本文在微观渗流实验研究的基础上，结合基于微观渗流研究的数值模拟技术，对微观渗流机理进行了深入的分析，取得了以下结论与认识：

（1）设计了可视化技术与核磁共振技术相结合的实验流程，从定性与定量两个角度分析了微观孔道内的两相渗流特征及剩余油分布规律。

（2）结合微观可视化实验及核磁共振岩心驱替实验结果，分析了提液增产的微观机理，分析认为，提液一方面可以加速水驱油过程，缩短开发时间，另一方面可以增大波及效率，最终实现稳产增油。

（3）通过对常规数值模拟方法进行改进，引入饱和度场分布及微观渗流特征，形成新的数值模拟思路，建立的数值模拟模型更为合理，更能反映储层物性差异引起的渗流特征的不同，剩余油描述也更为精细。

（4）基于微观渗流机理分析的认识，结合目标油田物质条件及生产情况，对目标油田实施针对性的挖潜措施，有效优化了油田的产液及产油结构，实现年增油9.1×10⁴m³，措施效果显著；在此基础上，结合潜力区分布情况，提出下一阶段调整计划，实施措施29井次，合计增油量78.8×10⁴m³，有效实现高含水阶段油田的稳产挖潜。

基于本次研究成果，形成了微观渗流机理及剩余油分布研究体系，为文昌油田群后期挖潜奠定了基础，同时为海上油田稳产增油积累技术储备，对海上同类油田开发具有指导性意义。

参 考 文 献

[1]康志宏. 缝洞型碳酸盐岩油藏水驱机理模拟实验研究[J]. 中国西部油气地质, 2006, 2(1): 87-90.

[2]孙瑜, 孙雷. 油气微观渗流机理物理模拟理论及实验技术研究[D]. 西南石油大学, 2007, 26-30.

[3]孙先达, 王璞裙. 储层微观剩余油分析技术开发与应用研究[D]. 吉林大学, 2011.

[4]李艳, 范宜仁, 邓少贵, 等. 核磁共振岩心实验研究储层孔隙结构[J]. 勘探地球物理进展, 2008, 31(2): 129-132.

[5]郝乐伟, 王琪, 唐俊. 储层岩石微观孔隙结构研究方法与理论综述[J]. 岩性油气藏, 2013, 05: 123-128.

[6]杨承林, 许春娥, 许寻. 多层砂岩油藏高含水期剩余油分布的数值模拟研究[J]. 海洋石油, 2006, 26(4): 74-77.

[7]谷建伟. 高含水开发期基于微观渗流机理的宏观油藏数值模拟研究[D]. 中国海洋大学, 2005.

[8]高博禹, 彭仕宓, 黄述旺, 等. 高含水期油藏精细数值模拟研究[J]. 石油大学学报(自然科学版), 2005, 29(2): 11-15.

[9]高博禹. 高含水期油藏剩余油预测方法研究[D]. 中国石油大学, 2005.

第一作者简介：王攀荣，2014 年毕业于西南石油大学石油与天然气工程专业，工程师，主要从事油气田开发及地质油藏综合研究，邮箱：wangpr2@cnooc.com.cn，电话：13822579057。

通讯地址：广东省湛江市坡头区南油二区北部湾楼；邮编：524057。

水驱油藏相渗动态变化规律定量表征

王世朝　雷霄　刘双琪　洪楚侨　任超群

[中海石油(中国)有限公司湛江分公司]

摘　要　在长期水驱条件下储层润湿性及孔隙结构发生了变化，使得残余油饱和度减小，驱油效率增大。因此深入研究相渗曲线的残余油端点与形态变化，认识油藏驱油效率变化规律，将提高油田开发后期的产量预测精度和调整挖潜效果。针对传统张金庆水驱曲线计算相渗方法存在的不足，相应进行了四项改进，创新地建立了分不同生产阶段求取多组动态相渗曲线的方法流程。与面通量结合，实现了实时定量表征不同水驱强度下相渗曲线动态变化，进一步提高了开发后期调整挖潜预测精度。实际应用表明，时变相渗模型整体拟合吻合程度最高，连续性、稳定性好，避免了分阶段相渗拟合动态指标起伏跳跃的问题。

关键词　残余油饱和度　水驱曲线　动态相渗　面通量　调整挖潜

1　概述

利用强边水开发的 WX 油田 FC 油组采出程度、含水率分别已超过 60%、80%，在油田开发过程中，随着水驱强度的增加，岩石的孔隙结构、黏土矿物、物性参数等都会发生变化，相应引起相渗曲线发生改变，但目前对于相渗变化规律多为定性或半定量认识，利用生产动态数据反算相渗的方法也仅能得到一组相渗曲线。在数模评价剩余油过程中，采用何种手段来全程进行相渗曲线的标定仍存在疑问。为了更好地预测剩余油分布，油田挖潜潜力评价需要更进一步对油藏开发过程中相渗曲线的动态变化深入研究。

张金庆水驱曲线形式简单、参数求解容易、反映不同含水上升规律的特性优良、表示油田调整效果敏感、适用性强，是迄今为止最优的水驱特征曲线。杨宇给出了利用张金庆水驱曲线计算相渗曲线的方法和流程，但无法体现水驱过程中相渗曲线的动态变化，因此对该方法进行了四项改进。

2　改进的张金庆水驱曲线计算动态相渗方法

2.1　计算残余油饱和度

张金庆水驱特征曲线如式(1)所示。

$$\frac{W_\mathrm{p}}{N_\mathrm{p}} = a + b\frac{W_\mathrm{p}}{N_\mathrm{p}^2} \tag{1}$$

式中，a、b 为线性回归常数；N_p 为累计产油量，10^4m^3；W_p 为累计产水量，10^4m^3。

依据张金庆水驱曲线可得水驱波及系数：

$$E_s = 1 - \sqrt{\frac{a(1 - f_w)}{f_w + a(1 - f_w)}} \qquad (2)$$

式中，E_s 为水驱波及系数；f_w 为含水率。

依据式（2）可得含水率达到极限值 1 时的波及系数为 1，此时可采储量与地质储量的比值即为驱油效率。

由驱油效率与波及系数关系，可得驱油效率计算式：

$$E_D = \frac{R}{E_s} = \frac{b}{N} \qquad (3)$$

式中，E_D 为驱油效率；N 为地质储量，10^4m^3；R 为采收率。

由驱油效率与残余油饱和度关系：

$$E_D = \frac{1 - S_{or} - S_{wc}}{1 - S_{wc}} \qquad (4)$$

式中，S_{or} 为残余油饱和度；S_{wc} 为束缚水饱和度。

可得残余油饱和度计算式：

$$S_{or} = (1 - E_D)(1 - S_{wc}) = \left(1 - \frac{b}{N}\right)(1 - S_{wc}) \qquad (5)$$

2.2　划分生产阶段

由图 1 可以发现，先后出现了 3 个直线段，代表了油田不同生产时期的水驱特征，将整个生产阶段用一条直线回归的传统做法很明显是不合理的。第二项改进即是划分生产阶段，分阶段求取对应的相渗曲线。

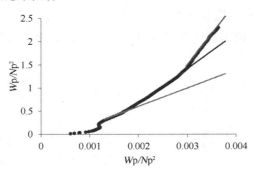

图 1　WX 油田 FC 油组张金庆水驱曲线

2.3　对回归参数 a、b 的修正方法

第三阶段回归的 b 值为 $1399 \times 10^4 \text{m}^3$，出现了最大可采储量大于地质储量的异常情况。第三项改进即是结合阶段递减分析，得到各生产阶段的可采储量 b，以此计算对应的驱油效率和残余油饱和度；在每个生产阶段对 a 赋一初始值。通过调整 a 值大小，拟合该阶段采出程度 - 含水率关系曲线。

油水两相相对渗透率可分别采用经验公式表述为：

$$K_{\mathrm{ro}} = K_{\mathrm{ro}}(S_{\mathrm{wc}})\left(\frac{1 - S_{\mathrm{or}} - S_{\mathrm{wa}}}{1 - S_{\mathrm{or}} - S_{\mathrm{wc}}}\right)^m \tag{6}$$

$$K_{\mathrm{rw}} = K_{\mathrm{rw}}(S_{\mathrm{or}})\left(\frac{S_{\mathrm{wa}} - S_{\mathrm{wc}}}{1 - S_{\mathrm{or}} - S_{\mathrm{wc}}}\right)^n \tag{7}$$

式中，K_{ro} 为油相相对渗透率；K_{rw} 为水相相对渗透率；S_{wa} 为平均含水饱和度；m 为油相指数；n 为水相指数。

式(6)除以式(7)，两边取对数，得式(8)：

$$\lg\frac{K_{\mathrm{ro}}}{K_{\mathrm{rw}}} = m\lg\frac{1 - S_{\mathrm{or}} - S_{\mathrm{wa}}}{1 - S_{\mathrm{or}} - S_{\mathrm{wc}}} - n\lg\frac{S_{\mathrm{wa}} - S_{\mathrm{wc}}}{1 - S_{\mathrm{or}} - S_{\mathrm{wc}}} + \lg\frac{K_{\mathrm{ro}}(S_{\mathrm{wc}})}{K_{\mathrm{rw}}(S_{\mathrm{or}})} \tag{8}$$

利用变量代换：

$$y = \lg\frac{K_{\mathrm{ro}}}{K_{\mathrm{rw}}} \qquad x_1 = \lg\frac{1 - S_{\mathrm{or}} - S_{\mathrm{wa}}}{1 - S_{\mathrm{or}} - S_{\mathrm{wc}}} \qquad x_2 = \lg\frac{S_{\mathrm{wa}} - S_{\mathrm{wc}}}{1 - S_{\mathrm{or}} - S_{\mathrm{wc}}} \qquad t = \lg\frac{K_{\mathrm{ro}}(S_{\mathrm{wc}})}{K_{\mathrm{rw}}(S_{\mathrm{or}})}$$

则式(8)变换为

$$y = mx_1 - nx_2 + t \tag{9}$$

当已知不同含水饱和度下油水相对渗透率的比值后，由式(9)经二元线性回归，可以得到 t、m 和 n 值。以束缚水饱和度下油相的有效渗透率为基准渗透率，残余油饱和度下的水相相对渗透率可表示为：

$$K_{\mathrm{rw}}(S_{\mathrm{or}}) = \frac{K_{\mathrm{ro}}(S_{\mathrm{wc}})}{10^t} \tag{10}$$

分别调整各阶段 a 值大小，拟合各阶段采出程度 – 含水率关系曲线，计算得到平均含水饱和度 S_{wa} 下各阶段动态相渗曲线。

2.4 出口端含水饱和度校正

由于 S_{wa} 大于出口端含水饱和度 S_{we}，使用 S_{wa} 对应的相渗曲线会导致 K_{ro} 偏大、K_{rw} 偏小的问题。第四项改进即是依据俞启泰推导出的张金庆水驱曲线出口端含水饱和度关系式进行校正。

$$S_{\mathrm{we}} = S_{\mathrm{w}} - \frac{2b\sqrt{a}}{N}\sqrt{(1 - f_{\mathrm{w}}) + (a - 1)(1 - f_{\mathrm{w}})^2} + \frac{2ba}{N}(1 - f_{\mathrm{w}}) + \frac{b}{N}f_{\mathrm{w}} \tag{11}$$

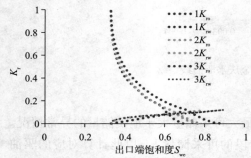

图2 出口端含水饱和度 S_{we} 校正相渗曲线

由于实际含水率 f_{w} 存在波动，导致计算的 S_{we} 波动幅度较大，因此采用 a、b 校正的 f_{w} 计算 S_{we}，规律性较好。由于参数 b 的物理意义为最大可采储量，$f_{\mathrm{w}} = 1$ 时 S_{wa} 与 S_{we} 相等。因此，采用 S_{we} 校正后相渗曲线左移，残余油饱和度不变，如图2所示。

由图2可以看出，油相相渗形态呈上凹型，水相相渗形态介于直线型、下凹型之间，与探井、评价井岩心实验获得的相渗形态一致。

3 动态相渗连续变化

3.1 水驱强度表征

以驱替倍数来表征累计水驱冲刷强度具有一定的局限性，网格的划分对驱替倍数会产生显著影响，而面通量则不受网格划分大小的影响。考虑到实际生产过程中，近井周围的流量要远远大于其它区域，若划分的网格较小，则在近井周围会出现不合实际的高驱替倍数，而面通量则有效地避免了上述问题，故选用面通量来表征油藏的累计冲刷强度，其定义为累计通过单位面积的流体体积：

$$M = \frac{Q}{A} \tag{12}$$

式中，A 为横截面积，m^2；M 为面通量，m；Q 为累计流量，m^3。

3.2 动态相渗与水驱强度关联

由于相渗曲线的变化主要由水驱冲刷引起，因此统计了各阶段相渗特征值与面通量的关系，存在较好的对数关系，如图3所示。

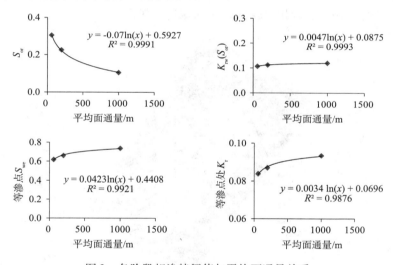

图3 各阶段相渗特征值与平均面通量关系

4 应用效果

将图3回归的相渗曲线特征值与面通量关系输入到自研时变数值模拟软件，实现了实时定量表征水驱过程中相渗曲线动态变化。

分别采用时变相渗、分阶段相渗、单组相渗（非时变）对靶区进行历史拟合，单组相渗（非时变）拟合效果较差，分阶段相渗拟合效果较好，时变相渗拟合效果最好，在高含水期尤为明显，对比结果如图4所示。

采用分阶段相渗曲线，模拟结果较非时变模型更接近于实际情况，但由于分段处数据不连续及分段数量的限制，故变化点往往动态指标起伏跳跃，储层参数渐变得不到好的描述。而时变模型模拟结果连续性好，动态指标稳定性好。

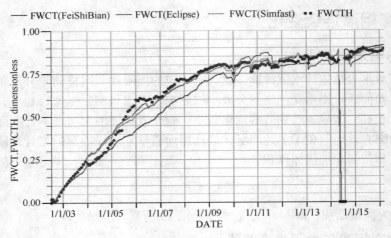

图4 WX 油田 FC 油组拟合效果对比

分阶段相渗模型与时变相渗模型剩余储量丰度差值如图 5 所示，图中白色部分表示负值。近井地带水驱强度高，油藏边部水驱强度低，因此与分阶段模型结果相比，时变模型计算剩余储量丰度在近井地带相对较低，在油藏边部较高。

图5 剩余储量丰度差值（分阶段相渗 – 时变相渗）

5 结论与认识

（1）提出了改进的张金庆水驱曲线计算分阶段动态相渗方法，与面通量结合，实现了实时定量表征不同水驱强度下相渗曲线动态变化。

（2）相渗时变表征技术应用到数值模拟中，能够有效解决历史拟合问题，并准确描述油藏的含水上升规律及剩余油分布状态。

（3）相渗时变表征技术可为中高含水期油藏开发调整提供重要依据，具有广泛的应用前景。

参 考 文 献

［1］Jayasekera A J. Improved hydrocarbon recovery in the United Kingdom continental shelf：Past，present and future［C］. SPE 75171，2002：1-19.

［2］纪淑红，田昌炳，石成方，等. 高含水阶段重新认识水驱油效率［J］. 石油勘探与开发，2012，39（3）：338-345.

［3］闫栋栋，杨满平，田乃林，等. 低流度油藏渗流特征研究——以中国中东部某油田低流度油藏为例［J］. 油气地质与采收率，2010，17（6）：90-93.

［4］韩洁，宋新民，李军，等. 扶余油田水驱开发储层参数变化实验研究［J］. 科学技术与工程，2013，13（14）：3846-3850.

［5］张玉荣. 分层注水储层参数变化机理与配注参数动态调配方法研究［D］. 大庆：东北石油大学，2011.

［6］高德波. 基于不同尺度模拟研究储层参数变化对渗流的影响［D］. 青岛：中国石油大学，2008.

［7］徐春梅，张荣，马丽萍，等. 注水开发储层的动态变化特征及影响因素分析［J］. 岩性油气藏，2010，22（Z1）：89-92.

［8］许家峰，张金庆，安桂荣，等. 利用水驱曲线动态求取残余油水相渗透率的新方法［J］. 中国海上油气，2014，26（1）：65-68.

［9］赵寿元. 注水开发储层物性参数变化数值模拟研究［D］. 青岛：中国石油大学，2009.

［10］李晓燕. 注水开发后储层物理特征参数变化的数模研究［D］. 青岛：中国石油大学，2007.

［11］邴绍献. 基于特高含水期油水两相渗流的水驱开发特征研究［D］. 成都：西南石油大学，2013.

［12］覃生高. 储层孔隙分布及流体渗流特征的分形描述与应用［D］. 大庆：大庆石油学院，2010.

［13］毛鑫. 自然递减影响因素分析与模型建立［D］. 成都：成都理工大学，2012.

［14］何坤. 基于分形模型油水相对渗透率计算的新方法［J］. 科学技术与工程，2012，12（27）：7058-7060.

［15］何琰，伍友佳，吴念胜. 相对渗透率定量预测新方法［J］. 石油勘探与开发，2000，27（5）：66-68.

［16］杨宇，周文，邱坤泰，等. 计算相对渗透率曲线的新方法［J］. 油气地质与采收率，2010，17（2）：105-107.

［17］吕新东，冯文光，杨宇，等. 利用动态数据计算相渗曲线的新方法［J］. 特种油气藏，2009，16（5）：65-66，75-76.

［18］杜殿发，林新宇，巴忠臣，等. 利用甲型水驱特征曲线计算相对渗透率曲线［J］. 特种油气藏，2013，20（5）：93-97.

［19］俞启泰. 张金庆水驱特征曲线的应用及其油水渗流特征［J］. 新疆石油地质，1998，19（6）：505-511.

［20］张金庆. 一种简单实用的水驱特征曲线［J］. 石油勘探与开发，1988，25（3）：56-57.

［21］胡罡. 预测水驱油田体积波及系数方法的改进与应用［J］. 新疆石油地质，2012，33（4）：467-469.

［22］张乔良，姜瑞忠，姜平，等. 油藏流场评价体系的建立及应用［J］. 大庆石油地质与开发，2014，33（3）：86-89.

第一作者简介：王世朝，2014 年毕业于中国石油大学(华东)油气田开发工程专业，工程师，现从事油气藏工程与数值模拟研究，邮箱：wangshzh18@ cnooc. com. cn，电话：18688370706。

通讯地址：广东省湛江市坡头区南油二区地宫楼；邮编：524057。

3.5D 地震综合解释技术
及其应用研究

夏晓燕　李熙盛　郭飞　汪生好

（中海油深圳分公司广州研究院）

摘　要　3.5D 地震综合解释技术是在油田开发中、后期结合高精度三维地震数据和油田开发动态信息的地质、测井和开发等信息的综合解释技术，能较为有效地解决油田开发中的问题，发现剩余油气的分布。基于南海东部某油田开发晚期的研究和开发实例，证实了 3.5D 地震综合解释技术的实用性，较为准确地预测了剩余油气的分布，并获得了较好的剩余油开采效果。

关键词　3.5D 地震　油藏开发动态信息　剩余油分布

1　引言

　　3D 地震和时移地震是油田评价和开发阶段重要的地震勘探方法。近年来，时移地震技术正逐步应用于油藏的开发和管理中，到 2001 年已累计有 100 多个时移地震项目在世界不同地区运作。但是，需要注意的是，许多油田往往缺乏早期三维地震的基础观测数据，或者说早期三维地震数据质量较差，并且随着地震采集技术的进步，我们其实可以获得更高精度的三维地震数据。那么，如何将静态高精度 3D 地震数据应用于油田的开发中？如何更经济地实现油田开发阶段的地震勘探？2007 年，凌云等便提出了综合高精度三维地震数据和油田动态信息（3.5D 地震）寻找剩余油气分布的方法。本文则是基于 3.5D 地震技术的指导，利用新采集高精度三维地震提高储层构造和沉积的认识，并利用动态资料实现 3.5D 地震预测剩余油气。

2　3.5 地震综合解释技术

　　3.5D 地震资料解释技术需要解决的是油田开发阶段的问题以及进行剩余油分布规律的预测，与常规 3D 地震资料解释方法有较大的不同，它更强调的是将 3D 静态地震信息和油藏开发动态信息结合起来进行解释。

　　3.5D 地震资料解释主要研究内容包括：①基于参考标准层的井与地震信息间的标定；②基于参考标准层的储层构造演化和精细描述；③油藏开发空间动态信息解释；④三维地震解释信息结合开发信息的综合解释等。

3 应用实例

3.1 地质、地震背景及油田开发问题

3.1.1 地质背景与油田开发问题

X 油田位于珠江口盆地北部坳陷带，其构造是一个在主断层控制下的逆牵引背斜，油区范围内没有断层发育。储层埋藏深度为 2000～2760m，主要为三角洲前缘亚相沉积，空间非均质性较强，平均储层厚度为 10～30m，孔隙度为 15%～25%、渗透率为 50mD。该油田发现于 1985 年，采用大斜度井进行合采开发，2005 年达到了产量高峰。目前油田已经进入开发晚期，综合含水已达 98% 以上，但采出程度仅 35.2%。

油田评价与开发中存在的主要问题是：研究区各油藏采用的是大位移井合采开发，动用程度不均，且井点呈偏态分布，无井区物性、含油性不确定性较大；另外，经过多年的开采，剩余油分布较为分散，加上合采导致的产量劈分问题，都给剩余油的空间展布预测带来了极大的挑战。

3.1.2 地震背景

研究区于 2013 年进行了一次高精度的三维地震资料采集，此次采集为 10 缆拖缆采集，缆长为 4650m，覆盖次数高达 640 次。在经过 3.5D 地震资料特殊处理，包括时频空间域振幅补偿、炮点和检波点统测预计反褶积处理、海上多次波压制、NMO 及 DMO 叠后陡倾角偏移成像以及叠后相对保持振幅、频率、相位和波形的修饰性处理等，获得了高精度、高保真、高分辨率的地震数据，为开展 3.5D 地震综合剩余油气的研究提供了有利的基础。

3.2 技术应用及效果分析

3.2.1 储层精细描述

早期研究认为，X 油田是一个内部无断层发育的简单背斜构造油田，油田范围内发育大套连片的三角洲前缘沉积。但是随着开发程度的深入，发现油田内部储层的非均质性和含油气性远比想象的要复杂，因此开展储层内部的精细描述和解释变得至关重要。

统计分析表明，X 油田 A 油层中部发育一套较稳定的泥质隔夹层，该隔夹层被 16 口井钻遇，钻遇率为 70%。依据此隔夹层，A 油层划分为 A-1 和 A-2 两期复合砂体沉积。每期砂体垂向上又由 1 至 2 个成因单元叠置而成（图 1）。

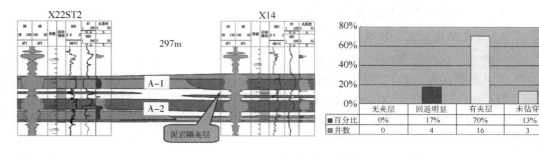

图 1 A 油层内部夹层特征及钻遇情况

图 2 为其中一条顺物源方向的井震联合剖面。侧向上，该剖面共发育 4 个复合砂体，其中最东侧的 3 号和 4 号砂体被井所钻遇，砂体类型分别为河口坝和前缘砂。垂向上，A-1 与 A-2 之间发育稳定的泛滥平原泥岩。该剖面上共有 2 口生产井，其中 X17 井 1999 年投产，2005 年停产，在 A 油层油气显示良好；而 X22ST1 井于 2005 年投产后，依然在 A 油层上部发现了剩余油气。再结合地震振幅属性图可知，二者之间的振幅强弱也存在较为明显的差异。因此，推测两口井上 A 油层之间的连通性可能较差。

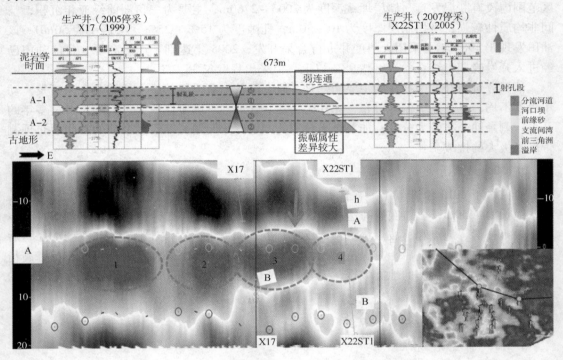

图 2   A 油层顺物源井震联合剖面

在对所有井震联合剖面精细解释的基础上，最终得到了图 3 所示的 A 油层内部小砂体解释成果。从成果图上可以看出，A-1 和 A-2 的砂体沉积模式具有很好的继承性，二者均为呈近东西向展布的、以分流河道与河口坝为主的三角洲前缘沉积。相比 A-2，稍晚沉积的 A-1 的水道化现象有所减弱，因此其内部单砂体间的连通性在局部有所改善。此外，由于未钻遇泥质隔夹层的井均位于前缘沉积体的西侧，这使得 A-1 与 A-2 在此区域的垂向连通性明显好于其他地方。

3.2.2   开发动态时空变化规律

从图 4 的油水饱和度连井剖面图上看，油水饱和度的时移变化并不一致：到 2004 年 X24 井的油水界面从原始的 -2725m 上升到 -2710m 左右，而 X17ST1 在 2014 年的油水界面仅为 -2712m；到 2007 年 X14ST2 的油水界面从原始的 -2725m 上升到 -2704m，而邻井 X22ST2 在 2008 年的油水界面仅为 -2710m。依据油水界面的时移变化特征，结合平面振幅属性，可划分为时移特征相对一致的四个分带：①X14、X17、X22 及 X22ST2 井区；②X24、X24ST2 井区；③X24ST1、X17ST1 及 X14ST2 井区；④1X、Y2 井区。油水界面的分布特征和水淹的时移变化特征揭示了不同井之间的油水系统分带性，在振幅属性平面图

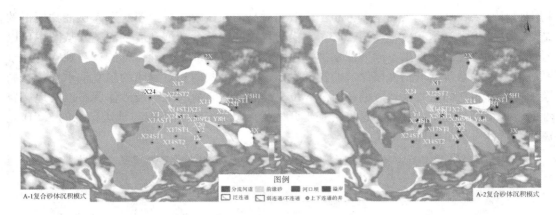

图3　A 油层井震联合小砂体解释结果

上分别位于不同的连续相当强度的振幅条带上，一定程度印证了前述砂体的分带特点，且不同沉积部位的砂体可能存在独立的油水系统或者油水系统受低物性段储层的物性隔挡形成了不同的相对封闭的独立油水系统，这些差异的油水系统在油藏开发后期表现出不同的油水推进的速率，从而导致不同井随时间变化的过程中油水界面呈现出与时间变化不吻合的忽高忽低的流体变化规律。

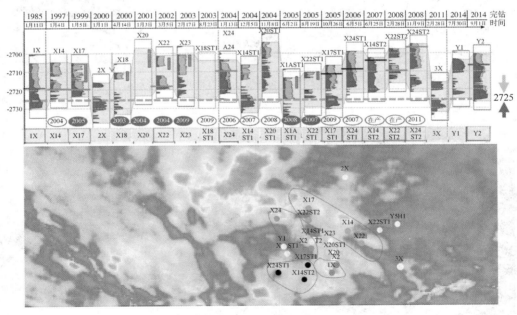

图4　A 油层连井及振幅属性油水饱和度综合解释图

3.2.3　静态三维地震信息与开发动态信息的综合解释

在三维静态地震数据解释和开发动态信息空间解释结果的基础上，绘制了油田区三维地震储层振幅信息与开发动态信息的平面关系图(图5)。从图中可以看到，整体上含水量较低的油井位于振幅较强的位置，含水量较高的井位于振幅相对较弱的位置，这表明高精度三维地震资料结合开发动态信息在一定程度上能够反映剩余油的分布。结合前面的储层精细解释结果，认为剩余油基本分布于构造相对高的强振幅地区。图6为A层油藏模拟的结果，左图为含油饱和度平面图，右图为横切物源的连井含油饱和度剖面图。从图中可以看到，不同井之间表现出不同的油水推进速率，不同沉积部位的砂体可能存在独立的油水系统或者油水系统受低物性段储层的物性隔挡形成了不同的相对封闭的独立油水系统，剩余油主要分布在储层物性较好的相对高部位。显然这与之前的沉积及砂体展布以及地震属性的解释结果是基本一致的。这表明基于开发生产动态、油藏模拟与地震信息的3.5D地震综合解释对剩余油的预测精度较高。

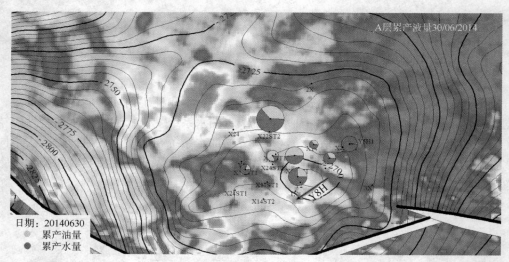

图5　A油层振幅属性与开发动态信息的平面关系图

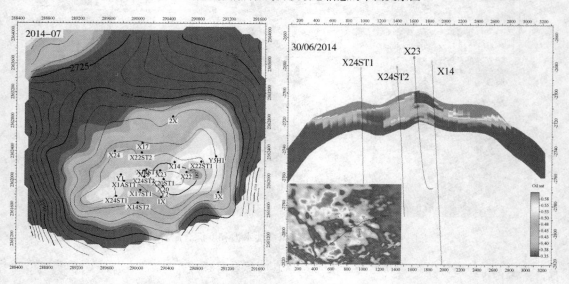

图6　左：A油层含油饱和度平面图；右：A油层连井含油饱和度剖面图

3.2.4　实钻效果分析

在油田综合调整过程中，在A层部署了一口水平井Y8H井，图5箭头处，该井水平段整体位于振幅较强的部位。从 Y8H 测井解释结果(图7)来看,A 层厚度、隔夹层和物性空变较为严重,但实钻水平段储层物性与预测的穿越河道与河道间位置完全吻合。从开发效果来看,整个 Y8H 井水平段含油,初期日产达到 400m³,含水率较低。通过该井的钻后验证表明,3.5D 地震预测 A 油层剩余油分布较为准确,并且获得了较好的剩余油开发效果。

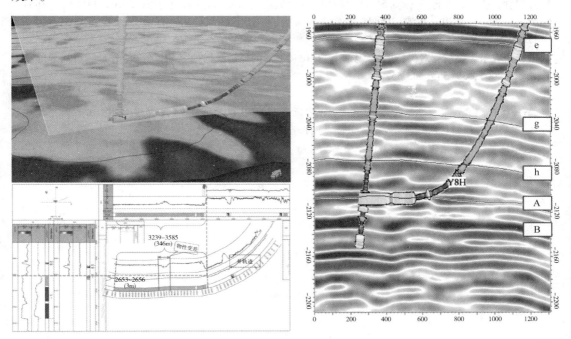

图 7　实钻水平井 Y8H 井综合解释结果

此外,3.5D 地震综合解释技术预测剩余油在 X 油田 ODP 实施过程中起到了非常重要的作用。利用 3.5D 地震综合解释成果,优化井轨迹的设计,指导开发井的实施,为整个开发调整项目提供了关键的地球物理、地质和油藏支持。整个 ODP 实施方案完成了 10 口井的钻探,实钻结果与 3.5D 地震解释结果基本吻合,到 2015 年 3 月,10 口开发井全部投产,且生产状态稳定。

4　结论

研究认为,在油田开发中、晚期,3.5D 地震综合解释技术即利用静态高精度三维地震资料对构造、沉积、储层进行再认识和精细描述,结合油田动态开发信息和油藏模拟进行综合解释可以有效地解决油田开发中的问题,并预测剩余油气的分布,为开发调整方案提供有利的技术支撑。

参 考 文 献

[1]Sonneland, L., Signer, C. Veire, H. H., Saeter, T and Schlaf, J.. 2000, Detecting flow barriers with 4D seismic, 62nd Mtg.: Eur. Assn. Geosci. Eng., Session X0034.

［2］Brechet, E., Toinetp, S., Ruelland, P. And Elouair, Y.. 2003, 3D pre-stack seismic modeling of reservoir grids for 4d feasibility and calibration: EAGE 65th conference and exhibition, Stavanger, Norway.

［3］凌云, 黄旭日, 孙德胜, 等. 3.5D 地震勘探实例研究［J］, 石油物探, 2007, 46（4）: 339-352. ［4］Ling Y, Huang X R, Sun D S, et al. 3D exploration for remaining oil using historical production data［J］, Expanded Abstracts of EAGE 70th Annual conference, 2008, E028.

［5］孙德胜, 凌云, 夏竹, 等. 3.5D 地震勘探方法及其应用研究［J］, 石油物探, 2010, 49（5）: 460-471.

［6］凌云, 高军, 吴琳. 时频空间域球面发散与吸收补偿［J］, 石油地球物理勘探, 2005, 40（2）: 176-182.

［7］凌云研究组. 叠前相对保持振幅、频率、相位和波形的地震数据处理和评价研究［J］, 石油地球物理物探, 2004, 39（5）: 543-552.

第一作者简介: 夏晓燕, 2012 年毕业于中国地质大学（武汉）矿产普查与勘探专业, 工程师, 现从事开发地震研究, 邮箱: xiaxy@ cnooc. com. cn, 电话: 18665662149。

通讯地址: 广东省深圳市南山区中海油大厦 A 座 1311 室; 邮编: 518000。

一种预测河流相砂体剩余油厚度的新方法

徐中波　刘彦成　申春生　康凯　李林　胡治华　张章　林国松

[中海石油(中国)有限公司天津分公司]

摘　要　海上河流相油田中高含水期剩余油分布规律十分复杂，如何准确预测剩余油分布规律是油田后期高效开发的基础和前提。基于 D 油田河流相砂体的储层和水淹特征，依据地质、测井、生产动态等资料，采用"单因素解析多因素耦合"的研究思路，深入解剖了断层、沉积微相、单砂体切叠、储层构型、储层非均质性、井网部署、注采关系等因素对辫状河储层内部剩余油形成与分布的控制机理，优选关键控制因素，建立由关键因素耦合控制的剩余油预测模式。通过数模机理研究落实了油田水淹厚度系数与注入孔隙体积倍数、渗透率级差之间的量化关系，并以该量化关系为指导，预测出井点水淹厚度系数和水淹厚度，进而根据各井点水淹厚度进行等值线图绘制，达到了利用水淹厚度图对小层平面、层内剩余油进行定量预测的目的。经过 20 余口调整井验证，剩余油厚度预测误差一般小于20%，具有较高的吻合率。在此基础上，总结了受多因素耦合控制的剩余油预测模式，为老油田高含水期剩余油挖潜工作提供了新的研究思路。

关键词　中高含水期　河流相砂体　水淹厚度系数　水淹厚度等值线图　剩余油预测

1　引言

随着渤海油田海上50年的勘探开发的不断推进，新近系复杂河流相砂岩油藏取得了丰硕的成果，探明储量占渤海油田总储量的66.9%，已有26个油田投入了开发，并为渤海油田产量连续5年稳产3000万吨以上起到了重要的作用。

然而，渤海海上河流相油田油藏地质条件与周边陆地油田相比有着同等的复杂程度，构造破碎、储集层厚度薄、横向变化大、连通性差等特点。在海上稀梳井网、多层合采的开发策略下，所拥有原始静、动态资料少，开发经验也相对缺乏，进而对地下认识也较周边陆地油田的难度大。尤其是随着岩性油藏的勘探水平不断提高，近10多年来所开发的河流相油田更为复杂，既有传统意义的曲流河、辫状河沉积，还有一大部分极浅水三角洲沉积的油田，储层的展布特征充分体现了河流相砂岩的复杂特征。随着沉积可容纳空间的不同，表现出低弯度窄河道、高弯度和辫流带河道砂体的不同特点，储层在平面上多呈弯曲的长条状、带状、树枝状、网状等形态，河道交互切割频繁，"油水交互、一砂一藏"充分体现了渤海海上复杂河流相砂岩油藏的特点。因此，在海上高成本开发的前提下，在储层精细描述基础上准确预测剩余油分布成为海上复杂河流相油田开发的重中之重。

渤海河流相油田主要采用常规注水开发，目前主力油田绝大部分进入了中高含水开发阶段，出现了产量递减快、含水上升快的现象，影响了油田的开发水平的进一步提高。对河流相油田剩余油分布规律的研究是油田后期调整挖潜的重要前提，所以加强中高含水期河流相油田剩余油的研究势在必行。由于海上河流相油田长期的注水开发，已经使其岩性、物性、电性、含油性、水性等多方面发生了改变，加上海上钻井资料相对较少，在高含水的条件下要准确描述剩余油分布较为困难。本文以 D 油田河流相砂体为例，研究了利用水淹厚度预测技术预测剩余油分布的方法。该油田河流相砂体具有明显的底部水淹特征，并且水淹厚度系数与注入孔隙体积倍数、渗透率级差之间具有正、负相关关系。本文基于该油田河流相砂体的储层特征，通过数模机理研究落实了三者间的量化关系，并以该量化关系为指导，预测出井点水淹厚度系数和水淹厚度，进而根据各井点水淹厚度进行等值线图绘制，达到了利用对层内剩余油进行定量预测的目的。

2　研究区概况

D 油田是渤海中部海域的一个河流相油田。目的层段构造属于一个大型断裂背斜，受两组南北向走滑断层控制且内部受 NE 或 EW 向次生断层复杂化，断裂系统发育；主力含油层系为馆陶组，油藏埋深 950 ~ 1400m，以辫状河沉积为主，含砂率约 30%，属于海上大型复杂河流相水驱砂岩油田。

研究区位于该油田的核心区，投入开发已有 10 余年，侧钻井资料较为丰富，钻井密度达到 29 口/km²，井距 150 ~ 300m，目前综合含水 70% 左右，但采出程度仅 12%，剩余油仍有很大潜力。

3　河流相砂体沉积特征

渤海河流相砂岩油田普遍存在着复杂的地质模式，而每一个油田又都有自身的特点，根据目前已发现并投入开发的油田看，总体表现为三种不同的沉积类型的河道砂体：①辫状河心滩型；②浅水三角洲沉积，其中浅水三角洲发育分支河道型浅水三角洲砂体和连片砂坝型浅水三角洲砂体；③曲流河点砂坝型。

本次研究区目的层段馆陶组属于辫状河沉积。辫状河流相砂体呈现大面积分布，钻遇率 >90%，宽度可达几公里，宽厚比大于 100，平面井点渗透率变异系数为 0.6，渗透率分布范围 200 ~ 2800mD，平均值 1150mD。辫状河流相砂体主要分为两类：心滩和辫状河道。砂体韵律性主要以正韵律和均质韵律为主。

（1）心滩：以垂向加积为主，砂体层内特征为粒度较粗，垂向上粒序无一定的韵律性，剖面上以均质韵律为主，厚度一般 4 ~ 9m，平均渗透率 1500mD，层内渗透率级差一般小于 3。

（2）辫状河道：本文关注的是砂质充填辫状河道，该类砂体层内纵向上粒序表现为底部粗，向上变细的正韵律特征，厚度 3 ~ 7m，平均渗透率 1150mD，渗透率级差一般大于 3。

4　河流相砂体水淹规律

D 油田有较丰富的侧钻井资料，为分析河流相砂体水淹变化规律和影响因素奠定了资料基础（表1）。

表1　D油田侧钻井河流相砂体水淹厚度系数及相关参数统计表

井名	小层	砂体韵律性	平均渗透率/mD	渗透率级差	水淹厚度系数/%	注入孔隙体积倍数/PV	对应含水率/%
A18ST2	L62	均质韵律	266	2	16	0.04	4
A18ST1	L102	均质韵律	2769	2	58	0.46	75
A12ST2	L102	均质韵律	1461	2	74	0.72	89
A18ST2	L54	正韵律	2380	4	50	0.43	74
A12ST2	L62	正韵律	365	4	67	0.54	79
A18ST2	L102	正韵律	1475	9	55	1.63	95
A18ST2	L70	正韵律	445	10	45	0.81	87

（1）河流相砂体在沉积韵律和重力的共同作用下，砂体底部（或下部）优先水淹，然后中部次高渗透率段相继见水。

通过D油田资料统计结果，正韵律层的中下部物性好，上部物性差，砂体底部或下部优先水淹，均质韵律层也具有同样特征（图1）。

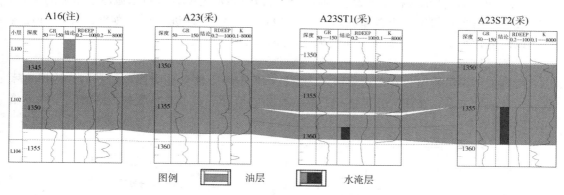

图1　河流相砂体底部水淹及水淹厚度增长示意图

（2）随着注入水的注入孔隙体积倍数的增大，砂体层内水淹厚度系数具有增长的趋势。

水淹厚度系数即见水油层厚度与油层厚度的比值。随着注入水的注入孔隙体积倍数增加，油层水淹厚度系数具有增长的趋势。以A16注水井组为例，随着注水井A16井注入孔隙体积倍数为0.05倍时，受效生产井A23井在原井眼附近第一次侧钻后L102小层水淹厚度1.5m，水淹厚度系数18%；随着A16井累积注水量的增加，注入孔隙体积倍数达到0.4倍时，A23井第2次侧钻井眼A23ST2井L102小层水淹厚度增加到4.6m，水淹厚度系数增加到46%（图1）。

（3）砂体水淹厚度系数与渗透率级差具有负相关关系。

通常渗透率级差越大，则水淹厚度比例越小（表1）。水淹厚度增长趋势与渗透率级差密切相关。砂体渗透率级差越大，水淹厚度越小，反之渗透率级差越小，水淹厚度越大。均质韵律砂体的垂向渗透率级差较小，通常先中下部水淹，然后随注入孔隙体积倍数增加，水淹厚度比例增长较为迅速。

5　水淹厚度系数计算

根据河流相砂体水淹规律可知，油层水淹厚度系数与注入孔隙体积倍数、油层的渗透率级差密切相关。如果能够建立起三者之间的量化关系，对于渗透率级差可根据周边井点插值预测，注入孔隙体积倍数可通过油藏动态法计算，所以依据三者量化关系就可以对河流相储层剩余油厚度进行预测。

本文利用机理模型研究了砂体水淹厚度系数与注入孔隙体积倍数、渗透率级差之间的关系图版。

1）数模机理模型设计

本文以 D 油田 1 区馆陶组 C12 井组 L50 小层河流相砂体为原型设计机理模型。模型层厚 10m，平均渗透率 1000mD，反九点注水井组（生产井 8 口，注水井 1 口），注采井距 300m，面积 0.36km²。采用均匀网格系统，平面网格步长为 20m，垂向步长为 0.5m，模型网格数 30×30×20＝18000（个）。考虑到储层渗透率在平面上差异不大，本模型着重考虑了渗透率级差的影响。本油田储层层内渗透率级差一般在 10 倍以内，按渗透率级差为 1、3、5、10 倍设计了四种不同级差的模型，可以分析渗透率级差对水淹厚度系数的影响。

按照油田实际的生产能力和注水能力对生产井、注水井进行配产配注。按照行业规范，以网格含水率大于 20% 视为油层水淹，并计入水淹厚度。

2）模拟结果

由模拟结果可看出，在渗透率级差为常数的情况下，注入孔隙体积倍数与水淹厚度系数成指数递增关系；在注入孔隙体积倍数为常数的情况下，水淹厚度系数随渗透率级差增大而减小（图2）。

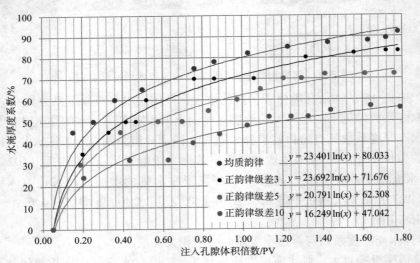

图 2　注入孔隙体积倍数与水淹厚度系数关系曲线图版

3）模拟结果检验

以表 2 内的 7 个实际数据进行检验，有 5 个吻合程度较好，2 个吻合程度一般，说明该图版可以用于油田实际预测。吻合程度一般的数据点与该方向上生产井测试资料缺乏有一定关系。

表2 水淹厚度系数实际值与计算值对比统计表

序号	井名	小层	渗透率级差	水淹厚度系数/%		吻合程度
				实际值	图版法计算	
1	A18ST2	L62	2	16	4	一般
2	A18ST1	L102	2	58	58	吻合较好
3	A12ST2	L102	2	74	68	吻合较好
4	A18ST2	L54	4	50	48	吻合较好
5	A12ST2	L62	4	67	53	一般
6	A18ST2	L102	9	55	55	吻合较好
7	A18ST2	L70	10	45	44	吻合较好

6 预测河流相砂体剩余油厚度的方法及验证

6.1 剩余油分布认识

基于精细储层展布认识及开发生产资料，结合近几年水淹分布规律，总结了研究区高含水期剩余油分布模式：①平面上受构造、断层、注采对应关系、平台位置等因素的影响，形成"孤岛状分布、局部连片"的剩余油分布模式(图3a)；②层间受流体性质、渗透率级差、注采对应关系控制，导致各类油层产出差异大，形成"千层饼"剩余油分布模式(图3b)；③层内受韵律性、重力作用、隔夹层等因素影响，油层底部水淹严重，油层中上部剩余油富集(图3c)。

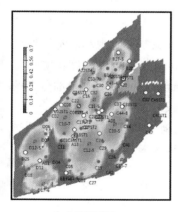

（a）油层平面

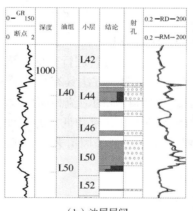

（b）油层层间

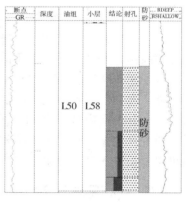

（c）油层层内

图3 D油田剩余油分布模式

6.2 水淹厚度等值线图绘制方法

前文已提到，已知注入孔隙体积倍数、砂体渗透率级差和水淹厚度系数三者之间的量化关系，就可以对某口油井在某个时间节的剩余油厚度进行预测。其中，渗透率级差可根据井点测井解释计算出来；注入孔隙体积倍数可通过油藏动态法计算，具体做法与含水等值线图的做法一致。得到各油井注入孔隙体积倍数后，再结合油井渗透率级差，在注入孔隙体积倍数与水淹厚度系数关系图版上直接计算或插值得到各井组油井小层(砂体)的水淹厚度系数，其乘以油层厚度就得到各油井井点水淹层厚度。

结合小层油层有效厚度图，应用计算的注水井、油井小层水淹厚度值分井组依次勾绘等值线。同一等值线向油井的弧度遵循椭圆规则，两椭圆弧线相交处圆滑处理，由水井逐步向油井画线，最终得到砂体水淹厚度等值线图（图4）。如果所获得的认识与生产动态不符，则根据生产动态资料重新进行分析认识。

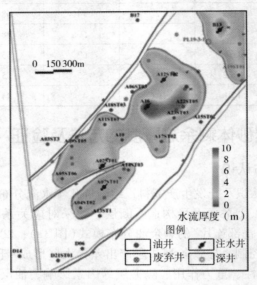

图4 L54 小层水淹厚度等值线图

6.3 成果检验

为了检验本方法的可靠性，以 D 油田 1 区动静态资料为基础编制了主力小层水淹厚度等值线图，并利用近两年新钻 20 口调整井资料进行验证，该 20 口井剩余油厚度预测误差一般小于 20%，具有较高的吻合率，说明该方法具有半定量－定量预测层内剩余油分布的功能，尤其对于具有底部（或下部）水淹特征的河流相储层效果较好。

此外，研究区于 2014～2015 年利用空井槽和低效井先期实施了 28 口调整井，初期平均单井产油量 110m³/d，含水率 35%，远低于周边老井含水，从含水与采出程度关系曲线可以看出油田开发效果变好。

7 认识与结论

（1）河流相砂体在沉积韵律和重力的共同作用下，易出现砂体下部（或底部）优先水淹，然后次高渗透率段相继见水的现象。随着注入孔隙体积倍数的增加，水淹厚度具有增长的趋势。

（2）水淹厚度系数增大与注入孔隙体积倍数正相关，与储层渗透率级差成负相关关系。

（3）由于河流相储层水淹特征较为单一，可以通过机理模型手段建立本地区水淹厚度系数与注入孔隙体积倍数、渗透率级差间的量化关系，并据此预测出井点水淹厚度，经实际钻井资料验证，该方法具有较好的预测效果。

参 考 文 献

[1]于兴河．油气储层表征与随机建模的发展历程及展望[J]．地学前缘，2008，15(1)：1-15.

[2]张昌民．储层研究中的层次分析法[J]．石油与天然气地质，1992，13(3)：344-350.

[3]李阳．河流相储层沉积学表征[J]．沉积学报，2007，25(1)：48-52.

[3]陈欢庆，赵应成，舒治睿，等．储层构型研究进展望[J]．特种油气藏，2013，20(5)：7-13.

[4]Maill A D. Architecture-element analysis：a new method of facies analysis applied to fluvial deposits[J]. Earth Sciences Review，1985，2：261-308.

[5]Miall A D. The geology of fluvial deposits – sedimentary facies，basin analysis and petroleum geology. New York：Spring er-Verlag，1996，57 – 98.

[6]赵翰卿．储层非均质体系、砂体内部建筑结构和流动单元研究思路探讨[J]．大庆石油地质与开发，2002，21(6)：16-18.

[7]吴胜和，翟瑞，李宇鹏．地下储层构型表征：现状与展望[J]．地学前缘，2012，19(2)：15-23.

[8]李顺明，宋新民，蒋有伟，等．高尚堡油田砂质辫状河储集层构型与剩余油分布[J]．石油勘探与开发，2011，38(4)：474-482.

[9]陈程，贾爱林，孙义梅．厚油层内部相结构模式及其剩余油分布特征[J]．石油学报，2000，21(5)：99-102.

[10]姜香云．河流相储层构型分析与剩余油分布模式研究 – 以孤东油田七区西馆上段为例：(博士学位论文)[D]．北京：中国石油大学(北京)，2007.

[11]陈莉，芦风明，范志勇．大港油田官80断块辫状河储层构型表征[J]．大庆石油学院学报，2012，36(2)：71-76.

[12]杜庆军，陈月明，侯键，等．胜坨油田厚油层内夹层分布对剩余油的控制作用[J]．石油天然气学报，2006，28(4)：111-114.

[13]王改云，杨少春，廖飞燕，等．辫状河储层中隔夹层的层次结构分析[J]．天然气地球科学，2009，20(3)：378-383.

[14]杨少春，王燕，钟思瑛，等．海安南地区泰一段储层构型对剩余油分布的影响[J]．中南大学学报(自然科学报)，2013，34(1)：133-139.

[15]熊光勤，刘丽．基于储层构型的流动单元划分及对开发的影响[J]．西南石油大学学报(自然科学报)，2014，36(3)：107-114.

基金项目：国家科技重大专项"渤海油田加密调整及提高采收率油藏工程技术示范"(2016ZX05058001)。

第一作者简介：徐中波，江西南昌，硕士，工程师，从事油田开发地质研究。地址：天津市塘沽区609信箱，渤海石油研究院，邮政编码：300452。E-mail：xuzhb2@cnooc.com.cn。

不同油水黏度比条件下的水驱曲线计算新方法

张利军 梁斌 谭先红

（中海油研究总院）

摘 要 基于相渗曲线，推导出不同油水黏度比条件下的水驱地质储量计算公式，并对童氏曲线图版进行校正。本文推导过程中，用不同油水黏度比条件下的相渗曲线的线性回归参数 m 和 b，以及初始含油饱和度的新表达式代替经典童氏曲线中的" $C = 7.5$ "，该改进公式在油水黏度比 $1\sim10$ 时，正好是陈元千先生推导的改进水驱曲线特例。本文新推导的水驱地质储量预测公式及改进的童氏曲线图版，适合于任何条件下的采收率预测，可以提高水驱水驱可动油储量和水驱采收率的预测精度，也为新油田含水预测提供方法。

关键词 相渗曲线 水驱曲线 水驱储量 波及系数

1 前言

目前，水驱曲线在水驱油田可采储量标定、水驱动用储量计算、含水上升规律预测中得到了广泛应用。最经典的为童氏曲线图版，但大量实际油田在使用童氏图版"7.5B"计算水驱地质储量时，常常出现水驱地质储量与地质储量差别较大的情况，因此，不少学者对此提出了改进方法，但大多数仍是只考虑了相渗变化，或油水黏度比较小的情况。笔者在这些研究成果的基础上，基于相渗曲线推导出了适用于不同油水流度比、不同储层物性的水驱油藏地质储量预测公式，得到改进后"C"值计算公式，利用该新方法可以预测任意油水黏度比下的水驱油田采收率和含水上升规律的预测。

2 不同油水黏度比下油藏含水饱和度推导公式

前苏联学者的研究表明，如果以含油率为纵坐标，以可流动的含油饱和度为横坐标，在双对数坐标系中绘制 f_o 和 $(1 - S_{we} - S_{or})$ 的关系曲线可得一条直线，并且随着油水黏度比 μ_o/μ_w 的增加，此直线的截距变小，截距与油水黏度比 μ_o/μ_w 成反比。研究还表明，在 $1 < \mu_o/\mu_w < 10$ 时，各直线的斜率 b 相近，且 $b \approx 3$。即：

$$\lg f_o(S_{we}) = \lg \frac{a\mu_w}{\mu_o} + b\lg(1 - S_{we} - S_{or}) \tag{1}$$

如果用指数方程表示，即：

$$f_o(S_{we}) = \frac{a\mu_w}{\mu_o}(1 - S_{we} - S_{or})^b \tag{2}$$

公式（2）转化为含水率与含水饱和度关系，并对含水饱和度求导：

$$\frac{\mathrm{d}f_{\mathrm{w}}(S_{\mathrm{we}})}{\mathrm{d}S_{\mathrm{we}}} = \frac{ab\mu_{\mathrm{w}}}{\mu_{\mathrm{o}}}(1 - S_{\mathrm{we}} - S_{\mathrm{or}})^{b-1} \tag{3}$$

则平均含水饱和度可以表示为：

$$S_{\mathrm{w}} = S_{\mathrm{we}} + \frac{1}{\dfrac{\mathrm{d}f_{\mathrm{w}}(S_{\mathrm{we}})}{\mathrm{d}S_{\mathrm{we}}}}[1 - f_{\mathrm{w}}(S_{\mathrm{we}})] \tag{4}$$

$$S_{\mathrm{w}} = S_{\mathrm{we}} + \frac{1}{b}(1 - S_{\mathrm{we}} - S_{\mathrm{or}}) \tag{5}$$

3　不同油水黏度比下的水驱曲线公式推导

累积产油量公式表达式为：

$$N_{\mathrm{p}} = 100Fh\phi\frac{\rho_{\mathrm{o}}}{B_{\mathrm{oi}}}\Big[S_{\mathrm{we}} + \frac{1}{b}(1 - S_{\mathrm{we}} - S_{\mathrm{or}}) - S_{\mathrm{wi}}\Big] \tag{6}$$

式（6）对时间求导，得到瞬时油产量公式：

$$Q_{\mathrm{o}} = \frac{\mathrm{d}N_{\mathrm{p}}}{\mathrm{d}t} = 100Fh\phi\frac{\rho_{\mathrm{o}}}{B_{\mathrm{oi}}}\Big(1 - \frac{1}{b}\Big)\frac{\mathrm{d}S_{\mathrm{we}}}{\mathrm{d}t} = \frac{100Fh\phi(1 - S_{\mathrm{wi}})\rho_{\mathrm{o}}}{(1 - S_{\mathrm{wi}})B_{\mathrm{oi}}}\Big(1 - \frac{1}{b}\Big)\frac{\mathrm{d}S_{\mathrm{we}}}{\mathrm{d}t} \tag{7}$$

其中：

$$N_{\mathrm{o}} = \frac{100Fh\phi(1 - S_{\mathrm{wi}})\rho_{\mathrm{o}}}{B_{\mathrm{oi}}} \tag{8}$$

累积产水量公式表达式为：

$$W_{\mathrm{p}} = \frac{\mu_{\mathrm{o}}B_{\mathrm{o}}\rho_{\mathrm{w}}}{n\mu_{\mathrm{w}}B_{\mathrm{w}}\rho_{\mathrm{o}}}\int_0^t Q_{\mathrm{o}}e^{mS_{\mathrm{we}}}\mathrm{d}t \tag{9}$$

将式（7）带入式（9），可得累产水计算公式如下：

$$W_{\mathrm{p}} = \frac{N_{\mathrm{o}}}{(1 - S_{\mathrm{wi}})}\frac{\mu_{\mathrm{o}}B_{\mathrm{o}}\rho_{\mathrm{w}}}{n\mu_{\mathrm{w}}B_{\mathrm{w}}\rho_{\mathrm{o}}}\Big(1 - \frac{1}{b}\Big)\int_{S_{\mathrm{wi}}}^{S_{\mathrm{we}}} e^{mS_{\mathrm{we}}}\mathrm{d}S_{\mathrm{we}} \tag{10}$$

$$= \frac{N_{\mathrm{o}}}{(1 - S_{\mathrm{wi}})}\frac{\mu_{\mathrm{o}}B_{\mathrm{o}}\rho_{\mathrm{w}}}{nm\mu_{\mathrm{w}}B_{\mathrm{w}}\rho_{\mathrm{o}}}\Big(1 - \frac{1}{b}\Big)(e^{mS_{\mathrm{we}}} - e^{mS_{\mathrm{wi}}})$$

令：

$$D = \frac{N_{\mathrm{o}}}{(1 - S_{\mathrm{wi}})}\frac{\mu_{\mathrm{o}}B_{\mathrm{o}}\rho_{\mathrm{w}}}{nm\mu_{\mathrm{w}}B_{\mathrm{w}}\rho_{\mathrm{o}}}\Big(1 - \frac{1}{b}\Big)\quad C = De^{S_{\mathrm{wi}}} \tag{11}$$

由式（6）和式（8）联立，可得：

$$S_{\mathrm{we}} = \frac{b}{b - 1}\Big(\frac{N_{\mathrm{p}}S_{\mathrm{oi}}}{N_{\mathrm{o}}} + S_{\mathrm{wi}}\Big) - \frac{1}{b - 1}(1 - S_{\mathrm{or}}) \tag{12}$$

则累产水可以表示为：

$$W_{\mathrm{p}} + C = De^{\frac{mb}{b-1}\frac{N_{\mathrm{p}}S_{\mathrm{oi}}}{N_{\mathrm{o}}} + E} \tag{13}$$

其中：

$$E = \frac{mb}{b - 1}S_{\mathrm{wi}} - \frac{1}{b - 1}(1 - S_{\mathrm{or}})$$

式（13）两端取对数，可得：

$$\lg(W_{\mathrm{p}} + C) = \lg D + \frac{mb}{\ln 10(b - 1)}\frac{N_{\mathrm{p}}S_{\mathrm{oi}}}{N_{\mathrm{o}}} + \frac{E}{\ln 10} \tag{14}$$

令：$A_1 = \lg D + \dfrac{E}{\ln 10}$，$B_1 = \dfrac{mb}{\ln 10(b-1)}\dfrac{S_{oi}}{N_o}$ 则式（14）可化简为：

$$\lg(W_p + C) = A_1 + B_1 N_p \tag{15}$$

4 不同油水黏度比下的"C"值新方法建立

式（15）符合甲型水驱曲线的表达式，根据童氏预测模型的推导，对式（15）进行推导为含水率与采出程度的关系曲线为：

$$\lg \frac{f_w}{1-f_w} = 1.69 + BN_o(R - E_R) = 1.69 + \frac{mb}{\ln 10(b-1)} S_{oi}(R - E_R) \tag{16}$$

经典童氏曲线图版预测时，经统计规律预测 $BN_o = 7.5$，本文基于相渗曲线，对 C 值进行理论公式推导，得到如下的代替公式：

$$C = BN_o = \frac{mb}{\ln 10(b-1)} S_{oi} \tag{17}$$

式（16）不满足以下两个条件：

（1）当采出程度为零时，所有曲线的含水率都不为零。众所周知，油水黏度比是控制含水上升形态的重要因素之一，实际油田开发数据显示，含水率变化曲线都是应该经过坐标原点的。

（2）对于大多数低粘油藏来说，存在一个较长的无水采油期，这时的数学初始条件是含水率等于零，但采出程度不等于零，而式（16）无法体现这一点，无法完全反映实际油藏的含水率与采出程度的变化规律。

因此对式（16）进行改进：

$$\lg\left(\frac{f_w}{1-f_w} + M\right) = 1.69 + BN_o(R - E_R) + N \tag{18}$$

带入边界条件：当 $f_w = 0, R = 0$，得到：

$$\lg M = 1.69 - BN_o E_R + N \tag{19}$$

当 $f_w = 0.98, R = E_R$，得到：

$$\lg(49 + M) = 1.69 + N \tag{20}$$

式（19）和式（20）联立，得到 M 和 N 的表达方程：

$$M = \frac{49}{10^{BN_o E_R} - 1} \quad N = \lg M + BN_o E_R - 1.69 \tag{21}$$

本文中的 C 值其取值大小由油藏的原始含油饱和度和相渗曲线的回归常数 m、b 共同决定。该式适用于不同油水黏度比条件下的水驱地质储量预测和开发效果评价。当在 $1 < \mu_o/\mu_w < 10$ 时，$b \approx 3$，及为陈元千先生推导的计算公式 $N_o = \dfrac{3m}{4.606B} S_{oi}$。

5 实例分析

1）高渗稠油油藏

渤海某稠油油田，地层原油黏度 250mPa·s，平均渗透率 2200mD，通过该区的实测相渗曲线分析，得到 $m = 21.3$，$b = 3.9$，如图 1 所示，初始含油饱和度为 0.747，则新公式计算 C 值为 9.3，与童氏曲线的 7.5 值差异较大，利用标定 20% 采收率，绘制新预测模型图版与童氏图版，其实际生产数据与新预测水驱曲线拟合程度更高，如图 2 所示。

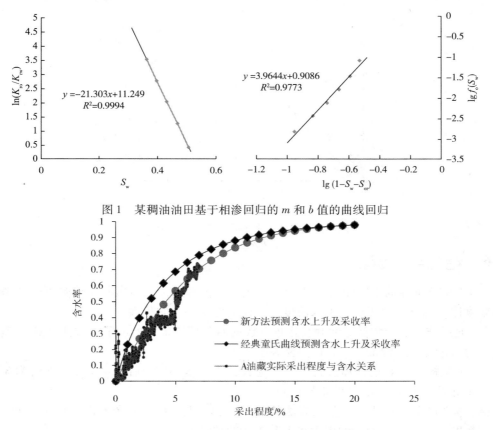

图 1　某稠油油田基于相渗回归的 m 和 b 值的曲线回归

图 2　某高渗稠油油藏水驱采收率预测图版对比

2）低渗油藏

对于低渗油藏，很多文献都已经描述，根据实际油田生产数据统计结果，其童氏曲线的 7.5 值偏小，下面结合海上某低渗油田的相渗数据，利用本方法计算 C 值大小。该油田平均渗透率 42.7mD，地层原油黏度 0.8mPa·s，通过该油田的实测相渗曲线分析，得到 $m = 22.33$，$b = 1.529$，如图 3 所示，初始含油饱和度为 0.523，则新公式计算 C 值为 14.66，比童氏曲线的 7.5 值大，这也说明了本理论公式的合理性。利用标定 17% 采收率，绘制新预测模型图版与童氏图版，其实际生产数据与新预测水驱曲线拟合程度更高，如图 4 所示。

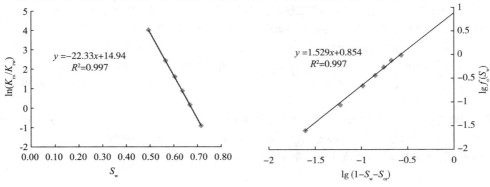

图 3　某低渗油田基于相渗回归的 m 和 b 值的曲线回归

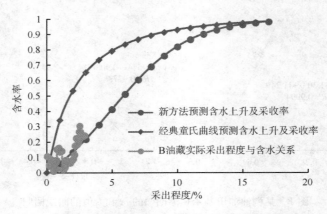

图4　某低渗油藏水驱采收率预测图版对比

6　结论与认识

（1）本文新推导的水驱曲线 C 值计算公式，不仅考虑了油田实际相渗数据，还考虑了油水黏度比，因此适合于任何油水流度比、任何储层物性的条件。

（2）通过结合高渗和低渗油藏实际相渗数据的分析结果，验证了本方法计算 C 值的可靠性，通常情况在低渗油藏中，C 值要大于 7.5。

（3）本文提出的 C 值计算公式是一个通式，当油水黏度比在 1~10 时，b 值为 3 的情况下，正好是参考文献 1、2 的推导公式。

（4）本文提出的 C 值代替童氏方法的 7.5，可以提高水驱地质储量和水驱可动油储量的预测精度，也可以作为新油田含水上升规律的预测方法。

参 考 文 献

[1]凡哲元，任玉林，姜瑞忠. 对童氏"7.5B"计算及乙型水驱法的改进[J]. 西南石油学院学报，2006，28（3）：17-19.

[2]陈元千. 油气藏工程计算方法[M]. 北京：石油工业出版社，1990：158-167.

[3]张金庆，孙福街. 相渗曲线和水驱曲线与水驱储量的关系[J]. 新疆石油地质，2010，31（6）：629-631.

[4]李炼文. 预测水驱采收率方法的改进与应用[J]. 江汉石油学院学报，2003，25（4）：106-108.

[5]秦同洛，李汤玉，陈元千. 实用油藏工程方法[M]. 北京：石油工业出版社，1989：51-55.

[6]王柏力. 童氏含水与采出程度关系图版的改进与应用[J] 大庆石油地质与开发，2006，25（4）：62-64.

[7]陈元千. 实用油气藏工程方法[M]. 东营：石油大学出版社，1998：340-345.

[8]张金庆. 水驱油田产量预测模型[M]. 北京：石油工业出版社，2013：107-111.

[9]孙玉凯，高文君. 常用油藏工程方法改进与应用[M]. 北京：石油工业出版社，2007：66-69.

第一作者简介：张利军，2010 年毕业于中国石油大学（北京）油气田开发专业，油藏工程师，现从事海上油气田前期研究工作，邮箱：zhanglj8@cnooc.com.cn，电话：13522105619。

通讯地址：北京朝阳区太阳宫南街 6 号海油大厦 B503；邮编：100028。

海上复杂断块油田一体化
增储上产研究与实践
——以涠西南凹陷为例

朱绍鹏　李茂　邹明生　陈奎

[中海石油(中国)有限公司湛江分公司]

摘　要　涠西南油区整体进入高成熟勘探阶段，勘探开发目标逐步转向复杂小断块和隐蔽油气藏，同时勘探开发面临油气发现多、优质资源少、动用少，储采比低，产量递减快等问题，为了实现涠西南凹陷资源效益的最大化及油田可持续发展，在陆上油气田勘探开发一体化成功经验的基础上，提出了涠西南凹陷勘探开发一体化增储上产思路与对策，建立了勘探、开发、生产三位一体的一体化增储上产联动思维，形成了勘探开发一体化潜力目标评价技术体系，实现了增储上产。实践表明，涠西南凹陷陆相复杂断块油气区实施勘探开发一体化，是实现增储上产，油气田投资的效益最大化及油田可持续发展的必经之路。其工作思路已逐步推广应用至南海西部其他海域(珠江口、莺歌海)，并取得较好的成效。涠西南凹陷勘探开发一体化增储上产之路将对国内海上勘探开发一体化的深入开展具有借鉴意义。

关键词　涠西南凹陷　勘探开发一体化　增储上产 联动思维　复杂断块

1　概述

涠西南凹陷为富含油凹陷，位于北部湾盆地东北端，以陆相复杂断块油藏为主，具有"横向连片，纵向叠置"复式油气聚集的地质油藏特征，目前已进入勘探开发高成熟阶段，潜力目标主要为复杂断块圈闭和隐蔽油气藏，同时勘探开发面临油气发现多、优质资源少、动用少，储采比低，产量递减快，区域完善的开发管网得不到充分利用等问题。大量陆上油田勘探开发实践证明，"勘探开发一体化"是该类油区勘探开发中后期的必经之路。但由于海上油气田勘探开发成本高，且受制于生产设施能力，目前常规的滚动勘探、开发模式无法实现油田周边优质小规模资源探明和动用。因此亟需探索具海上特点勘探开发一体化的方式，本文在陆上油气田勘探开发一体化经验的基础上，结合涠西南地质油藏特征，提出了具有海上特色的勘探、开发、生产三位一体的一体化增储上产联动思维，并形成了勘探开发一体化潜力目标评价技术体系，实现了增储上产。其工作思路已逐步推广应用至南海西部其他海域(珠江口、莺歌海)，并取得较好的成效。

2 一体化增储上产思维

借鉴国内外成熟区勘探开发一体化的成功经验，基于涠西南凹陷的实际地质油藏特征，确定涠西南凹陷勘探开发一体化的研究思路：主要围绕现有设施（含在建设、在评价），以涠洲组及流一段等优质含油层系为目的层，开展勘探开发一体化精细研究，以发现优质储量、实现资源效益最大化为目标，遵循"储量、产量、效益三统一"原则。通过探索实践，形成勘探、开发、生产三维一体化增储上产联动思维模式，主要有以下三种模式：①勘开结合，整体部署，促进综合调整，如 WZ12 - 1 - B12H1、WZ6 - 13 - 1d 和 WZ12 - 1 - 8 等井的实施，勘探和开发结合，整体部署，优选评价，采用快速评价模式评价成功，促进了 2 个综合调整项目的开展；②统筹实施，优选评价，提升油田效益，如 WZ11 - 2 - B5、WZ11 - 4N - B21 井和 WZ11 - 4N - B22 等井，与开发实施或调整挖潜项目统筹考虑，优选评价，实现增储上产，提升油田效益；③区域生产，统筹部署，实现效益最大化，如铺设涠洲 11 - 4N 油田至涠洲 12 - 1 油田新管线，构建区域环型输油通道，降低管输风险，提升涠西南油田群整体效益。

3 勘探开发一体化潜力目标评价技术体系

在勘探、开发、生产三维一体化增储上产联动思维模式指导下，逐步形成了的勘探开发一体化目标评价技术体系，主要包括海上小型圈闭精细刻画技术，成熟区目标评价类比技术，成熟区资源潜力评估技术，"多维度"井位优化部署技术，解决了如何搜索潜力目标、落实潜力目标及评价潜力，最终实现增储上产的问题。

3.1 精细研究，落实潜力圈闭，实现从局部认识到整体认识的突破

油田勘探一般只对主要的油组或层位进行构造解释、圈闭落实，侧重于储量发现；而油田开发主要针对已发现区块的油层进行层位解释，侧重于储量评价。前者纵向上精细化研究不够，忽略了多旋回沉积体系其他可能的潜力层系；后者局限于孤立的区块、局部的圈闭或砂体，不能形成整体、宏观的地质面貌。针对以上单一的勘探或开发研究存在的问题，对成熟油区进行勘探开发一体化，按照"横向到边，纵向到底，逐层梳理"的三维立体勘探开发一体化思路，开展精细、连片构造解释，搜索、落实油田内部及周边有利的未钻潜力圈闭，从而填补油田与油田、区块与区块之间的空白地带，实现从局部认识到整体认识的突破。

具体而言，对同一油气聚集带上多个已发现油田进行油组精细对比、区域统层，从油区连片的角度认识储层横向变化和纵向发育情况，梳理纵向上所有可能的含油层系，结合地震振幅异常特征，确定潜力含油层系。基于覆盖油气聚集带的完整三维地震资料（有些情况下要进行不同工区的地震资料拼接），进行潜力层位的区域连片构造解释，尤其是未探区的精细解释。在断块圈闭落实过程中，基于目标区域的构造样式，同时应用方差体相干切片技术、扩散滤波小断层识别技术以及蚂蚁追踪技术等精细解释构造及断层，保证小断层解释的精确性和不同断层在空间上切割关系的合理性。在岩性圈闭落实过程中，对目标区域开展精细地层对比、沉积相分析，并利用地球物理反演技术，落实有利储层发育相带，刻画岩性圈闭。

3.2 加强类比分析，规避风险，提高钻探成功率

勘探开发一体化与滚动勘探相比可用的区域资料更丰富，但研究要求更精细。为了规避勘探开发一体化目标评价风险，提高钻探成功率，强调充分利用区域丰富的资料，加强类比分析。经近年研究及钻探证实，涠西南凹陷为优越的富生烃凹陷，油气运移活跃，储层发育，成藏的关键因素为圈闭有效性。逐步探索、总结出一套适合复杂断块圈闭有效性的研究方法，主要包括：①圈闭类型及成藏模式类比分析；②断层及盖层封堵能力定性分析；③地震振幅特征类比分析等；该方法有效提高了目标评价的成功率，近两年涠西南凹陷勘探一体化开发目标评价成功率达73%。

1）圈闭类型及成藏模式类比分析

在涠西南凹陷成熟勘探区通过成藏模式的类比分析可为待评价目标提供参考。涠西南凹陷涠洲组圈闭成藏模式主要为成熟烃源由流二段沿沟源断层纵向运移，沿砂体横向运移，聚集在涠三段高部位成藏。目前成藏圈闭类型主要为：①凹陷中次级断层发育的断背斜、断鼻、断块圈闭（即洼中隆构造）；②凹陷中深大断层（如2号断裂带）附近的断鼻、翘倾断块圈闭；③凹陷边缘或构造脊倾没端（如3号断裂带）两侧大断层附近的断鼻、断块圈闭；少量为南部斜坡带地层超覆圈闭。平面上有利于油气聚集成藏的断块圈闭类型（构造样式）依次为断背斜－反向断鼻－反向弧形断层控制断块－交叉断层控制断块（两条或多条断层组成）（图1）。

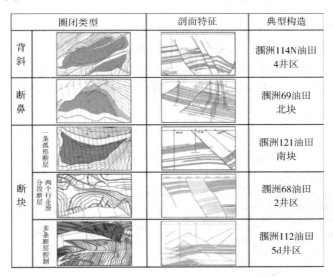

圈闭类型		剖面特征	典型构造
背斜			涠洲114N油田4井区
断鼻			涠洲69油田北块
断块	一条弧形断层		涠洲121油田南块
	两个行走清分段断层		涠洲68油田2井区
	多条断层控制		涠洲112油田5d井区

图1 涠西南凹陷涠三段有利圈闭类型图

2）断层及盖层封堵能力定性分析

研究中发现，涠西南凹陷断块圈闭的有效性受断层侧封及顶板盖层的双重作用影响。虽然目前国内外关于断层侧封的研究较多，但关于局部盖层的研究却较少涉及。依据成熟区丰富的资料，结合断层和盖层封堵评价关键参数，制定了分区分带统计分析思路，首次建立了在矿场上适用性较强的断层及盖层封堵能力定性判别图版，其中断层封堵能力定性判别图版纵横坐标分别为泥岩涂抹系数（SSF）和断层泥比率（SGR），盖层封堵能力定性判

别图版纵坐标为盖层与储层厚度比值（CRR），横坐标为盖层厚度。虽然每个区带门槛值不一样，但图版制作方法及应用效果一致。图2为涠11-2区涠三段断块圈闭断层及盖层封堵能力定性判别图版，从图中可以看出：当 $SSF<2.2$，$SGR>41\%$，且 $CRR>1.2$ 时，涠11-2区潜力目标层为油层的概率高，即成藏概率大；而当 $SGR\leqslant33\%$ 或 $SSF\geqslant2.7$ 或 $CRR\leqslant1.2$ 时，涠11-2区潜力目标层为水层概率高，即成藏风险大。

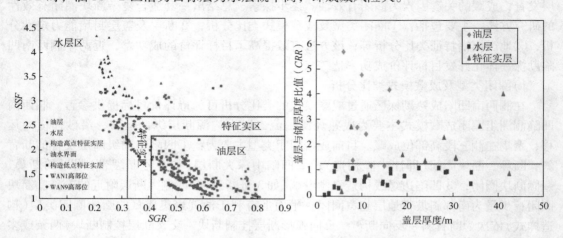

图2　涠11-2区涠三段断块圈闭断层及盖层封堵能力定性判别图版

3）地震振幅特征类比分析

振幅类属性反映了地震波能量的变化情况，振幅包含了孔隙度及所含流体性质等方面的信息。因此可以用振幅类地震属性预测地层的储层物性和含油性。统计分析显示涠洲组强振幅属性与弱振幅属性相比储层物性好及含油的概率相对更高（图3）。

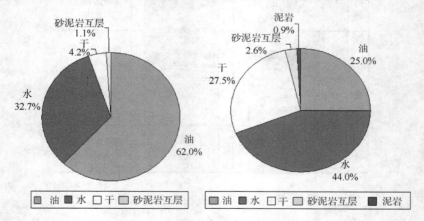

图3　涠西南凹陷涠洲组振幅强弱与含油性统计图

3.3　概率估算，把控资源，为井位部署提供决策依据

同勘探相比，勘探开发一体化目标可利用的资料更加丰富；同开发相比，勘探开发一体化目标的资源量规模具有不确定性。因此为了落实涠西南勘探开发一体化目标，规避评价风险，引入概率法计算资源，其计算有别于勘探阶段运用蒙特卡洛法所获得的某个储量

值的概率分布，更强调成熟区各相关储量计算参数统计分析及成熟区资料的充分利用。其具体做法为：①统计、分析成熟区各相关储量计算参数，并建立符合每个储量参数统计规律的数学模型及分布函数。为了构建更加具有代表性的数学模型及分布函数，对相关储量计算参数强调多种方法应用，如针对含油面积中油水界面的确定，梳理出不同类型的确定方法（表1）；②通过计算机产生的伪随机数进行抽样模拟计算，通过各参数随机变量的概率连乘，得出一个计算单元的储量概率分布曲线；③对多个计算单元的储量进行概率累加，得到油田总的储量概率分布曲线。这样，可以最大限度地精确评估勘探开发一体化目标的资源量，规避评价风险，为井位部署提供决策依据。

表1　流体界面确定方法统计表

序号	界面确定方法		目标类型			备注
			新层	新块	扩边	
1	压力资料应用分析				√	
2	毛管压力资料应用分析				√	
3	动态资料分析	数值模拟方法			√	
		动储量计算法	√	√	√	
4	类比分析法	区域统计值	√	√	√	
		类比邻块			√	
5	漏失点或溢出点应用分析		√	√	√	
6	SGR/CRR 预测油柱高度应用分析		√	√	√	仅适用于构造圈闭
7	含油气性地震响应分析		√	√	√	

3.4　整体部署，优选井位，提高整体效益

勘探开发一体化目标评价综合决策过程需重点做到三结合一统一，即：地质油藏分析与生产设施分析相结合、潜力评价与开发实施（调整挖潜）相结合、探井井位与开发井井位相结合，目标评价统一部署，优选排序。在此基础上，"多维度"优选开发评价井井位，采用多种钻探方式，实现探井向开发井的转化，促进增储上产，提高整体效益。具体勘探开发一体化井位优选需遵循以下原则：在整体部署基础上，综合考虑不同资源潜力方案的井位部署，优选井位，该井位既要满足评价目的，又不影响后续井网的部署。井位优选要点为：①分析潜力目标与周边现有设施或待建设施的关系；②确定评价井的钻探方式（大位移、保留井口、快速评价）；③推演相应的开发方案；④选择关键部位部署评价井；⑤做出井钻后可能的预案。

4　勘探开发一体化实施成效

近几年，在勘探、开发、生产三维一体化增储上产联动思维模式指导下，利用勘探开发一体化目标评价技术，勘探开发一体化取得了较好成效，实现新增探明地质储量 $2200 \times 10^4 m^3$，三级地质储量 $3500 \times 10^4 m^3$，并有 10 口开发评价井转为生产井，实现储量向产量的及时转化，年增油量贡献稳定在 $12 \times 10^4 m^3$ 以上，预计贡献累增油 $130 \times 10^4 m^3$，同时促

进了 3 个综合调整项目，夯实了十二五产量基础，为完成十三规划打下了坚实基础。

勘探开发一体化思路从涠西南凹陷逐步推广到南海西部全海域，在莺歌海盆地气田区、珠江口西部珠三坳陷油田区推广应用，并取得了显著效果，不仅实现增储上产，而且促进了 2 个综合调整项目的开发，规避了 2 项开发投资。

5 结束语

涠西南凹陷以陆相复杂断块油藏为主，具有"横向连片，纵向叠置"复式油气聚集的地质油藏特征，决定了"勘探开发一体化"是该油区勘探开发中后期的必经之路。实践表明，提出的勘探、开发、生产三维一体化增储上产联动思维模式及形成的勘探开发一体化潜力目标评价技术体系是实现涠西南凹陷增储上产，油气田投资的效益最大化及油田可持续发展的有利保障。其工作思路已逐步推广应用至南海西部其他海域（珠江口、莺歌海），并取得较好的成效。涠西南凹陷一体化增储上产之路将对国内海上勘探开发一体化的深入开展具有普遍的启示意义。

参 考 文 献

[1] 钟泽红，张道军，等．北部湾盆地涠西南凹陷流沙港组和涠洲组层序及沉积特征[R]．2006．

[2] 谢玉洪，朱伟林，蔡东升，等．北部湾盆地涠西南凹陷勘探开发一体化生产理论与实践[R]．2008．

[3] 梁春秀，边晨旭，吴伟，等．吉林油区勘探开发一体化模式的实践与探索[J]．中国石油勘探，2001，6(3)：56-70．

[4] 肖秋生，陈凤良，严元锋，等．江苏复杂小断块油气藏勘探开发一体化一体化的工作流程及其关键技术[J]．安徽地质，2004，14(4)：262-264．

[5] 姚志云．泌 304 区块勘探开发一体化实践与认识[J]．石油地质与，2009，23(1)：52-53．

[6] 李传华，郭元岭．油气勘探开发一体化工作方式的探讨[J]．断块油气田，2006，13(4)：42-45．

[7] 付金华．科研单位推行勘探开发一体化管理方式的探讨[J]．中国石油勘探，2010，4：76-80．

[8] 胡勇，郭鹏．勘探开发一体化的再思考[J]．中国石油企业，2012，94-95．

[9] 何君．塔里木盆地轮古油田勘探开发一体化研究与实践[M]．北京：石油工业出版社，2007，10-15．

[10] 邢正岩．相干分析技术在复杂断块油田断层描述中的应用[J]．油气地质与采收率，2003，10(5)：36-37．

[11] 张群会，高翔．各向异性滤波算法在地震曲率属性中的应用[J]．计算机应用研究 2013，30(2)：638-640．

[12] 李振华，邱隆伟，齐赞，等．蚂蚁追踪技术在辛 34 断块解释中的应用[J]．西安石油大学学报（自然科学版），2013，28(2)：20-24．

[13] 李明诚．石油与天然气运移[M]．北京：石油工业出版社，2013．

[14] 丁文龙，金文正，刘维军．多信息断层封堵性综合评价系统研究及应用[M]．北京：地质出版社，2012．

[15] 金崇泰，付晓飞，柳少波．断层侧向封堵性评价方法综述[J]．断块油气田，2012，19(3)：297-301．

[16] 赵密福，信荃麟，李亚辉，等．断层封闭性的研究进展[J]．新疆石油地质，2001，22(3)：258-261．

[17] 杨智，何生，王锦喜，等．断层泥比率(SGR)及其在断层侧向封闭性评价中的应用[J]．天然气地球科学，2005，16(3)：347-351．

［18］吕延防，付广，高大龄，等．油气藏封盖研究［M］．北京：石油工业出版社，1996.

［19］贾成业，贾爱林，邓怀群，等．概率法在油气储量计算中的应用［J］．天然气工业，2009，29（11）：83-85.

［20］李洁梅，谭学群，许华明，等．概率法储量计算在 CLFS 项目中的应用［J］．石油与天然气地质，2012，33（6）：944-950.

［21］石石，冉莉娜．基于概率法的油气储量不确定性分析［J］．天然气勘探与开发，2011，34（1）：18-21.

第一作者简介：朱绍鹏，2006 年毕业于成都理工大学油气田开发专业，高级工程师，现从事勘探开发一体化科研工作，邮箱：zhushp@ cnooc. com. cn，电话：0759 － 3912150.

通讯地址：广东省湛江市坡头区 22 号信箱南油一区湛江分公司大楼；邮编：524057.

西湖凹陷低渗储层水的赋存状态及出水特征研究

朱文娟　时琼

[中海石油(中国)有限公司上海分公司]

摘　要　西湖凹陷低渗储层开发井在投产初期均不同程度的产水，产水量长时间保持稳定。本文针对其出水原因以及其出水特征的问题，通过可动水实验判别法和"双水"曲线评价法，分析了西湖凹陷低渗储层中地层水的两种赋存状态：存在于细小喉道中的极难流动的束缚水以及赋存在大孔道中一定条件下可以流动的可动水；通过产水判别图版法和低渗气藏数值模拟研究，结合实际生产动态分析，综合研究认为西湖凹陷低渗储层的出水特征为投产即见水，且短时间内不会造成水的突然舌进及爆性水淹。本文对低渗储层水的赋存状态及出水特征的认识成果为西湖凹陷低渗储层的开发及生产管理提供可靠的指导。

关键词　低渗气藏　赋存状态　核磁共振　可动水饱和度　出水特征

1　前言

西湖凹陷位于下扬子地区东部陆架盆地的东北部，在 3000 ~ 4000m 间发育部分低渗储层，为三角洲沉积体系，储层主要为浅灰色细砂岩、中砂岩。孔隙度分布在 3% ~ 19.8%，平均10.9%；渗透率分布在 0.046 ~ 34mD，平均5.0mD。在西湖凹陷低渗储层投产的气井都不同程度的产水，且较长时间内产水量较稳定。分析认为其原因可能是边水/底水的突进或者层内可动水产出。综合地质研究的结果排除了生产井所产出的水为边水/底水突进的可能性；而凝析水的定量分析认为，在西湖凹陷的地层条件下，凝析水产量普遍较低，不符合目前生产井的动态特征。

为了研究西湖凹陷低渗气藏投产即见水的原因，调研的结果显示，叶礼友、高树生等在 2011 年对陆上低渗气藏的赋存状态进行过研究，并且对可动水饱和度与孔隙度、渗透率及原始含水饱和度的对应关系进行了论证，认为可动水饱和度是与孔隙度和渗透率同属一个层次的低渗砂岩气藏储层的固有属性，能有效表征低渗砂岩储层产水特征，可作为低渗砂岩气藏储层评价参数。

本文从实验出发，调研陆上气田低渗气藏生产经验，结合西湖凹陷实际生产情况，分析终结了西湖凹陷低渗储层低渗气藏产水的原因和产水特征，为西湖凹陷低孔渗气藏的开发及管理提供有力的指导。

2 水的赋存状态

为了认识低渗气藏中水的赋存状态，本文通过可动水实验室判别法及"双水"曲线评价法两种方法对水的赋存状态进行分析。

2.1 可动水实验室判别法

可动水实验室判别法是采用核磁共振技术，并结合离心实验，确定出流体不可动用下限对应的离心力和不同层位岩心可动流体 T_2 截止值，最终计算出岩心束缚水饱和度。

核磁共振是原子核和磁场之间的相互作用。核磁共振中有个物理量叫弛豫，弛豫是磁化矢量在受到射频场的激发下发生核磁共振时偏离平衡态后又恢复到平衡态的过程。画出储层岩样的饱和水状态和在离心力 P 离心后的 T_2 弛豫时间谱示意图（图1），图中离心力 P 离心后的 T_2 谱线与横轴包围的面积代表岩心原始含水饱和度的信息，饱和状态 T_2 谱线与离心力 P 离心后的 T_2 谱线之间的面积代表原始含气饱和度信息，其中蓝色虚线段为 T_2 截止值标定线，其右侧与离心力 P 离心后的 T_2 谱线包围的面积就是岩心的可动水信息，由此可计算出实验岩心可动水饱和度。

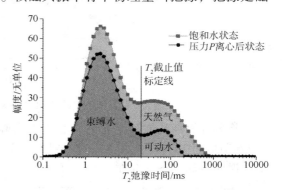

图1 低渗透储层岩样的 T_2 弛豫时间谱示意图

对西湖凹陷低渗储层不同层位的22块岩心进行核磁共振实验，实验结果显示，22块样品的可动水饱和度展布范围在 3.0% ~ 10.9% 之间，平均值为 6.8%，岩心核磁共振测试的核磁共振可动水饱和度与孔隙度、渗透率之间没有明显的线性关系（图2、图3），但总体上呈现出随着孔隙度、渗透率的减小，可动水饱和度有增大的趋势。

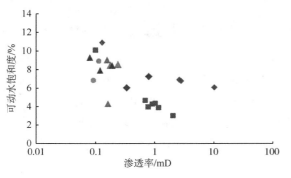

图2 可动水饱和度与渗透率关系

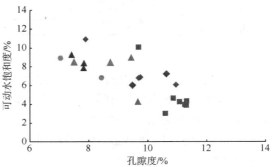

图3 可动水饱和度与孔隙度关系

2.2 "双水"曲线评价法

"双水"曲线评价法是利用岩心毛管力实验建立束缚水饱和度与孔隙度/渗透率的关系式，计算出测井孔隙度/渗透率所对应的束缚水饱和度曲线，将曲线和测井解释的含水饱和度曲线进行对比，若曲线出现分异现象，说明存在可动水。

将西湖凹陷低渗气藏的岩心压汞实验测定的饱和度、孔隙度和渗透进行归类处理，做出孔隙度/渗透率平方根与束缚水饱和度之间的相关趋势线，获得其关系式，如图4所示。

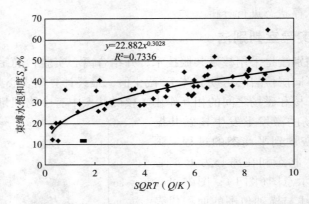

图4 岩心压汞实验 SQRT(Q/K)与束缚水饱和度之间的关系曲线

将测井解释的饱和度与用岩心压汞实验公式计算出来的束缚水饱和度进行对比，从"双水"曲线图上看出（图5），在储层上部，双水曲线重合，中下部双水曲线出现分离现象，说明在储层下部存在一部分可动水。

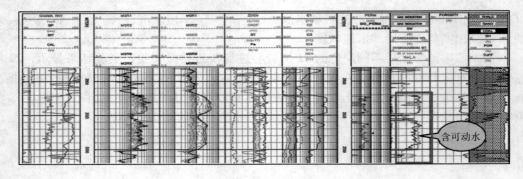

图5 双水曲线图

核磁共振实验表明西湖凹陷低渗储层可动水饱和度平均为6.8%。"双水"曲线分离现象表明西湖凹陷低渗储层中存在一部分可动水，与核磁实验研究结果相一致。通过以上可动水实验室判别法和"双水"曲线评价法，证明了西湖凹陷低渗储层中的水以两种形式存在：一种是赋存在细小喉道中极难动用的束缚水；另一种是赋存在大孔道中在一定条件下可以动用的可动水。

3 出水特征研究

为了认清低渗气藏出水的特征，本文通过调研陆上低渗气藏的产水经验，采用产水判别图版法和数值模拟研究技术，结合西湖凹陷实际的生产情况，对西湖凹陷的低渗气井进行产水特征研究。

3.1 产水判别图版法

文献调研显示，陆上气田气井产水的可动水饱和度临界值为6%（图6）。可动水饱和度低于6%时，气井不产水；可动水饱和度在6%~8%时，气井产少量水；可动水饱和度在8%~11%时，气井大量产水；大于11%时，气井严重产水。

通过类比西湖凹陷低渗气藏与须家河、苏里格气田可动水饱和度（图7），反映出西湖凹陷低渗气藏可动水饱和度低于须家河须四和须二，高于苏里格气田可动水饱和度，与须六可动水饱和度属于同一区间，主要集中在4%~8%，处于少量产水区；也有小部分大于8%，处于大量产水区。

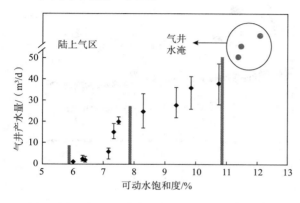

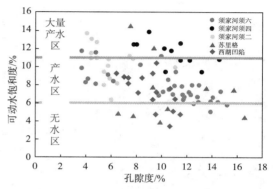

图6　陆上气田可动水饱和度与气井产水关系图　　图7　可动水饱和度与孔隙度关系对比图

通过对西湖凹陷低渗气藏的生产井进行归类，统计出可动水饱和度与气井产水量的关系（图8）。统计结果显示，西湖凹陷低渗气藏可动水与气井产水量的关系与陆上气田统计的可动水与气井产水量的关系相似，西湖凹陷低渗气藏可动水饱和度临界值在6%左右。小于6%时，对应的气井基本不产水，小于5m³/d；介于6%~8%之间时，气井少量产水，为5~20m³/d；介于8%~10%之间时，气井产水量比较大，为20~30m³/d。

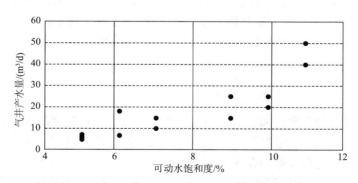

图8　西湖凹陷低渗气藏可动水饱和度与气井产水量关系图

3.2 数值模拟研究

通过以上对地层水的赋存状态的分析，为了进一步分析对比实际生产中可动水对气井生产的影响，利用数值模拟软件，对低渗气藏的生产动态进行了研究。数模研究主要是通过建立低渗气藏水的赋存状态刻画模型，根据实际生产动态、进行压力、产水的拟合，并对后期生产进行预测，为配产提供指导。

通过对 A 气藏两口井的产水量进行拟合研究，表明若建立束缚水为不可动水模拟，通过改变边底水大小等参数进行产水量的拟合，其拟合效果很差；而通过以上对水的赋存状态的认识，建立储层中含有一部分可动水模型（图9），其压力和产水量都能够得到很好的拟合（图10），说明低渗气藏的模拟需考虑可动水饱和度，才能较好地模拟出生产井投产即见水现象。

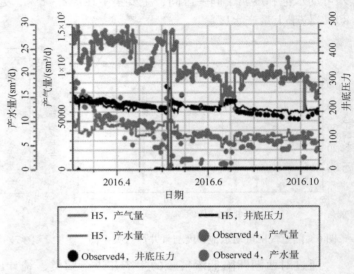

图9 可动水饱和度场图　　　　　　　　图10 A 井产气量和产水量拟合图

3.3 低渗气藏出水特征

西湖凹陷低渗气藏目前已有多口低渗气井在产，通过调研陆上低渗气藏产水情况，与西湖凹陷低渗气藏实际生产情况相结合，采用图版法和数值模拟研究技术，得出西湖凹陷低渗气藏产水特征为：①投产即见水；②水量长时间保持平稳，在边底水突破前不会出现突然舌进及爆性水淹现象；③表现出气水同出的现象，层内可动水对生产的影响较小。

4 实例

西湖凹陷某气藏为含水饱和度为50%，孔隙度在9%～11%之间，平均为10%，渗透率在0.8～5.3mD之间，平均为2.4×10^{-3}mD，属于低孔低渗储层；根据可动水与孔隙度的关系曲线，可动水饱和度范围在6%～10%之间；根据可动水与渗透率的关系曲线，可动水饱和度范围在4%～8%之间。利用西湖凹陷低渗气藏产水判别图版，判断在该层生产的气井产水量在5～20m³/d。

目前在该层有两口多分支水平井在生产（图11、图12），其中 A1 井日产水量在6m³/d，A2 井日产水量在20m³/d。A2 井产水量较高，主要是由于其一分支布在储层的中下部，通过双水曲线图（图5）也显示在储层的中下部具有一定量的可动水。可见，在该气藏实际生产气井的产水量和通过产水判别图版法获得的产水量吻合。

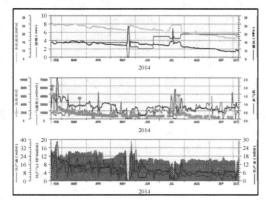

图 11　A1 井生产曲线图

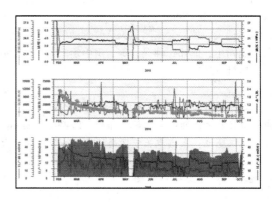

图 12　A2 井生产曲线图

5　结论

通过本文的研究，得出了西湖凹陷低渗气藏储存中水的赋存状态及出水特征的认识，为低渗气藏的开发及生产管理提供了可靠的依据。

（1）根据可动水实验判别法和"双水"曲线评价法，表明西湖凹陷低渗气藏投产即见水的原因是由于大孔道中存在一部分在一定条件下可以动用的可动水。

（2）建立西湖凹陷低渗气藏产水判别图版法，得出西湖凹陷低渗气藏储层可动水饱和度临界值在 6% 左右，小于 6% 时，对应的气井基本不产水，小于 $5m^3/d$；介于 6% ～ 8% 之间时，气井少量产水，为 5 ～ $20m^3/d$；介于 8% ～ 10% 之间时，气井产水量比较大，为 20 ～ $30m^3/d$。

（3）通过西湖凹陷低渗气藏实际生产动态分析以及数值模拟研究表明，西湖凹陷低渗气藏产水的特征为：投产即见水；但产水量不高，在边底水突破前不会出现突然舌进及爆性水淹现象。

参 考 文 献

[1] 叶礼友，高树生，熊伟，等. 可动水饱和度作为低渗砂岩气藏储层评价参数的论证[J]. 石油天然气学报，2011，33（1）：57-59.

[2] 孙军昌，郭和坤，刘卫，等. 低渗火山岩气藏可动流体 T2 截止值实验研究[J]. 西南石油大学学报（自然科学版），2010，32（4）：109-113.

[3] 李久娣，胡科. DH 气藏残余气饱和度实验研究[J]. 西南石油大学学报（自然科学版），2014，36（1）：107-112.

[4] 付大其，朱华银，刘义成，等. 低渗气层岩石孔隙中可动水实验[J]. 大庆石油学院学报，2008，32（5）：23-26.

[5] 周德志. 束缚水饱和度与临界水饱和度关系的研究[J]. 油气地质与采收率，2006，13（6）：81-83.

[6] 郭平，黄伟岗，姜贻伟，等. 致密气藏束缚与可动水研究[J]. 天然气工业，2006，26（10）：99-101.

[7] 孙军昌，杨正明，刘学伟，等. 核磁共振技术在油气储层润湿性评价中的应用综述[J]. 科技导报，2012，30（7）：65-71.

[8]付金华，石玉江．利用核磁测井精细评价低渗透砂岩气层[J]．天然气工业，2002，22(6)：39-42.

[9]赵杰，姜亦忠，王伟男，等．用核磁共振技术确定岩石孔隙结构的实验研究[J]．测井技术，2003，27(3)：185-188.

[10]高瑞民．核磁共振测试天然气可动气体饱和度[J]．天然气工业，2006，26(6)：33-35.

[11]高树生，熊伟，钟兵，等．川中须家河组低渗砂岩气藏渗流规律及开发机理研究[M]．石油工业出版社，2011.

第一作者简介：朱文娟，工程师，1983 年出生，2009 年毕业于长江大学油气田开发专业，主要从事油气田开发方面的研究工作，邮箱：104097845@qq.com，电话：13564746958。

通讯地址：上海市长宁区通协路 388 号中海油大厦 A645 室；邮编：200335。

利用广适水驱曲线计算相对渗透率曲线的方法及应用

朱迎辉　代玲　陈维华　廖意　罗启源　孙维

[中海石油(中国)有限公司深圳分公司研究院]

摘　要　岩心实验得到的相对渗透率曲线具有一定的局限性，很难反映地层长期水驱后的油水两相渗流特征。根据适用范围更广泛的广适水驱曲线，提出了利用生产数据计算相对渗透率曲线的新方法。利用广适水驱曲线，结合相渗曲线表达式，通过二元线性回归得到新的相对渗透率曲线，该方法能够反映更真实的渗流特征和生产动态。通过具体实例分析，新方法得到相对渗透率曲线计算的含水率与实际更符合，具有一定的精度；在单井产液量调整中有较好应用，具有一定的实用性；为数模相渗曲线校正提供一种新的思路，具有一定的前景。

关键词　水驱曲线　生产数据　广适水驱曲线　相对渗透率曲线　提液

1　前言

油水两相相对渗透率资料是研究油水两相渗流的基础，广泛应用于水驱油田的开发参数计算及动态预测。但由于取心数量、储层非均质性，实验条件以及实验误差等因素的影响，实验室测得的相对渗透率曲线代表性有限。并且随着开发时间的延长，长期水驱后储层岩石性质会发生变化，同样油水两相渗流特征及相对渗透率曲线也会发生变化，与早期实验测得的相对渗透率的差距就更大。

生产数据是地下复杂的水驱油过程的综合体现，利用生产数据计算相对渗透率曲线既能反映储层的非均质性，又能反映地层中真实的油水两相渗流特征，也更符合实际的生产动态。前人已提出了一些采用生产数据计算相对渗透率曲线的方法，主要是通过渗流公式及甲型水驱曲线计算得到的，具有一定的局限性。广适水驱曲线是一种应用范围更广泛的水驱特征曲线，本文利用生产数据通过广适水驱曲线提出了新的计算相对渗透率的方法。

2　公式推导

广适水驱曲线关系为：

$$N_p = N_R - a\frac{N_p^2}{W_p^q} \tag{1}$$

式中，N_p 为累计产油量，$10^4 m^3$；N_R 为可动油储量，$10^4 m^3$；W_p 为累计产水量，$10^4 m^3$；a 和 q 为待定系数。

由式（1）可以得到：

$$f_w = \frac{a^{\frac{1}{q}} N_R^{\frac{1}{q}-1} R_f^{\frac{2}{q}-1} (2 - R_f)}{a^{\frac{1}{q}} N_R^{\frac{1}{q}-1} R_f^{\frac{2}{q}-1} (2 - R_f) + q(1 - R_f)^{\frac{1}{q}+1}} \tag{2}$$

式中，f_w 为含水率；R_f 为可动油储量采出程度。

则水油比与可动油储量采出程度的关系为：

$$\frac{f_w}{1 - f_w} = \frac{a^{\frac{1}{q}} N_R^{\frac{1}{q}-1} R_f^{\frac{2}{q}-1} (2 - R_f)}{q(1 - R_f)^{\frac{1}{q}+1}} \tag{3}$$

又有：

$$R_f = \frac{S_w - S_{wi}}{1 - S_{wi} - S_{or}} \tag{4}$$

式中，S_w 为含水饱和度；S_{wi} 为初始含水饱和度；S_{or} 为残余油饱和度。

对于均质、等厚油层，在忽略重力和毛管力的情况下，油水两相平面径向流产量公式为：

$$Q_o = \frac{2\pi K K_{ro} h \Delta p \rho_o}{\mu_o B_o \ln(r_e / r_w)} \tag{5}$$

$$Q_w = \frac{2\pi K K_{rw} h \Delta p \rho_w}{\mu_w B_w \ln(r_e / r_w)} \tag{6}$$

式中，Q_o 和 Q_w 分别为产油量和产水量，$10^4 m^3$；K 为绝对渗透率，$10^{-3} \mu m^2$；K_{ro} 和 K_{rw} 为油相和水相的相对渗透率；h 为油层厚度，m；Δp 为生产压差，MPa；ρ_o 和 ρ_w 为地面原油和地面水的密度，g/cm^3；μ_o 和 μ_w 为地层原油和地层水的黏度，mPa·s；B_o 和 B_w 为油相和水相的体积系数；r_e 和 r_w 为泄油半径和油井半径，m。

由式（5）、式（6）可得：

$$\frac{Q_w}{Q_o} = \frac{\rho_w \mu_o B_o}{\rho_o \mu_w B_w} \cdot \frac{K_{rw}}{K_{ro}} \tag{7}$$

则：

$$\frac{K_{ro}}{K_{rw}} = \frac{\rho_w \mu_o B_o}{\rho_o \mu_w B_w} \cdot \frac{Q_o}{Q_w} \tag{8}$$

结合式（3）、式（4）和式（8），可以求得不同含水饱和度下的油相渗透率和水相渗透率比值。

油水两相相对渗透率曲线可以由多种形式表示，广泛应用的是如下的表达式：

$$K_{ro} = K_{ro}(S_{wi})(1 - S_{wd})^{n_o} \tag{9}$$

$$K_{rw} = K_{rw}(S_{or}) S_{wd}^{n_w} \tag{10}$$

$$S_{wd} = \frac{S_w - S_{wi}}{1 - S_{wi} - S_{or}} \tag{11}$$

式中，S_{wd}为归一化的含水饱和度；n_o和n_w为常数。

式（9）与式（10）两边相除，且取对数，可以得到：

$$\lg\left(\frac{K_{ro}}{K_{rw}}\right) = \lg\left(\frac{K_{ro}(S_{wi})}{K_{rw}(S_{or})}\right) + n_o\lg(1 - S_{wd}) - n_w\lg(S_{wd}) \qquad (12)$$

设：

$$y = \lg\left(\frac{K_{ro}}{K_{rw}}\right) \qquad (13)$$

$$x_1 = \lg(1 - S_{wd}) \qquad (14)$$

$$x_2 = \lg S_{wd} \qquad (15)$$

$$c = \lg\left(\frac{K_{ro}(S_{wi})}{K_{rw}(S_{or})}\right) \qquad (16)$$

则式（12）可以为：

$$y = n_0 x_1 - n_w x_2 + c \qquad (17)$$

由求出的不同含水饱和度下的油水两相相对渗透率比值，结合式（13）、（14）、（15）和（16），根据式（17）二元线性回归求出n_o、n_w和c值。

通常情况下，以束缚水饱和度下油相的有效渗透率作为基准渗透率，即束缚水饱和度下油相的相对渗透率等于1，这样，残余油饱和度时的水相渗透率可以式（16）求得：

$$K_{rw}(S_{or}) = \frac{1}{10^c} \qquad (18)$$

最后由式（9）和式（10）分别计算出不同含水饱和度下的油水相对渗透率，从而得到相对渗透率曲线。

3　计算实例及验证

3.1　单井相对渗透率曲线计算

利用单井的生产数据，根据本文方法可以计算单井的相对渗透率曲线。计算了南海东部某油田 A 井的单井相渗曲线。其所在油藏的相关参数如下：$B_o = 1.04$，$B_w = 11.005$，$\mu_w = 0.4\text{mPa} \cdot \text{s}$，$\mu_o = 5.8\text{mPa} \cdot \text{s}$，$\rho_w = 1.03\text{g/cm}^3$，$\rho_o = 0.878\text{g/cm}^3$，$S_{wi} = 0.12$，$S_{or} = 0.32$。通过广适水驱曲线拟合，可以求得：$q = 1$，$a = 3.6441$，$N_r = 274.58 \times 10^4 \text{m}^3$，再结合式（3）、式（8）和式（12），可以计算出式（12）方程的变量，然后根据二元线性回归可以求出式（12）的系数，$n_0 = 1.959$，$n_w = 0.843$，$c = 0.689$。则根据式（9）、式（10）和式（18），可以求得该单井的相对渗透率曲线，见图1。本文方法计算的油相相对渗透率下降更快，水相相对渗透率早期上升快，后期上升慢。根据计算出的相对渗透率曲线求得含水率与可采储量采出程度的对应关系与实际数据较为符合，如图2所示。这说明本文方法具有一定的精度。

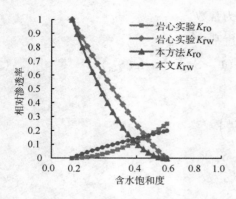

图1　A井相对渗透率曲线对比

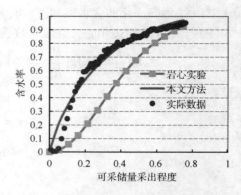

图2　A井计算含水率与实际含水率对比

3.2　油藏相对渗透率曲线计算

利用油藏的生产数据，根据本文方法可以计算油藏的相对渗透率曲线。南海东部B油藏的相关参数如下：$B_o = 1.05$，$B_w = 1.005$，$\mu_w = 0.4\text{mPa} \cdot \text{s}$，$\mu_0 = 10.4\text{mPa} \cdot \text{s}$，$\rho_w = 1.02\text{g/cm}^3$，$\rho_0 = 0.909\text{g/cm}^3$，$S_{wi} = 0.177$，$S_{or} = 0.225$。通过广适水驱曲线拟合及二元线性回归可以求出$n_0 = 1.784$，$n_w = 0.516$，$c = 0.820$，则可以求得该油藏的相对渗透率曲线，如图3。通过对含水率计算，同样是本文方法的计算结果与实际的含水率比较接近（图4）。

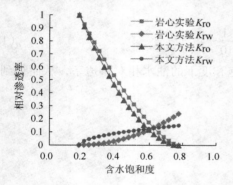

图3　B油藏相对渗透率曲线对比

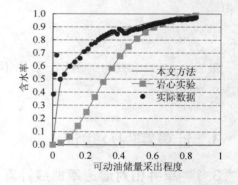

图4　B油藏计算含水率与实际含水率对比

4　应用分析

4.1　单井产液量调整

油井提液是海上油田最为经济有效的增产措施，但在合理提液研究方面还存在许多问题。通过相对渗透率曲线计算出无因次采液、采油指数是目前进行单井提液理论研究的主要手段。根据本文计算方法可以计算得到更为符合实际生产动态的单井相对渗透率曲线，依此计算出的无因次采液、采油指数变化规律也更为准确，能更好地指导产液量调整。

如图5，A井的无因次采液指数一直大于1，说明该井各阶段均具有充足的提液能力。为保证提液取得更好的效果，提液时机最好选择无因次采油指数递减较缓且无因次采液指数大幅上升之前，A井的提液时机应在含水70%以后。提液幅度根据某一时间段预测含水率对应的无因次采液指数与当前含水率对应的无因次采液指数的比值来确定。A井在含水

70.8%时进行提液，提液前平均日产液 1854m³/d，日产油 542m³/d，提液后平均日产液 2452m³/d，平均日产油 683m³/d，提液幅度 32.2%，有效期 227d，增油量 21968m³，提液增油效果明显。

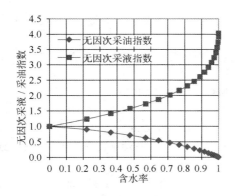

图 5　A 井无因次采液、采油指数曲线

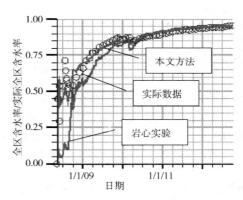

图 6　B 油藏不同相渗数模计算结果对比

4.2　数模应用

相对渗透率曲线是油藏数值模拟的重要的基础资料，如果相对渗透率曲线不能反映实际的油水渗流特征，那么油藏模型就无法准确预测未来的动态，也会增大历史拟合的工作量，即使进行了历史拟合，可能也无法刻画真实的油水关系。岩心实验由于储层非均质性、取心数量、实验条件和实验误差等因素影响，难以准确反映地层中真实的油水渗流特征。而利用动态生产数据计算的相对渗透率曲线则避免了这些因素的影响，具有一定的代表性。如图 6 所示，经过本文方法计算的 B 油藏的相对渗透率曲线带入实际油藏模型后，在没有进行历史拟合的情况下，计算的结果就与实际生产数据符合较好，而原本利用岩心实验测得的相对渗透率曲线模型计算的结果与实际生产数据有一定差距。通过动态数据计算相对渗透率曲线对数模相渗进行校正，是提高油藏模型准确性的一个很好的思路。

5　总结

（1）通过生产数据利用广适水驱曲线提出了计算相对渗透率曲线的新方法。生产数据是地下复杂的水驱油过程的综合体现，利用生产数据计算相渗曲线更能反映地层中油水渗流特征及生产动态特征。广适水驱曲线的适用范围更广，扩大了该方法的适用范围。

（2）计算实例说明该计算方法能满足一定的精度要求，具有一定的实用性。通过单井生产数据计算得到的单井动态相渗能够指导产液量调整；通过油藏生产数据计算得到的油藏动态相渗，可以应用于数模，为油藏数模相渗校正提供一种新的思路。

（3）由于该方法建立在生产数据及广适水驱曲线的基础之上，计算结果会受到生产数据、广适水驱曲线拟合、流体参数等因素影响，具有一定的不确定性。

参 考 文 献

[1]王怒涛，陈浩，王陶，等．用生产数据计算油藏相对渗透率曲线．西南石油学院学报［J］，2005，27（5）：26-28.

[2]蒋明，宋富霞，郭发军，等．利用水驱特征曲线计算相对渗透率曲线[J]．新疆石油地质，1999，20（5）：418-421．

[3]阎静华，许寻，杜永波．计算相渗曲线的新方法-甲型水驱曲线法[J]．断块油气田，2001，8（1）：38-40．

[4]杜殿发，林新宇，巴忠臣，等．利用甲型水驱特征曲线计算相对渗透率曲线[J]．特种油气藏，2013，20（5）：93-96．

[5]张金庆，安桂荣，许家峰，等．广适水驱曲线适应性分析及推广应用[J]．中国海上油气，2013，25（6）：56-60．

[6]张金庆．水驱油田产量预测模型[M]．北京：石油工业出版社，2013：72-121．

[7]张建国，雷光伦，张艳玉．油气层渗流力学[M]．东营：石油大学出版社，1997：164-166．

[8]陈元千．油气藏工程计算方法[M]．北京：石油工业出版社，1991：263-266．

[9]李敏，喻高明，郑可．LH11-1油田动态法计算单井提液时机研究[J]．石油地质与工程，2010，24（3）：65-67．

[10]徐兵，代玲，谢明英，等．水平井单井提液时机选择[J]．科学技术与工程，2013，13（1）：153-156．

第一作者简介：朱迎辉，2012年毕业于长江大学油气田开发工程专业，工程师，现从事油气田开发方面的工作，邮箱：zhuyh6@cnooc.com.cn，电话：0755－26026499。

通讯地址：广东省深圳市南山区后海滨路（深圳湾段）3168号中海油大厦A座1408房；邮编：518054。

高温、超低压气井不压井修井工艺研究与应用

谢乐训　贾辉　廖云虎

[中海石油(中国)有限公司湛江分公司]

摘　要　针对180℃、0.12压力系数的高温、超低压气井的修井难题，研究形成了适用的不压井修井工艺，并对其关键技术进行了室内评价：103.5℃、30MPa条件下TTI过油管封隔器24h承压合格，密封承压效果良好；优选KPJ-15为大尺寸半封闭油管气举泡排剂，其最佳浓度为0.7%，携液比例可达90.5%。该工艺已成功应用于W井套损隐患治理作业：该井作业30d，作业过程中无漏失，TTI无相对位移，完全将压井液与储层隔离；7in半封闭油管采用KPJ-15进行气举泡排，携液比例高达96.7%；修井后产能即时完全恢复。该工艺实现了高温、超低压气井修井过程中修井液的零漏失、储层的零伤害。

关键词　高温　超低压　气井　不压井　漏失　储层伤害

1　概述

A气田位于我国南海西部海域，至今已开发20余年，2015年7月调查发现在海水飞溅区的强腐蚀环境下，W井10.75in和13.375in套管在海平面处腐蚀断裂(图1)，仅剩7in油管一道安全屏障，这层屏障一旦失效将会给生产平台带来毁灭性的灾难。消除该井安全隐患最有效的方法是修复断裂套管，恢复安全屏障。

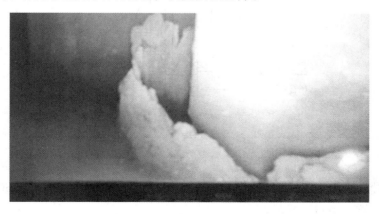

图1　飞溅区腐蚀断裂的套管

A 气田储层中深 3810m，温度 176℃，地温梯度 3.95℃/100，原始储层压力系数为 1.05，随着气田的持续开发，目前压力系数仅为 0.12 左右。对于此类高温、超低压气井的修井国内外尚无可借鉴的经验，若采用常规修井模式进行压井作业，将面临修井液大量漏失及产能损失的风险，甚至造成气井无产出。

为此，针对 A 气田高温、超低压气井的修井难题，研究形成了适用的不压井修井工艺，并成功应用于 W 井安全隐患治理作业，修井后产能完全恢复。

2 技术难点与挑战

高温、超低压气井修井所面临的最大难点是储层保护，主要包括以下几个方面：

（1）超低压：常规修井液柱与储层压差高达 34.5MPa，修井液难以满足暂堵承压的要求，存在极大的储层伤害风险；

（2）高温：W 井修井计划工期在 30d 以上，井底温度达 180℃，静置压井条件下，修井液稳定性难以满足要求；

（3）常规不压井修井技术不可行：现行的不压井修井技术基本用于小尺寸油管，无法用于更换 7in、10.75in 及 13.375in 的大尺寸油套管，且现行的不压井修井技术受平台空间限制无法直接用于海上气田。

3 不压井修井工艺研究

针对高温、超低压气井压井作业储层伤害风险高，现行的不压井修井技术不满足作业需求的问题，结合 W 井的特点，制定了针对性的不压井修井技术方案，并对其关键技术进行了实验评价。

3.1 不压井修井技术方案

图 2 为 W 井生产管柱及井身结构示意图，结合该井特点，不压井修井方案设计如下：

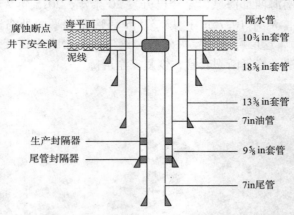

图 2　井身结构及生产管柱示意图

（1）连续油管下入 4.25in 过油管封隔器（井下安全阀内径 5.937in）至 7in 油管切割点以下 50～100m 位置，坐封、验封；

（2）井筒内灌满压井液，对 7in 油管进行切割、打捞；

（3）切割、打捞及回接 10.75in 和 13.375in 套管；

（4）回接 7in 油管，恢复井口；

（5）气举排空 7in 油管内压井液，回收过油管封隔器；

（6）恢复气井生产。

过油管封隔器较少的应用于恶劣环境中，W 井条件下其封堵可靠性是制约该方案成功与否的关键因素，需开展针对性的研究；为了使压井液不与储层接触，还需排空 7in 油管内过油管封隔器上部压井液，需开展封闭大尺寸油管内气举排液工艺研究。

3.2　过油管封隔器性能评价

目前，掌握过油管封隔技术的公司主要有贝克休斯、斯伦贝谢和威德福，对比筛选贝克休斯的 TTI 型过油管封隔器开展功能试验，其原理如图 3 所示：它主要由密封橡胶及金属肋板组成，靠液压膨胀激活，激活后橡胶膨胀实现密封，金属肋板呈伞状张开抓牢套管实现定位。不同于传统工具，过油管封隔器可通过井筒中的缩颈，坐封在较大内径、不规则或偏心井眼内，其外径可膨胀至原始尺寸的 350%。

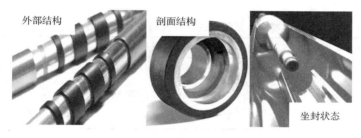

图 3　TTI 工作原理及结构示意图

根据 W 井 9⅝in 套管固井质量，选择 7in 油管切割点为 2000m，TTI 坐封位置液柱压力为 20MPa，温度为 103.5℃，因而，在模拟工况条件下对 TTI 承压封堵能力进行了实验评价，结果见表 1。

表 1　TTI 承压封堵实验结果

油管尺寸	TTI 尺寸	实验温度	实验压力	实验时间	TTI 与油管相对位移
7in	4.25in	103.5℃	30MPa	24h	0

由表 1 可知，在 103.5℃、30MPa 条件下，4.25in TTI 在 7in 油管内能够形成有效封堵，TTI 与油管间无相对位移。W 井作业过程中实际工作压力仅为 20MPa 左右，TTI 满足该井不压井修井过油管封隔器耐温及承压的要求，为了确保作业安全及严格控制漏失，W 井设计在 2050m 及 2100m 下入两个 TTI 过油管封隔器。

3.3　TTI 氮气坐封可行性评价

TTI 通常采用液压坐封，但气井作业液压坐封会造成内外压差过大导致 TTI 提前坐封；TTI 一旦失效，坐封液体会漏失至气层，造成储层伤害；由于气体可压缩性，直接采用气体坐封会影响 TTI 封堵承压效果。因而，设计在 TTI 上部加注液压油，采用氮气顶替液压油进行坐封，如图 4 所示。

实验操作步骤如下：连接坐封流程（TTI + 注液阀 + 2⅞in 油管 + 弯头 + 软管 + 液氮），

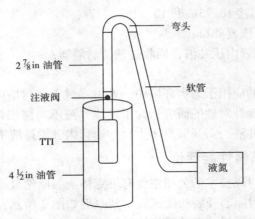

图 4 氮气顶替液压油坐封 TTI 实验示意图

将 TTI 送入油管，通过注液阀注入足量的液压油，采用氮气逐级加压坐封 TTI，结果见表 2。

表 2 氮气坐封 TTI 可行性评价结果

油管尺寸	TTI 尺寸	实验温度	液压油	坐封压力	实验情况
4½in	2½in	室温	10L	2000psia	实现坐封、未发现液压油渗漏现象；坐封后 TTI 上部有充足的液压油余量；试压 30MPa、稳压 30min，合格

由表 2 实验结果可知，采用氮气顶替液压油坐封 TTI 的方法可行，坐封后承压能力达 30MPa，满足 W 井现场作业需求，可有效避免连续油管内外压差过大导致 TTI 提前坐封。

3.4 气举泡排工艺研究

排空 TTI 上部压井液需采用连续油管注氮气气举，现场氮气供应能力为 900m³/h，模拟计算此排量条件下 7in 油管内压井液仅能够排出 70% 左右，不满足作业需求，大量研究表明泡排是增加气井产能及气举排液能力的有效手段。结合 W 井井况，开展了针对性的泡排剂优选实验，实验方法为：50mL 水中加入 1% 泡排剂；103.5℃ 老化 24h；将老化后溶液装入实验仪，并通入流速为 6m³/h 的氮气直至无液体返出；计量排出液体量，并计算泡排剂携液能力，结果见表 3。

表 3 泡排剂优选实验结果

泡排剂	总液量	排出液量	携液比例
NPJ - 07	50.2mL	38.7mL	77.1%
FPJ - 03	50.3mL	40.2mL	79.9%
KPJ - 15	50.3mL	45.5mL	90.5%

由表 3 实验结果可知，KPJ - 15 携液能力最强，优选 KPJ - 15 作为泡排剂，并对其浓度作进一步优化，结果见图 5。

由图 5 实验结果可知，随 KPJ - 15 浓度增加发泡体积和半衰期增大，当浓度达到

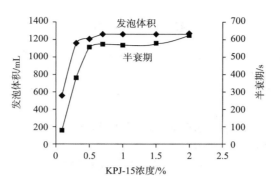

图5 KPJ-15 浓度对发泡体积及半衰期的影响

0.7%时，发泡体积和半衰期基本达到最大值，继续增加浓度对发泡体积及半衰期影响不大，因而，KPJ-15 最佳浓度为 0.7%。

4 现场应用

W 井作业采用连续油管将 1#TTI 下至 2100m，采用氮气顶替液压油坐封 TTI，坐封完成后继续打压至送入工具脱手；观察 7in 油管内压力上升，下放连续油管复探，悬重下降，初步判断 TTI 完成坐封，井筒内注入氮气，对 TTI 试压 25MPa，合格；采用同样的方式将 2#TTI 下至 2050m，坐封、并试压合格。井筒内注满压井液，按设计对 7in、10.75in、13.375in 套管进行切割、打捞及回接，作业过程中修井液无漏失。

完成回接后采用 1.75in 连续油管下入 7in 封闭套管内气举排液，边下入边气举，氮气排量为 900m³/h，连续油管下至 1400m 时，监测无液体返出，此时共返出压井液 21m³，携液比例为 53.3%。停止注气，将连续油管下至 2048m，注入 400L 泡排剂后定点气举，至无液体返出，累计返出压井液 38.5m³，携液比例提高至 96.7%，压井液基本完全排出。

连续油管下入打捞工具在 2050m 处成功捞出 2#TTI；再次下入打捞工具在 2100m 处成功捞出 1#TTI，两个 TTI 均无相对位移。TTI 捞出后，W 井即时复产，修井前该井产量为 $51.21 \times 10^{-4} m^3/d$，修井后产量为 $51.18 \times 10^{-4} m^3/d$，产能完全恢复。

5 结论与认识

针对 180℃、0.12 压力系数的高温、超低压气井修井难的问题，研究形成了适用的不压井修井工艺，并成功应用于 A 气田 W 井的套损隐患治理作业，通过实验研究与现场实践，形成结论与认识如下：

(1)TTI 型过油管封隔器能够实现 103.5℃、30MPa 恶劣条件下的承压密封，承压封堵有效期大于 30d。

(2)优化了 TTI 的坐封方式，对于超低压气井可采用氮气顶替液压油的方式坐封 TTI，避免了提前坐封的风险。

(3)采用 0.7% 的泡排剂 KPJ-15 在 7in 封闭油管内辅助气举排液，携液比例达 96.7%，基本将油管内修井液排完。

(4)高温、超低压气井不压井修井工艺在 W 井成功应用，结果表明：该工艺可实现修井过程中修井液的零漏失、储层的零伤害，修井后可使气井产能迅速恢复。

参 考 文 献

[1] 刘国军，兰中孝，田友仁，等. 大庆油田 $\phi139.7mm$ 套管井深部取换套技术[J]. 石油钻采工艺，2004，26(3)：34-37.

[2] Alberty M W, Mclean M R. Fracture gradients in depleted reservoirs – drilling wells in late reservoir life[J]. SPE67740，2001.

[3] 管申，谢玉洪，谭强，等. 超低压水平井井壁稳定性研究与应用—以崖城13－1气田为例[J]. 石油天然气学报，2012，34(1)：111-117.

[4] 韩燕平，许吉瑞，王善聪，等. 无固相低密度微泡压井液在低压天然气井中的应用[J]. 油气藏评价与开发，2015，5(1)：58-61.

[5] 魏文科，宋宏宇. 不压井作业技术在庆深气田高压气井中的应用[J]. 科学技术与工程，2012，12(19)：4776-4780.

[6] 蔡彬，彭勇，闫文辉，等. 不压井修井作业装备发展现状分析[J]. 钻采工艺，2008，31(6)：106-109.

[7] 刘友，马龙. 过油管封隔器技术研究及应用现状[J]. 西部探矿工程，2014(5)：60-62.

[8] 李农，赵立强，缪海燕，等. 深井耐高温泡排剂研制及实验评价方法[J]. 天然气工业，2012，32(12)：55-57.

第一作者简介：谢乐训，2005 年毕业于西南石油大学石油工程专业，工程师，现从事井下作业，邮箱：xielx1@cnooc.com.cn，电话：13726908463。

通讯地址：广东省湛江市坡头区 22 号信箱；邮编：524057。

海上油田注入水与地层水配伍性程度评价方法

陈华兴　刘义刚　刘长龙　冯于恬　白健华　方涛　赵顺超

[中海石油(中国)有限公司天津分公司]

摘　要　海上油田注水水源类型复杂，混注比例高，注入水结垢是各油田普遍存在的问题。目前油田注入水与地层水配伍性结垢评价主要是采用传统的垢物质量分析法(即称重配伍性实验)，该方法仅仅评价结垢量的多少，缺乏结垢程度定量评价的方法及标准。笔者对传统的垢物质量分析方法进行改进，提出配伍性实验中悬浮垢、沉降垢、总垢等基本概念，并建立了油田注入水与地层水结垢评价参数和标准。以渤海渤中 28 - 2S 油田注入水与地层水为例，利用 X - 射线衍射分析、扫描电镜分析、光学显微镜分析等多种手段标定垢的类型和含量。研究表明，渤中 28 - 2S 油田馆陶组水源水与明化镇组储层地层水存在严重不配伍，结垢程度为中等偏强，易于形成 $CaCO_3$ 垢，总垢量为 154.08 ~ 376.25 mg/L，沉降垢是总垢的主要来源。验证了论文提出的结垢程度评价方法的科学性和客观性，该方法能推广到油田各类流体间配伍性评价，具有普适性和推广性。

关键词　海上油田　注水　配伍性　垢物质量分析法　结垢程度　评价方法

1　前言

渤海目前有 32 个注水油田，69 个注水平台，注水井 612 口，平均日注水 $26 \times 10^4 m^3$，年注水 $8508 \times 10^4 m^3$。注水水源主要有产出污水、浅层水源井水、海水，产出污水多以东营组、馆陶组、明化镇组、沙河街组、潜山等层位的两两混合或多层位混合为主，水源井水主要来自馆陶组和明化镇组，不同油田相同层位的产出水离子成分差异性较大。注水方式主要以产出污水与浅层水源井水混合回注为主，混注比例高，各注水油田的结垢问题相当普遍，由此导致的注水井管柱问题也十分突出。管柱的腐蚀结垢导致注水井的大修作业量增加、注水井调配合格率低及水井作业时效增加等一系列问题。因此，深入研究各油田注入水之间的配伍性以及注入水与地层水之间的配伍性直接关系到注水工艺的优选设计和油田的经济有效注水。

目前，评价注入水与地层水结垢程度的研究方法主要有 3 种：①结垢趋势预测法。如饱和指数 SI 法、Oddo-Tomsom 饱和指数法等。②静态配伍性实验法。包括离子含量分析法、浊度分析法、垢物质量分析法等。③动态配伍性实验法。垢物质量分析法凭借其不受溶液颜色干扰、垢量测定结果准确等优点而广泛使用。

传统的垢物质量分析法依据石油与天然气行业标准《碎屑岩油藏注水水质推荐指标及分

析方法》(SY/T 5329—2012)中滤膜过滤法,将流体混合水通过 0.45 μm 的滤膜进行过滤,测定实验前后滤膜重量之差,作为混合水的结垢量。实际上,配伍性实验后生成的垢应由悬浮在溶液中的垢和附着在实验容器器皿上的垢组成,而传统的垢物质量分析法主要是测定悬浮在溶液中的垢,未测定和表征附着在实验容器器皿上的垢。另一方面,目前的结垢程度评价方法仅在定性层面上说明注入水与地层水配伍性程度强弱,存在很强的主观性,缺乏能够表征混合水真实结垢量的评价方法和客观评价配伍性程度的衡量标准。再者,现行的结垢程度评价方法未能综合考虑注入水自身结垢能力对注入水与地层水混合后结垢量的影响,实践情况表明,对于两种及以上的注入水,若一种注入水自身结垢能力很强,显然应该优先控制该注入水的注入量。因此,注入水与地层水结垢评价应该从两方面入手:一是考虑注入水与地层水的配伍性;二是考虑注入水与地层水自身结垢能力的差异。

针对传统的垢物质量配伍性评价方法存在的不足,笔者以渤中 28 - 2S 油田注入水配伍性为研究对象;结合 X - 射线衍射分析、扫描电镜分析、光学显微镜分析等多种微观分析手段,从定性、定量角度研究注入水与地层水的配伍性,优化改进并建立了注入水与地层水配伍性评价方法,并在此基础上制定了注入水与地层水配伍性程度和结垢程度的客观评价标准,该方法可客观地评价注入水与地层水的结垢程度,能够较好的指导新项目和在生产油田的注水防垢设计。

2　注入水与地层水配伍性实验方法改进

针对传统的垢物质量分析法只能表征注入水与地层水混合后悬浮在溶液中的垢含量的问题,笔者将注入水与地层水的混合水经 <0.45 μm 滤膜抽提出的物质定义为悬浮垢,将附着于实验器皿(锥形瓶)表面的物质定义为沉降垢,悬浮垢与沉降垢统称为总垢。通过定量测定静态配伍性实验后悬浮垢、沉降垢、总垢含量,可以清楚地反映地层结垢量以及地层是以悬浮垢为主还是沉降垢为主的特征。其次,采用 X - 射线衍射、环境扫描电镜、光学显微镜等微观分析手段分别对悬浮垢、沉降垢的类型及微观形貌特征进行定性分析。在此基础上,考虑注入水与地层水自身结垢能力差异及注入水与地层水配伍性两方面影响,建立了注入水与地层水结垢评价方法及标准。

2.1　实验材料

主要耗材:0.45 μm 纤维滤膜;载玻片;250 mL 锥形瓶;10% 稀盐酸;蒸馏水。

主要仪器:X - Pert PRO 型粉末 X - 射线衍射仪,荷兰帕纳科公司;Quanta450 型环境扫描电子显微镜(带能谱分析),美国 FEI 公司;ESJ220 - 4B 电子天平(精度为 0.1 mg),沈阳龙腾电子有限公司;恒温烤箱;SHZ - D(Ⅲ)循环水式真空泵及配套的玻璃砂心过滤装置;BX51TRF 型多视域显微镜,日本 OLYMPUS 公司;Axios 型 X - 射线荧光分析仪,荷兰帕纳科公司。

2.2　实验方法改进

传统的配伍性实验方法主要是根据不同比例量取一定体积的清水与污水混合,放入恒温水浴箱中,恒温 8h,观察水样是否有明显悬浮物产生,并测试各混合水样悬浮物浓度、浊度指标,再根据混合水样中浊度和悬浮物浓度的变化规律判断混合水样是否配伍。

改进后的配伍性实验步骤如下：

（1）洗净 250 mL 锥形瓶（先用 10% 稀盐酸进行清洗，后用蒸馏水清洗），于干燥箱中 100℃烘干 2 h，并在每个锥形瓶中放入一片载玻片，便于实验结束后对沉降垢进行观察分析。锥形瓶冷却到室温后采用电子天平精确称重待用；

（2）利用 X – 射线荧光分析仪测试单一水源水、单一地层水的 Ca^{2+} 浓度；

（3）将注入水与地层水按混合体积比例 1:0、5:1、3:1、2:1、1:1、1:2、1:3、1:5、1:7、0:1 混合，每样次取 200mL。将水样密封放入恒温烘箱，在储层温度（65℃）下恒温静置 8h；

（4）按照 SY/T 5329—2012 中滤膜法测定悬浮物含量的相关标准，对各个锥形瓶中静置反应后的混合水水样进行悬浮垢测定；

（5）实验结束后对各个锥形瓶连同其中的载玻片进行烘干、冷却、称重，计算沉降垢含量；

（6）将吸附有悬浮垢的滤膜进行 X – 射线衍射和扫描电镜分析以研究其结垢组分与粒径、形态等；

（7）利用偏光显微镜观察载玻片，通过载玻片上沉降垢含量变化情况以及垢粒径变化情况定性判断结垢程度；

（8）将过滤后的水样进行 X – 射线荧光分析，测定混合水的 Ca^{2+} 浓度。

悬浮垢实测垢量计算公式：

$$C_{si} = \frac{m_{si} - m_{si}'}{V_i} \tag{1}$$

沉降垢实测垢量计算公式：

$$C_{pi} = \frac{m_{pi} - m_{pi}'}{V_i} \tag{2}$$

总垢实测垢量计算公式：

$$C_i = C_{si} + C_{pi} \tag{3}$$

式中，C_{si}、C_{pi}、C_i 分别为注入水与地层水以第 i 种混合比例进行静态配伍性实验后的悬浮垢实测垢量、沉降垢实测垢量、总垢实测垢量，mg/L；m_{si}、m_{si}' 分别为注入水与地层水以第 i 种混合比例进行静态配伍性实验前、后干燥滤膜的重量，mg；m_{pi}、m_{pi}' 为注入水与地层水以第 i 种混合比例进行静态配伍性实验前、后干燥锥形瓶的质量，mg；V_i 为注入水与地层水以第 i 种比例混合后的溶液总体积，L。

3 注入水与地层水结垢评价方法

注入水与地层水配伍性实验后，生成垢量的多少主要受到两方面的影响：一是注入水自身结垢能力与地层水自身结垢能力存在差异；二是注入水与地层水配伍性。因此，笔者首先建立注入水与地层水自身结垢能力差异的评价方法及注入水与地层水配伍性程度的评价方法，在此基础上，考虑这两方面对注入水与地层水结垢程度的影响大小（权重），建立了注入水与地层水结垢评价方法及评价标准。

3.1　注入水及地层水自身结垢能力差异评价

单一注入水(注入水与地层水混合比例为 1∶0)在储层温度下反应后仍能结垢,其结垢量的多少反映注入水自身结垢能力强弱。单一注入水静态配伍性实验后的悬浮垢、沉降垢、总垢含量分别用 $C_s^{(1:0)}$、$C_p^{(1:0)}$、$C^{(1:0)}$ 表示,单一地层水(注入水与地层水混合比例为 0∶1)的悬浮垢、沉降垢、总垢含量分别用 $C_s^{(0:1)}$、$C_p^{(0:1)}$、$C^{(0:1)}$。

注入水与地层水自身结垢能力的差异对流体混合后结垢程度具有重要的影响。显然,若注入水自身结垢能力越大,注入水与地层水自身结垢能力的差异越明显,$C^{(1:0)}/C^{(0:1)}$ 值越大,注入水与地层水混合后结垢程度越大,结垢越严重。注入水与地层水自身结垢能力差异可用 S 表示:

$$S = \lg\left[\frac{C^{(1:0)}}{C^{(0:1)}}\right] \tag{4}$$

式中,S 为注入水与地层水自身结垢能力差异程度。

3.2　注入水与地层水配伍性程度评价

目前,国内外学者只是在定性层面上说明流体配伍性强弱,存在一定的主观性。为了定量评价注入水配伍性程度,以单一注入水、单一地层水结垢量为基准,理论上计算注入水、地层水不同体积比例混合后的结垢量,定义为计算垢量。由此,可以分别得到悬浮垢计算垢量、沉降垢计算垢量、总垢计算垢量的计算公式。

悬浮垢计算垢量的计算公式:

$$C_{si}' = \frac{aC_s^{(1:0)} + bC_s^{(0:1)}}{(a+b)} \tag{5}$$

沉降垢计算垢量的计算公式:

$$C_{pi}' = \frac{aC_p^{(1:0)} + bC_p^{(0:1)}}{(a+b)} \tag{6}$$

总垢计算垢量的计算公式:

$$C_i' = \frac{aC^{(1:0)} + bC^{(0:1)}}{(a+b)} \tag{7}$$

式中,C_{si}'、C_{pi}'、C_i' 分别为注入水与地层水以第 i 种混合比例进行静态配伍性实验后的悬浮垢计算垢量、沉降垢计算垢量、总垢计算垢量,mg/L;$C_s^{(1:0)}$、$C_p^{(1:0)}$、$C^{(1:0)}$ 分别为单一注入水(混合比例为 1∶0)进行静态配伍性实验后的悬浮垢实测垢量、沉降垢实测垢量、总垢实测垢量,mg/L;$C_s^{(0:1)}$、$C_p^{(0:1)}$、$C^{(0:1)}$ 分别为单一地层水(混合比例为 0∶1)进行静态配伍性实验后的悬浮垢实测垢量、沉降垢实测垢量、总垢实测垢量,mg/L;$a∶b$ 为注入水与地层水的混合比例。

如果实测垢量高于计算垢量,说明混合水有新沉淀产生,表明两种水型不配伍。并且,两种流体配伍性越好,实测垢量与计算垢量之差将越小。以总垢的变化程度来评价流体配伍性程度。流体配伍性越好,总垢实测垢量与总垢计算垢量之差($C_i - C_i'$)越小。因此,定义配伍性程度评价单一指数如下:

$$I_i = \lg\left[\frac{C_i}{C_i'} \times (C_i - C_i')\right] \tag{8}$$

式中，I_i 为注入水与地层水以第 i 种混合比例进行静态配伍性实验后的配伍性程度评价单一指数。

在此基础上，进一步定义了配伍性程度评价综合指数 I，并建立了配伍性程度评价标准（表1），配伍性程度评价综合指数计算公式为：

$$I = \max(I_1, I_2, \cdots, I_i, \cdots, I_n) \tag{9}$$

式中，I 为注入水与地层水静态配伍性实验后的配伍性程度评价综合指数。

表1　流体配伍性程度评价标准

配伍性程度评价综合指数 I	配伍性程度评价	表示方法
$I \leqslant 0$	好	√
$0 < I \leqslant 1$	良好	*
$1 < I \leqslant 2$	轻度不配伍	* *
$2 < I \leqslant 3$	中度不配伍	* * *
$3 < I \leqslant 4$	严重不配伍	* * * *
$I > 4$	极度不配伍	* * * * *

3.3　注入水与地层水结垢程度评价

注入水与地层水配伍性实验后结垢程度受到注入水与地层水自身结垢能力差异及注入水与地层水配伍性程度两方面影响。注入水与地层水结垢程度单一指数 E_i 可表示为：

$$E_i = \alpha S + I_i \tag{10}$$

由式（4）、式（8）可得：

$$E_i = \lg\left\{\left[\frac{C^{(1:0)}}{C^{(0:1)}}\right]^\alpha \times \frac{C_i}{C_i'} \times (C_i - C_i')\right\} \tag{11}$$

式中，E_i 为注入水与地层水以第 i 种混合比例进行静态配伍性实验后的注入水与地层水结垢程度单一指数；α 为权重因子（$\alpha \geqslant 0$），反映注入水与地层水自身结垢能力差异对注入水与地层水结垢程度的影响程度，α 越大，表示注入水与地层水自身结垢能力差异影响程度越大，一般取 $\alpha = 1$。

（1）当 $\alpha = 0$，$E_i = I_i$，表示只考虑注入水与地层水配伍性程度影响；

（2）当 $0 < \alpha < 1$，表示注入水与地层水自身结垢能力差异影响程度较小，注入水与地层水配伍性影响程度较大；

（3）当 $\alpha = 1$，表示注入水与地层水自身结垢能力差异影响程度等同于注入水与地层水配伍性影响程度；

（4）当 $\alpha > 1$，表示注入水与地层水自身结垢能力差异影响程度较大，注入水与地层水配伍性影响程度较小。

进一步，定义注入水与地层水结垢程度综合指数 E，并给出相应的评价标准（表2）：

$$E = \max(E_1, E_2, \cdots, E_i, \cdots, E_n) \tag{12}$$

表2　注入水与地层水结垢程度综合评价标准

结垢程度综合指数 E	结垢程度评价	表示方法
$E \leqslant 0$	无	√
$0 < E \leqslant 1$	弱	*
$1 < E \leqslant 2$	中等偏弱	* *
$2 < E \leqslant 3$	中等	* * *
$3 < E \leqslant 4$	中等偏强	* * * *
$E > 4$	强	* * * * *

4　应用举例

以渤中 28 – 2S 油田 A37w 井馆陶组水源水与 A01 井明化镇组地层水配伍性为例,馆陶组水源水矿化度为 8514.6 mg/L,属于 $CaCl_2$ 水型,水中含有一定量的 Ca^{2+}、HCO_3^-;明化镇组地层水矿化度为 6605.6 mg/L,属于 $NaHCO_3$ 水型(表3),两者水型潜在不配伍,混合后将易结垢。

表3　实验流体离子分析

实验水样	井号	层位	阳离子含量/ mg·L^{-1}			阴离子含量/ mg·L^{-1}				总矿化度/ mg·L^{-1}	pH 值	水型
			Na^+/K^+	Mg^{2+}	Ca^{2+}	Cl^-	SO_4^{2-}	HCO_3^-	CO_3^{2-}			
水源水	A37w	馆陶组	3025.9	12.4	196.8	5057.1	15.7	206.8	0.0	8514.6	7.73	$CaCl_2$
地层水	A01	明化镇组	2165.8	56.8	42.2	1475.2	32.1	2727.5	106.1	6605.6	8.72	$NaHCO_3$

4.1　垢组分特征分析

4.1.1　悬浮垢组分及微观形貌特征

滤膜上悬浮垢的 X – 射线衍射分析表明(图1),水源水与地层水不同比例混合后,都可见明显的 $CaCO_3$ 衍射峰($d = 3.03$Å;$2\theta = 29.4°$),说明混合水中含有较多的 $CaCO_3$ 垢;随着地层水比例的增加,衍射峰强度(主峰强度、面积)呈先增加后降低的趋势,在 1:1 时 $CaCO_3$ 峰达到最强,表明此时 $CaCO_3$ 垢含量最多,结垢严重。

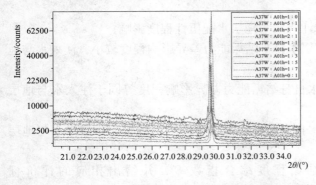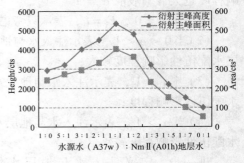

图1　水源水与地层水配伍性实验后悬浮物衍射曲线及主峰强度变化曲线

水源水与地层水以体积比 1:1 混合后滤膜上悬浮垢在扫描电镜下显微照片表明:悬浮垢颗粒分布较分散,且垢量较多(图2);局部放大发现分散状分布的悬浮颗粒晶型较好,可见菱面体形状，粒径 25～30 μm，能谱分析表明悬浮垢几乎全为的 C、O、Ca 三种元素，判定垢型为 $CaCO_3$（表 4）。

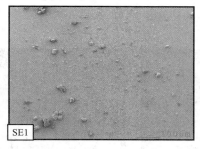 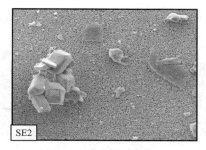

（a）滤膜垢样全貌，颗粒分布较分散　　　　（b）颗粒呈集合体产出，粒径25～35 μm

图 2　悬浮垢扫描电镜下微观形貌照片（水源水∶地层水 = 1∶1）

表 4　悬浮垢能谱分析（水源水∶地层水 = 1∶1）

能谱点位	原子百分比/%								能谱范围
	CK	OK	CaK	MgK	SiK	AlK	FeK	NaK	
SE1	63.22	34.81	0.89	—			1.08		全域
SE2	23.93	41.08	33.95	1.05	—	—	—	—	局部

4.1.2　沉降垢组分及微观形貌特征

水源水与地层水配伍性实验后载玻片上沉降垢的显微照片（图 3）表明：（1）水源水与地层水混合后有明显钙质垢生成；（2）随着混合水中地层水比例的增加，沉降垢呈先增加后减小的趋势，在水源水与地层水比例为 1∶1～1∶5 时载玻片上钙质垢分布最密集，多呈点状产出，此时不配伍性最强；（3）单一水源水自身所结沉降垢较大，粒径约 50 μm，单一地层水自身所结沉降垢较小，粒径约 20 μm，随着混合水中地层水比例的增加，悬浮垢粒径逐渐减小。

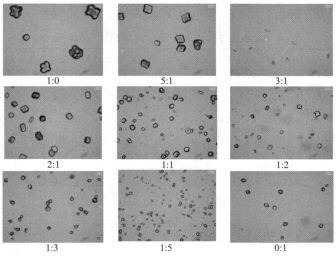

图 3　水源水与地层水配伍性实验后沉降垢显微镜照片

水源水与地层水体积比 1:1 混合后载玻片上沉降垢在扫描电镜下的微观形貌表明，沉降垢颗粒呈点状分布为主，粒径约 $10\mu m$，局部放大发现部分晶体晶形较好，表面附有少量盐类(图 4)。沉降垢的能谱分析可以看出，C、O、Ca 三种元素之和约 95%，因此判定垢型为 $CaCO_3$(表 5)。

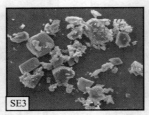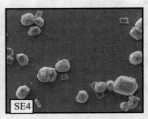

（a）载玻片垢样全貌，颗粒　　（b）局部放大，部分颗粒晶型差　　（c）局部放大，沉降垢晶型
　　分布密集，粒径约 $10\mu m$　　　　　　　　　　　　　　　　　　以椭球形为主，点状产出

图 4　沉降垢扫描电镜下微观形貌照片(水源水:地层水 = 1:1)

表 5　沉降垢能谱分析(水源水:地层水 = 1:1)

能谱点位	原子百分比 / %								能谱范围
	CK	OK	CaK	MgK	SiK	AlK	FeK	NaK	
SE3	24.88	36.43	32.76	—	3.28	—	—	2.64	局部
SE4	21.23	36.33	42.44	—	—	—	—	—	局部

4.2　垢含量特征

4.2.1　垢含量特征

由表 6、图 5 可知，水源水与地层水配伍性实验后悬浮垢、沉降垢、总垢的结垢量均增加，在混合比例为 1:1 时，悬浮垢、沉降垢、总垢增加量达到峰值；悬浮垢实测垢量比悬浮垢计算垢量增加了 1.06 ~ 19.25 mg/L，沉降垢实测垢量比沉降垢计算垢量增加了 18.25 ~ 70.25 mg/L，总垢实测垢量比总垢计算垢量增加了 21.33 ~ 89.50 mg/L，总垢与沉降垢的结垢量变化趋势保持一致，表明沉降垢是总垢的主要来源。

表 6　水源水与地层水配伍性实验后垢含量统计表

水源水:地层水 (a:b)	悬浮垢 C_s / mg·L^{-1}			沉降垢 C_p / mg·L^{-1}			总垢 C / mg·L^{-1}		
	C_{si}	C_{si}'	$C_{si} - C_{si}'$	C_{pi}	C_{pi}'	$C_{pi} - C_{pi}'$	C_i	C_i'	$C_i - C_i'$
1:0	4.50	4.50	0.00	2.50	2.50	0.00	7.00	7.00	0.00
5:1	7.00	3.92	3.08	20.50	2.25	18.25	27.50	6.17	21.33
3:1	10.50	3.63	6.88	26.00	2.13	23.88	36.50	5.75	30.75
2:1	12.00	3.33	8.67	56.50	2.00	54.50	68.50	5.33	63.17
1:1	22.00	2.75	19.25	72.00	1.75	70.25	94.00	4.50	89.50
1:2	18.50	2.17	16.33	71.50	1.50	70.00	90.00	3.67	86.33
1:3	8.50	1.88	6.63	52.50	1.38	51.13	61.00	3.25	57.75
1:5	3.50	1.58	1.92	45.00	1.25	43.75	48.50	2.83	45.67
1:7	2.50	1.44	1.06	25.00	1.19	23.81	27.50	2.63	24.88
0:1	1.00	1.00	0.00	1.00	1.00	0.00	2.00	2.00	0.00

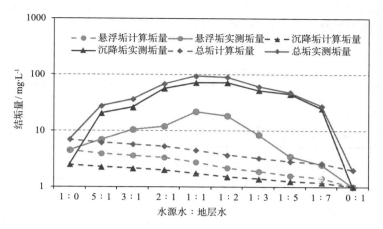

图5　水源水与地层水配伍性实验后垢含量变化特征

总的来说单一水源水、单一地层水自身结垢能力都较弱，总垢实测垢量分别为7.00mg/L、2.00 mg/L，但水源水和地层水混合后结垢量显著增加，存在明显的不配伍，混合比例1∶1时最不配伍。

4.2.2　Ca^{2+}浓度特征

以单一水源水、单一地层水 Ca^{2+} 浓度为基准，理论上计算水源水、地层水不同体积比例混合后的 Ca^{2+} 浓度，定义为 Ca^{2+} 计算浓度，Ca^{2+} 损失量即 Ca^{2+} 计算浓度与配伍性实验后 Ca^{2+} 实测浓度之差。由配伍性实验后 Ca^{2+} 损失量与总垢增加值对比结果（图6）可知，Ca^{2+} 损失量随地层水比例的增加呈先增加后减小的趋势，在混合比例为1∶1时损失量达到最大（38 mg/L），Ca^{2+} 损失量与总垢增加值变化趋势一致，表明水源水与地层水不配伍主要是由于 Ca^{2+} 损失产生的钙质垢所致，验证了改进的垢物质量分析方法的准确性。

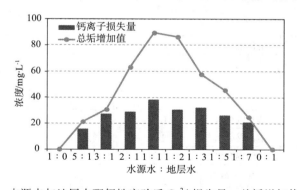

图6　水源水与地层水配伍性实验后 Ca^{2+} 损失量、总垢增加值对比

4.3　注入水与地层水结垢程度评价

根据流体配伍性程度和结垢程度评价方法，水源水与地层水不同比例混合后的配伍性程度评价单一指数为1.98~3.33，配伍性程度评价综合指数为3.33，表明水源水与地层水严重不配伍（表7）；水源水与地层水结垢程度单一指数为2.52~3.87，水源水与地层水结垢程度综合指数为3.87，表明水源水与地层水结垢程度为中等偏强（表8）。该评价结果

能够很好地反映出 BZ28 - 2S 油田水源水与地层水自身结垢能力弱(< 10mg/L)、流体配伍性差(混合体积比 1∶1 时结垢量增加 89.50mg/L)、流体混合后结垢量大(混合体积比 1∶1 时结垢量 94mg/L)的特征。

表7 水源水与地层水配伍性程度评价

I_i								I	配伍性程度评价	表示方法
5∶1	3∶1	2∶1	1∶1	1∶2	1∶3	1∶5	1∶7			
1.98	2.29	2.91	3.27	3.33	3.03	2.89	2.42	3.33	严重不配伍	＊＊＊＊＊

表8 水源水与地层水结垢程度评价

E_i								E	结垢程度评价	表示方法
5∶1	3∶1	2∶1	1∶1	1∶2	1∶3	1∶5	1∶7			
2.52	2.83	3.45	3.82	3.87	3.58	3.44	2.96	3.87	中等偏强	＊＊＊＊＊

4.4 渤海主要注水油田注水配伍性评价

渤海目前 32 个注水油田中,清污混注的油田数有清污混注油田有 15 个,海污混注油田 3 个,单注生产污水油田 3 个,单注清水油田 11 个,单注海水平台 1 个。水源类型复杂,混注比例高,各注水油田的结垢问题相当普遍。利用本文所建立的配伍性程度和结垢程度评价方法对渤海主要注水油田的注水配伍性进行评价,如表 9 所示。由表中数据可以看出,渤海主要注水油田的注水配伍性从好到极度不配伍均有分布,但轻度不配伍以上程度的注水油田占绝大多数,结垢程度也以中等偏弱以上程度为主。部分油田注水配伍性为严重不配伍,结垢程度为中等偏强,个别油田达到极度不配伍,结垢程度强。

表9 渤海主要注水油田注入水与地层水配伍性评价结果

注水油田	注水油层	注水水源	配伍性程度评价综合指数 I	配伍性程度	结垢程度综合指数 E	结垢程度
锦州 9 - 3	Ed	清污混合水	0.49	好	0.15	弱
渤中 34 - 1 - A	Nm	清污混合水	0.7	好	1.72	中等偏弱
渤中 25 - 1	Es	生产污水	1.62	轻度不配伍	2.14	中等
锦州 25 - 1S	Ar	清污混合水	1.34	轻度不配伍	1.63	中等偏弱
旅大 10 - 1	Ed	清污混合水	1.21	轻度不配伍	1.07	中等偏弱
旅大 5 - 2	Ed	清污混合水	1.8	轻度不配伍	1.56	中等偏弱
绥中 36 - 1	Ed	清污混合水	2.34	中度不配伍	2.46	中等
垦利 10 - 4	Es	KL10 - 1 清污混合水	2.44	中度不配伍	2.28	中等
锦州 25 - 1	Es	清污混合水	2.46	中度不配伍	2.71	中等
旅大 4 - 2	Ed	清水	2.05	中度不配伍	2.07	中等
岐口 18 - 2	Es	岐口油田群混合污水	3.15	严重不配伍	3.02	中等偏强
渤中 34 - 1 - B	Nm	海水	3.4	严重不配伍	3.3	中等偏强
锦州 25 - 1S	Es	清污混合水	3.62	严重不配伍	3.99	中等偏强
金县 1 - 1	Ed + Es	清污混合水	4.14	极度不配伍	4.92	强

从 BZ28 – 2S 油田的应用案例以及利用该方法对渤海主要注水油田进行配伍性评价结果可以看出，该评价方法能够很好地反映出注入水与地层水的配伍性程度、结垢程度、垢产物的特征与成分，可从定性、定量两个维度评估注水的配伍性。从现场的实际情况看，锦州 25 – 1 南等注水严重不配伍的油田，现场结垢现象也较为突出，且采用了物理防垢器和高效防垢剂二次加药防垢相结合的方法。验证了论文提出的结垢程度评价方法的科学性和客观性，该方法能推广到油田各类流体间配伍性评价，具有普适性和推广性。

5　结论

（1）对传统的垢物质量分析法进行了改进，将配伍性实验后的垢划分为沉降垢和悬浮垢，结合 X – 射线衍射、扫描电镜、光学显微镜等分析手段，从定性、定量角度研究了垢的类型、微观形貌特征及结垢量变化特征。

（2）建立了流体配伍性程度定量评价方法，弥补了传统配伍性程度定性判断的不足，该方法能推广到油田各类流体间配伍性评价，具有普适性和推广性。

（3）建立了注入水与地层水结垢评价方法体系，该方法考虑了注入水与地层水自身结垢能力差异及注入水与地层水配伍性强弱两方面影响，能够科学、客观地评价注入水与地层水结垢程度。

（4）渤中 28 – 2S 油田水源水与地层水混合后悬浮垢、沉降垢、总垢均增加，生成了 $CaCO_3$ 垢。总垢增加值为 21.33 ~ 89.50mg/L，沉降垢是总垢的主要来源。根据注入水与地层水结垢评价方法，渤海主要注水油田的注水配伍性从好到极度不配伍均有分布，但轻度不配伍以上程度的注水油田占绝大多数，结垢程度也以中等偏弱以上程度为主，该结果与现场实际情况吻合。

参 考 文 献

[1] Merdhah A B B, Yassin A A M. Scale formation in oil reservoir during water injection at high – salinity formation water[J]. Journal of Applied Sciences. 2007, 7(21)：3198-3207.

[2] 马丽萍，徐春梅，贾玉琴，等. 特低渗油藏热水驱阻垢剂的合成、评价及应用研究[J]. 油气藏评价与开发，2014, 4(2)：46-49.

[3] Moghadasi J, Jamialahmadi M, MüLler – Steinhagen H, et al. Formation damage in Iranian oil fields[C]. SPE 73781, 2002, 1-9.

[4] 陈超，冯于恬，龚小平. 渤中 34 – 1 油田欠注原因分析[J]. 油气藏评价与开发，2015, 5(3)：44-49.

[5] 丁博钊，唐洪明，高建崇，等. 绥中 36 – 1 油田水源井结垢产物与机理分析[J]. 油田化学，2013, 30(1)：115-118

[6] Al-Mohammed A M, Khaldi M H, Alyami I. Seawater injection into clastic formations：formation damage investigation using simulation and coreflood studies[C]. SPE 157113, 2012, 1-20.

[7] 崔付义，方颖，杨明，等. 胜利油田纯九区注水开发过程中无机结垢趋势预测[J]. 地学前缘，2012, 19(4)：301-306.

[8] 孙艳秋，张婷婷. 腰英台油田注入水标准研究[J]. 油气藏评价与开发，2012, 2(4)49-53.

[9] 卞超锋, 朱其佳, 陈武, 等. 油田注入水源与储层的化学配伍性研究[J]. 化学与生物工程, 2006, 23(7): 48-50.

[10] 杨海博, 唐洪明, 耿亭, 等. 川中气田水回注大安寨段储层配伍性研究[J]. 石油与天然气化工, 2010, 39(1): 79-82.

[11] 涂乙, 汪伟英, 文博. 定量测定绥中36-1油田地层结垢实验[J]. 断块油气田, 2011, 18(5): 675-677.

[12] 赵立翠, 高旺来, 赵莉, 等. 低渗透油田注入水配伍性实验方法研究[J]. 石油化工应用, 2013, 32(1): 6-10.

[13] 王骏骐, 史长平, 史付平, 等. 注入水配伍性静态试验评价方法研究——以中原油田文三污水处理站处理水配伍性评价为例[J]. 石油天然气学报, 2010, 32(4): 135-139.

[14] 宋绍富, 屈撑囤, 张宁生. 哈得4油田清污混注的结垢机理研究[J]. 油田化学, 2006, 23(4): 310-313.

[15] 石油天然气行业标准化委员会. 中华人民共和国石油天然气行业标准 SY/T 5329-2012. 碎屑岩油藏注水水质指标及分析方法[S]. 北京: 石油工业出版社, 2012.

[16] 刘丝雨, 屈撑囤, 杨鹏辉, 等. 陕北低渗透油田采出水与清水回注可行性研究[J]. 化学工程, 2015, 43(6): 6-9.

[17] 刘美遥, 李海涛, 谢崇文, 等. JX1-1油田沙河街储层注入水与储层配伍性研究[J]. 石油与天然气化工, 2015, 44(2): 86-90.

第一作者简介: 陈华兴, 工程师, 在中海石油(中国)有限公司天津分公司工作。主要从事采油方案设计、油田注水、水处理工艺研究及应用、储层地质与保护技术研究及管理工作。电话: 022-66901151, E-mail: chenhuaxing88@163.com.

通讯地址: 天津市滨海新区海川路2121号渤海石油管理局B座; 邮编: 300459。

海上油田纳(微)米微球调驱
技术应用研究

鞠野　刘丰钢　庞长廷

（中海油田服务股份有限公司油田生产事业部）

摘　要　渤海油田储层非均质性强，稠油储量占比高，注水开发后单向突进严重，平面矛盾突出。采取向地层注入多种不同粒度的纳(微)米微球体系，运移至油藏深部膨胀并逐级封堵，可以实现后续液流转向、扩大注入水的波及体积，达到提高采收率的目的。2015年，该技术在渤海油田进行了3个井组的矿场试验，增油降水效果显著，其中一个井组累计增油达到20459m³，投入产出比达到1:7。该技术采取在线注入方式，与常规调剖调驱技术相比，该技术具有设备简单、占地面积小等优点，适合在海上平台开展作业。技术经济分析结果表明，该技术在目前低油价下仍具有合理的投入产出比，在海上油田具有良好的推广前景。

关键词　渤海油田　纳微米　微球　深部调驱　非均质性

1　概述

渤海BZ油田是典型的河流相疏松砂岩油藏，储层高孔高渗且非均质性严重，同时油品黏度较高，在注水过程中注入水沿高渗条带突进明显，同时存在着强烈的边底水干扰，导致部分井组生产井见水后含水率迅速上升，产油量不断下降，部分注水开发井组注水逐渐效果差，层内及层间矛盾日渐突出。随着调剖、调驱工艺在海上油田逐步扩大化应用，在实施过程中诸多问题也逐渐显现出来，主要表现为一方面调剖侧重于近井高渗透条带封堵，易造成注入压力高、注入困难及中低渗透层受到伤害，影响措施效果，另一方面常规调剖设计处理半径小，不能进入深部，随着注水开发的深入近井地带剩余油饱和度较低，导致多轮次调剖后效果变差，有效期短。微球深部调驱技术正是为了解决以上问题而发展起来的新技术，微球是利用反相微乳液及反相乳液聚合技术合成的弹性凝胶微球，由于其尺寸小、在水中分散性好、易进入地层深部及在油藏温度下遇水膨胀等特点，用于油田深部调驱来扩大注入水波及体积，改善水驱开发效果；由于其具备施工设备简单、占地面积较小且能实现在线注入的特点，尤其适合海上平台作业，通过近几年的研究和实践，逐步在渤海油田扩大化应用。

2 微球调驱机理

结合渤海油田的实际油藏情况及开发现状，目前开发并筛选了二十余种微球产品。按其合成机理及调驱原理，可分为三大类微球(表1)。

表1 微球工艺参数及适应性

微球种类	适应渗透率范围/mD	初始尺寸/μm	完全膨胀时间/d	膨胀倍数
NM	<2000	0.03~0.2	7~30	5~20
FH	2000~5000	0.3~1.5	7~30	5~20
HK	3000~8000	0.3~1.5	7~30	5~50

NM/FH 型微球为纳米/纳微米凝胶微球，其在水中分散性能好，初始粒度小，适应于中低渗储层，可以顺利的随着注入水进入到地层深部，微球不断水化膨胀，直到膨胀到最大体积后，依靠架桥作用在地层孔喉处进行堵塞，从而实现注入水微观改向。

HK 型微球为具有核壳结构的纳微米凝胶微球，分别带不同的电荷，其中外壳部分带负电荷，在注入初期与地层的负电荷相排斥，保证微球进入地层深部。内核部分的水化速度快，逐渐暴露出所带的正电荷，随着正电荷的增多，与地层所带的负电荷相吸引，逐渐在地层内部堆积，并且所带的正电荷又与未完全水化的微球所带的负电荷相吸引，使得微球依靠不同极性的电荷吸附，逐步堆积成串或团，形成更大的物质结构，这样就可减小孔道的截面积，如果在孔喉处吸附堵塞，则局部产生液流改向作用，实现封堵优势渗流通道的目的。

3 微球调驱选型及设计

结合 BZ 油田地质特征和流体性质特点，利用室内物理模拟实验方法，优选出具有耐温、耐盐、抗剪切、具有广泛适用性的微球作为调驱材料。通过研究微球在模拟油藏非均质条件下的具有不同渗透率岩心中的滞留行为，考察期微观液流该项及提高采收率的能力，确定微球粒径、注入浓度等参数，制定并优化现场实施的工艺方案。

3.1 微球粒径选择

油藏地层控制结构十分复杂，孔隙直径及其分布差异巨大。根据等效孔隙直径计算公式，由渗透率和孔隙度求得：

$$r = (8K/\phi)^{0.5}$$

式中，K 为测井解释渗透率，D。

根据 BZ 油田实施井组平均渗透率分布范围，计算平均孔吼直径分布在 $7~10\mu m$ 之间(表2)。根据孔吼分布结果选定 HK 型微球作为主体调驱体系，根据实际需要辅以 NM/FH 型微球。

表 2　渤中油田孔喉分布

井组	孔隙度/%	渗透率/mD	孔吼直径/μm
BZ - 9	32	3100	8.8
BZ - 14	34	3700	9.3
BZ - 5	34	3336	8.9
BZ - 21	40	4816	9.8
BZ - 10	32	2429	7.8
BZ - 21	32	3636	9.5
BZ - 17	40	4816	9.8

3.2　微球形貌及特点

如图 1 所示为选择的 HK 型微球在显微镜视域中观察到的在水中逐步水化膨胀的过程，初始时仅有少量颗粒可见，随微球逐渐水化，由于离子的相互作用，微球逐渐形成较大的胶结体，在实际地层中可与地层砂吸附、胶结，有效地降低高渗条带的渗透率。

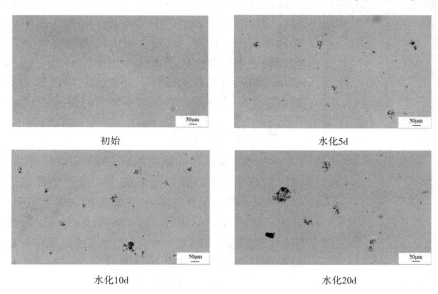

初始　　　　　　　　　　　　　水化5d

水化10d　　　　　　　　　　　水化20d

图 1　HK 型微球在水中水化膨胀结果

3.3　注入及封堵流动性实验评价

岩心流动性实验条件如下：①岩心渗透率 5638mD；②HK 型微球浓度 5000mg·L^{-1}；③实验温度 65℃；④进行水驱测定渗透率后进行微球驱，候凝 10d 后后续水驱测定残余阻力系数。如图 2 所示，HK 型微球水化膨胀前注入过程中阻力系数在 2~2.5 之间，并且注入过程中阻力系数稳定，表明未水化膨胀前注入性良好；水化膨胀 10d 以后进行后续水驱，阻力系数达到 200~300 之间，表明微球水化后，对岩心的封堵能力较强，具有好的深部调驱能力。

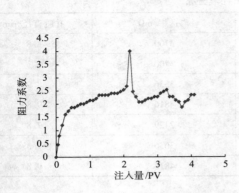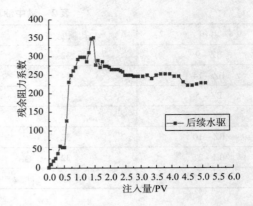

图2 HK 型微球水化膨胀前后阻力系数变化

3.4 微球浓度设计优化

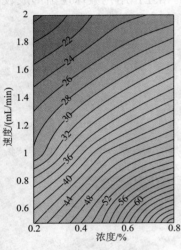

图3 微球在岩心中流动
阻力系数图版

针对 BZ 油田的油藏情况及开发状况，通过大量的岩心流动性实验建立了不同注入速度和不同微球浓度条件下对应的微球在岩心中的阻力系数，如图3所示，结合储层渗透率及注水速度，确定合理的阻力系数为 20 ~ 30，根据图版确定 HK 型优化了微球使用浓度 0.3% ~ 0.6%。在达到合理的阻力系数的条件下并保证封堵效果的条件下，降低微球使用浓度，以满足降本增效的目的。

4 矿场应用

纳（微）米微球调驱技术自 2010 年以来先后在渤海 BZ 油田实施 9 个井组，目前已完成实施 7 个井组，工艺成功率 100%，措施后增油降水效果明显，截至 2016 年 6 月累计取得增油 $6.1 \times 10^4 m^3$，平均有效期 350d，最长有效期达 540d，增效约 1.68 亿元，投入产出比达到 1:4 以上，具有较好的经济效益。其中 2014 年实施的 BZ - 10 井组单井组累积增油超过 $2 \times 10^4 m^3$，实现投入产出比 1:7，增油效果见表3。

表3 BZ 油田微球调驱实施效果表

实施井组	作业周期/d	增油/m³
BZ - 9	146	6617
BZ - 14	114	12650
BZ - 5	95	3905
BZ - 21	95	4700
BZ - 10	126	20459
BZ - 21	101	8703（处于有效期）
BZ - 17	72	4200

进入 2015 年国际原油价格大幅下跌，为适应低油价环境并实现降本增效，优选了 BZ－21 和 BZ－17 两个井组进行微球调驱作业，通过进一步优化微球体系及工艺方案设计，取得了较好的增油降水效果。

4.1　典型井组 BZ－21 概况

BZ－21 井组主力油组为明化镇油组，大厚层发育，平均储层厚度 10.5m。调驱前注入压力 4.4MPa，注水量 454m³/d，对应油井 8 口油井，措施前井组产液量 1377.3m³/d，产油 230.2m³/d，含水 83.3%，处于高含水期。水驱方向受沉积河道影响严重，平面非均质性较强，其中 BZ－2 方向为主要水窜方向。

4.2　注入性

2015 年 9 月 25 日至 2015 年 12 月 30 日，BZ－21 井组进行微球调驱作业。累积注入 HK 型微球段塞体积 32000m³，微球原液药剂 101t，注入微球注入过程中注入压力平稳，一直保持在 5MPa 左右，未出现明显的压力上升（图 4）。表明微球注入性良好，可以实现深部封堵及液流转向。

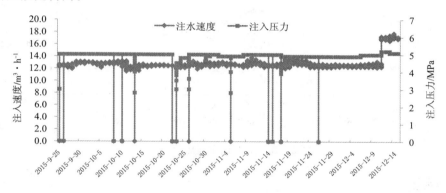

图 4　BZ－21 井组施工曲线

4.3　压力降落曲线

随着微球在地层深部逐步建立封堵，BZ－21 井压力降落曲线逐渐趋缓（图 5）。计算压降曲线充满度 FD 值由措施前的 55% 上升到最高 84%；随着微球的不断注入，在井口注入压力稳定的情况下，地层深部的非均质性得到充分改善，也表明微球的封堵作用建立在地层深部并实现深部调驱，启动油藏深部的剩余油。

4.4　油井增油效果

BZ－21 井组 2015 年 9 月至 2015 年 12 月现场实施，截至 2016 年 9 月，累积增油 12453m³，增油效果明显。目前有效期达到 330d，并且将持续见效。其中主要水窜方向水窜通道得到抑制，BZ－2 井产油由措施前的 35m³/d 上升到最高 112m³/d，含水率由措施前的 92% 下降至最低 72%；目前该井日产油稳定在 100m³/d 左右，含水率稳定在 77% 左右，仍处于有效期内高峰增油阶段（图 6），截至目前投入产出比已经达到 1:6.8（原油价格参照 40 美元/桶计算），表明微球调驱技术在低油价条件仍然具有合理的投入产出比。

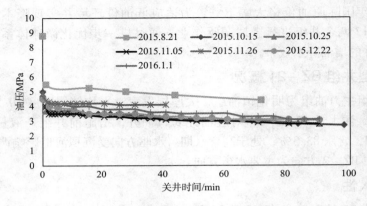

图 5 BZ – 21 井压力降落曲线

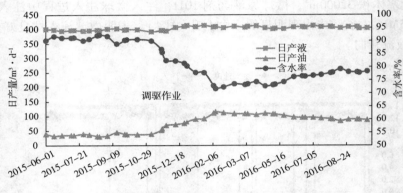

图 6 BZ – 2 井调驱前后生产曲线

5 结论

（1）为适应目前低油价条件下降本增效的需要，开发筛选了适应渤海油田稠油油田的纳（微）米微球深部调驱体系，达到优化注水以及"注够水、注好水"的目的。

（2）通过室内评价实验结果表明，纳（微）米微球体系具有深部的封堵运移的特点，具备较好的注入性，适合海上平台开展在线调驱，节省占地空间及节约措施成本。

（3）通过矿场试验结果表明，纳（微）米微球调驱技术具有较好的增油降水能力，在低油价条件下具有较好的经济效益，现阶段在渤海油田具较高的降本增效推广价值。

参 考 文 献

[1]刘义刚，徐文江，姜维东 . 海上油田调驱技术研究与实践[J]. 石油科技论坛，2014，33（3）.
[2]张健，康晓东，朱玥珺，等 . 微支化疏水缔合聚合物驱油技术研究[J]. 中国海上油气，2013，25(6).
[3]刘承杰，安俞蓉 . 聚合物微球深部调剖技术研究及矿场实践[J]. 钻采工艺，2010，33（5）.

第一作者简介：鞠野，工程师，目前就职于中海油田服务股份有限公司油田生产事业部，长期从事海上油田采油工艺技术的研究与推广工作。邮箱：juye@ cosl. com. cn，电话：13821936807。

通讯地址：中国天津市滨海新区海川路 1581 号；邮编：300459。

海上热采井下安全控制工具研制与试验

王通　孙永涛　马增华　顾启林　胡厚猛

（中海油田服务股份有限公司油田生产事业部）

摘　要　随着海上稠油热采技术的不断推广应用，海上注热管柱的安全性能被提出了更高的要求。海上生产井必须下入井下安全控制工具，然而目前常规的井下安全控制设备均无法满足热采作业时高温高压的工作环境。针对此状况，我们研制了海上耐高温井下安全控制工具，包括 Y241 热采封隔器、耐高温井下安全阀、隔热型补偿器和井口穿越装置。其中 Y241 热采封隔器能够防止井下环空热流体上返，同时允许向油套环空连续或间歇式注氮的需求，经过高温及高低温交变后仍然良好密封，工具耐温 350℃、耐压 21MPa；耐高温井下安全阀能够在 350℃ 下耐压达 5000psi，并且通过了 API 工作台认证；隔热型补偿器和井口穿越装置均进行了常温和高温试验，试验温度达到 350℃，耐压分别为 21MPa 和 35MPa。试验表明所研制的配套工具均能满足在 350℃ 下工作的需求，具有较高的推广应用前景。

关键词　渤海油田　热采　注汽管柱　井下安全阀　封隔器

1　概述

海上稠油热采技术自 2008 年开始先后在南堡 35 - 2、旅大 27 - 2 等区块进行了推广应用，截止 2015 年年底已累计作业了 26 井次，取得了良好的开采效果。为了符合海洋石油安全生产的要求，海上热采管柱（注热管柱或放喷管柱）需要采取井下安全控制措施，以防止井下流体上返危害海上人员及设备。目前常规的井下安全控制工具无法满足热采作业时高温高压的工作环境，因此需要研制出满足海上严苛工作环境的井下安全控制工艺管柱及配套工具。

2　管柱结构和工作原理

海上热采井下安全控制工艺管柱自下而上为：引鞋 + 普通油管（含若干配注阀）+ 打压球座 + 变扣 + 隔热油管（含 Y241 热采封隔器 + 补偿器 + 耐高温井下安全阀）至井口，如图 1 所示。

海上热采井下安全控制工艺管柱主要包含两部分：油管通道安全控制部分和油套环空安全控制部分。

在油管通道安全控制部分，通过安装井下安全阀来控制油管通道启闭，但是由于目前

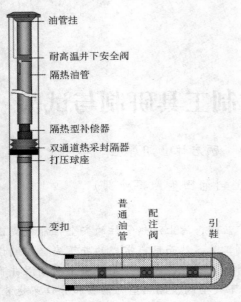

图 1 海上热采井下安全控制工艺管柱的结构

大部分井下安全阀的耐温只有150℃，而热采作业期间井下温度最高达350℃，并且要求注热结束后放喷期间安全阀依然能正常的使用，这就对井下安全阀提出了严苛的要求。针对以上情况，所研制的耐高温井下安全阀采用全金属密封结构，能在高温及高低温交变后良好地封闭井下流体。井口穿越装置作为耐高温井下安全阀的配套设备，同样要求能够在常温及高温下良好密封，注热期间液控管线井口穿越装置一旦发生刺漏，将危害平台人员及设备安全，因此井口穿越装置的技术指标应与采油树达到相同级别，即耐温350℃耐压35MPa，以保证注热期间的井口安全。

在油套环空安全控制方面，通过下入热采封隔器来封闭油套环空，海上热采期间会不时地往油套环空内注入氮气，以达到减少井筒热损失、增强管柱隔热性等目的，因此所研制的Y241热采封隔器具有双通道结构：不但能防止井下环空流体上返，而且允许环空内的氮气注向井底，满足海上作业期间连续或间歇式注氮的需求。此外，隔热型补偿器作为热采封隔器的配套设备而下入，用于补偿注热管柱的伸长或缩短，防止管柱变形以及管柱热应力引起封隔器的解封失效。由于补偿器自身具有良好的隔热性能，能够提高注热管柱的整体隔热性。

海上热采井下安全控制工艺管柱具有以下特点：①遇到应急情况井下通道能及时关闭；②满足油套环空间歇或连续注氮需求；③无论注热期间或放喷期间（无论高温或常温）管柱功能均可靠；④管柱结构简单，易于操作。

3 安全控制工具

3.1 Y241 热采封隔器

3.1.1 结构

Y241 热采封隔器主要由坐封锁紧机构、锚定机构、密封机构、环空注氮机构、解封机构等组成，如图2所示。

图 2 Y241 热采封隔器的结构

坐封锁紧机构主要由活塞、缸套、大锁环、小锁环、锁套组成；锚定机构主要由卡瓦、锥体、卡瓦罩组成；密封机构由胶筒、碟簧、坐封套组成；环空注氮机构主要由球阀、弹簧、弹簧罩、下接头组成；解封机构主要由上接头、指型爪套、指型爪管、解封销钉、中心管组成。

3.1.2 工作原理

坐封：将 Y241 热采封隔器下入井内后，从油管打压，坐封机构依次推动卡瓦撑开锚定套管、胶筒坐封，锁紧机构防止密封件回弹，完成坐封。

注氮气：从油套环空注入氮气，当压力大于封隔器以下环空压力时，Y241 热采封隔器的注氮阀打开，氮气注入地层。

解封：上提管柱解封，此外当解封遇卡时可以顺时针旋转管柱，从上接头和中心管处脱开，上提取出封隔器以上管柱，后续进行打捞。

3.1.3 特点

（1）Y241 热采封隔器的氮气通道末端采用单流阀结构，在承受井筒下部高压的同时允许油套环空注入的氮气通过封隔器注入地层。

（2）胶筒采用分散柔性石墨和改性聚四氟乙烯组合方式，不仅能在常温下密封良好，而且能够在 350℃高温下密封可靠，同时多轮次高低温后仍然密封。

3.2 隔热型补偿器

3.2.1 结构

隔热型补偿器主要由隔热上接箍组件、中心管、内密封组件、隔热管组件、中间接箍、承重接头、下接头组成。其中，隔热上接箍组件包括上接箍、上外管和上隔热体；内密封组件包括压环、调整帽、隔热环、密封材料和密封盒；隔热管组件包括内管、下外管、中间接箍、下隔热体和下接头，如图 3 所示。

图 3　隔热型补偿器的结构

3.2.2 工作原理

补偿注热期间高温引起的井下管柱的伸长量，同时又具有隔热和传递扭矩的功能。当补偿器按照设计要求下到井下时，开始注热后，随着温度的升高，井下管柱就会伸长，此时补偿器的内中心管就缩进隔热外管内，当注热结束或注热过程中由于其他原因停注，温度降下来时，内中心管就会伸出，补偿管柱的缩短。补偿器上提时，补偿内管上的凹凸槽与密封机构上的凸凹槽啮合，此时内外管可同时旋转，实现力矩的传递，满足管柱传递力矩的要求。

3.2.3 特点

隔热型补偿器的本体及接箍均采取复合隔热结构，具有良好的隔热性能，能有效减少热损失，提高注热效果。

3.3 耐高温井下安全阀

3.3.1 结构

井下安全阀主要由上接头、液控接头、内密封、柱塞、弹簧、外筒、中心管、阀座、阀门、扭簧和下接头组成，如图 4 所示。

图 4 耐高温井下安全阀的结构

3.3.2 工作原理

安全阀上接头设计有液压孔，从液压孔处打压，液压驱动柱塞向下移动，柱塞推动相连接的弹簧和中心管向下运动，当中心管接触到柱塞时，阀门上下液压连通建立压力平衡，继续打压，中心管向下顶开阀门，井下安全阀处于打开状态。当需要关闭安全阀时，泄掉上接头处液压孔的压力，弹簧回位，中心管和柱塞在弹簧力的作用下回到初始位置，阀门失去支撑，在扭簧回复扭矩的作用下，阀门与阀门座紧密贴合，井下安全阀关闭，达到隔离井下油气的目的。

3.3.3 特点

安全阀采用全金属密封结构——柱塞与柱塞腔体采用金属密封，阀门与阀门座采用金属密封。安全阀耐温范围广 $0 \sim 350℃$，额定工作压力达 5000psi。

3.4 井口穿越装置

3.4.1 结构

井口穿越装置由内卡套、外卡套、⅜in NPT 接头和压紧螺母组成，如图 5 所示。

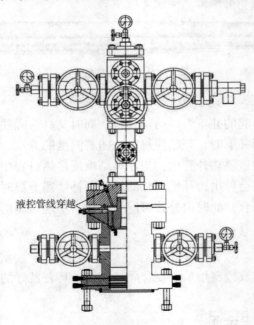

液控管线穿越

图 5 井口穿越装置的结构

3.4.2 工作原理

在热采井采油树上开有 1/4in 液控管线通孔，通孔的上端制有⅜in NPT 接头螺纹，在压紧螺母的作用下，外卡套与 NPT 接头压紧密封，内卡套分别与外卡套密封、¼in 液控管线外表面压紧密封。

3.4.3　特点

选用金属密封满足耐高温 350℃，高温下耐压 35MPa 的要求。

3.5　主要技术参数

工具主要技术参数见表1。

表1　工具主要技术参数

技术参数	Y241 热采封隔器	隔热型补偿器	耐高温井下安全阀	井口穿越装置
耐压/MPa	21	21	35	35
耐温/℃	350	350	350	350
最大外径/mm	210	145	160	—
通径/mm	76	62	71	8
工具长度/mm	2105	4326	1260	—
坐封压差/mm	24 ~ 25	—	—	—
适用套管/in	9⅝	≥7	≥9⅝	—
伸缩距/mm	—	1700	—	—
两端螺纹	3½in EU	3½in EU	3½in EU	⅜in NPT

4　室内试验

4.1　Y241 热采封隔器

1）常温试验

常温试验包括封隔器的地面试验和井下试验，试验介质均为水，试验温度为常温状态，试验参照文献的标准执行。地面试验目的主要在于检验封隔器的动作原理、坐封性能和解封性能；井下试验主要是检验封隔器的承压性能、锚定性能和解封负荷。

试验结果达到设计指标，具体如下：

（1）封隔器坐封动作灵活、无卡阻，封隔器整体耐压 35MPa，不渗不漏，钢件不变形；

（2）坐封力 23 ~ 25MPa，坐封距 94 ~ 97mm；

（3）封隔器锚定力超过 1050kN，锚定可靠；

（4）封隔器承受单向工作压差达到 32MPa；

（5）解封顺利，解封力 100 ~ 120kN。

2）高温试验

Y241 热采封隔器进行了高温试验（如图 6 所示，将封隔器下入试验井内加热保温），高温试验介质为氮气。本次试验主要检验封隔器耐高温性能，以及检验经过高温后降到室温时的密封性能。试验参照文献中标准执行，试验结果如表 2 所示。

高温试验可知封隔器：

(1)耐高温 350℃，耐压 21MPa；

(2)经过高温 350℃后，回到室内温度下，密封压差达到 21MPa。

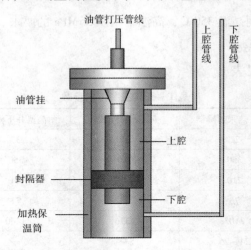

图6　高温试验原理示意图

表2　高温下封隔器承压试验

序号	试验温度/℃	油管压力/MPa	下腔压力/MPa	上腔压力/MPa	备注
1	350	22.56	22.32	0	第一轮高温
2	350	21.10	20.93	0	保温 8h
3	350	21.21	21.03	0	
4	62.8	21.57	21.39	0	第一轮降温
5	350	21.63	21.45	0	第二轮高温
6	350	21.26	21.05	0	保温 8h
7	350	21.48	21.30	0	
8	28.6	21.65	21.46	0	第二轮降温

4.2　耐高温井下安全阀

1)常温试验

安全阀的试验参照 API Spec 14A 进行，试验介质为高温导热油，试验目的主要是检验阀门在常温下的开关及密封性能。

试验结果符合相应指标，具体如下：

(1)安全阀的工作压力为 5000psia(35MPa)；

(2)安全阀整体耐压达 7500psia(50MPa)；

(3)阀门启闭灵活性，开启压力为 1600～1700psia，关闭压力值为 1400psia；

(4)在 50% 额定工作压力(2500psia)下，阀门启闭灵活，每次开关液控压力值符合要求，如表 3 所示；

(5)安全阀密封良好，液控管线无渗漏。

表3 常温下安全阀启闭试验

次数	油压/MPa	打开压力/MPa	关闭压力/MPa	实验结果
1	17.5	4100	3700	合格
2	17.5	4150	3700	合格
3	17.5	4200	3700	合格
4	17.5	4200	3600	合格
5	17.5	4100	3700	合格

2）高温试验

高温试验原理如图7所示，将连接好的井下安全阀放入保温油槽内进行加热并保温，试验介质为高温导热油。试验最高温度为350℃，试验步骤参照 API Spec 14A 进行。

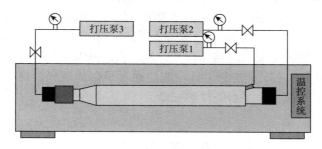

图7 井下安全阀高温试验原理

（1）安全阀在350℃下工作压力达 5000psia；

（2）安全阀在350℃下整体耐压达 7500psia；

（3）在350℃下阀门启闭灵活，开启压力为 1600～1700psia，关闭压力值为 1400psia；

（4）在350℃下，内腔压力值为 2500psia（50％额定工作压力），阀门启闭灵活，打开和关闭阀门5次，记录开启和关闭压力如表4所示，试验结果满足要求；

（5）安全阀在350℃下密封良好。

表4 350℃下安全阀启闭试验

次数	油压/MPa	打开压力/MPa	关闭压力/MPa	实验结果
1	17.5	4200	3600	合格
2	17.5	4200	3600	合格
3	17.5	4200	3600	合格
4	17.5	4200	3600	合格
5	17.5	4200	3600	合格

5 现场应用

2016年8月海上热采井下安全控制工具在胜利油田某井进行了矿场测试。该井井深1500m，本次为该井第8次蒸汽注入作业，注汽量3000t，蒸汽出口温度350℃，出口压力19～20MPa。

Y241 热采封隔器坐封压力 23～24MPa，验封 5min 压力不降，球座打通压力 29MPa。

注热期间注入氮气 10000Nm³，注入速度 900Nm³/h，封隔器的注氮单流阀开启正常；注氮后，油压 16～17MPa 波动，套压稳定于 16MPa。耐高温井下安全阀启闭正常，注热期间采油树的井口穿越装置密封良好，无刺漏现象发生。

6 结论与认识

（1）通过调研国内外井下安全控制工具，并结合海上热采井的特点，设计了海上热采井下安全控制工艺管柱及配套工具，该管柱能及时关闭井下流体通道，防止井下流体意外上返，达到保护平台人员和设备的目的。所有工具均经过常温和 350℃ 高温试验，并成功应用 1 井次。

（2）研制的 Y241 热采封隔器具有注氮气单流通道，允许氮气由上往下单向地注入环空，满足油套环空连续地或间歇地注氮需求；经过常温、高温及高低温多轮次交变试验表明封隔器密封可靠，可以满足注汽和放喷过程中都能可靠的耐高压的要求。

（3）研制的耐高温井下安全阀采用了全金属密封，并参照 API 标准对安全阀进行了功能检测。试验结果表明井下安全阀结构设计合理、在高低温下均具有良好的密封性。

（4）目前海上热采井下安全控制工具均成功通过了陆地现场测试，结果良好，期望尽早应用于海上平台，提高海上平台的注热安全。

参 考 文 献

[1] 唐晓旭，马跃，孙永涛. 海上稠油多元热流体吞吐工艺研究及现场试验[J]. 中国海上油气，2011，23（3）：185-188.

[2] 刘敏，高孝田，邹剑，等. 海上特稠油热采 SAGD 技术方案设计[J]. 石油钻采工艺，2013，35（4）：94-96.

[3] 林涛，孙永涛，孙玉豹，等. 多元热流体返出气增产技术研究[J]. 断块油气田，2013，20（1）：126-128.

[4] 刘花军，孙永涛，王新根，等. 海上热采封隔器密封件的优选试验研究[J]. 钻采工艺，2015，38（3）：80-83.

[5] 赵利昌，林涛，孙永涛，等. 氮气隔热在渤海油田热采中的应用研究[J]. 钻采工艺，2013，36（1）：43-45.

[6] 欧阳波，陈书帛，刘东菊. 氮气隔热助排技术在稠油开采中的应用[J]. 石油钻采工艺，2003，25：1-3.

[7] 王德有，陈德民，冉杰，等. 氮气隔热助排提高稠油蒸汽吞吐热采效果[J]. 钻采工艺，2001，24（3）：25-28.

[8] 刘花军，王通，孙永涛，等. 新型油管高保温热力补偿器[J]. 石油机械，2014，42（9）：69-71.

[9] GB/T20970—2007，石油天然气井下工具 封隔器和桥塞[S].

[10] SY/T 6304—1997，注蒸汽封隔器及井下补偿器技术条件[S].

[11] GB/T 28259—2012，石油天然气工业 井下设备 井下安全阀[S].

[12] API Spec 14A，井下安全阀设备规范[S].

第一作者简介：王通，2011 年毕业于中国石油大学（华东）油气井工程专业，采油工程师，现从事稠油热采工艺、井下工具设计工作，邮箱：wangtong3@cosl.com.cn，电话18020090757.

通讯地址：天津市滨海新区海洋高新区海川路 1035 号 A 座；邮编：300450.

一种新型有机解堵剂的研发与矿场试验

王贵　王达　张洪菁　冯浦涌　崔波　邵尚奇　丁文刚

（中海油田服务股份有限公司 油田生产研究院）

摘　要　在油气井生产过程中，石蜡、沥青质及胶质等有机垢在井筒、近井地带沉积，严重影响油井正常生产，使用有机溶剂溶解有机堵塞是最普遍、有效和经济的手段，但目前市场上常规有机溶剂具有高毒、低闪点的缺点。针对伊拉克某油田沥青质结垢严重、地表温度高特点，开发了高效、高闪点、低表界面张力的油溶性有机解堵剂产品，室内实验评价表明，该产品溶蜡速率为 4.0mg/（min·mL），溶沥青速率为 3.8mg/（min·mL），对现场 B-25 井有机垢溶解率 100%，完全溶解；溶剂闪点 61℃；表面张力为 27.8mN/m，界面张力为 0.74mN/m。通过对 B-41 井及 F-27 井现场矿场试验证明，解堵效果显著。

关键词　一种新型有机解堵剂　溶蜡速率　沥青质溶解速率　有机质

1　概述

在油气井生产过程中，随着温度、压力等条件的改变，石蜡、沥青质及胶质会在井筒、近井地带甚至底层内部沉积，形成有机沉淀（垢）。有机沉淀的产生不仅能够堵塞储层的渗流通道，还可能造成储层的润湿性发生反转，使原本水润湿的岩石表面变为油润湿，从而导致储层渗流能力下降。针对井筒及近井地带的有机垢，目前常用的清除方法是向井中注入溶剂或分散剂，一般使用的溶剂为芳香族化合物如苯、甲苯、二甲苯等，其中二甲苯的溶解效果最好，但是这几种溶剂在应用过程中也存在一些问题，如：溶剂用量大，有效期短，闪点低，环境污染及对操作人员不安全等。因此，研制了一种新型有机解堵剂，具有安全、高效的特点。

2　有机解堵剂研发

2.1　主剂优选

沥青质是一种由多种复杂高分子碳氢化合物及其非金属衍生物组成的复杂混合物，其结构为稠环芳烃层叠结构。根据相似相容的原理，从沥青质的结构出发有针对性地寻找溶剂，同时将闪点、毒性、经济性等相关因素纳入考虑范围，筛选出符合要求的有机溶剂R，并根据 SY/T 6300—1997《采油用清防蜡剂通用技术条件》，评价了有机溶剂 R 对蜡和沥青的溶解速率。从表 1 中数据来看，有机溶剂 R 对蜡和沥青均具有良好的溶解性能。

表1　有机溶剂 R 对蜡和沥青的溶解速率

项目	蜡溶解速率/[mg/(min·mL)]	沥青溶解速率/[mg/(min·mL)]
有机溶剂 R	3.92	4.06

2.2 增效剂的筛选

在一定的储层条件下，沥青质的沉积过程在热力学上是不可逆过程，即在无外界干扰因素的影响下，原油系统本身条件发生变化，如温度、压力、各组分比例等，导致沥青质聚集沉降，当条件再次恢复到沥青质沉降之前时，沥青质并不会再次溶解进入原来的原油系统中。同理，溶剂在溶解沥青质的过程中必须要考虑将已经溶解出来的沥青质稳定分散在溶液中，不出现二次聚集沉积。而蜡的聚集沉积过程是可逆的，沉积出来的蜡在温度升高之后仍然可以溶解进入原油体系，所以蜡溶解过程不需要考虑二次聚集沉降。使有机溶剂 R 与增效剂进行复配，以期提升解堵剂对沥青质的渗透性和溶解部分沥青质在溶液中的分散性，本文选取了具有对沥青质及蜡溶解增效官能团的 5 种增效剂（A、B、C、D 及E），采用1.1的实验方法分别评价1%增效剂对有机溶剂 R 溶蜡、溶沥青的影响（表2）。结果表明，C 效果溶解性及分散性最好。

表2　该有机解堵剂体系对蜡及沥青质溶解速率影响

项目	A	B	C	D	E
溶解速率/[mg/(min·mL)]	3.79	3.86	3.98	3.86	3.91
溶解速率/[mg/(min·mL)]	3.84	3.53	3.88	3.48	3.76

3 新型有机解堵剂性能评价

3.1 表界面张力

在解堵施工过程中，返排是影响解堵效果至关重要的一步，而混合液的表界面张力直接影响着返排的难易，因此，要求有机解堵剂具有较低的表界面张力。如表3所示，有机解堵剂具有较低的表界面张力，岩石表面张力为27.8mN/m，界面张力为0.74mN/m。

表3　表界面张力测试

溶剂	表面张力 mN/m	界面张力 mN/m
有机解堵剂	27.8	0.74

3.2 安全性能测试

根据图1谱图解析证明，该有机解堵剂不含苯、甲苯、二甲苯等成分，产品环保。通过对该有机解堵剂闪点进行测试，闭口闪点为61℃，符合现场施工要求。

3.3 在不同温度下有机解堵剂对蜡的溶解速率影响

温度对蜡溶解速率影响较大，在不同温度下测量了有机解堵剂对蜡的溶解速率（图2）。

如图2所示，随着温度的升高，蜡的溶解速率逐渐增大。在50~60℃区间溶解速率曲线斜率变大，这是由于58#白蜡的熔点在此区间范围内。在70℃以后，蜡溶解速率曲线的斜率持续变大，说明温度越高，温度对溶解速率的影响越大。

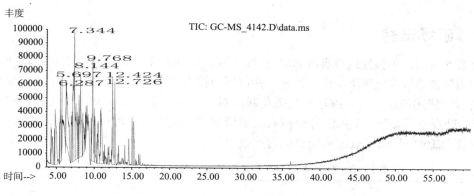

图 1　PA－OS3 的 GC－MS 谱图

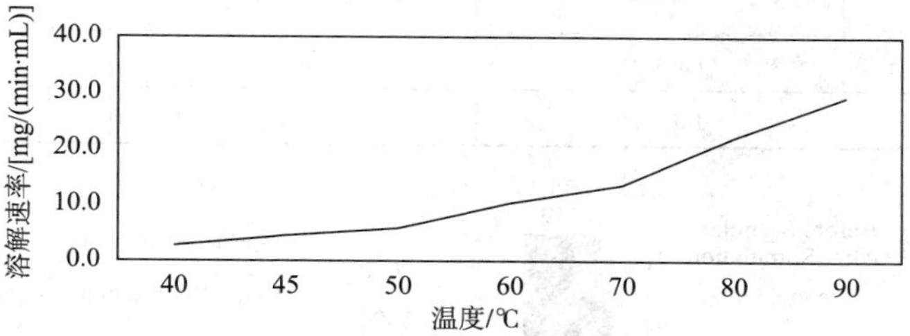

图 2　不同温度下该有机解堵剂对蜡的溶解速率

3.4　在不同温度下有机解堵剂对沥青溶解速率影响

测试了该有机解堵剂在不同温度条件下对沥青的溶解速率。如图 3 所示，随着温度的升高，沥青溶解速率随之增加。

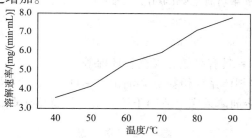

图 3　PA－OS3 在不同温度下对沥青的溶解速率

3.5　有机解堵剂对现场垢样的溶解性能

伊拉克某油田普遍存在有机垢堵塞的问题，钢丝作业对井筒内堵塞物进行取样，并对样品进行族组分分析。分析结果如表 4 所示，垢样中有机质占 87.95%，其中沥青质为主要成分，占据了 48.84%，其次为芳香份、饱和份和胶质。

表 4　伊拉克某油田 B－25 垢样成分分析

项目	饱和份	芳香份	胶质	沥青质	蜡	有机质总量
含量/%	11.52	19.30	7.82	48.84	0.47	87.95

该有机解堵剂对 B－25 垢样的溶解率为 100%，能够完全溶解垢样中的有机质成分，有效解除有机堵塞伤害。

4 矿场试验

如表5所示，单独使用该有机解堵剂对伊拉克米桑油田 B - 41 井进行有机解堵作业，与单独使用柴油进行有机解堵相比，处理后井口压力提高了 375psi，产量提供了 480bbl/d；如图4所示，使用该新型有机解堵剂与酸化联作对 B - 41 井进行处理，产量较措施前增长至 7.5 倍，处理效果显著。F - 27 井经该有机解堵剂与酸化联作处理后，使得该井恢复生产，产量提高至 1669bbl/d，取得量明显的增产效果。

表5 B - 41 井柴油有机解堵与该有机解堵剂解堵效果对比

施工类型	时间	油嘴尺寸，24/64in	
		井口压力/psia	日产量/(bbl/d)
柴油解堵	Jan - 16	147	336
有机解堵剂解堵	Jul - 16	522	816

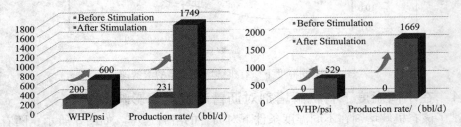

图4 使用该有机解堵剂与酸化联作措施前后生产对比图（B - 41 井及 F - 27 井）

5 结论与认识

（1）该有机解堵剂体系具有高效、安全及环保等特点。

（2）通过该有机解堵剂体系对伊拉克某油田 B - 41 井及 F27 井进行有机解堵的现场矿场试验表明，该有机解堵剂体系完全适用于该区块有机解堵作业，施工效果显著。

参 考 文 献

[1]张丽萍，李剑峰，张月华，等.临盘油田盘二断块有机垢对地层堵塞实验研究[J].内蒙古石油化工，2006，（1）：78-79.

[2]赵凤兰，鄢捷年.沥青质沉积抑制剂和清除剂的研究[J].油田化学，2004，21(4)：310-312.

[3]马艳丽，梅海燕，等.沥青质沉积机理及预防[J].特种油气藏，2006，13(4)：94-96.

[4]Bruno Schuler, Gerhard Meyer, Diego Pena, Oliver C. Mullins, Leo Gross. Unraveling the Molecular Structures of Asphaltenes by Atomic Force Microscopy[J]. J. Am. Chem. Soc. 2015, 137, 9870-9876.

[5]浦万芬.油田开发中的沥青质沉积[J].西南石油学院学报.1999，21(4)，38-39.

第一作者简介：王贵，2007 年毕业于长江大学应用化学专业，工程师，现从事酸化增产技术研究，邮箱：wanggui@ cosl. com. cn，电话：13820140239。

通讯地址：中国天津市滨海新区塘沽海洋高新技术开发区海川路 1581 号 311 房间；邮编：300459。

水驱稠油油田复合聚合物凝胶与微界面 强化分散体系组合技术研究

王楠　张云宝　夏欢　李彦阅　黎慧　代磊阳

[中海石油(中国)有限公司天津分公司渤海石油研究院]

摘　要　渤海油田具有丰富的稠油资源，近年来，稠油油藏采取"调驱＋水驱"方式取得了较好增油降水效果。但随着开发的深入，水驱开发效果较差，驱替流度比高，洗油效率较低，窜流优势通道日益明显，常规调剖调驱措施处理半径较小，效果逐渐变差，药剂费用投入较高和配注工艺复杂等问题日益凸显，影响稠油油藏水驱整体开发效果。为此急需研发低成本高效率的驱油体系及低本深堵的调剖体系，实现提高水驱稠油的驱替效率的同时封堵高渗透层位，实现液流转向和扩大波及体积目的。为此本文针对矿场开发现状和实际需求，对(有机＋无机)复合聚合物凝胶调剖体系和稠油微界面强化分散体系性能及驱替效率评价，并进行调堵技术与微界面强化分散技术组合方式研究。结果表明，目标区块窜流优势明显，复合凝胶调剖具有较好的深部封堵效果，微界面强化分散技术可实现较好的降黏驱替效果，"复合聚合物凝胶＋强化分散"技术组合降水增油效果优于单一技术效果，能够实现扩大波及体积和提高驱替效率的双重目的，可以有效解决油藏窜流和水驱稠油效率低的综合性问题。

关键词　复合聚合物凝胶　强化分散　组合技术

1　概述

渤海油田稠油储量占70%，部分油藏采用"调驱＋水驱"方式进行开发，取得了较好的效果，但随着油藏开发的深入，部分井组或区块逐渐出现注入水窜逸现象，致使阶段开发效果受到影响。并且随着调驱轮次的增加，调驱效果越来越差，致使阶段开发效果受到影响。同时，部分水驱稠油由于流体性质差异性大，油水流度比较大，稠油水驱效果受到影响。为此针对上述两个问题急需开展技术攻关研究，国内外针对调堵体系和相关技术进行了大量的研究与应用，自"九五"以来，以凝胶体系为代表的调剖技术研究在我国受到了广泛的关注，例如：赵福磷等人在常规调剖和二元复合驱基础上提出了二次采油与三次采油的结合技术(简称"2＋3"提高采收率技术)研究，是指在充分发挥二次采油作用的基础上进行有限度三次采油的技术；蒲万芬和周雅萍等人针对"2＋3"提高采收率技术进行了实验研究，实验表明"2＋3"采油技术增产效果明显优于单纯调剖堵水技术和二元复合驱技术，是调剖堵水、提高洗油效率之后的接替技术，也是调剖堵水与提高洗油效率的过度与衔接技术，是在一个相当长时间内起重要作用的技术；陈东明等人提出了调剖堵水深部投放技术理念,从理论模型推导到可视化模拟实验均表明,深部投放技术具有较大优势,为解决常规调剖堵水效果不好问题提供了新的思路和方法。

基于渤海油田实际问题和调堵技术应用实际情况,针对稠油油田水驱开发问题,采用类纯黏流体的(有机+无机)复合聚合物凝胶进行高渗透层封堵,在此基础上采用微界面强化分散体系(水相适当增黏,油相最大程度降黏)是解决稠油流动的关键,通过复合聚合物凝胶体系和微界面强化分散技术有效结合,对于提高稠油油藏阶段开发效果具有重要意义。为此,本研究以油藏工程、物理化学和高分子化学为理论指导,以室内评价、微观分析和物理模拟为技术手段,开展了新型技术及其组合方式研究,这将为渤海油田矿场实践技术提供新的方法。

2 实验研究

2.1 实验条件

聚合物采用胜利油田生产"速溶"聚合物和中国石油大庆炼化公司生产"高分"聚合物,有效含量为88%。交联剂有机铬由中海石油天津分公司提供,Cr^{3+}有效含量2.7%。强化分散体系,有效含量为100%。水为LD5-2油田注入水。

实验用油为LD5-2平台B15井原油,目标油藏温度55℃时,黏度为330mPa·s。

实验用岩心为石英砂环氧树脂胶结层内非均质岩心,几何尺寸:长×宽×高=30cm×4.5cm×4.5cm,各小层等厚,厚度为1.5cm,渗透率见表1。

表1 岩心渗透率

参数	渗透率 K 平均/ $\times 10^{-3} \mu m^2$				
小层	岩心1	岩心2	岩心3	岩心4	岩心5
低渗透层	200	200	200	200	200
中渗透层	2000	2000	2000	1000	1000
高渗透层	8000	6000	4000	6000	4000

实验仪器采用DV-Ⅱ型布氏黏度仪(美国Brookfield公司)测试调驱剂黏度,转速为6r/min。采用Hitachi(日立)S-3400N扫描电镜(SEM)进行聚合物分子聚集态观测。采用HJ-6型多头磁力搅拌器、电子天平、烧杯、试管、HW-ⅢA型恒温箱等配置、加温溶液。

采用DV-Ⅱ型布氏黏度计测试油水乳状液黏度,使用"Ⅲ"号转子,转速为30r/min,采用ISM-ZS50体式显微镜测试原油乳状液微观结构形态,采用TX-500C旋滴界面张力仪测试油相与水相间界面张力。

2.2 方案设计

1)复合聚合物凝胶体系性能评价

复合聚合物凝胶体系分别评价其分别评价其成胶时间可控性、初始黏度可控性、黏土影响、多孔介质注入性、多孔介质选择性的影响。复合聚合物凝胶体系主要是由主剂一1.5%、主剂二2.5%、辅剂0.6%、引发剂0.05%、交联剂0.05%组成。

2)强化分散体系性能评价及与原油接触后性能变化分析

稠油强化分散体系主要评价乳化降黏性质、破乳时间、界面张力、储层吸附特性,并分析分散体系与原油多次接触后体系与原油性能变化规律。

3）复合聚合物凝胶与强化分散技术组合技术参数优化及增油效果评价

a）不同渗透率下常规聚合物凝胶与调驱技术组合

方案1－1～方案1－5：水驱至含水98％＋0.2PV 常规聚合物凝胶体系＋0.1PV A 顶替剂（4％，注完后候凝24h）＋0.64PV 强化分散体系（1000mg/L）＋后续水驱至含水98％，五组实验用分别为岩心1～岩心5，岩心基本参数见表1。

b）不同渗透率下复合聚合物凝胶与调驱技术组合

方案2－1～方案2－5：水驱至含水98％＋0.2PV 复合聚合物凝胶体系＋0.1PV A 顶替剂（4％，注完后候凝24h）＋0.64PV 强化分散体系（1000mg/L）＋后续水驱至含水98％，五组实验用分别为岩心1～岩心5，岩心基本参数见表1。

c）不同原油黏度下常规聚合物凝胶与强化分散组合

方案3－1～方案3－5：水驱至含水98％＋0.2PV 常规聚合物凝胶体系（$C_p=4000$mg/L，聚：$Cr^{3+}=180$：1）＋0.1PV 聚合物溶液（$C_p=4000$mg/L，注完后候凝24h）＋0.64PV 强化分散体系（1000mg/L）＋后续水驱至含水98％。实验用岩心为岩心2，其基本参数见表1，岩心饱和的原油黏度分别为75mPa·s、175mPa·s、300mPa·s、400mPa·s、540mPa·s。

d）不同原油黏度下复合聚合物凝胶与强化分散组合

方案4－1～方案4－5：水驱至含水98％＋0.2PV 复合聚合物凝胶体系＋0.1PV A 顶替剂（4％，注完后候凝24h）＋0.64PV 强化分散体系（1000mg/L）＋后续水驱至含水98％。实验用岩心为岩心2，其基本参数见表1，岩心饱和的原油黏度分别为75mPa·s、175mPa·s、300mPa·s、400mPa·s、540mPa·s。

e）不同原油黏度下复合＋常规聚合物凝胶与强化分散组合

方案5－1～方案5－5：水驱至含水98％＋0.1PV 复合聚合物凝胶体系＋0.1PV 常规聚合物凝胶体系＋0.1PV A 顶替剂（4％，注完后候凝24h）＋0.64PV 强化分散体系（1000mg/L）＋后续水驱至含水98％。实验用岩心为岩心2，其基本参数见表1，岩心饱和的原油黏度分别为75mPa·s、175mPa·s、300mPa·s、400mPa·s、540mPa·s。

3 复合聚合物凝胶特征分析

3.1 成胶时间

采用正交试验方法，选定聚合主剂1、辅剂、主剂2、引发剂和交联剂为因素，针对复合聚合物凝胶体系的成胶时间剂影响因素进行分析。相关因素水平见表2。

表2 正交试验因素及水平

水平	因素/%				
	主剂1	主剂2	辅剂	引发剂	交联剂
1	1	2.5	0.5	0.03	0.02
2	1.5	2.8	0.6	0.04	0.03
3	2	3.1	0.7	0.05	0.04
4	2.5	3.4	0.8	0.06	0.05

各个样品配方组成见表3，依据表3配制复合聚合物凝胶溶液，将其装入磨口瓶并放入65℃恒温箱中，测试黏度，确定黏度大幅度增加即成胶时间。

表3　复合聚合物凝胶组成设计

组成 编号	聚合主剂1/%	主剂2/%	辅剂/%	引发剂/%	交联剂/%
1	1	2.5	0.5	0.03	0.02
2	1	2.8	0.6	0.04	0.03
3	1	3.1	0.7	0.05	0.04
4	1	3.4	0.8	0.06	0.05
5	1.5	2.5	0.6	0.05	0.05
6	1.5	2.8	0.5	0.06	0.04
7	1.5	3.1	0.8	0.03	0.03
8	1.5	3.4	0.7	0.04	0.02
9	2	2.5	0.7	0.06	0.03
10	2	2.8	0.8	0.05	0.02
11	2	3.1	0.5	0.04	0.05
12	2	3.4	0.6	0.03	0.04
13	2.5	2.5	0.8	0.04	0.04
14	2.5	2.8	0.7	0.03	0.05
15	2.5	3.1	0.6	0.06	0.02
16	2.5	3.4	0.5	0.05	0.03

在聚合主剂1、辅剂、主剂2、引发剂和交联剂浓度不同条件下，按照正交试验表安排配制复合聚合物凝胶溶液，成胶时间和初始黏度实验数据见表4。

表4　正交试验结果及综合评价指标

序号	因素和药剂浓度/%					初始黏度/ mPa·s	成胶时间/ min
	聚合主剂1	主剂2	辅剂	引发剂	交联剂		
1	1	2.5	0.5	0.03	0.02	14.9	260
2	1	2.8	0.6	0.04	0.03	15.7	140
3	1	3.1	0.7	0.05	0.04	16.2	195
4	1	3.4	0.8	0.06	0.05	18.1	130
5	1.5	2.5	0.6	0.05	0.05	15.0	180
6	1.5	2.8	0.5	0.06	0.04	16.1	175
7	1.5	3.1	0.8	0.03	0.03	16.7	120
8	1.5	3.4	0.7	0.04	0.02	18.6	110
9	2	2.5	0.7	0.06	0.03	15.2	170
10	2	2.8	0.8	0.05	0.02	16.2	155
11	2	3.1	0.5	0.04	0.05	16.8	165
12	2	3.4	0.6	0.03	0.04	18.7	135
13	2.5	2.5	0.8	0.04	0.04	15.6	155

序号	因素和药剂浓度/%					初始黏度/mPa·s	成胶时间/min
	聚合主剂1	主剂2	辅剂	引发剂	交联剂		
14	2.5	2.8	0.7	0.03	0.05	16.9	180
15	2.5	3.1	0.6	0.06	0.02	17.2	150
16	2.5	3.4	0.5	0.05	0.03	18.9	165
成胶时间	α	181.25	191.25	191.25	173.75	168.75	
	β	146.25	162.5	151.25	142.5	148.75	Σ=2585
	γ	156.25	157.5	163.75	173.75	165	
		162.5	135	140	156.25	163.75	
	R	35	56.25	51.25	31.25	20	

注：表格中的成胶时间为凝胶黏度 >10 万时的时间。

从表4可知，各影响因素（浓度）对成胶时间影响主次次序为：主剂2→辅剂→聚合主剂1→引发剂→交联剂。根据表中数据分析可知，虽然主剂2对成胶时间影响最大，但辅剂的影响与之相差不大，聚合主剂1和引发剂的影响基本相同，交联剂对成胶时间影响最小。凝胶初始黏度很小，说明复合聚合物凝胶有良好的注入性，成胶后黏度均可 >10 万。依据油田现场实际注入要求，可以通过调整配方组成来满足施工时间要求。

3.2 抗矿物性

复合聚合物分别与 5%、10% 和 15% 黏土矿物添加混合，混合均匀后置于具塞磨口瓶内，并在 65℃ 恒温箱内静置 24h。黏度测试结果见表5。

表5 黏度测试结果   单位：mPa·s

参数 调剖剂类型	黏土含量				黏度保留率
	0	5%	10%	15%	
复合聚合物	85012	79320	66000	50360	59.24%

从表5可以看出，黏土矿物对复合聚合物成胶效果存在影响。随黏土矿物含量增加，复合聚合物黏度逐渐降低。

3.3 黏土矿物和原油的影响

复合聚合物与黏土矿物和原油按"黏土5%+原油5%"、"黏土5%+原油10%"和"黏土10%+原油5%"比例混合，置于具塞磨口瓶内，将磨口瓶静置于 65℃ 恒温箱内 24h。黏度测试结果见表6。

表6 黏度测试结果   单位：mPa·s

参数 调剖剂类型	混合物：黏土+原油			
	0	5%+5%	5%+10%	10%+5%
复合聚合物	85012	62490	45300	58794

从表6可以看出，复合聚合物中添加（黏土＋原油）混合物量对其成胶效果存在影响。随黏土矿物含量增加，复合聚合物黏度升高。随原油含量增加，复合聚合物黏度降低。

3.4 分子聚集态测试

采用模拟注入水配制聚合物溶液和交联聚合物溶液（$C_p = 4000\text{mg/L}$，聚∶$Cr^{3+} = 180∶1$），稀释成100mg/L目的液，其分子结构形态电镜观测结果见图1和图2。

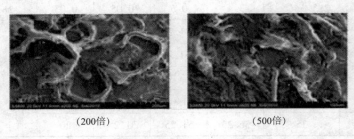

（200倍）　　　　　　　　　　（500倍）

图1　聚合物分子聚集态电镜图

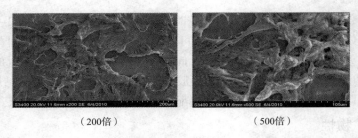

（200倍）　　　　　　　　　　（500倍）

图2　聚合物凝胶分子聚集态电镜图

从图1和图2可以看出，聚合物大分子微观呈现局部缠绕分散不均聚集态，向储层深部运移过程，势必加剧剪切作用，分子链断裂，深部成胶效果显著下降。聚合物凝胶微观呈现立体网状结构，内部结构分布不均，使得后续流体更易突破，作用有效期短。

将复合聚合物凝胶体系稀释成100mg/L的目的液后进行分子构型实验，聚合物分子结构形态电镜观测结果见图3。

（初期）　　　　　　　　（中期）　　　　　　　　（后期）

图3　复合聚合物分子聚集体电镜图

从图3可以看出，复合聚合物凝胶体系分子成胶前为小分子链，微观呈现高度均匀分散状态，近似纯黏流体（运移流线位于孔道中部），储层的剪切作用对其分子链破坏作用较小，使得该体系运移至储层深部后性能变化很小。复合聚合物凝胶体系成胶后，微观呈现整体均匀无孔隙结构聚集态，后续流体不易突破，作用周期长。

4 微界面强化分散体系乳化降黏影响因素

4.1 强化分散体系降黏效果

采用油田注入水配制强化分散体系溶液，其降黏率与浓度关系见表7。

表7　强化分散体系降黏率　　　　　　　　　　　　　单位:%

参数　　　油:水	药剂浓度/(mg/L)				
	200	300	400	500	600
7:3	28.93	57.42	80.20	86.93	88.52
6:4	33.03	81.04	89.14	92.58	93.27
5:5	71.04	87.64	91.12	93.15	94.21
4:6	81.60	91.10	95.09	95.71	97.55
3:7	82.22	94.44	95.56	96.67	98.89

强化分散体系为水溶性降黏剂，井口注入时，前置聚合物凝胶体系后，分散体系易进入中低渗透层，提高中低渗透层的动用程度。且由上表可看出，随着药剂浓度的增加，体系的降黏率增加，进一步增加洗油效率。

4.2 乳状液结构与破乳性评价

1）乳状液结构

采用油田注入水配制浓度为800mg/L强化分散体系，在油藏温度下以"油：水=3:7"与原油混合均匀，取乳状液放置在载玻片，用体式显微镜观测乳状液结构，观测结果如下。

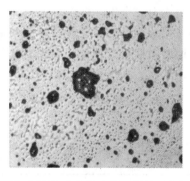

图4　强化分散体系乳状液微观结构（放大20倍）

从图4可以看出，乳状液具有"水包油"即O/W结构特征，强化分散体系与原油作用后被分散成不连续，形成细小的油滴，降低原油黏度，降低油水相流度比，增加稠油的洗油效率。

2）乳状液破乳性能分析

采用油田注入水在50mL磨口刻度试管中配注800ppm的强化分散体系，与原油配置成7:3的混合液，在恒温箱内测试乳状液破乳情况，实验结果见表8。

表8　分水率实验结果数据　　　　　　　单位:%

参数 药剂类型	测试时间 t/min									
	2	3	4	5	7	10	15	20	25	30
强化分散体系	9	14	26	39	57	69	80	86	91	99

如表8所示，随放置时间延长，乳状液分水率增加，乳状液结构稳定性变差。在不加入任何破乳剂的前提下，乳状液30min之后分水率就可达到99%，几乎完全破乳，表明注入强化分散体系后，产出液会在流程中会自动破乳，不会增加平台油水处理流程压力。

4.3　强化分散体系与原油界面张力

采用注入水配制不同类型和浓度强化分散体系，测试与原油间界面张力，结果见表9。

表9　界面张力测试结果　　　　　　　单位：mN/m

参数 药剂	药剂浓度/(mg/L)					
	400	600	800	1000	1200	1600
强化分散体系	4.77×10^{-1}	1.83×10^{-1}	9.22×10^{-2}	8.43×10^{-2}	7.67×10^{-2}	7.12×10^{-2}

从上表可以看出，随药剂浓度增大，强化分散体系与原油间界面张力都呈现下降趋势。界面张力的降低可增加油–水两相体系的界面活性，增大强化分散体系分子在界面处的吸附量，强化分散剂分子与极性有机物分子相互作用，使得界面膜分子的排列更加紧密，界面膜强度增加，保证乳状液的稳定。

4.4　强化分散体系吸附特性

采用油田注入水配制强化分散体系（$CS = 800$mg/L），将其与天然油砂（取自 SZ36 – 1 油田，粒径范围 180 ~ 260 目）按"液:固 = 20:1"混合于磨口瓶中，搅拌均匀，并将磨口瓶放置在70℃恒温箱中。24h后取磨口瓶上部清液，测量其与原油间界面张力。取清液与新鲜油砂再接触，再重复上述实验2次，实验结果如表10。

表10　界面张力测试结果　　　　　　　单位：mN/m

参数 药剂类型	吸附次数			
	原始	一次	二次	三次
强化分散体系	9.22×10^{-2}	7.08×10^{-1}	9.67×10^{-1}	1.39

从表10可以看出，在2次吸附后油水间的界面张力大幅度升高。但当吸附次数大于2次时，界面张力明显上升，说明强化分散体系抗吸附能力较差。表明强化分散体系分子当中存在一种岩石孔道表面键合的基团，它促进了强化分散剂分子在岩石孔吼表面的吸附，改善了岩石的润湿性，吸附在孔道表面处的强化分散体系不仅仍然可以发稠油挥降黏作用，而且更易形成稳定的水膜，降低了稠油在多孔介质当中流动的摩擦阻力，增强了稠油的流动性。

4.5 强化分散体系与原油间多次接触分析

1）乳状液结构

采用油田注入水配制强化分散体系溶液（CS＝800mg/L），将其以"油：水＝3：7"与原油混合均匀，用体式显微镜观测乳状液结构；然后将乳状液进行油水分离，再测试新配制强化分散体系溶液与分离原油（简称乳化油）间乳状液结构。重复上述实验 4 次。

乳状液微观结构观测结果见图 5。

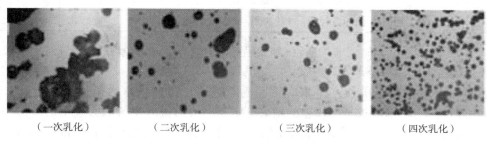

| （一次乳化） | （二次乳化） | （三次乳化） | （四次乳化） |

图 5　乳状液微观结构（放大倍数 35 倍）

从图 5 可以看出，随乳化次数增加，乳化原油与新配制强化分散体系乳化效果变好，具体表现为油滴粒径减小，原油分散程度高。由此可见，原油与强化分散体系作用后，强化分散体系部分组分已经进入原油中（油水分离所得到油简称"乳化油"），使原油组分发生变化。当乳化油与新配制表面活性剂溶液接触时，乳化油可以被更好地分散到表面活性剂溶液中，形成油滴直径更小的"O/W"乳状液。

2）界面张力

采用油田注入水配制 800ppm 强化分散体系溶液，测试它与原油间界面张力。将强化分散体系溶液以"油：水＝3：7"与原油混合乳化，油水分离，得到分离强化分散体系溶液，测试它与新鲜原油间界面张力。重复上述实验过程 4 次。多次乳化作用分离强化分散体系溶液与新鲜原油间界面张力测试结果见表 11。

表 11　界面张力测试结果

参数 \ 参数	乳化次数				
	0	1	2	3	4
界面张力/(mN/m)	9.33×10^{-2}	2.38×10^{-1}	4.89×10^{-1}	6.58×10^{-1}	7.93×10^{-1}

从表 11 可以看出，随乳化次数增加，分离强化分散体系溶液与新鲜原油间界面张力增加，但增幅逐渐减小。由此可见，原油与强化分散体系溶液混合后，部分强化分散体系成分进入原油中，使强化分散体系溶液有效组分减少。当分离强化分散体系溶液与新鲜原油接触时，界面张力升高。

5　聚合物凝胶与强化分散组合增油效果评价结果

5.1　不同渗透率下常规聚合物凝胶与调驱技术组合研究

方案 1－1～方案 1－5 对应的岩心编号和不同渗透率等级条件下常规聚合物凝胶体系与强化分散技术组合影响实验结果见表 12。

表12 采收率实验数据

方案编号 参数	岩心编号和小层渗透率/$10^{-3}\mu m^2$	工作黏度/mPa·s	含油饱和度/%	采收率/%		
				水驱	最终	增幅
1-1	1(8000/2000/200)	88.6+65.5+1.5	75.2	22.3	54.1	31.8
1-2	2(6000/2000/200)	88.4+65.9+1.6	73.6	23.4	53.8	30.4
1-3	3(4000/2000/200)	88.9+65.3+1.7	72.5	24.5	52.4	27.9
1-4	4(6000/1000/200)	88.6+65.4+1.5	71.8	19.9	50.7	30.8
1-5	5(4000/1000/200)	88.8+65.6+1.5	70.9	21.4	49.7	28.3

从表12可以看出，储层非均质性(窜流程度)对常规聚合物凝胶体系与强化分散组合增油效果存在影响。在全部实验方案中，"方案1-1"、"方案1-2"和"方案1-3"实验岩心高渗透层渗透率逐渐增加，即非均质性逐渐减弱，其采收率增幅逐渐减小(31.8%、30.4%和27.9%)。随着渗透率级差的增大，水驱时容易进入渗流阻力较低的高渗层，整个岩心波及系数降低，水驱采收率随之减少；当注入聚合物凝胶和强化分散体系后，首先聚合物凝胶进入渗流阻力较低的高渗层，并在高渗层滞留成胶，造成岩石孔隙过流断面减少，渗流阻力增加，后续注入黏度较低的强化分散体系较易进入中低渗透层，实现了注入流体的液流转向，扩大了岩心的波及体积。岩心高渗层渗透率越大，聚合物凝胶越易进入，后续强化分散体系越易进入中低渗透层，扩大波及体系效果越明显，采收率增幅越大。

"方案1-2"与"方案1-4"以及"方案1-3"与"方案1-5"相比较，岩心中渗透层渗透率降低，采收率增幅呈现小幅增加趋势，最终采收率增大。随着中渗透层渗透率降低，聚合物凝胶注入后，强化分散体系越易动用中低渗透层未波及区域的剩余油，原油采收率增幅越大。

实验过程中注入压力、含水率与注入PV关系对比见图6和图7。

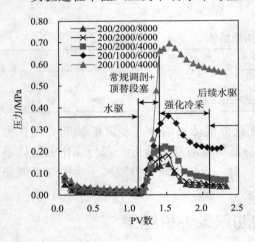

图6 注入压力与PV数关系

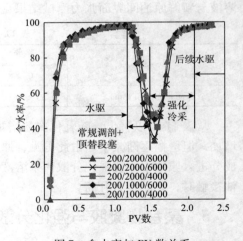

图7 含水率与PV数关系

从表12、图6及图7可以看出，在水驱阶段，随注入量增加，注入压力减小，含水率上升，采收率增加。在调驱和强化分散剂注入阶段，随注入量增加，注入压力大幅度上升，含水率下降，采收率升幅较大；同时随着渗透率级差增大，高渗透层渗流阻力减小，注入压力越低。在后续水驱阶段，注入压力减小，含水快速升高，采收率增幅逐渐减小。

5.2 不同渗透率下复合聚合物凝胶体系与强化分散组合增油效果的影响

方案 2－1～方案 2－5 对应的岩心编号和非均质性参数及对复合聚合物凝胶与强化分散技术组合影响实验结果见表 13。

表 13 采收率实验数据

参数 方案编号	岩心编号和小层渗透率/ $10^{-3}\mu m^2$	工作黏度/ mPa·s	含油饱和度/ %	采收率/%		
				水驱	最终	增幅
2－1	1（8000/2000/200）	17.9＋19.9＋1.5	75.0	22.6	63.7	41.1
2－2	2（6000/2000/200）	17.7＋10.1＋1.6	73.6	23.3	63.2	39.9
2－3	3（4000/2000/200）	17.8＋19.8＋1.5	73.0	25.1	63.0	37.9
2－4	4（6000/1000/200）	18.1＋10.2＋1.6	72.0	20.5	60.8	40.3
2－5	5（4000/1000/200）	17.6＋19.7＋1.5	71.1	21.7	60.0	38.3

从表 13 可以看出，储层非均质性（窜流程度）对复合聚合物凝胶与强化分散组合增油效果存在影响，其影响变化趋势与聚合物凝胶相似，但采收率增幅增加。

实验过程中注入压力、含水率与注入 PV 关系对比见图 8 和图 9。

从表 13、图 8 和图 9 可以看出，在水驱阶段，随注入量增加，注入压力减小，含水率上升，采收率增加。在复合聚合物凝胶和强化分散剂注入阶段，随注入量增加，注入压力大幅度上升，含水率下降，采收率升幅较大。在后续水驱阶段，注入压力减小，含水快速升高，采收率增幅逐渐减小。

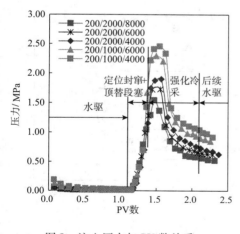

图 8 注入压力与 PV 数关系

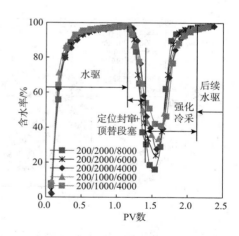

图 9 含水率与 PV 数关系

5.3 不同原油黏度下常规聚合物凝胶与强化分散组合技术研究

方案 3－1～方案 3－5 对应的原油黏度参数及对常规聚合物凝胶与强化分散技术组合影响实验结果见表 14。

表14 采收率实验数据

方案编号	原油黏度/mPa·s	工作黏度/mPa·s	含油饱和度/%	采收率/%		
				水驱	最终	增幅
3-1	75	88.5+65.4+1.6	72.6	25.6	60.3	34.7
3-2	175	88.6+65.8+1.7	73.6	23.4	53.8	30.4
3-3	300	88.8+65.2+1.8	74.4	21.9	48.5	26.6
3-4	400	887+65.4+1.6	75.3	19.5	39.6	20.1
3-5	540	88.6+65.5+1.6	76.8	17.5	33.7	16.2

从表14可以看出，原油黏度对常规聚合物凝胶与强化分散组合增油效果存在影响。"方案3-1"、"方案3-2"、"方案3-3"、"方案3-4"和"方案3-5"中原油黏度分别为75、175、300、400和540mPa·s，采收率增幅分别为34.7%、30.4%、26.6%、20.1%和16.2%。由此可见，随原油黏度增加，常规聚合物凝胶与强化分散组合采收率增幅呈现减小趋势。主要原因是随着被驱替相黏度增大，驱替相与被驱替相之间的流度比增大，较易形成黏性指进，影响驱替相在岩心中的波及效率，最终采收率降低。

实验过程中注入压力、含水率与注入PV关系对比见图10和图11。

从表14、图10和图11可以看出，在水驱阶段，随注入量增加，注入压力减小，含水率上升，采收率增加。在调剖和强化分散剂注入阶段，随注入量增加，注入压力大幅度上升，含水率下降，采收率升幅较大。随原油黏度增加，注入压力呈升高态势，采收率增幅下降。

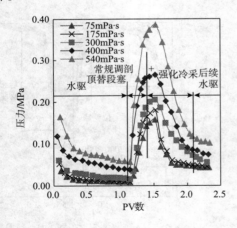

图10 注入压力与PV数关系

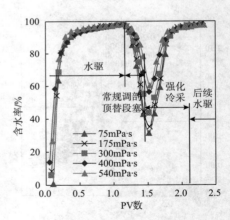

图11 含水率与PV数关系

5.4 不同原油黏度下复合聚合物凝胶与强化分散组合技术研究

方案3-1~方案3-5对应的原油黏度参数及对复合聚合物凝胶与强化分散技术组合影响实验结果见表15。

表 15　采收率实验数据

方案编号　　参数	原油黏度/ mPa·s	工作黏度/ mPa·s	含油饱和度/%	采收率/%		
				水驱	最终	增幅
4 – 1	75	17.9 + 14.9 + 1.5	72.4	25.4	69.7	44.3
4 – 2	175	18.1 + 15.0 + 1.6	73.6	23.3	63.2	39.9
4 – 3	300	17.7 + 14.8 + 1.8	74.7	21.2	56.4	35.2
4 – 4	400	18.2 + 16.7 + 1.6	75.7	19.3	47.7	28.4
4 – 5	540	17.7 + 15.1 + 1.5	76.5	17.3	39.2	21.9

从表 15 可以看出，原油黏度对复合聚合物凝胶与强化分散组合增产效果存在影响，其影响作用趋势与"常规聚合物凝胶 + 强化分散"相似，但采收率增幅变大。

实验过程中注入压力、含水率与注入 PV 关系对比见图 12 和图 13。

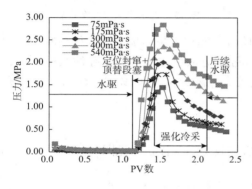
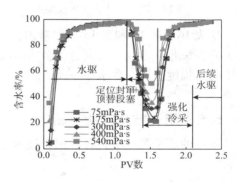

图 12　注入压力与 PV 数关系　　　　　图 13　含水率与 PV 数关系

从表 15、图 12 和图 13 可以看出，在水驱阶段，随注入量增加，注入压力减小，含水率上升，采收率增加。在复合聚合物凝胶体系和强化分散剂注入阶段，随注入量增加，注入压力大幅度上升，含水率下降，采收率升幅较大。随原油黏度增加，注入压力呈升高态势。

5.5　不同原油黏度下复合 + 常规聚合物凝胶与强化分散组合技术研究

方案 3 – 1 ~ 方案 3 – 5 对应的原油黏度参数及对常规 + 复合聚合物凝胶与强化分散技术组合影响实验结果见表 16。

表 16　采收率实验数据

方案编号　　参数	原油黏度/ mPa·s	工作黏度/ mPa·s	含油饱和度/%	采收率/%		
				水驱	最终	增幅
5 – 1	75	17.9 + 49.9 + 1.5	72.4	25.4	75.2	49.8
5 – 2	175	18.1 + 50.0 + 1.6	73.6	23.3	68.2	44.9
5 – 3	300	17.7 + 49.8 + 1.8	74.7	21.2	61.2	40
5 – 4	400	18.2 + 49.7 + 1.6	75.7	19.3	53.6	34.3
5 – 5	540	47.7 + 50.1 + 1.5	76.5	17.3	44.7	27.4

从表16可以看出，原油黏度对常规+复合聚合物凝胶与强化分散组合增产效果存在影响，其影响作用趋势与"常规聚合物凝胶+强化分散"相似，但采收率增幅变大。

实验过程中注入压力、含水率与注入PV关系对比见图14和图15。

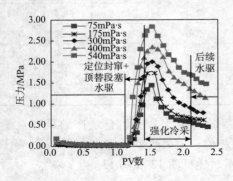

图14　注入压力与PV数关系

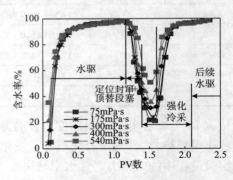

图15　含水率与PV数关系

从表16、图14和图15可以看出，在水驱阶段，随注入量增加，注入压力减小，含水率上升，采收率增加。在复合聚合物凝胶体系和强化分散剂注入阶段，随注入量增加，注入压力大幅度上升，含水率下降，采收率升幅较大。随原油黏度增加，注入压力呈升高态势。

5.6　组合技术对比分析

不同的原油黏度下，各种组合技术对比分析采收率增幅柱状图见图16。

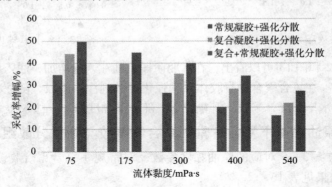

图16　采收率增幅对比

从图16可以看出，在原油黏度相同条件下，就组合技术的液流转向能力"常规+复合聚合物凝胶+强化分散">"复合聚合物凝胶+强化分散">"常规物凝胶+强化分散"。主要因为聚合物凝胶微观呈现立体网状结构，内部结构分布不均，使得后续强化分散体系更易突破，作用有效期短，波及效率低，提高采收率幅度小；而复合聚合物凝胶，其微观呈现整体均匀无孔隙结构聚集态，后续注入强化分散体系不易破坏结构形成突破，波及效率高，较大程度上动用了中低渗透层剩余油，随后尾追常规聚合物凝胶体系，波及效率大大增加。"常规聚合物凝胶+强化分散"组合的转向效果变差，采收率增幅减小。主要原因是随着原油黏度增大，水驱及"常规聚合物凝胶+强化分散"组合体系驱替时，驱替相与被驱替相之间的流度比越大，驱替前缘越易突破，越易形成粘性指进，采收率越低。

6 结论与认识

（1）研发的复合聚合物凝胶体系具有很强的储层适应性，原油和黏土矿物对其成胶性能影响很小；微观分子聚集态对比表明，复合聚合物凝胶体系相比常规聚合物凝胶体系具有更强的抗剪切性，能够实现深部成胶，成胶后结构紧密使得后续流体较难突破。

（2）就组合技术的液流转向能力"常规＋复合聚合物凝胶＋强化分散"＞"复合聚合物凝胶＋强化分散"＞"常规物凝胶＋强化分散"。

（3）"常规＋复合聚合物凝胶＋强化分散"的二次采油与三次采油技术组合方式兼有扩大波及体积和降低原油黏度的双重功能，为海上非均质稠油油田高效开发提供了新的思路，应用前景广阔。

（4）采油工艺方案与油藏工程方法的紧密结合，使得调堵方案设计针对性更强，更是调堵效果呈现的根本保障，需要引起采油工艺科技工作者的高度重视。

参 考 文 献

[1] 张相春，张军辉，宋志学，等. 绥中 36－1 油田泡沫凝胶调驱体系研究与性能评价[J]. 石油化工应用，2012，31（4）：9-12.

[2] 卢祥国，姚玉明，杨凤华. 交联聚合物溶液流动特性及其评价方法[J]. 重庆大学学报，2000，23：107-110.

[3] 卢祥国，张世杰，陈卫东，等. 影响矿场交联聚合物成胶效果的因素分析[J]. 大庆石油地质与开发，2001，21（4）：61-64.

[4] 林梅钦，李明远，彭勃，等. 聚主剂 2/柠檬酸铝胶态分散凝胶性质的研究[J]. 高分子学报，1999，5（2）：263-267.

[5] 张建，李国君. 化学调剖堵水技术研究现状[J]. 大庆石油地质与开发，2006，25（3）：85-87.

[6] 雷光伦，陈月明，李爱芬，等. 聚合物驱深度调剖技术研究[J]. 油气地质与采收率，2001，8（3）：23-25.

[7] 袁谋，王业飞，赵福麟. 多轮次调剖的室内实验研究与现场应用[J]. 油田化学，2005，22（2）：143-146.

[8] 赵福麟，张贵才，周洪涛，等. 二次采油与三次采油的结合技术及其进展[J]. 石油学报，2001，22（5）：38-42.

[9] 赵福麟，张贵才，周洪涛，等. 调剖堵水的潜力、限度和发展趋势[J]. 石油大学学报：自然科学版，1999，23（1）：49-54.

[10] 蒲万芬，彭陶钧，金发扬，等. "2＋3"采油技术调驱效率的室内研究[J]. 西南石油大学学报：自然科学版，2009，31（1）：87-90.

[11] 周雅萍，刘其成，刘宝良，等. "2＋3"驱油技术提高稀油油藏采收率实验研究[J]. 化学工程师，2009，165（6）：58-61.

[12] 陈东明. 调剖堵水剂定点投放技术研究. 中国石油大学（华东）硕士论文，2010.

[13] 张同凯，侯吉瑞，赵凤兰，等. 定位组合调驱技术提高采收率实验研究[J]. 西安石油大学学报：自然科学版，2011，26（6）：47-51.

第一作者简介： 王楠，2014 年毕业于西南石油大学油气田开发专业，助理工程师，现从事调剖调驱工艺技术研究，邮箱：wangnan20@cnooc.com.cn，电话：15208351726。

通讯地址：天津市塘沽区海川路 2121 号渤海石油管理局 B 座 1604；邮编：300459。

海上油田完井工具系列化研究
新进展及发展趋势

董社霞

[中国海洋石油总公司油田服务股份有限公司]

摘　要　本文综述了近年中海油服完井工具国产化和系列化研究新进展，主要包括电泵井生产工具、井下流体控制工具、防砂工具等，总结了国产化完井工具的应用效果，对完井工具技术发展趋势进行了分析，提出了强化降本技术、发展增效技术、完善现有技术的具体建议。

关键词　完井工具国产化系列化产业化发展趋势建议

1　前言

在海洋石油30多年的开发历程中，油田决策者能够紧跟国外的先进完井理念，快速引进和应用现代完井技术如水平井完井、分支井完井、小井眼完井、深井超深井完井、膨胀筛管完井、深水完井、智能完井技术，在国内渤海、东海、南海东部和南海西部的海上油田油田开发中起到了重要作用，保障了油田安全、高效开发。在此背景下，海上的完井工具数十年来一直由国外油田服务公司垄断，国外公司技术产品体系和服务能力快速发展，我国海洋石油工业自有完井技术和完井工具发展备受制约。

为了大力发展中国海洋完井技术，中海油田服务股份有限公司将完井工具业务作为重点发展方向集中力量进行了科技攻关，从2008年逐步开启完井工具的国产化和系列化研制序幕，通过优化创新机构，完善研发产品质量控制体系，对标分析弥补不足，建立了一体化的技术服务能力和研发成果产业化应用保障体系，经过近10年的探索，目前已形成了300多种系列化产品，截止2015年年底已应用500余井次，为完井技术的全面国产化、系列化、产业化奠定了坚实技术基础。

2　基础完井工具系列化研制及应用

国内四海80%以上的生产井主要采用电泵开采，电泵井的生产管柱分为上部安全控制管柱和下部防砂完井管柱，大多数采用要求压力级别为21~35MPa，温度等级要求为120~150℃，套管尺寸为7~9⅝in，这些工具与高温高压工具相比称为基础工具，基本已完成了系列化和产业化。

2.1 生产井上部完井工具系列化研制及应用

上部完井工具是指油层防砂工具串以上部位的完井工具，尤其是生产井顶部封隔器以上的完井工具，渤海常用的生产管柱包括电泵井、Y 分管柱、Y 合管柱、气举生产管柱，电泵井生产管柱包括过电缆封隔器总成、循环滑套、井下安全阀、堵塞器、Y 接头等完井工具。过电缆封隔器总成包括封隔器、电缆穿越密封、放气阀、管线穿越通道等集成工具。其功能是实现电泵井的环空密封、电缆穿越、气体排放、测压管线及化学剂注入管线穿越等，目前油服的过电缆封隔器共有 15 种系列化型号，分为大通径系列、高强度系列、耐腐蚀系列、单电缆核双电缆系列、液压解封和机械解封系列、7in 和 9⅝in 系列、3000 系列和 5000 系列。井下流体控制工具及附件包括油管携带可回收式井下安全阀、生产滑套、流动接箍、坐落接头和 Y 接头等，这些工具在国产化的过程中也完成了尺寸、温度、压力、螺纹方面的系列化，与过电缆封隔器总成相配套形成了完整齐备的电泵井生产管柱。

中海油服的上部完井工具研究成功后在渤中、垦利、锦州、秦皇岛、平黄等区块应用500 多井次，应用完井工具 2511 多套，实现产值 5718 万元，为有限公司节约了可观的采购成本，缩短了 50% 的采购周期，通过现场应用，证明了国产化完井工具的可靠性，稳定性和安全性。

2.2 防砂完井工具系列化研制及应用

我国海上油田开发主力油藏是疏松砂岩油藏，防砂技术一直是海上油田重要完井技术之一，防砂技术包括出砂预测、防砂工艺、防砂器材、防砂工具等，根据不同的井身结构和出砂情况，海上防砂工艺主要分为水平井裸眼砾石充填技术、定向井多层砾石充填技术和独立筛管完井技术。

中海油服已完成了 8½in 裸眼砾石充填工具、8½in 简易防砂工具、7in 套管多层简易防砂工具、9⅝in 套管多层简易防砂工具和 9⅝in 套管多层充填等多种系列化防砂工具，具体主要工具包括顶部封隔器、隔离封隔器、沉砂封隔器、坐封工具、防漏失阀及多种服务工具。

国产化防砂工具 2015 年开始在现场多口井中成功应用。截止到 2016 年，防砂工具已经在曹妃甸 11 - 1 油田应用 12 井次，绥中 36 - 1 应用 2 井次，蓬莱 25 - 6 应用三井次，锦州 25 - 1 应用 50 多井次。其中 2015 年 7 月施工的 CFD11 - 1 A49H、A52H、A54H 井是海上油田首次全井筒使用国产化上部完井工具、防砂工具和防砂筛管，是国产完井工具从少量应用到规模化应用的转折点。

3 高温高压耐腐蚀完井工具研究新进展

3.1 渤海稠油热采井耐高温工具研制

针对多元热流体开采和蒸汽开采，研制了热采吞吐管柱、热采井安全控制管柱、热采防污染管柱、多元热流体驱管柱 4 种完井管柱。主要耐高温热采工具包括隔热接箍、隔热扶正器、隔热补偿器等高效隔热工具；耐高温井下安全阀、热采封隔器等井下流体控制工具；水平井注热阀、分段封隔器等均衡注热工具；热采井长效耐腐蚀筛管、筛管补偿器等防砂器材和工具。

热采井井下安全控制工具包括耐高温井下安全阀、双通道热采封隔器和隔热补偿器，这三种工具已经过 5 轮次室内高温实验，并于 2016 年 8 月开展了陆地注蒸汽现场实验，其中耐高温井下安全阀于 2016 年 7 月获得了国家发明专利，采用全金属密封结构，耐温达到 350℃，远远超过国外公司同类产品技术指标，性能达到国际领先水平。其他热采井完井工具研制均已完成了设计、加工试制和室内实验，长效防砂筛管、均衡注热阀已经在热采井中成功应用。

3.2 东海低渗水平井分段压裂工具研制

针对东海油区的天外天和黄岩等低渗油藏，完成了 6in 裸眼水平井分段压裂工具的研制，整套管柱的工具包括高压悬挂器、分段封隔器、压裂滑套和地层隔离阀。工具的耐压技术指标达到 70MPa，耐温技术指标达到 165℃，压裂排量可达到 $5 \sim 6m^3/min$。根据不同地层和井径扩大率，完成了扩张式裸眼封隔器和压缩式裸眼封隔器两种分段封隔器；同时完成了压差式滑套、投球式滑套、簇式滑套、无限级滑套和 RFID 智能滑套等 5 种滑套，其中无限级分段压裂滑套和 RFID 射频识别智能滑套技术达到了国际水平。

3.3 耐腐蚀气密工具研制

针对南海及部分海外区块的气藏开发要求，目前正在开展高压耐腐蚀气密完井工具研制，主要包括自喷井的可回收封隔器、高性能井下安全阀、悬挂封隔一体的整体式可旋转悬挂器，丢手及回接装置等工具，压力指标可达到 70MPa，耐温达到 204℃，采用超级 13Cr 和 825 合金钢材质，同时完井管柱的各工具采用气密螺纹连接，满足高腐蚀高产量气藏安全可靠开发的需要。

4 未来完井技术发展趋势

在油田开发过程中，钻完井投资占油田开发总投资的 40% ~ 50%，因此完井作业效率的提高对于油田降本增效意义重大，目前国内外完井技术向着集成一体化、数字化、智能化发展。

海上完井技术主要包括采油技术、注水技术和防砂技术，这些技术应用的工具称为采油工具、注水工具和防砂工具。

4.1 海上采油工具面临的主要问题和发展趋势

目前海上生产井包括定向井和水平井，定向井采油面临的主要问题是多层系开采造成的层间干扰严重，无法分辨各层贡献率，含水高的层段实际产油贡献率小，生产滑套采用机械控制，不能实时在线调整。因此，定向井采油技术的发展需要研制选择性生产技术和测调控一体化工具。水平井开采面临的问题是高含水引起的低效开发，发展方向是能够实现均衡生产的油藏测井完井一体化的流动控制技术。

4.2 防砂工具技术面临的问题和发展趋势

由于渤海油田主力含油层系是疏松砂岩油藏，防砂技术水平决定了注水井和采油井的稳定运行和寿命。目前海上油田防砂技术和管注包括定向井独立筛管防砂技术、定向井多层充填技术、裸眼水平井充填技术和裸眼水平井筛管防砂技术，防砂器材包括绕丝筛管、金属网布筛管、星孔优质筛管等。防砂技术面临的问题是充填技术施工工艺复杂、筛管破损、筛管打捞时间长。因此防砂技术的发展趋势是能够简化工艺的无泵防砂技术、完井防砂一体化技术、超长水平段充填技术。

4.3 注水工具技术面临问题及发展趋势

空心集成和一投三分技术是目前海上注水井的主要技术，其存在的主要问题是调节注水量时需要反复投捞水嘴，而受制于海洋作业条件，往往无法实现及时准确监测调控注水流量和压力。注水技术的发展趋势是研制并应用细分层系的注水智能监控和不动管注测调技术，目前已有的边测边调技术适用于定向井（井斜55°范围内），电缆永置式测调技术、非接触式测调技术。

5 结论及建议

（1）海洋石油开发风险高，要求完井工具具有很高可靠性。实践证明，通过建立设计、加工制造、技术服务全产业链质量控制体系，同时借助国内冶金、电子、机械产业技术发展，能够逐步实现各类基础完井工具和高端完井工具的系列国产化。

（2）在原油价格长期低位徘徊的新常态下，节约作业时间、简化完井工艺的新型完井技术是发展趋势，需要加快研究进度，早日投入现场应用，依靠自有完井技术做大做强海洋石油工业。

参 考 文 献

[1] 杨立平. 海洋石油完井技术现状及发展趋势[J]. 石油钻采工艺，2008，2(1)：1-6.

[2]《海上油气田完井手册》编委组. 海上油气田完井手册[M]. 北京：石油工业出版社，1998.

[3] 李克向. 实用完井工程[M]. 北京：石油工业出版社，2002.

[4] 万仁溥. 现代完井工程[M]. 北京：石油工业出版社，2000.

[5] 范白涛，邓建明. 海上油田完井技术和理念[J]. 石油钻采工艺，2004，26(3)：23-26.

[6] 姜伟. 浅谈海洋石油钻井完井机械及工具的国产化[J]. 石油机械，2001，29(1)：5-7.

[7] 袁进平，齐奉忠. 国内完井技术现状及研究方向建议[J]. 钻采工艺，2007，30(3)：3-7.

[8] 张光平. 保护油气层的完井管柱技术[J]. 断块油气田，2003，10(2)：85-86.

[9] 张绍东，张全胜，孙国华. 胜利油田水平井完井技术现状及发展趋势[J]. 石油钻采工艺，2001，23(6)：34.

第一作者简介：董社霞，女，资深完井工具设计工程师，主要从事完井工具设计与工艺研究。邮箱：dongshx4@cosl.com.cn，电话：15002297348。

通讯地址：天津市塘沽海洋高新区华山道450号；邮编：300459。

海上含蜡油田井筒结蜡剖面预测分析

方涛　陈华兴　刘义刚　白健华　赵顺超　冯于恬　王宇飞　庞铭

[中海石油(中国)有限公司天津分公司渤海石油研究院]

摘　要　渤海油田部分井投产后面临比较严重的结蜡问题，需通过频繁地钢丝清蜡、热洗、连续油管清蜡等措施维持油井的正常生产，但往往是在油井产量急剧下降之后才采取措施，缺少清蜡时机及措施选择的依据。本文以隔热油管防蜡的 A1 井为例，结合 Ramey 温度场分布数学模型，采用 Weingarten 蜡沉积动力学模型(以下简称"W 模型")预测了井筒结蜡剖面。预测井筒结蜡剖面跟现场认识相符，表明 W 模型能适应于渤海油田井筒结蜡剖面预测分析；进一步研究表明，井筒不同位置结蜡厚度不一样，越靠近井口，结蜡厚度越大；隔热油管具有一定的防蜡作用。根据井筒结蜡剖面，有利于合理确定清蜡时机及现场清防蜡措施的制定与实施，保证高含蜡油田的高效开发。

关键词　含蜡油田　蜡沉积动力学　隔热油管　井筒温度剖面　井筒结蜡剖面

1　概述

原油中的蜡是多种化合物的混合物，在油层条件下通常以液态存在，但在开采过程中，随着温度和压力降低，轻质组分会不断逸出，原油溶蜡能力随之降低，原油中的蜡便以结晶体析出、聚集并沉积在管壁等固相表面，即出现结蜡现象。油井结蜡并非是纯石蜡，而是石蜡、胶质、沥青等混合物，通常还含有泥砂、水等。油井结蜡一方面会使油流通道变小，流动阻力增加；另一方面会直接影响抽油设备的正常工作，造成油井减产，严重时会将油流通道全部堵死而停产。

调研发现，渤海湾油田含蜡量都较高，统计的 25 个区块中，48% 的区块含蜡量高于 10%；锦州 21－1 油田东营组、岐口 18－2 油田沙河街组、锦州 25－1S 油田等油藏含蜡量和凝固点较高，这些区域投产后表现为油井产能低、采油速度低、采油管柱易结蜡堵塞等特点。渤海油田对于结蜡研究较少，有必要对在生产油田进行结蜡分析，在此基础上开展结蜡风险研究，提前做好清防蜡措施准备，有利于实现油田的经济、高效开发。

2　模型的建立

众所周知，影响结蜡的主要因素是温度，为此，国内外学者进行了大量研究，目前，预测井筒温度剖面的数学模型有 2 种：一种是根据能量、动量和质量守恒建立压力－温度耦合数学模型，通过压力与井筒温度的迭代耦合求解；另一种是基于 Ramey 模型的解析或半解析方法，后者广泛应用于石油天然气行业的油管及管道温度计算。

同时，各国学者进行了大量的试验和理论研究，建立了多种蜡沉积试验装置，并针对原油的蜡沉积机理、影响因素从不同角度提出了若干蜡沉积模型。20 世纪 80 年代以来，随着沙漠、海洋油田的开发，国外各大石油公司加大了多相混输管路蜡沉积研究的投入，并在蜡沉积热力学模型、动力学模型两个方面取得了一定的研究进展。

2.1　温度分布数学模型

1962 年，Ramey 通过理论推导，得到了计算井筒温度分布的指数温降模型，模型中考虑了井筒内的传热过程和地层中的导热现象，该模型也成为了后人研究井筒传热的基础。Ramey 提出的数学模型表达式为：

$$T(L,t) = 0.3aL + b - 0.3aA + 0.56(1.8T_0 + 0.55aA - 1.8b)e^{-L/A} \tag{1}$$

其中：

$$A = \frac{\rho W \left[5912.3k + 1802.1riUf(t) \right] c}{2\pi riUk}$$

式中，$T(L, t)$ 为井筒内流体温度，℃；A 为与时间有关的函数，m；a 为地温梯度，℃/m；b 为地表温度，℃；L 为深度，m；T_0 为入井液温度，℃；W 为产液量，m^3/d；c 为液体比热，J/(kg·℃)；ri 为油管内径，m；U 为井筒内半径和套管外半径之间的综合传热系数，W/(m^2·℃)；k 为地层导热系数，W/(m·℃)；$f(t)$ 为地层无量纲瞬时热传导函数；t 为生产时间，d；ρ 为产出液密度，kg/m^3。

2.2　蜡沉积模型

由于油流主体和固相表面(油管壁面和抽油杆外表面等)之间存在温度差，而蜡在原油中的溶解度和蜡晶析出量是温度的函数，所以，油流主体和固相表面之间存在着溶解蜡分子和蜡晶粒子的浓度差。溶解的蜡分子和析出的蜡晶粒子便以溶解蜡分子的径向扩散、蜡晶粒子的布朗运动和蜡晶粒子的剪切分散 3 种方式向固相表面迁移，并借助分子间力而沉积。这 3 种迁移机理可归结为两个过程，即溶解蜡分子的径向扩散过程和蜡晶粒子的径向迁移过程。基于以上理论，Weingarten 和 Euchner 于 1988 年建立了蜡沉积动力学模型。

蜡沉积动力学模型众多，大多模型需要参数众多，且计算过程复杂。W 模型在蜡的剪切沉积模型中充分考虑了蜡的扩散沉积，且模型所需参数相对容易获取，在目前尚无实验条件的情况下，选择该模型用于渤海油田蜡沉积研究。

2.2.1　溶解蜡的扩散沉积模型

含蜡原油在井筒流动过程中，由于油流主体和油管壁面间存在温度梯度，所以，两者之间存在着蜡的浓度梯度。在此浓度梯度作用下，溶解于原油中的部分蜡分子以分子扩散的形式向油管壁面迁移，并在到达固液界面时从原油中析出，然后借助于自由表面能而沉积于油管壁面上或已形成的不流动层面上。根据 Fick 扩散定律，结合实验结果，推导得到管壁上蜡的扩散沉积速度为：

$$\frac{dW_d}{dt} = C_d C_h \frac{\rho_s A}{\mu} \frac{V \rho_1 C_p}{\pi k d_t} \frac{dT}{dL} \times 10^{(-0.19458T_t - 2.297)} \tag{2}$$

式中，$\dfrac{dW_d}{dt}$ 为单位时间内由分子扩散而沉积的溶解蜡的质量，kg/s；C_d 为沉积常数，一般取 1500；C_h 为单位换算系数，0.8267578；ρ_s 为蜡晶密度，kg/m^3；A 为蜡沉积表面积，m^2；μ 为流体的黏度，$mPa \cdot s$；V 为井筒流体的体积流量，m^3/s；ρ_1 为井筒流体的密度，kg/m^3；C_p 为井筒流体的定压比热，$kJ/(kg \cdot ℃)$；k 为井筒流体的热传导系数，$kJ/(m \cdot s \cdot ℃)$；d_t 为油管直径，m；$\dfrac{dT}{dL}$ 为井筒轴向温度梯度，$℃/m$；T_t 为管壁温度，$℃$。

2.2.2 蜡晶粒子的剪切沉积模型

蜡晶粒子以布朗运动和剪切分散两种方式作横向迁移。布朗运动的影响相对较小。由于井筒中速度梯度场的存在，悬浮在油流中的蜡晶颗粒会以一定的角速度进行旋转运动，并出现横向局部平移，即产生剪切分散。结合实验研究结果，蜡的剪切沉积速度可表示为：

$$\frac{dW_s}{dt} = 0.011512C_dC_hC_s\gamma A \times [10^{-0.19458T_t} - 10^{-0.19458T_c}] \tag{3}$$

式中，$\dfrac{dW_s}{dt}$ 为单位时间内由剪切沉积的结晶蜡的质量，kg/s；T_c 为蜡的初始结晶温度，$℃$；C_s 为单位换算系数，$C_s = 35.31467$；γ 为剪切速度，s^{-1}。

当流速增加到某一数值时，结蜡量达到最高值。如果流速继续增加，靠近管壁处原油的流速相应增大，剪切作用相对加强。当剪切作用增加到足以使沉积在管壁外层的疏松蜡层崩塌时，蜡的沉积量随流速的增加而开始下降，结蜡量迅速减少。一般认为，当剪切速率大于 $2450s^{-1}$ 时，剪切沉积停止，蜡的剪切沉积速度为 0。

2.2.3 蜡的沉积厚度模型

在实际流动中，沉积于固相表面的蜡一部分是由于温度降低而从原油中结晶析出，通过布朗运动和剪切分散沉积于固相表面或并入不流动层；另一部分是蜡分子直接扩散沉积于固相表面或并入不流动层。在上述机理的作用下，总的石蜡沉积速度为：

$$\frac{dW}{dt} = \frac{dW_d}{dt} + \frac{dW_s}{dt} \tag{4}$$

考虑到石蜡中捕集油的影响，将由式（4）计算得到的石蜡总沉积速度除以蜡在不流动层中的含量，即可得到不流动层的总沉积速度。石蜡沉积厚度的增长速度为：

$$v_h = \frac{\dfrac{dW}{dt}}{\left\{H_sA\left[\rho_sH_s + \rho_o(1 - H_s)\right]\right\}} \tag{5}$$

式中，v_h 为蜡沉积厚度的增长速度，m/s；$\dfrac{dW}{dt}$ 为蜡的总沉积速度，kg/s；H_s 为蜡在不流动层中的含量，小数；ρ_o 为捕集层中原油的密度，kg/m^3。

3 模型求解及现场验证

渤海某油田 A1（图 1）井属于渤海地区典型高含蜡油井，在开发过程中频繁结蜡，且进行了清蜡措施。此处选择该井对井筒蜡沉积模型进行验证分析。

A1 井于 2007 年 12 月 12 日投产，2009 年 3 月开始出现海管结蜡问题并关井；2011 年 10 月下隔热油管；2012 年 4 月进行加热车清蜡作业，由于结蜡严重，效果不佳；2012 年 5 月进行连续油管清蜡作业，随后实施周期性钢丝通井清蜡维持油井的正常生产，钢丝清蜡效果很明显。该井自 2012 年 7 月 25 日～2013 年 10 月 5 日累计进行钢丝清蜡 18 次，平均清蜡周期 24d。在清蜡周期内油井产量逐渐递减，因结蜡造成产量递减累计损失产油约 4409m³。该井自 2013 年 7 月 1 日钢丝作业后随着含水的逐渐上升，井口温度也呈平稳上升趋势。2013 年 10 月 5 日钢丝作业后井口温度稳定在 48℃左右，直至 2014 年 5 月弃井作业该井未采取其它清防蜡措施，一直稳定生产。

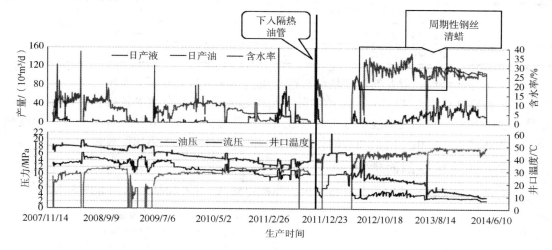

图 1 A1 井生产历史曲线

A1 井原油含蜡量为 15.69%，沥青质含量 0.33%，胶质含量为 5.29%，凝固点为 28℃(表 1)。

表 1 A1 井原油基础物性

井号	50℃黏度/mPa·s	含蜡量/%	沥青质/%	胶质/%	凝固点/℃
A1	3.425	15.69	0.33	5.29	28

A1 井采用 Y 管合采管柱(表 2)，Y 接头以上生产管柱信息如下：

表 2 A1 井生产管柱

名称规格型号	外径/in	内径/in	长度/m	顶深/m	底深/m	备注
4⅟₂in BTC 油管及短节	4.500	2.992	1150.47	7.71	1158.18	隔热油管
变扣(4⅟₂in BTC B×3⅟₂in Vam Top P)	—	2.992	0.40	1158.18	1158.58	—
3⅟₂in Vam Top 油管	3.500	2.992	1038.05	1158.58	2196.63	—
Y 接头	8.250	3.375	0.38	2196.63	0.00	—

3.1 井筒温度场分布(表 3)

渤海某油田 A1 井在 2012 年 8 月 22 日进行了钢丝清蜡作业，清蜡作业后，油井基本处于稳定生产。随着生产的进行，流压逐渐上升，产量有一定程度的递减。选择该清蜡周期进行井筒温度场分布预测。

表3 A1井井筒温度场分布预测基础参数

拟合时间段	2012.08.22 ~ 2012.09.11
拟合周期/d	20
平均产液量/m³·d⁻¹	127
含水/%	0.23
泵入温/℃	65
实际井口平均温度/℃	43
拟合井口温度/℃	43.5

建立单井模型后,对井筒温度场分布进行预测,预测结果如图2所示。

拟合得到井口温度43.5℃,现场实际井口温度43℃,拟合结果较好,可以作为井筒结蜡预测的基础。从井筒温度场分布可以看出,在普通油管段,井筒流体温度下降速度较快;在隔热油管段,由于隔热油管的保温作用,井筒流体温度下降速度较慢。

3.2 井筒结蜡剖面预测

结合油水性质、井筒温度场分布结果,模拟得到A1井井筒结蜡剖面如图3所示。

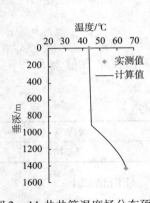

图2 A1井井筒温度场分布预测

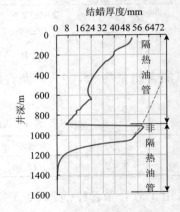

图3 A1井井筒结蜡剖面预测

根据W井筒结蜡预测模型可知:①在不同位置,结蜡量不一样。在普通材质油管段,越靠近隔热油管,井筒结蜡越严重,造成该现象的主要原因是普通油管隔热效果差,井筒温度降低速度较大,蜡分子浓度差异较大;在隔热油管段,由于其有一定的保温作用,温度降低速度大大减小,结蜡速率迅速降低,但越靠近井口,结蜡量越多,井口结蜡厚度为52mm。②隔热油管具有一定的防蜡作用,但隔热油管下入深度不够。在普通油管段,温度下降速度快,导致流体中蜡分子浓度较大,引起蜡的扩散沉积;在隔热油管段,由于隔热油管具有保温作用,井筒温度下降速度变慢,蜡分子扩散作用减弱,但由于隔热油管段流体温度已经低于原油析蜡点温度,蜡晶粒子的剪切沉积作用也开始起作用。

现场于该清蜡周期末进行了钢丝通井作业,作业过程如下:①组装通井工具串:ϕ38mm绳帽 + ϕ42mm加重杆 + ϕ38mm炮栓接头 + ϕ42mm加重杆 + ϕ38mm炮栓接头 + ϕ38mm震击器 + ϕ38mm炮栓接头 + ϕ62mm通井规,捕捉器对零(捕捉器距清蜡阀门1m),下放工具串,下放2m即有遇阻显示,上下活动多次后无法通过;②更换ϕ57mm通井规,依旧在 2m 处遇阻无法通过；③更换 $\phi44mm$ 通井规，多次活动后通过，下放速度缓慢，遇阻现象明显，通井至 700m 遇阻减小，下放速度加快，顺利通井至 2000m，上提通井工具串至井口。总结现场作业过程，有以下两点认识：①越靠近井口，结蜡越严重；②使用 $\phi44mm$ 通井规多次活动后通过，说明井口结蜡厚度应大于 32mm 以上，与 W 模型计算结果有一定的一致性。

4 井筒摩阻变化分析

由于井筒结蜡，油管会缩径，从而增加沿程摩阻，引起流压上升，产量下降。根据井筒内压力传递过程，有：

$$p_{wf} - p_g - p_a - p_f = p_t$$

式中，p_{wf} 为流压；p_g 为液柱压力；p_a 为动能摩阻；p_f 为摩阻；p_t 为油压。由于动能摩阻可以忽略，结蜡前后流体举升高度不变，结蜡前后的油管内的摩阻变化为：

$$\Delta p_f = \Delta p_{wf} - \Delta p_t$$

那么，清蜡周期内流压变化与油压变化之差为结蜡引起的沿程摩阻增加。

管线沿程阻力计算引用如下公式：

$$h_f = \lambda \frac{L}{d} \frac{v^2}{2g}$$

式中，h_f 为管路沿程水头损失，MPa；λ 为沿程阻力系数，无量纲；V 为平均流速，m/s；d 为管子内径，m。

根据 A1 井目前平均产量，计算得到不同井径下的沿程摩阻，如图 4 所示。

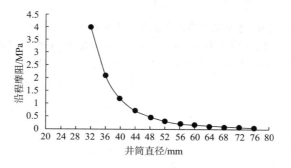

图 4 A1 井沿程摩阻随井筒直径变化曲线

该清蜡周期内，结合实际流压与油压变化，因结蜡引起的摩阻增加了 5.55MPa。根据沿程摩阻计算方法，结合原油性质，对应的井筒有效直径为 30mm，则平均结蜡厚度为 46mm。

W 模型理论计算井口结蜡厚度为 52mm，两者之间虽有一定的差距，但基本属于误差范围内。分析两者之间存在一定差距，原因如下：井筒摩阻的增加一方面是由于井径缩小引起的沿程摩阻增加，另一方面也包括井径缩小引起的局部水头损失。对于连续变径油管中的压降计算，尚没有更好的解决办法。

5 结论及认识

本文在调研国内外井筒温度分布和井筒结蜡剖面预测模型的基础上，结合渤海某高含蜡油田 A1 井实际生产情况，开展了井筒结蜡剖面分布预测研究，形成的结论及认识如下。

(1)结合理论计算结果与现场钢丝清蜡作业过程中的认识，该结蜡模型对于渤海油田井筒结蜡分析有一定的适应性。

(2)结果表明隔热油管有一定的防蜡作用，但是该井隔热油管下入深度不够。

(3)井筒结蜡使得井筒直径减小，增加井筒流动阻力；一般而言，井口结蜡较严重。

(4)目前对连续变径油管中压降的认识不够，需进一步开展连续变径油管压降研究。

参 考 文 献

[1]李颖川. 采油工程[M]. 北京：石油工业出版社，2002.

[2]姜宝良，张国武，赵晨阳，等. 原油蜡沉积研究进展[J]. 油气储运，2005，24(10)：1-4.

[3]Ramey H J. Wellbore heat transmission [J]. JPT, 1962, 14(4): 427-435.

[4]Weingarten J. S., Euchner J. A. Methods for Predicting Wax Precipitation and Deposition [J]. PE - 15654, 1988.

[5]李学军. 预测石蜡析出及沉积的方法[J]. 国外油田工程，1991，7(1)：12-17.

[6]Keating J. F. and Wattenbarger R A. The simulation of paraffin deposition and removal in wellbores [J]. SPE 27871, 1994.

[7]Hasan A. R. and Kabir C. S. Aspects of Wellbore Heat Transfer During Two Phase Flow [J]. SPE Production &Facilities, August 1994.

[8]陈德春，刘均荣，吴晓东，等. 含蜡原油井筒结蜡剖面的预测模型[J]. 石油大学学报(自然科学版)，1999，23(4)：36-38，44.

[9]袁恩熙. 工程流体力学[M]. 石油工业出版社，1986.

第一作者简介：方涛，2014 年毕业于西南石油大学油气田开发专业，助理工程师，现从事采油工程方案设计及储层保护技术研究，邮箱：fangtao0718@163.com，电话：13821355467。

通讯地址：天津市滨海新区海川路 2121 号海油大厦 B 座；邮编：300459。

海上油田注水井单步法在线酸化技术

符扬洋　刘长龙　高尚　张丽平　兰夕堂　张璐

（中海油天津分公司渤海石油研究院）

摘　要　目前海上油田的注水井酸化主要采用常规酸化模式，典型施工程序依次为注入前置液、处理液、后置液三段液体，该酸化模式存在酸化设备占地面积大、酸化作业时间长、作业程序复杂、作业环境要求高和协调难度大等问题，且注水井多井次频繁酸化作业给海上油田生产带来严重影响。基于以上问题并针对海上油田作业的特点，研究一套新型注水井单步法在线（SSOA）酸化技术，该技术核心是高效智能复合酸液体系研制，该体系集前置液、处理液和后置液的功能于一体，实现"以一代三"的功效，且能够随注入水伴注，不影响注水流程，此外，智能注入系统的成功研发，实现酸液体系在线智能注入，在酸化效果达到预期时即停止注酸，有效避免酸液浪费，降低酸化作业成本。目前单步法在线酸化技术已在渤海各大主力油田实施250多井次，平均降压5MPa，酸化作业成本降低15%~20%，措施有效率达97%以上，降压增注效果显著。

关键词　酸化　单步法　在线　实时监测

1　概述

注水井酸化解堵技术是解除注水过程中造成的储层伤害，降低注水压力或提高注入量的重要技术手段，目前该技术已在渤海油田得到广泛应用，2005~2014年，渤海自营油田共进行注水井酸化解堵384余井次，分别在绥中36-1、锦州9-3、旅大10-1、岐口17-2、岐口18-1等8个油田应用，累计增注 $1692 \times 10^4 m^3$，平均单井增注 $4.4 \times 10^4 m^3$。绥中36-1油田应用就达到230井次，累计增注 $1060 \times 10^4 m^3$，平均单井增注 $4.6 \times 10^4 m^3$，水井酸化技术已经成为渤海油田水井增注的重要和有效增产措施之一。目前海上油田的注水井酸化主要采用常规酸化模式，这种工艺方式存在以下几个问题。

（1）海上常规酸化作业动用设备多，占用场地大，与常规检泵、测试、调剖及大修等其他作业无法交叉进行；

（2）受平台空间限制，一次配酸后只能对应一口井酸化作业，难以实现大规模酸化解堵，当遇到多井次酸化情况时，人员及设备均处于待机等待船舶送药剂，进而造成作业周期延长，作业成本增加同时浪费资源；

（3）常规酸化作业动复原费用高，部分油田由于平台甲板承载或者吊机能力有限，酸化设备无法吊装就位，需支持平台或拖轮酸化。

基于以上问题，开展海上油田注水井单步法在线酸化技术研究，集前置液、处理液和后置液的功能于一体，实现"以一代三"的功效，同时将酸液由注入水携带进入储层进行酸化解堵，实时监测注入压力和流量，模拟计算表皮系数实时分析酸化改造效果，进而实时调整施工参数、优化注液量，保证最优酸化效果，从而大幅度节约海上油田注水井酸化作业时间、空间、费用和人力，提高酸化施工安全性。

2 单步法在线酸化技术

单步法在线（SSOA）酸化技术的核心是高浓缩智能复合酸液体系（Intelligent Integrated Acid，InteAcid），该体系无需加入种类繁多的添加剂体系，其不但具有良好的解堵能力，更能智能络合引起沉淀的金属阳离子，最大程度防止次生沉淀，集前置液、处理液和后置液的功能于一体，实现"以一代三"的功效。传统注入系统体积庞大、施工优化难度高，即便在线施工也无法发挥智能复合酸优势。鉴于此，我们有针对性的研制出在线单步法酸化智能注入系统，实现在线智能注入，保障最佳酸化效果：在线单步法酸化施工时不停注水流程，使用小型耐酸泵向注水流程中泵入酸液，实时监测注入过程中压力和流量变化，通过 CCS 系统（Computer Control System）实时控制耐酸泵排量、计算表皮系数，在酸化效果达到预期值时即刻停止注酸泵，实现最佳酸化效果的同时有效避免酸液浪费。

2.1 单步法酸液体系

研制出一套高浓缩智能复合酸液体系——InteAcid，不仅具备优异的解堵能力，还能智能络合引起沉淀的金属阳离子，最大程度防止次生沉淀、甚至三级沉淀，集前置液、处理液和后置液的功能于一体，显著简化酸化注液过程，为满足酸液随注入水携带在线注入地层进行酸化解堵，需要酸液体系具有良好的配伍性、有效溶蚀、高效抑制二次沉淀能力等。

2.1.1 单步法酸液体系配伍性研究

注水井单步法在线酸化技术是将酸液泵注进入注水流程，随注入水一起进入储层，因此需要考虑酸液与注入水、采出水配伍性。将酸液分别与注入水、生产污水（平台的生产污水经 FPSO 处理后的污水）按照体积比为 $V_{酸液}:V_{生产污水/注入水} = 1:1$、$1:3$、$1:5$、$3:1$、$5:1$ 两两混合，分别在室温和 90℃ 的情况下静止两小时观察其配伍性，实验结果如图 1、图 2 所示。

反应前室温　　　反应前90℃　　　反应后室温　　　反应后90℃
图 1　智能酸与生产污水在室温、90℃ 条件下反应 2h 图片

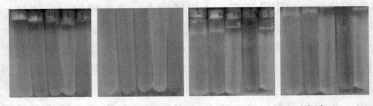

反应前室温　　　反应前90℃　　　反应后室温　　　反应后90℃
图 2　智能酸与注入水在室温、90℃ 条件下反应 2h 图片

从图1、图2可以看出，二种酸液体系在室温与90℃下按照不同比例与生产污水、注入水配伍性较好，反应2h后也没有产生沉淀与浑浊，部分比例混合的酸液与注入水90℃反应2h后颜色稍微变浅，但没有产生浑浊。总体来说，二种酸液体系与注入水、生产污水配伍性良好，能够满足注入水伴注单步酸液体系要求。

2.1.2　单步酸溶蚀能力研究

开展岩粉溶蚀与垢样溶蚀实验，主要考察常规酸液与单步酸液对岩粉及垢样溶蚀率，对比分析单步法酸液体系溶蚀能力，实验结果如图3所示。

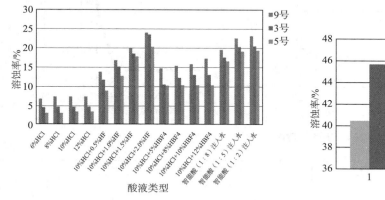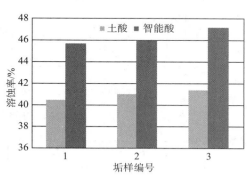

图3　酸液体系对岩粉与垢样溶蚀率

从图3中可以看出：随着酸液浓度增加，岩粉溶蚀逐步升高，其中盐酸溶蚀率最低，在3%～7%，土酸的溶蚀率最高，在8%～25%，氟硼酸溶蚀率在10%～17%，智能酸溶蚀率16%～23%，土酸岩粉溶蚀率最高，但过度溶蚀会造成岩石骨架垮塌。垢样溶蚀结果表明土酸对垢样溶蚀率40%～42%，智能酸对垢样溶蚀率46%～47%。

2.1.3　酸液体系螯合性能研究

砂岩酸化主要机理为氢氟酸与铝硅酸盐的反应，但该反应过程中可能形成硅酸盐、铝酸盐、氟化钙，氢氧化铁、氢氧化铝等沉淀，其中氢氧化铁、氢氧化铝在 pH >3 就容易形成沉淀，因此能否实现对沉淀离子有效螯合是考察酸液性能重要指标，通过实验考查不同螯合酸液体系性能，实验结果见表1。

表1　各种有机螯合酸对 Ca^{2+}、Mg^{2+}、Fe^{3+} 的螯合情况

有机螯合酸类型	Ca^{2+} 容忍量/（mg/g）	Mg^{2+} 容忍量/（mg/g）	Fe^{3+} 容忍量/（mg/g）
HE	140	65	145
HH	116	70	165
HN	146	55	215
HD	104	104	115
G－智能复合酸	253	158	442.5

从表1中数据可以看出：智能酸对钙、镁、铁的螯合能力最强，尤其对钙、铁的螯合能力远高于其他的螯合剂，对钙、铁的高效螯合能够防止酸化过程中钙、铁离子二次沉淀。

2.1.4　酸化流动效果评价

酸化流动效果评价是通过室内实验模拟储层温度、压力下，将酸液按照实际酸化施工时注入顺序注入岩石，通过酸化前后岩心渗透率变化情况，分析酸化流动效果。为了对比实验效果，考察单步法智能酸与土酸的酸化效果，实验结果如图4、图5所示。

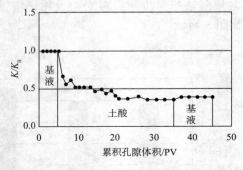
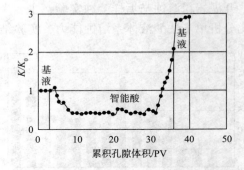

图4　土酸与智能酸酸化流动效果

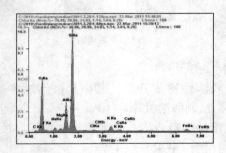
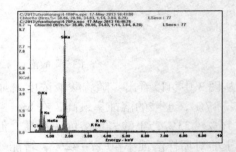

图5　土酸与智能酸酸化后岩石矿物能谱分析

从图4、图5实验结果可以看出：土酸酸化后渗透率降低到原始渗透率40%，SEM分析看出酸化后，岩石骨架结构完全破坏，F、K、Si、Al等元素含量均有所增加，这样容易导致氟硅酸盐、氟铝酸盐沉淀形成。智能酸酸化后渗透率提高到原始渗透率2.89倍，SEM分析看出酸化后，有明显酸溶蚀孔洞形成，且骨架结构完好，能谱分析表明Na、Al、Fe、Mg、Ca、Si等离子含量都有明显降低，酸液具有很好的抑制二次沉淀能力。

2.2　智能CCS注入系统

传统注入系统无法有效发挥智能复合酸优势，本文针对性研制出在线单步法酸化智能注入系统，实现在线施工、实时监测，保障最佳酸化效果。

2.2.1　系统简介

在线单步法酸化施工时不停注水流程，使用小型耐酸泵向注水流程中泵入酸液，实时监测注入过程中压力和流量变化，通过CCS系统（Computer Control System）实时控制耐酸泵排量、计算表皮系数，在酸化效果达到预期值时即刻停止注酸泵，实现最佳酸化效果的同时有效避免酸液浪费，注入系统流程如图6所示。

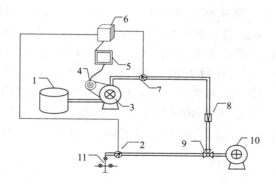

图6 注水井在线单步法酸化技术注入系统示意图

1—储酸罐；2—流量传感器；3—耐酸泵；4—电机；5—变频器；6—计算机；
7—压力传感器；8—单流阀；9—三通管；10—注水管线；11—注水井井口

2.2.2　CCS实时监控系统

为实时监控在线酸化效果，计算机把压力、流量测量元件、变送单元和模数转换器送来的数字信号，直接反馈到酸液流量计算单元及表皮系数计算单元进行运算，计算结果输出信号经过数模转换器送到执行机构，通过表皮系数的实时监测，实时调整注酸排量变化，在酸化效果达到预期值时即刻停止注酸泵，实现酸化效果最佳的同时避免酸液浪费。具体实时监测系统如图7所示。

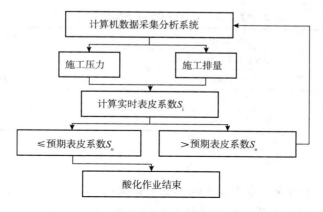

图7　CCS实时监测系统框架图

CCS实时监测系统如图7所示，计算机把通过压力、流量测量元件、变送单元和模数转换器送来的数字信号，直接反馈到表皮系数计算单元进行运算，若计算出的实时表皮系数 $S >$ 预期表皮系数 S_0，则执行机构保持注酸泵继续注酸；若计算出的实时表皮系数 $S \leq$ 预期表皮系数 S_0，则执行机构即刻停止注酸泵，实现最佳酸化效果，同时有效避免酸液浪费。

3　应用效果

目前在线单步法酸化技术已在渤海渤中25－1S、秦皇岛32－6、绥中36－1、南堡35－2等油田实施250多井次，平均降压5MPa，酸化作业成本降低15%～20%，措施有效率达 97% 以上，降压增注效果显著，现场实施效果表明单步法在线酸化技术能节约淡水、避免酸液浪费、缩短酸化作业周期、显著降低作业复杂程度，从而大幅度节约海上油田注水井酸化作业时间、空间、成本和人力，提高酸化施工安全性，如图 8 所示绥中 36 – 1 油田 D1 井与歧口 17 – 3 油田 P10 井在线单步法酸化现场施工曲线，从施工曲线可以看出在线单步法酸化现场应用效果比较明显，降压增注效果显著，从绥中 36 – 1 油田 D1 井使用传统酸化模式与在线单步法酸化效果对比分析可以看出（表 2），在线单步法酸化较常规酸化模式能够大幅度降低酸化作业时间，节约酸化作业成本。

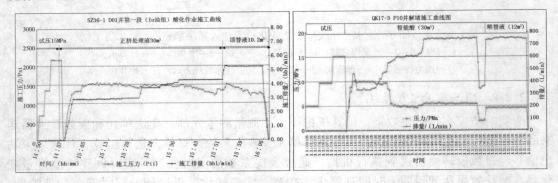

图 8　典型井酸化施工曲线

表 2　绥中 36 – 1 油田 D1 井不同酸化模式对比

项目	传统酸化方式	单步法酸化	优化幅度
作业时间	2012.7.4 ~ 2012.7.10	2014.1.11	
酸液用量	64m³	40.2m³	37%
作业时间	6d	2d	66.7%
费用节省	—	—	33%

4　结论

（1）海上油田注水井多井次多轮次的频繁酸化解堵的需要，促进了新型的在线单步法酸化技术的研发，液体技术进步使得该技术取得成功，形成了新一代革命性酸化技术，并将会成为海上油田注水井酸化增注的核心技术。

（2）SSOA 技术利用设备少，大幅度节约海上作业时间、空间、作业资源和费用，降低劳动强度，安全性进一步提高，技术优势显著。SSOA 技术现场施工 250 余井次，成功率 97% 以上，降压增注效果显著。

（3）InteAcid 智能复合酸对砂岩表现出良好的酸化解堵效果，能够实现有效解堵但对储层基本无二次伤害，对多种二次沉淀物起到良好的抑制作用，可极大简化酸液体系，起到一种酸液体系代替三种酸液体系的作用。

（4）智能注入 CCS 系统实现了在线施工、实时监测、智能控制，极大简化了施工工序，高效率酸液体系有效保障酸化效果，促进在线单步法酸化施工快速、高效。

参 考 文 献

［1］Ding Zhu, Daniel Hill. Field Results Demonstrate Enhanced Matrix Acidizing Through Real-Time Monitoring. 1996. SPE35197.

［2］M. A. Mahmoud, H. A. Nasr-El-Din. Sandstone Acidizing Using A New Class of Chelating Agents ［C］. SPE139815, 2011.

［3］C. Uchendu, L. Nowke, O. Akinlade. A new approach to matrix sandstone acidizing using a single-step HF system: a Niger Delta case study［C］. SPE103041, 2006.

［4］王宝峰. 化学缓速酸的缓速机理概述［J］. 石油与天然气化工. 1994, 23(1): 47-52.

［5］汪本武, 刘平礼, 张璐, 等. 一种单步法在线酸化酸液体系研究及应用［J］. 石油与天然气化工, 2015, 第 3 期: 79-83.

［6］兰夕堂. 注水井单步法在线酸化技术研究及应用［D］. 西南石油大学, 2014.

［7］刘平礼, 孙庚, 李年银, 等. 新型高温砂岩酸化体系缓速特性研究［J］. 钻井液与完井液, 2013, 30(3): 79-79.

［8］Phil Rae, Atikahbte Ahmad, Lance Pertman. Use of Single-step 9% HF in geothermal well stimulation ［C］. SPE108025, 2007.

［9］Fei Yang, H A. Nasr-El-Din, Badr Mohammed Al-Harbi. Acidizing Sandstone Reservoirs Using HF and Organic Acids ［C］. SPE157250, 2012.

［10］刘平礼, 兰夕堂, 王天慧, 等. 砂岩储层酸化的新型螯合酸液体系研制［J］. 天然气工业, 2014, 34(4): 72-75.

［11］Prouvost L P, Economides M J. Application of Real-Time Matrix-Acidizing Evalyation Method. SPE13031, 1984.

［12］Ding Zhu, Daniel Hill. Real-Time Monitoring of Matrix Acidizing Including the Effects of Diverting Agents. 1994. SPE28548.

［13］Ding Zhu, Daniel Hill. Field Results Demonstrate Enhanced Matrix Acidizing Through Real-Time Monitoring. 1996. SPE35197.

［14］王新海, 张福祥, 姜永, 等. 岩心污染表皮系数的计算［J］. 天然气工业, 2012, 32(12): 52-54.

第一作者简介： 符扬洋, 2015 年硕士毕业于西南石油大学油气田开发工程专业, 初级工程师, 现从事酸化压裂技术研究, 邮箱: fuyy11@cnooc.com.cn, 电话: 15908150490。

通讯地址: 天津市塘沽区海川路 2121 号; 邮编: 300450。

可反洗测调一体分层注水工艺应用研究

郭宏峰　杨树坤　夏禹　段凯滨　张博　安宗辉

（中海油田服务股份有限公司油田生产事业部增产中心）

摘　要　针对渤海油田分层注水管柱反洗井难，调配效率低、调配合格率低的问题，开展了可反洗测调一体分层注水工艺技术研究，实现了不动管柱反洗井和测调一体的功能，并在渤海油田进行了成功应用。现场应用结果表明，作业井6个注水层模拟测调仅用时11h，测调效率大大提高，成功实现了不动管柱反循环洗井作业，分层注水工具性能可靠。可反洗测调一体分层注水工艺技术的成功应用验证了工艺的可行性，为渤海油田分层注水开发提供了新的技术思路。

关键词　分层注水　测调一体　反循环洗井

1　概述

渤海多数油田已逐步进入开发中后期阶段，各个油田普遍通过注水补充地层能量来维持产量，"早注水、注好水、注够水、精细注水"的原则显得尤为重要，但在油田实际注水过程中往往存在以下问题。

（1）馆陶、明化、东营等多套层系同时开发，层间差异性大，层间矛盾突出，需要分层注水。

（2）疏松砂岩居多，注水井关停时，工作制度的改变易引起地层砂的反吐，水井需要分层防砂。

（3）受平台空间的限制，注入水水质偏差，注水过程中，压力上升趋势明显，需要反洗井作业，解决井筒处存在的堵塞。

（4）采用钢丝作业，流量测试、水嘴更换分开的调配方式，平均单井分层调配时间长（3~4d/口井），调配合格率低（70%~80%）。

针对以上问题，结合渤海油田注水井的地层条件、完井方式等特点，研发了可反洗测调一体分层注水工艺技术，该技术既能实现精细分层注水，又具有反循环洗井、测调一体等特点，相比目前海上常用的"一投三分"和空心集成分层注水工艺具有很大技术进步。

2　工艺管柱

可反洗测调一体化管柱采用了分层防砂分层注水一体化的设计理念，其主要由外层的分层防砂和内层的分层注水管柱组成，外层分层防砂管柱主要由顶部封隔器、隔离封隔器、筛管、盲管和油管锚组成。分层注水管柱主要由注水封隔器、测调一体配水器和反洗阀等组成，如图 1 所示。分层防砂和分层注水管柱分体设计，分层注水管柱可单独检换。

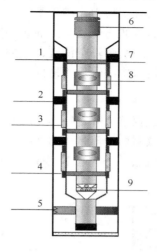

图 1　可反洗测调一体化管柱示意图

1—顶部封隔器；2—隔离封隔器；3—筛管；4—盲管；5—油管锚；

6—补偿器；7—注水封隔器；8—测调一体配水器；9—反洗阀

3　工艺指标

可反洗测调一体分层注水工艺技术包括分层防砂管柱下入、分层防砂管柱验封、分层注水管柱下入、分层注水管柱验封、分层注水管柱测调五大工艺过程，其针对海上油田 7in 和 9⅝in 套管射孔井研制，工艺指标见表 1。

表 1　可反洗测调一体分层注水工艺指标

指标参数	数值	指标参数	数值
流量	$<500\text{m}^3/\text{d}$	工作压差	<35MPa
井斜	≤60°	分层数	<8层
井温	<160℃	调配合格率	≥90%

4　工艺特点

4.1　不动管柱反循环洗井功能

目前渤海油田反洗井作业方式主要有三类：一类为可提升式反洗井管柱设计，通过地面的控制装置，提升内层的分层注水管柱，为反洗井作业提供流体通道，由于管柱提升力较大，管柱寿命有待验证；二类为在现有的定位密封、插入密封或 Y341 注水封隔器上设计单向通道，反洗时打开该通道，通道尺寸较小，限制了反循环井的排量；三类为采用扩张式类封隔器，通过地面的液压控制管线，实现注水封隔器的坐封和解封，由于设计到液压控制管线，反洗井作业成本较高，操作较繁琐。

可反洗测调一体分层注水工艺在原有扩张式封隔器的基础上进行了改进，无需液压管线进行控制，注水封隔器采用双胶筒设计，第一胶筒为普通扩张式封隔器设计，注水坐封，停注解封，第二胶筒在普通扩张式封隔器基础上，加入了密闭自锁装置，注水坐封，停注不解封，反洗井作业时，油套环空压力作用于密闭自锁装置，使密闭压力释放，胶筒解封。注水时，注水封隔器坐封，实现分层注水，油套环空打压反洗，注水封隔器解封，洗井液经油套环空一部分进入筛管与套管环空清洗，一部分对注水管柱与防砂管柱的环空进行清洗，最后洗井液经洗井阀进入中心管返至地面。

4.2 测调一体功能

注水井调配作业过程中，测试仪器入井与一体化配水器对接后，采用边测边调的方式进行流量测试与调配。通过地面仪器监视流量压力曲线，根据实时监测到的流量曲线调整注水阀水嘴大小，直至达到配注流量，一次起下完成所有层段测试和调配，如图2所示。

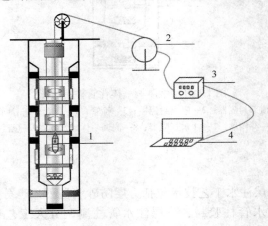

图2 测调一体工艺示意图
1—井下测调工具串；2—电缆绞车；3—地面控制装备；4—数据采集与处理系统

分层注水测调一体调配与常规钢丝投捞测调的特点对比见表2，分层注水测调一体工艺具有无级调解、作业效率高、调配合格率高等特点。

表2 测调一体和常规测调特点对比表

项目	常规测调	测调一体化
测调动力工具	钢丝	电缆
数据录取	地面回放	地面直读
水嘴	分级调换	连续调节
下井次数	频繁，一次成功率低	一次投入
工作效率	平均3~4个工作日/单井	平均1个工作日/单井
单层调配合格率	70%左右	>90%

5 现场应用

渤海油田A井，六层分层注水，最大井斜42.8°，因部分注水层位砂埋注不进水，分析后决定采用大修打捞＋补射孔＋分层防砂＋分层注水的方式恢复该井注水，后期分层防砂＋分层注水部分采用本文提及的可反洗测调一体化分层注水工艺技术。分层防砂管柱和分层注水管柱均顺利入井，分层防砂管柱和分层注水管柱验封均合格，在分层注水初期，对 A 井进行了模拟测调。

5.1 测调作业

考虑 A 井恢复注水时间较短，地层注水并没有稳定，故仅进行了模拟测调，以验证测调工具的灵活性和可靠性。A 井模拟测调结果见表 3，现场作业中，六层模拟测调仅用时 11h，一体化配水器打开、关闭正常，大大提高了作业效率。从表 3 可以看出，L84～L92 层吸水能力较差，建议该井进行酸化处理，提高地层吸水能力。

表 3　渤海油田 A 井模测调结果汇总表

层段	层位	配水器编号	测调一体化配水器调配情况
第 6 防砂段	L50～L70	配 6	调节流量由 490m³/d 调小到 260m³/d，再调大到 480m³/d，证明配水器测调正常
第 5 防砂段	L74～L80	配 5	调节流量由 256m³/d 调小到 188m³/d，再调大到 260m³/d，证明配水器测调正常
第 4 防砂段	L82	配 4	调节流量由 140m³/d 调小到 60m³/d，再调大到 145m³/d，证明配水器测调正常
第 3 防砂段	L84～L92	配 3	转动配水器，调节流量不变，且电流由 90mA 增大到 118mA，说明该层在这个压力条件下不吸水，建议进行酸化处理
第 2 防砂段	L94～L96	配 2	调节流量由 79m³/d 调小到 45m³/d，再调大到 65m³/d，证明配水器测调正常
第 1 防砂段	L100	配 1	调节流量由 44m³/d 调小到 15m³/d，再调大到 45m³/d，证明配水器测调正常

5.2 反洗井作业

A 井恢复注水 3 个月后，注水能力呈现逐步下降趋势，判断井筒存在堵塞，于是进行了反循环洗井作业。现场反洗井作业过程中，注水封隔器解封、反洗阀打开均正常，洗井返出液的状态如图 3 所示，前期返出液较脏，返出液中含大量的死油，静置观察底部含大量的悬浮状泥质类物质，返出液逐渐变的清澈，从返出液判断，反洗井作业有效解除了井筒处的堵塞。

图 3　反循环洗井返出液（从左到右是按照洗井作业时间的先后排列）

6 结论

（1）可反洗测调一体化分层注水工艺技术实现了不动管柱反洗井功能，注水封隔器注水坐封，反洗解封，操作简单易行，管柱维护方便，平台定时实施反洗井作业，解决注水井井筒堵塞问题，可有效缓解了注水井注水压力上升的趋势。

（2）可反洗测调一体化分层注水工艺技术采用电缆作业方式，测调工具一次下井完成各层流量的测试与调配工作，单井测调时间由 3~4 个工作日降低到 1 个工作日，增强作业的时效性，同时测调过程实现可视化，水嘴实现无级连续调节，调配合格率大于 90%。

（3）首次在渤海油田 A 井进行了成功应用，注水封隔器坐封、解封正常，测调工具良好，6 层模拟调配仅用时 11h，大大提高了测调效率，并成功实现了反循环洗井作业，工艺的可行性得到了验证，为渤海油田分层注水开发技术提供了新的技术思路。

参 考 文 献

[1] 李常友，刘明慧，贾兆军，等. 液控式分层注水工艺技术[J]. 石油机械，2008，36(9)：102-104.
[2] 赵振旺，王春耘. 分层注水定量配水工艺技术研究与应用[J]. 石油钻采工艺，2000，22(4)：63-65.
[3] 范锡彦，于鑫，杨洪源，等. 分层注水井分层流量及验封测试技术[J]. 石油机械，2007，35(10)：64-65.
[4] 孙鑫宁，魏斌，王建梅，等. 分层注水井测试调配技术现状及发展方向[J]. 测井与射孔，2006(4)：6-7.
[5] 李常友. 胜利油田测调一体化分层注水工艺技术新进展[J]. 石油机械，2015，43(6)：66-70.
[6] 程心平，王良杰，薛德栋. 渤海油田分层注水工艺技术现状与发展趋势[J]. 海洋石油，2015，35(2)：61-65.
[7] 吉洋，王立，刘敏苹，等. 海上油田分层注水反洗井技术研究与应用[J]. 中国海上油气，2015，27(2)：87-92.

第一作者简介：郭宏峰，采油工程师，2009 年毕业于长江大学应用化学专业，现从事油田增产方面技术研究工作，电话：022 - 66913249，E - mail：guohf2@ cosl. com. cn。

通讯地址：中国天津市塘沽海洋高新技术开发区海川路 1581 号；邮编：300459。

海上油田砂岩储层新型自转向酸化技术

兰夕堂　刘长龙　高尚　张璐　付扬洋

（中海油天津分公司渤海石油研究院）

摘　要　渤海主力油田 QHD32 - 6/SZ36 - 1/PL19 - 3/南堡 35 - 2 油田/旅大油田等均是多层系，跨度大，渗透率、地层压力差异大，且已钻很多大斜度井和水平井进行开采。大斜度井、水平井与直井相比由于井段较长，且在钻完井后生产过程中易受到伤害，产能不理想，迫切需要酸化解堵。现有的酸化技术很难完全配套，应用效果差异大，长井段酸化均匀布酸困难，缺乏有效的分流技术和优化设计方法，且长井段污染面更大，伤害特征和酸化解堵机理复杂，若采用笼统酸化一方面针对性不强，另一方面笼统酸化泵注时间长，对设备及管柱腐蚀大。

基于以上问题研制出一种新型含羧酸基甜菜碱表面活性剂，依靠氢离子浓度变化控制酸液黏度，室内实验表明酸液体系黏度随酸液浓度降低呈先上升后下降的趋势，当酸液浓度为 7% 时，黏度可达 658mPa·s，能有效封堵高渗透层。同时该转向酸还具有良好的缓蚀性、铁离子稳定性和破乳性，表面张力低，高温流变性好等特点，现场应用效果表明，该酸液转向效果明显，酸化增产效果较好。

关键词　酸化　砂岩　含羧酸基甜菜碱表面活性剂　自转向酸

1　概述

酸化是油气井稳产、增产，注水井增注的主要工艺措施之一，目前渤海地区酸化主要针对垂直井、储层厚度不太大的定向井而进行的，其工艺已经相对较成熟。而对于大跨度、长井段、物性非均质差异大的储层，如 PL19 - 3 油田、CFD 油田等，由于储层渗透率差异较大、伤害非均质性强等特点，常规酸化处理效果有限，需采用转向分流酸化技术处理。目前分流技术主要包括机械转向分流技术和化学转向技术，海上油田受场地、管柱、设备等条件限制，无法有效开展机械分流酸化技术，而根据 PL19 - 3 - E49、PL19 - 3 - E50 等井泡沫分流施工结果显示，泡沫分流效果并不明显，因此研究出一套行之有效的新型转向酸酸液体系势在必行。

渤海地区属砂岩储层，碳酸盐岩含量较低，目前应用较多的转向剂大多依靠酸岩反应后产生的 Ca^{2+}、Mg^{2+} 离子实现增黏转向，而砂岩储层由于反应产生的 Ca^{2+}、Mg^{2+} 离子浓度较低，无法满足酸液转向所需黏度要求。本次研究优选出一种含羧酸基甜菜碱表面活性剂，该转向剂随着酸岩反应的进行，H^+ 被消耗，羧酸根为亲和 H^+ 而聚集，形成胶束、蠕虫状，导致酸液黏度急剧升高，封堵高渗透层，迫使后续酸液进入低渗透层反应，随着反应继续进行，H^+继续消耗，已经形成的胶束、蠕虫状的表面活性剂由于没有足够的H^+使之结合又会逐渐脱离胶束、蠕虫而分散于溶液中，而逐渐使酸液黏度降低，从而达到转向酸化的效果。应用结果表明，该转向酸对渤海油田砂岩储层分流酸化具有较好的应用价值。

2 转向酸室内实验研究

2.1 试剂与仪器

盐酸(31% HCl)、NaOH(分析纯)、碳酸钙(分析纯，纯度99%以上)、异丙醇(分析纯)、破胶剂(分析纯)、转向剂ZX-1、ZX-2、ZX-3、WD-10、缓蚀剂SA1-3(成都安实得石油科技开发有限公司)。

海上油田油砂样研制而成的人造岩心，长7cm，直径2.54cm、海上油田原油样品，黏度12000mPa·s。

Brookfield-DV2黏度计、RV-600高温流变仪，LDY-Ⅵ型酸化流动实验仪、恒温水浴锅、干燥箱、常规玻璃器皿。

2.2 实验方法

黏度测定：采用Brookfield-DV2黏度计测定不同酸液浓度条件下转向酸黏度；采用RV-600高温流变仪测定30~120℃条件下转向酸黏度。

腐蚀率测定：采用失重法，测定复合解堵剂腐蚀性能，具体实验操作参考标准SY-T 5405—1996。

溶蚀实验：采用蓬莱油田岩屑磨碎后用100目筛网过筛，烘干；将滤纸烘干，放在干燥器里冷却，称量滤纸质量；称量5g左右岩粉，放置于烧杯中；加入事先配制的酸液50mL，置于60℃条件下水浴反应4h；准备好过滤装置，铺设滤纸反应完成后立即过滤，干燥，称重，记录溶蚀后单矿物的重量。

流动实验：按照驱替顺序为基液→前置液→处理液→后置液→基液进行双岩心流动实验，驱替压力位0.5MPa，驱替围压2.4MPa。每隔1min记录依次液体流出体积，根据达西公式计算岩心渗透率变化量。

3 转向酸液体系性能研究与优化

3.1 转向剂优选实验

渤海油田储层温度较高，要求转向剂具有良好的抗温性能，且随着酸岩反应的进行，酸液浓度的降低，酸液黏度大幅度增加，而当酸液浓度降低至某一点时，转向酸能自动破胶，利于返排。考虑渤海油田储层中盐酸可溶物含量不高，前置酸盐酸浓度不超过15%。

向15%盐酸中加入5%转向剂，缓慢加入碳酸钙反应调节酸液浓度，测量不同酸液浓度下酸液黏度，实验结果见图1。由实验数据可看出，随着酸液浓度降低，转向酸酸液黏度呈先增加后减小的趋势，其中，ZX-1的增黏效果最明显，当盐酸浓度为8%时酸液黏度达到最大值800mPa·s，能实现高渗透层的有效封堵。而ZX-3增黏效果也较好，盐酸浓度为6%时酸液黏度达到最大值，但考虑注入酸液浓度降低至6%耗时较长，不能迅速封堵高渗透层，因此，确定ZX-1为转向酸液体系的转向剂。

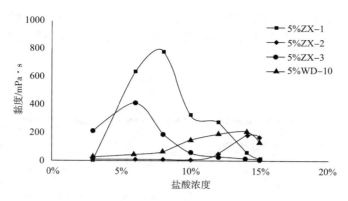

图 1 不同盐酸浓度条件下转向酸黏度变化曲线

考虑不同浓度转向剂 ZX-1 条件下转向酸黏度随酸液浓度变化曲线见图 2。转向酸黏度随转向剂浓度增加而增大，转向剂浓度为 4% 时，转向酸黏度最高可达 658mPa·s，已满足施工所需黏度要求，因此，确定转向剂 ZX-1 加量为 4%。

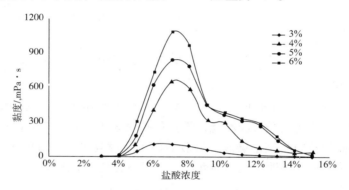

图 2 不同浓度转向酸黏度随酸液浓度变化曲线

3.2 ZX-1 转向酸性能评价

3.2.1 基本性能

结合渤海油田储层特征，筛选出适用于渤海油田砂岩储层酸化改造的转向酸酸液配方为 15% HCl + 4% ZX-1 + 2% SA 系列添加剂，该转向酸呈红棕色，室温条件下放置 5d 后酸液黏度无明显变化。60℃ 条件下对 N80 钢片腐蚀率为 0.84g/m², 符合生产要求。将转向酸与渤海油田稠油样品按 1∶1 比例混合后，稠油溶解分散，液面张力降低，破乳率达 99.1%，稳定铁离子量为 2041mg/L，防膨率达 56%。以上实验数据表明该转向体系具有良好的缓蚀性、铁离子稳定性、破乳性及较低的表面张力，且能在一定程度上分散溶解稠油，对渤海油田稠油开采具有有利作用。

3.2.2 流变性

酸液在储层条件下受剪切作用的影响，有可能会造成酸液破胶，配置 8% HCl + 4% ZX-1 转向酸，采用 RV-600 流变仪测试酸液剪切黏度及温度对转向酸的影响，设定实验温度 30~120℃，同时以 170s⁻¹ 的速度恒定剪切 1h，每 30s 记录一个黏度值，实验结果见图 3。

8%HCl+4%ZX-1，初始剪切黏度约为60mPa·s，随着剪切时间增长酸液黏度略有下降，总体保持稳定，且随着温度的增加，酸液黏度增加，表明该转向酸有较好的抗剪切和抗高温能力。

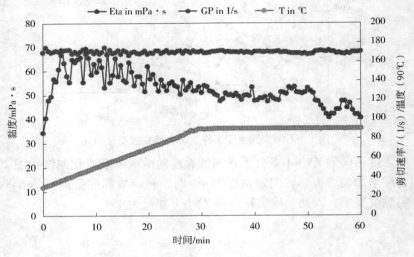

图3　（8%HCl+4%ZX-1）转向酸流变曲线

3.2.3　破胶性

配制8%HCl+4%ZX-1转向酸，初始酸液黏度为548mPa·s，采用酸液消耗及添加其他添加剂的方法评价转向酸破胶性能，实验数据见表1。实验结果表明，酸液消耗、异丙醇及破胶剂均能使转向酸完全破胶，破胶后溶液黏度均低于10mPa·s，破胶率均高于99%，且破胶后溶液均匀透明，无明显残渣，易于酸化处理后返排。

表1　转向酸破胶实验数据

初始黏度约500mPa·s	破胶后黏度/mPa·s	破胶率
酸液消耗	5.3	99.0%
5%异丙醇	5.7	99.0%
2%破胶剂	4.8	99.1%
5%互溶剂	4.2	99.2%

3.2.4　转向性能

目标油田为砂岩储层，分别采用不同浓度的土酸、氟硼酸和多氢酸进行岩粉溶蚀实验，最终确定酸液体系为氟硼酸8%HCl+8%HBF4+2%添加剂。以驱替顺序：基液→前置液（转向酸）→处理液（氟硼酸）→后置液→基液进行双岩心流动实验，常温和60℃条件下流动实验数据见表2和表3，流动曲线如图4、图5所示。注入转向酸后，常温条件下岩心渗透率级差由2.13变为1.81，60℃条件下岩心渗透率级差由3.36变为2.98，均有所降低，低渗透岩心渗透率改造率分别为76%和69%，渗流能力均得到大幅度改善，同时高渗透率岩心渗透率改善率分别为45%和50%，渗流能力明显增强，且温度对转向酸性能影响不大。

表2　常温条件下流动实验数据表

岩心编号	温度/℃	$K/10^{-3}\mu m^2$					渗透率比值/%	低渗透岩心渗透率改造率/%
		基液	前置液	处理液	后置液	基液		
1号	常温	9.33	10.85	6.87	11.6	13.49	145	76
2号		4.39	10.85	2.73	6.02	7.45	176	

表3　60℃条件下流动实验数据表

岩心编号	温度/℃	$K/10^{-3}\mu m^2$					渗透率比值/%	低渗透岩心渗透率改造率/%
		基液	前置液	处理液	后置液	基液		
3号	60	20.81	29.40	12.39	28.32	36.59	150	76
4号		7.18	5.18	3.16	9.3	12.25	169	

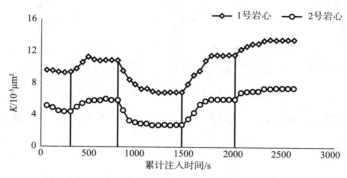

图4　常温条件下转向酸实验流动曲线图

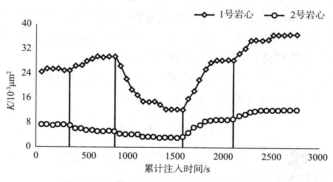

图5　60℃条件下转向酸实验流动曲线图

4　现场应用

D16井是位于曹妃甸11-6油田D平台的一口水平井，主要产层为Ng3 Main砂体层，水平段长202m，平均生产层有效厚度8m，采用裸眼+优质筛管完井，产层平均孔隙度为24.1%，平均渗透率1865mD，不同小层渗透率差异较大，属典型高孔高渗非均质油藏。设计采用新型转向酸液体系进行酸化改造，采用80m³的转向酸和80m³处理液以6bbl/min左右的排量交替注入。2015年12月19日开始酸化作业，酸化施工曲线见图6，在保持排量平稳情况下，按设计泵注过程中出现了三次压力上升，三次压力下降的情况，三个泵注周期波动规律相同，说明转向剂对高渗透层封堵作用明显，酸化后产液量增加至70m³/d，含水率为66%，比采液指数为2.2m³/(d·MPa)，生产压差由6.9MPa降低至3.9MP，酸化明显。

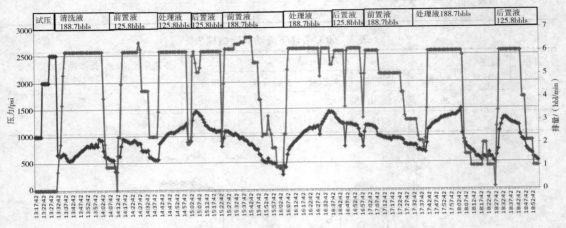

图6　CFD11-6D16H井施工曲线图

该转向酸液体系在CFD11-6油田、CFD11-2油田及PL19-3油田均已开展应用，具有较好的应用前景。

5　结论

（1）针对渤海油田多层、水平井段储层酸化，研制出一套转向酸液体系。

（2）该转向酸酸液体系黏度随着酸液浓度的降低呈先增大后减小的趋势，酸液浓度为8%时酸液黏度高达658mPa·s，酸液浓度继续降低，转向酸自动破胶，易于酸化后返排。

（3）双岩心流动实验结果表明，常温及60℃条件下低渗透岩芯改造率分别为76%和69%，能在一定程度上降低渗透率级差，转向效果明显。

（4）现场应用结果显示，转向酸酸化技术能对高渗储层的有效封堵，最终实现对多层、长井段储层均匀解堵，具有较好的推广价值。

参 考 文 献

[1] 郑云川，赵立强，刘平礼，等. 黏弹性表面活性剂胶束酸在砂岩储层分流酸化中的应用[J]. 石油学报，2006，27(6)：93-95.

[2] Bulgakova G T, Kharisov R Y, Pestrikov A V, et al. Experimental Study of a Viscoelastic Surfactant-Based in Situ Self-Diverting Acid System：Results and Interpretation [J]. Energy & Fuels, 2013, 28(3)：1674-1685.

[3] 张振峰，蒋晓岚. 海上油田酸化酸液的选择及现场应用[J]. 石油钻采工艺，2001，23(5)：57-60.

[4] 张颖，黄子俊，陈月飞，等. 绥中36-1油田D27井氮气泡沫分流酸化效果研究[J]. 海洋石油，2009，29(2)：42-47.

[5] Liu M, Zhang S, Mou J, et al. Diverting mechanism of viscoelastic surfactant-based self-diverting acid and its simulation[J]. Journal of Petroleum Science and Engineering, 2013, 105：91-99.

［6］王浩儒．黏弹性转向酸转向性能研究［D］．西南石油大学，2015．

［7］王小红，刘友权，廖军，等．转向酸转向性能影响因素研究［J］．石油与天然气化工，2012，41（2）：204-206．

［8］王世彬，王浩儒，郭建春，等．砂岩储层酸化自转向酸研究与应用［J］．油田化学，2015，32（4）：490-493．

［9］Wu W，Zhang Z．CELL 48-Study on a novel viscoelastic surfactant-based self-diverting acid［C］//AB-STRACTS OF PAPERS OF THE AMERICAN CHEMICAL SOCIETY．1155 16TH ST，NW，WASHINGTON，DC 20036 USA：AMER CHEMICAL SOC，2008，235．

［10］曲冠政．甜菜碱类黏弹性表面活性剂自转向酸酸化技术研究［D］．中国石油大学，2011．

［11］Zhou F J，Xiong C M，Shi Y，et al．Study on a self-diverting acid system for well stimulation based on novel visco-elastic surfactant［C］//Advanced Materials Research．Trans Tech Publications，2011，287：3120-3126．

［12］SY-T 5405-1996．酸化用缓蚀剂性能试验方法及评价指标［S］［D］．

［13］Zhu Q，Liu P L，Zhao L Q，et al．Laboratory Study on a Novel Self-Diverting Gel Acid System Thickener［C］//Advanced Materials Research．Trans Tech Publications，2012，463：868-876．

［14］王道成，张燕，邓素芬，等．转向酸的实验室评价及现场应用［J］．石油与天然气化工，2013，42（3）：265-269．

［15］耿宇迪，张烨，赵文娜，等．转向酸酸液体系室内研究及其在塔河油田的应用［J］．油田化学，2010，27（3）：255-259．

［16］Taylor D，Kumar P S，Fu D，et al．Viscoelastic surfactant based self-diverting acid for enhanced stimulation in carbonate reservoirs［C］．SPE European Formation Damage Conference．Society of Petroleum Engineers，2003．

［17］刘友权，赵万伟，王小红，等．黏弹体表面活性剂自转向酸特点及其在川渝气田的应用［J］．石油与天然气化工，2008，37（B11）：103-107．

［18］马利成，李爱山，张晓云，等．新型黏弹性表面活性自转向酸的研制及性能评价［J］．油气地质与采收率，2007，14（5）：98-100．

第一作者简介：兰夕堂，2014 年毕业于西南石油大学石油与天然气工程专业，助理工程师，现从事采油工程技术研究，邮箱：lanxt@ cnooc. com. cn，电话：02266501176。

通讯地址：天津市滨海新区海川路 2121 号；邮编：300459。

地层挤注缓释防垢技术在南海西部油田中的应用

李彦闯　谢思宇　郑华安　袁辉　程利民　王闯

［中海石油(中国)有限公司湛江分公司］

摘　要　南海西部注水开发油田井下普遍存在结硫酸钡锶垢问题，由于硫酸钡锶垢极其难溶，受井下防垢工艺的限制，井下结垢问题难以解决。地层挤注缓释防垢技术因其施工工艺简单而得到广泛应用，该技术是将防垢剂挤到井筒周围地层一定深度，防垢剂将吸附在岩石表面，当地层流体经过时，防垢剂将缓慢释放溶于其中，从而达到井筒及近井地带长期防垢的目的。2016年4月该技术在 X – B9 井进行现场先导性试验，通过井口结垢离子监测，钡离子浓度由防垢前 24.1mg/L 最高升至 62mg/L，钙离子浓度由防垢前382mg/L 最高升至 1014mg/L，硫酸根离子浓度由防垢前44mg/L 升至 60mg/L。目前防垢8个月，防垢剂浓度仍有 40mg/L，防垢仍有效。该技术简单易行，药剂成本低，值得进一步推广应用。

关键词　挤注　缓释　防垢　南海西部油田

1　概述

南海西部油田经过长期的开发，结垢问题日趋严重，从目前发现的结垢情况来看，结垢问题主要集中注水开发油田，主要原因是注入水和地层水存在严重的不配伍。目前，结垢油田集中在已经过长期注水开发的 X 油田、Y 油田和 Z 油田，同时随着开发生产的不断深入，这些油田的结垢油井不断增加，结垢问题日趋严重。目前，南海西部注水开发油田日产油约 10000m³/d，日注水量约 5000m³/d，注水开发油田产量占到油田总产量的一半，注水开发效果效果好，相比衰竭开发，注水开发提高油田采收率 10%。但是由于结垢问题的发生，严重影响油田的产量，保守估计受垢影响每天制约原油生产 600m³。

2　南海西部油田结垢现状

目前，结垢油田集中在已经过长期注水开发的 X 油田、Y 油田和 Z 油田，从发现结垢的情况来看，结垢问题不仅发生在井下，几乎在整个流程过程中都存在一定的结垢问题。随着开发生产的不断深入，已发现结垢油田的结垢油井仍将不断增加，同时，一些刚实施注水的油田也存在较大的结垢风险。以 X 油田为例，以下为 X 油田结垢情况。

2.1　X 油田井下结垢概况

自 2003 年修井作业发现结垢以来，X 油田陆续发现结垢的油井达 16 口井，几乎占到整个 X 油田油井总数的一半。X 油田结垢情况如表 1 所示。

表 1　X 油田结垢情况统计

油田区块	典型井
X 油田结垢井占 40%	A1/A3/A4/A5/A6/B1/B6/B8/B9/B10/B11/B15/B21Sa/B26/B27S1/B36

以 X-B10 井为例（如图 1 所示），X-B10 井投产初期生产情况较好，见水后，产量迅速下降，生产波动较大，多次出现欠载停泵问题，只能间歇生产，主要原因为结垢导致井下分层管柱流通通道堵塞，井筒供液不足，后期该井进行铣孔作业，铣孔后产能迅速提升，但是该井结垢严重，结垢速度快，铣孔 1 个月后油井无产出。

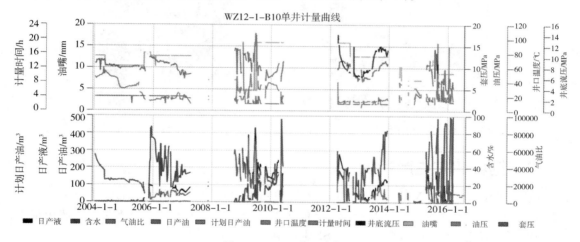

图 1　X-B10 井生产情况

2015 年 7 月修井作业发现 X-B10 井电泵机组覆盖垢厚竟达 2mm，电泵叶轮几乎被堵死，结垢严重。现场作业发现 X-B10 井结垢情况如图 2 所示。

图 2　X-B10 井电泵机组覆盖垢厚 2mm

2.2　X 油田地面结垢概况

自 2003 年油井发现结垢以来，在地面生产污水排海口处、一级分离器和二级分离器水相出口等处也发现明显结垢现象。自 2005 年，X 油田平台地面管线多次发现结垢问题，严重时地面管线部分位置几乎被堵死，部分管线由于无法隔离，造成油井必须停产，严重影响油田的安全和油井的正常生产（图3～图6）。

图3　2005年平台低压管汇结垢

图4　2006年平台高压管汇结垢

图5　2006年平台下海管单流阀结垢

图6　2014年平台井口管汇结垢

3　结垢油井生产特征

从生产情况来看，X油田、Y油田、Z油田结垢油井均表现出相似的生产特征：随着油井的不断生产，结垢后，油井产量、产能缓慢下降，严重至油井供液不足，无法正常生产。以X油田B27S1井为例，X－B27S1生产情况如图7所示。

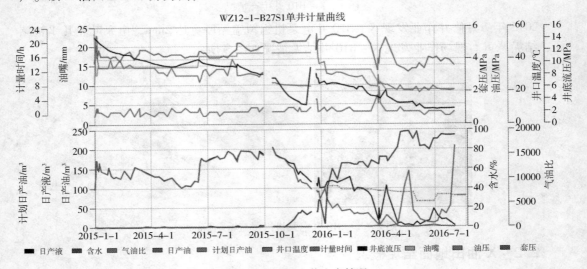

图7　X－B27S1井生产情况

由图 7 可以看出，未见水前，X – B27S1 井一直平稳生产，产液量稳定在 150 ~ 200m³/d，生产情况良好。见水后，含水率突升，6 个月的时间，含水率由 0% 升至 90%；同时伴随着含水率的快速上升，产液量、井底流压快速下降，6 个月的时间，B27S1 井产液量由 200m³/d 降至无产出。

X – B27S1 井在 2016 年 8 月进行了修井作业，从修井作业起出的生产管柱发现，电潜泵被严重堵死，射孔枪及油管被垢严重堵塞，现场测量垢厚达 3mm，结垢情况如图 8 所示。

图 8　X – B27S1 井管柱结垢情况

由于油井生产的特点，流体必须经过生产管柱流至地面，然而随着垢在井下的不断析出，大量的垢附着在井下管柱内、外壁，导致油流通道截面积变小，严重堵塞油流通道，从而导致油井产量不断下降，直至无产出。

4　结垢位置特征

文章对历年油井修井作业发现结垢情况进行了统计，并对油井结垢位置进行了梳理，油井结垢位置统计见表 2。

表 2　油井结垢位置统计

结垢位置	电泵	中心管	射孔枪	支管上下油管
结垢井次	20	14	13	18

通过对油井结垢位置的梳理发现，油井结垢主要集中在电泵、中心管、射孔枪、支管上下油管等位置，尤其以电泵位置处最为突出。这些位置温度、压力、流速变化大，而且流通通道相对小，变径严重。由于垢受温度、压力、流速影响较大，而电泵、中心管、射孔枪、支管上下油管等位置正是温压、流速变化较大的地方，所以导致垢多集中在这些位置。

5　防垢思路及手段

目前油田常用的防垢措施中化学法是国内外应用最多、效果最好的方法。化学法防垢主要是使用防垢剂，其投放方法主要有泵入法、固体防垢块法和挤注法。前两种方法的主要不足在于只能防治井筒及以上设备的结垢，对近井地带及孔眼内的垢无效；挤注法是将防垢剂挤注到地层内一定深度，利用防垢剂的吸附特性，使防垢剂吸附在岩石表面上,当生产井投产后,防垢剂缓慢解析或溶解于产出液中起到防垢作用,即可防治近井地带的结垢,也可防治井筒内和管线设备上的结垢。一般挤注半径为 2 ~ 5m,有效期 6 ~ 24 个月。2016 年 4 月,地层挤注缓释防垢技术在 X – B9 井进行了现场先导性试验。

6 现场应用效果

6.1 X – B9 井结垢概况

X – B9 井于 2003 年 12 月 16 日投产。投产初期自喷,2006 年 4 月 22 日下泵转抽生产一直欠载。生产过程中多次出现欠载、滑套无法正常开关现象,多次修井作业发现管柱结垢(图 9)。

图 9 2006 年 4 月修井作业,X – B9 井结垢现象

2015 年 1 月修井作业发现电泵内部结垢卡死,此垢样经分析为硫酸钡,叶轮结垢导致产量大幅下降,结垢现象如图 10 所示。

图 10 2015 年 1 月修井作业,X – B9 井结垢现象

2016 年 4 月修井作业发现滑套及油管结垢严重,结垢现象如图 11 所示。

图 11 2016 年 4 月修井作业,X – B9 井结垢现象

X－B9 井多次发现结垢，且均为井底硫酸钡结垢，导致流道堵死，严重影响产量。2015 年 1 月换泵后产量立刻恢复，但很快再次下降，通过对涠二四油组铣孔，产量再次恢复，表明结垢堵塞了滑套，2016 年修井作业发现滑套堵塞严重。硫酸钡垢在井底沉积附着，对井下工具和产量产生极不利影响，极有必要开展防垢处理。

6.2 现场施工

2016 年 4 月，进行防垢剂挤注作业。施工过程压力和流量平稳，注入防垢剂过程中压力和流量稳定，注入性良好，未出现储层伤害现象，注入过程和操作步骤严格按照设计进行作业，总注入时间为 8h。注入曲线见图 12。

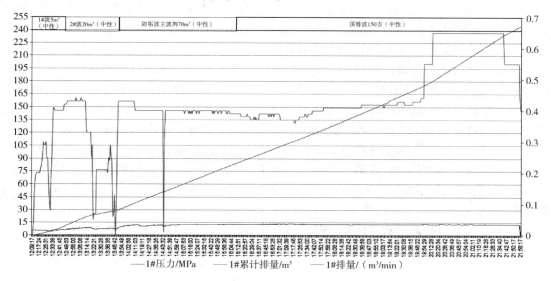

图 12　防垢剂注入曲线

6.3 防垢效果分析

防垢作业后，关井 12h 后，开井生产。通过观察油井生产情况，同时检测产液中结垢离子含量，来分析地层挤注防垢技术的防垢效果。防垢后 X－B9 井结垢离子含量检测情况如表 3 所示。

表 3　X－B9 井防垢后结垢离子浓度变化情况

日期	Ba^{2+}/（mg/L）	Sr^{2+}/（mg/L）	SO_4^{2-}/（mg/L）	HCO_3^-/（mg/L）	Ca^{2+}/（mg/L）	Mg^{2+}/（mg/L）	Cl^-/（mg/L）	总磷/（mg/L）	矿化度/（mg/L）
海水	0	8	2660	140	400	1280	19100	—	34705
除垢前	21.1	35.4	44	1026	282	83	12029	1.02	22089
2016－4－23	62	41.2	59	1188	414	99	12616	10.9	22825
2016－5－5	42.3	44.9	214	1020	449	86	13144	—	23170
2016－5－15	22.2	44.1	317	952	576	96	—	1.93	—
2016－6－20	4.2	37.4	493	955	899	140	—	1.19	—

续表

日期	Ba^{2+}/(mg/L)	Sr^{2+}/(mg/L)	SO_4^{2-}/(mg/L)	HCO_3^-/(mg/L)	Ca^{2+}/(mg/L)	Mg^{2+}/(mg/L)	Cl^-/(mg/L)	总磷/(mg/L)	矿化度/(mg/L)
2016 – 7 – 25	3.3	35.9	517	945	1014	141	—	1.13	—
2016 – 8 – 29	2.3	32.1	469	956	725	128	14385	1.45	25619
2016 – 9 – 29	1.9	25.9	493	948	654	138	14687	1.04	24446
2016 – 10 – 10	2.7	34.7	475	951	745	138	14393	1.21	25781

由表 3 可知，防垢初期，防垢后结垢离子浓度较防垢前有明显提升。返出结垢离子中，钡离子浓度由防垢前 24.1mg/L 升至 62mg/L，钙离子浓度由防垢前 382mg/L 升至 414mg/L，硫酸根离子浓度由防垢前 44mg/L 升至 60mg/L。根据结垢离子上升量折算出阻硫酸钡垢量约 10kg/d，表明除垢剂具有较好的防垢效果。

然而，防垢 2 个月后，地层水中检测出的钡离子大幅度降低，目前钡离子浓度已降至 2.7mg/L，而其他离子也有较大的变化，防垢后，地层水中的离子浓度变化较大，钡离子浓度显著降低。分析认为除垢后，油井含水率大幅度上升，说明原来被垢堵塞储层被疏通，而被垢堵塞的储层连接注水优势通道，水流通道被疏通，注入水沿优势通道突进至井筒。由于注入水中的钡离子含量较低，所以，注入水和地层水混合后大大降低地层水中的钡离子。从目前检测出的总磷浓度 1.21mg/L 来看，根据总磷和防垢剂浓度的关系（1∶300），防垢剂的浓度仍有 60mg/L，防垢剂浓度远高于最低有效防垢剂浓度 4mg/L，防垢仍然有效。

防垢后，X – B9 井已正常生产 240d，X – B9 井生产情况如图 13 所示。

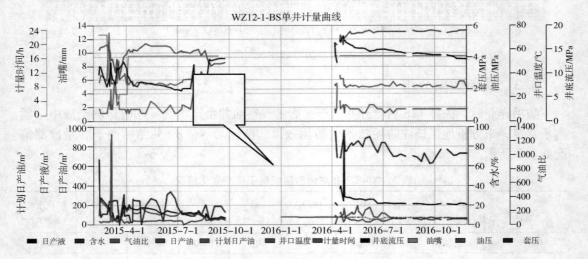

图 13　X – B9 井生产情况

由图 13 可知：防垢作业后，X – B9 井一直平稳生产，井底流压虽有下降，但下降幅度较小。作业后 X – B9 井含水率大幅度上升，分析认为原来被垢堵塞的优势通道储层通过修井作业被解开，导致注入水沿优势通道突进至储层，但是从 X – B9 井的生产情况来看，防垢作业后产液量及流压并无大幅度波动，防垢效果良好。

7 结论与认识

（1）现场应用效果表明，地层挤注防垢技术在 X－B9 井取得了良好的防垢效果，根据结垢离子折算每天可防垢 10kg，施工 8 个月以来，X－B9 井一直平稳生产，延长了检泵周期，取得了良好的经济效益。

（2）地层挤注防垢技术是一种可行的现场施工工艺，操作工程简单易行，有效期长，可实现近井地带至全井筒的有效防垢，值得大范围的推广应用。

（3）随着生产的进行，防垢剂浓度逐渐降低，防垢效果将越来越差，需建立定期防垢制度。

（4）建议建立定期的水质监测制度，及时监测水质变化，做好结垢预警，及时进行防垢作业。

参 考 文 献

[1]戴彩丽，刘双琦，张志武，等．涠洲 12－1 油田中块油井结垢防治[J]．中国海上油气，2006，18（4）：264-266.
[2]戴彩丽，赵福麟，冯德成，等．涠洲 12－1 海上油田硫酸钡锶垢防垢剂研究[J]．油田化学，2005，22（2）：122-125.
[3]李景全，赵群，刘华军．河南油田江河区油井防垢技术[J]．石油钻采工艺，2002，24（2）：57-60.
[4]左景栾，等．纯梁油田樊 41 块油井挤注防垢技术[J]．石油学报，2008，29（4）：615-618.
[5]闫方平．江苏油田韦 2 断块油井挤注防垢技术研究与应用[J]．钻采工艺，2009，32（4）：80-82.

第一作者简介：李彦阁，2013 年毕业于西安石油大学应用化学专业，工程师，现从事油田化学方面的研究，邮箱：liych39@ cnooc. com. cn，电话：18927620356。

通讯地址：广东省湛江市坡头区南油二区研究院副楼六楼；邮编：524057。

低渗储层水侵伤害防治技术研究与应用

宋吉锋　袁辉　郑华安　梁玉凯　周玉霞

[中海石油(中国)有限公司湛江分公司]

摘　要　海上低渗储层修井过程极易受到外来液体水锁、水敏侵入伤害，导致修井后产量大幅下降，严重影响产能释放。针对低渗储层修井储保差、生产井污染问题，开发了两套满足在低渗储层作业的工作液体系：复合解堵体系和储层保护修井液体系。复合解堵体系表面张力低至 17.8mN/m，水侵伤害解堵后岩心渗透率恢复值为 98.2%，现场应用单井解堵后采油指数由 1.5m³/(d·MPa) 增至 65m³/(d·MPa)，目前已累增油 10×10^4m³。储层保护修井液体系封堵后实现自破胶，岩心模拟实验渗透率平均恢复值 90%，现场应用过程零漏失、零污染，返排 10 小时后产能恢复到修井前(276m³/d)，较以往补射孔作业节省作业费用 400 万元。低渗储层水侵防治技术对于类似井伤害防治及类似储层开发增产，具有很好的借鉴和推广意义。

关键词　低渗储层　水锁　水敏　复合解堵　储层保护

1　概述

海上低渗储层由于孔喉细小，黏土矿物含量相对较高，开发生产过程极易受到外来液体水锁、水敏伤害。据统计，80% 低渗储层井修井后由于修井液漏失造成水侵伤害，产能下降甚至无产出。

为减少修井漏失造成储层伤害，湛江分公司曾尝试采用暂堵液对储层段进行封堵，但由于无破胶管柱，暂堵剂自破胶效果差，破胶不彻底堵塞储层。为减轻修井作业中造成的伤害问题，目前多采用联作射孔的方式，通过射孔穿透污染带，解除污染，部分井已多次补孔，这种方式不仅修井费用高，对套管强度也有一定影响。

为解决低渗储层水侵伤害低产低效问题及后续修井储保问题，开展室内研究，针对性构建了复合解堵体系+储层保护修井液体系，2 套体系现场应用效果显著，对于低渗储层水侵伤害防治及类似储层开发增产，具有很好的借鉴和推广意义。

2　复合解堵体系研究

针对水锁、水敏伤害，通过室内大量实验研究，形成复合解堵体系成功解除这一问题：①采用有机溶剂解除近井地带原油堵塞，提高近井地带含油饱和度；②选用低界面张力剂改变岩石润湿性，降低界面张力，减小毛管阻力，提高自返排性；③筛选酸液体系疏通流体孔道，增大泄油面积。

2.1 有机解堵液优选

根据原油分析结果，利用相似相溶原理，采用白油和改性脂肪酸酯复配的有机解堵剂OTY对储层原油进行溶解，结果见表1。

表1 OTY对原油溶解性评价结果表

溶解条件	项目	OTY	
		1#原油	2#原油
90℃/1h	原油质量/g	5.0993	4.9682
	溶解后原油质量/g	1.5582	1.6118
	溶解率/%	69.44	67.56
90℃/3h	溶解后原油质量/g	0	0
	溶解率/%	100	100

由表1可知，储层温度3h后，OTY对原油溶解率达到100%，能够有效分散原油中蜡和沥青质等重质组分，现场作业过程中有利于清洗管柱及疏通油水流动通道，便于后续解堵液的注入。

2.2 复合有机酸解堵液优选

常用土酸及盐酸酸化过程反应速度快、酸液有效距离短，酸化后易破坏储层岩石骨架，导致二次沉淀。针对海上砂岩，酸液溶蚀实验表明：有机磷酸反应速率适中，满足溶蚀微粒、扩大渗流通道的需求，同时对岩石骨架不造成损害。体系配方为：

油田注入水 +8% 复合有机磷酸 HY – A +2% 防水锁剂 FT +2% 黏土稳定剂 QY – 1 +3.0% 缓蚀剂 HS – B

采用石英砂和储层岩屑在储层温度（110℃）条件下对有机磷酸/土酸体系的溶蚀性能进行了测定对比，结果见表2。

表2 有机磷酸、常规土酸与砂岩岩粉、石英的溶蚀率

酸液体系	溶蚀物	溶蚀率/%	
		2h	4h
有机磷酸	石英	0.76	0.82
	岩屑	6.21	6.66
土酸	石英	4.96	7.65
	岩屑	15.12	16.26

结果表明，相比土酸而言，有机磷酸对岩屑溶蚀率6.6%，对石英砂的溶蚀率仅为0.82%，由此可知，有机磷酸具有疏通孔道并且不破坏骨架的作用。

2.3 低界面张力剂优选

氟碳表面活性剂因其独有的表界面特性，能够显著降低气–液表面张力；有机醇利用

小分子吸附作用，可实现完全水湿。本研究采用有机醇 OR 与非离子氟碳表面活性剂 FT 复配形成低界面张力剂 SLT，并对其表界面张力、润湿角进行测试，结果见表3。

表3 低界面张力剂性能一览表

低界面张力剂	气－液表面张力/(mN/m)	油－液界面张力/(mN/m)	润湿角/(°)
SLT	17.8	0.5	0

2.4 水侵伤害解除实验评价

采用天然岩心模拟修井过程，油田注入水、隐形酸完井液侵入储层造成伤害，正替低界面张力剂1PV 和有机磷酸解堵液2PV 解除污染，实验结果见表4。

表4 污染、解堵前后岩心油相渗透率变化情况

岩心	流动介质	渗透率/mD		损害率/%	渗透率/mD	恢复率/%
		污染前	污染后		解堵后	
3#	油田注入水、修井液	2.45	0.47	80.9	2.41	98.2

由表4可知，岩心初始渗透率2.45mD，采用油田注入水、修井液污染各5PV 后，渗透率下降到0.47mD，岩心伤害率80.9%。替入1PV 低界面张力剂、2PV 有机磷酸解堵剂，反应4h 后，岩心渗透率恢复至2.41mD，岩心恢复率98.2%，基本解除水侵伤害。

3 储层保护修井液体系研究

低渗储层由于孔喉细小原因，修井过程极易造成液锁伤害，为避免外来液体与储层接触，采取封堵储层形式，考虑到修井过程无破胶程序，暂堵液选择天然高分子聚合物为增粘剂、降滤失剂，依靠温度进行断链，降低黏度实现自破胶。

体系配方：海水 +2% PF－EZFLOW +0.8% PF－EZVIS +1.0% PF－UHIB +3% KCL

3.1 封堵能力测试

120℃、10MPa 条件下，测定 EZFLOW 暂堵液不同渗透率砂盘30min 的漏失量，结果见表5。

表5 不同渗透率下 EZFLOW 暂堵液漏失量

孔吼直径平均/μm	渗透率	滤失时间/min								瞬时滤失量/mL	滤失速率/(mL/min)
		1	5	7.5	10	15	20	25	30		
3	400mD	8.6	11.4	12.4	13.3	14.6	15.7	16.6	17.4	6.88	2.22
10	2000mD	6.23	9.28	10.5	11.6	13.3	14.6	15.7	16.7	4.04	2.34
20	5000mD	8.6	12	13.2	14.1	15.8	17	17.8	18.6	6.94	1.95

由表5可知，30min 内 EZFLOW 暂堵液的漏失量小于20mL，漏失速率小于2.5mL/min，形成了较好的封堵层。

3.2 自降解能力测试

120℃ 条件下老化 EZFLOW 暂堵液，测定暂堵液黏度随时间变化程度，结果见表6。

表6 EZFLOW/PRD 暂堵液自降解性对比

状态	EZFLOW 堵漏液		PRD 暂堵液	
	AV/mPa·s	η/%	AV/mPa·s	η/%
0 天	50		36	
1 天	38	24	32.5	10
4 天	36	28	30	11
6 天	25	50	28	22
11 天	25	50	28	22

由表6可知，暂堵液在120℃下6d后黏度降低50%，较目前常用PRD暂堵液自降解率提高28%，结合南海西部5～6d检泵周期，可以实现前期封堵后期自降解返排的设想。

3.3 综合储保能力测试

参照SY/T6540—2002《钻完井液损害油层室内评价方法》，采用EZFLOW暂堵液对岩心进行污染，测定岩心前后渗透率变化，结果见表7。

表7 EZFLOW 暂堵液综合储保性能

岩心编号	污染前/mD	污染后/mD	渗透率恢复值/%
1	53.42	46.52	87.08
2	51.93	49.27	94.89

由表7可知，EZFLOW暂堵液污染后岩心渗透恢复值达到85%以上，满足行业标准。

4 现场应用效果

4.1 复合解堵液体系

2015年12月7日该体系在目标井BX-1井应用。现场使用复合解堵体系进行解堵，药剂段塞注入，注入过程中无机解堵液进入储层后，注入压力2800psi下降至2000psi，排量0.08m³/min上升至0.18m³/min，表明污染得到解除，渗流通道疏通。解堵后该井日增油650m³，采油指数由1.5m³/(d·MPa)增至65m³/(d·MPa)，产能提高43倍，已累增油10×10^4m³，目前持续有效。具体数据见图1。

4.2 储层保护修井液体系

2015年5月26日该体系在目标井BX-2井更换采油树作业应用。修井过程注入可降解暂堵液6m³，顶替到储层段后，压力稳定。4d作业时间内无漏失，修井后10h产能恢复至修井前，整个作业过程实现了"零漏失、零污染"，具体数据见表8。

表8 BX-2 井修井前后产油量对比

	产液量/m³	产油量/m³	产气量/(m³/d)	含水率/%
修井前	279	278	8×10^4	0.5
修井后	279	276	15×10^4	1

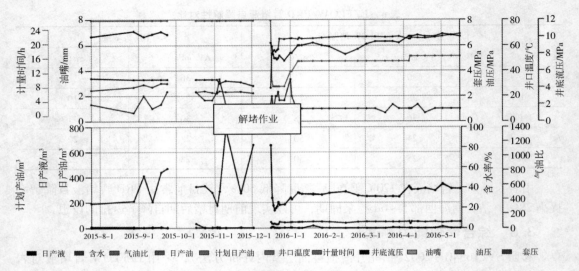

图1　BX-1井解堵前后产油量对比

4.3　推广应用潜力

（1）可降解暂堵储层保护修井液研制应用，打破了本区块低渗储层"逢修井，必射孔"技术瓶颈，单井节约作业费用400万元，使得该区块后续检泵等常规作业不需增加补射孔程序，大大降低作业工时及作业费用。

（2）湛江分公司低渗资源丰富，目前类似低渗储层水侵伤害井3口，拟使用复合解堵体系进行解堵，预计累增油 $10 \times 10^4 m^3$。

5　结论与认识

（1）针对低渗储层水锁、水敏伤害，构建了复合解堵体系及储层保护修井液体系。

（2）复合解堵体系表面张力低至17.8mN/m，润湿角为0；水侵伤害解堵后岩心渗透率恢复值为98.2%；BX-1井解堵后采油指数由 $1.5m^3/(d \cdot MPa)$ 增至 $65m^3/(d \cdot MPa)$，目前已累增油 $10 \times 10^4 m^3$，该体系对另外类似水侵伤害井（目前3口）治理具有借鉴作用。

（4）储层保护修井液体系自破胶率50%，岩心模拟实验渗透率平均恢复值90%，BX-2井现场应用过程零漏失、零污染，返排10小时后产能恢复到修井前（ $276m^3/d$ ），较以往补射孔作业节省作业费用400万元，打破了低渗储层"逢修井，必射孔"技术瓶颈。

参 考 文 献

［1］杨永利. 低渗透油藏水锁伤害机理及解水锁实验研究［J］. 西南石油大学学报，2013，35（3）：138-139.

［2］任冠龙，吕开河，徐涛，等. 低渗透储层水锁损害研究新进展［J］. 中外能源，2013，12（18）：55-58.

［3］刘海庆，姚传进，蒋宝云，等. 低渗高凝油藏堵塞机理及解堵增产技术研究［J］. 特种油气藏，2010，17（6）：104-106.

［4］陈平，杨柳，雷霄，等. 复合解堵技术在涠洲S高凝油藏中的应用［J］. 西部探矿工程，2014（11）：18-20.

[5]贾辉，田艺，郑华安，等．复合解堵工艺的研究与应用——以涠洲 11-4 油田为例[J]．石油天然气学报，2012，34(11)：138-141.

[6]刘平礼，孙庚，李年银，等．新型高温砂岩酸化体系缓速特性研究[J]．钻井液与完井液，2013，30(3)：76-78.

[7]王彦玲，郑晶晶，赵修太，等．磺基甜菜碱氟碳表面活性剂的泡沫性能研究[J]．硅酸盐通报，2010，29(2)：314-315.

[8]赵东明，郑维师，刘易，等．醇处理减缓低渗气藏水锁效应的实验研究[J]．西南石油学院学报，2004，26(2)：67-68.

[9]蒋官澄，王乐，张朔，等．低渗特低渗油藏钻井液储层保护技术[J]．特种油气藏，2014，21(1)：114-115.

[10]李秀灵，张海青，杨倩云，等．低渗透油藏储层保护技术研究进展[J]．石油化工应用，2013，32(2)：70-12.

第一作者简介： 宋吉锋，硕士，毕业于西安石油大学应用化学专业，工程师，现在中海石油(中国)有限公司湛江分公司研究院从事储层保护科研工作。电话：15016467568；E-mail：sjf_wh@126.com。

通讯地址：广东省湛江市坡头区南油二区南粤银行副楼702；邮编：524057。

海上油气田气举工具的优化设计
及试验研究

宋立辉　董社霞　付强　李英松　边杰　褚建国　王磊

（中海油田服务股份有限公司天津分公司）

摘　要　气举采油通过在管柱中下入气举阀和气举偏心工作筒来实现。目前使用的固定式气举工作筒为整体机加工成型，工作筒机械强度高，但气举阀周围没有防护，且工作筒与气举阀之间的连接强度不能满足大斜度大位移井的要求，存在较大的泄露风险。为了适应海上复杂油气田开采的需求，提高气举采油工具的可靠性，本文针对以上问题对现有的气举阀以及工作筒做了优化设计和改进，并进行了试验验证，以达到作业要求。气举阀与工作筒连接处螺纹采用金属硬密封形式，同时在连接处采用盖板形式，防止下入过程中气举阀发生磕碰。这项改进在保证工作筒的密封性能的前提下，减小了加工难度，并且得到了很好的现场应用效果。

关键词　气举工具　固定式偏心工作筒　结构　优化设计　东海油田

1　引言

气举采油是东海油气田常用的一种人工举升采油方式，该方法能显著提高采油效率，延长海上检泵作业周期，降低开采成本，且适用范围广泛，可适应不同产液量的油井，特别是高油气比井。东海某油气田二期开发项目涉及 11 口井，所在海域受台风和季风影响，年最高温度 33℃，年最低温度 -5.8℃，平均空气湿度 85%。其中 A 平台设计 5 口开发井，分别是 A1H、A2H、A3、A4 和 A5 井，目的层为平湖组，平均井深 6102m，垂深在 4199～4428m 之间，该平台所有井井底温度均超过 150℃，属高温井范畴。B 平台设计 6 口开发井，目的层为花港组及平湖组，平均井深 5480m，垂深在 4047～4179m 之间，B2H 井井底温度超过 150℃，属高温井范畴。其中 A2H、A4、A5 和 B4H 井完井深度超过 6000m，属超深井范畴。储层流体 pH 值在 7～11 之间，CO_2 分压在 1.2～3.15 之间，属于腐蚀环境，容易导致气举阀气密性失效。

本次作业所使用的气举工具为油套环空注气压力操作（IPO 型）的 1″固定式气举阀与工作筒，固定式偏心工作筒是常用的一种气举采油工具。工作筒的截面为圆形，用于连接在生产管柱中进行气举作业。偏心工作筒的阀囊孔位于管串的偏心位置，用于连接固定式气举阀。由于阀囊孔位于工作筒的偏心位置，所以完井工具串能够顺利通过工作筒而不受影响。

2 工具改进

工具使用时，气举阀通过螺纹安装在偏心工作筒的阀囊位置，随生产管柱一起下入。当在大斜度大位移井中使用时，气举阀缺少保护装置，容易发生磕碰而发生损坏。为达到保护气举阀的目的并满足工具气密性要求，本文主要对工作筒做出以下改进：①在工作筒的气举阀安装处加工保护槽，将气举阀放入保护槽中，防止下入过程中碰伤气举阀；②气举阀与工作筒连接处螺纹采用金属硬密封型式，以增强二者的连接强度；③在阀与筒连接处采用盖板形式，在保证密封性能的前提下，降低加工难度。

为保证改进后的气举工具在井筒内有效工作，在实验室中进行了气举阀连接可操作性试验，气举阀气密性能测试等一系列相关的性能测试，试验结果达到了设计要求。

2.1 工具结构

改进后的偏心工作筒与气举阀的连接如图1所示。新型的工作筒见图2，主体仍然采用整体机加工成型，保持高强度的优点。气举阀与工作筒底部连接处螺纹采用金属对金属硬密封型式，工作筒与气举阀连接处采用盖板型式。气举阀顶部通过顶丝固定住。

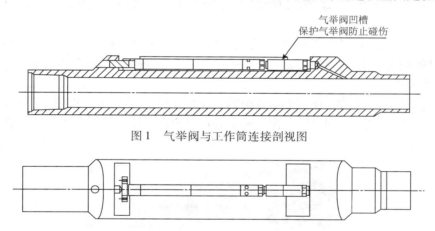

图1 气举阀与工作筒连接剖视图

图2 改进后偏心工作筒结构图

盖板与工作筒筒体间采用聚四氟乙烯密封圈，两组密封圈在盖板与偏心工作筒之间能起到很好的密封作用，盖板通过四颗金属螺钉与筒体固定（图3），防止盖板脱落。盖板与气举阀之间采用 Auto Clave 螺纹连接，这样在保证工作筒密封性能的前提下，减小了螺纹的加工难度。在气举阀安装处加工保护槽，将气举阀放入保护槽中，防止气举阀在随管柱入井的过程中碰伤。

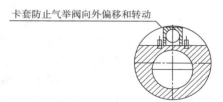

图3 盖板与工作筒通过螺纹连接

2.2 工作原理

固定式套管压力操作气举阀是一种依靠套管压力操作的气举工具，与固定式偏心工作筒配套使用。气举作业中，通过油套环空将高压气体注入到井筒内，并通过生产管柱上偏心工作筒中的气举阀进入管柱内部，用以降低液柱作用在井底的压力。当生产管柱内流体

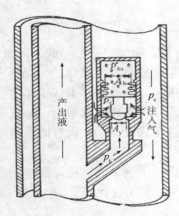

图4 套压操作气举生产示意图

的流动压力低于井底流压时，液体就会被举升到井口，实现气举采油(图4)。在这个过程中气举阀的打开和关闭压力可以根据实际需求进行调试。

2.3 设计技术参数

改进后的偏心工作筒主要技术参数包括：偏心工作筒长度2500mm；最大外径130mm；压力等级35MPa；最高工作温度150℃。

3 室内实验

3.1 改进要求

(1)偏心工作筒制造采用整体机加工形式，保证本体强度。加工过程满足机械加工、热处理及质量控制要求，主材质使用Cr－Mo合金钢加工。

(2)偏心工作筒设计压力等级为35MPa，阀与工作筒之间的连接强度大，且密封性能可靠。

(3)工作筒上面有气举阀有保护装置，防止现场使用过程中对气举阀造成损坏。

(4)气举阀放在工作筒凹槽内，使用顶丝与工作筒固定，底部通过气密螺纹与工作筒连接，保证气密性。

根据设计要求，偏心工作筒使用合金钢材质整体机加工成型，加工后使用X射线进行内部探伤。所有现场使用的偏心工作筒都需要进行耐压性能测试，确保其密封性能达到设计要求(图5)。

图5 改进后偏心工作筒实物图

3.2 工作筒耐压实验

按照实验流程，把气举阀安装在偏心工作筒上，使用手工具使二者的连接强度达到要求，工作筒两端安装实验工装，上部连接手压泵进行压力操作。整个工具组合放入装满水的槽中，观察实验过程中水槽气泡产生情况，同时使用压力表监测压力变化情况，由此来检验偏心工作筒的密封性能(图6)。

图6 试验过程图

3.3 实验数据分析

在室内进行的工作筒耐压密封性能实验，测试结果见表1。实验中，选取三个压力梯度对偏心工作筒进行测试，分别是：低压5MPa/15min测试，测试其低压密封性能；设计压力35MPa/15min测试，验证工作筒密封性能是否达到设计要求；高压52MPa/90min，对单流阀进行密封性能测试。

表1 偏心工作筒密封性能试验

工作筒编号	工作筒耐压密封性能试验		
	测试压力/MPa	稳压时间/min	压降/MPa
PXT – 1	5	15	0
	35	15	0
	52	90	0.2
PXT – 2	5	15	0
	35	15	0
	52	90	0.3
PXT – 3	5	15	0
	35	15	0
	52	90	0.4

实验过程中未发现明显的气泡产生。表1的试验结果说明，所抽取的3套偏心工作筒，在低压5MPa和设计压力下，密封性能良好，达到了设计要求；高压长时间测试的情况下，同样达到了测试标准。

4 现场应用实例

改进后的气举阀与偏心工作筒在目标油气田进行了现场应用，现场操作气举阀与工作筒的连接简单快速，气密性能可靠。大多数井采用两级启动阀和1个工作阀的模式，气举阀最大下深2975.9m，垂深达到2872.8m，所在井深处最大井斜角达到42°，最高温度达到122.4℃。入井过程中，气举阀未发生磕碰现象，一次入井成功率达到100%，且气举诱喷成功，达到了预期设计目的(表2、表3)。

表2 某油气田A平台气举阀下入深度数据

井号	阀级	阀类型	井深/m	垂深/m	井斜角/(°)	阀嘴孔径/mm
A1H	1	1″IPO	1249.9	1236.6	15.83	4.8($\frac{3}{16}$in)
	2	1″IPO	2322.3	2238.8	20.79	4.8($\frac{3}{16}$in)
	3	1″IPO	2975.9	2872.8	13.05	6.4($\frac{1}{4}$in)
A2H	1	1″IPO	1069.9	1073.5	23.97	4.8($\frac{3}{16}$in)
	2	1″IPO	2124.4	2001	30.55	4.8($\frac{3}{16}$in)
	3	1″IPO	2953.7	2758.6	18.92	6.4($\frac{1}{4}$in)

续表

井号	阀级	阀类型	井深/m	垂深/m	井斜角/(°)	阀嘴孔径/mm
A3	1	1″IPO	1114	1093.5	22.12	4.8(³⁄₁₆in)
	2	1″IPO	2310	2024.3	41.7	4.8(³⁄₁₆in)
A4	1	1″IPO	1031.8	1002.4	—	3.18(¹⁄₈in)
	2	1″IPO	2723.35	1647.98	—	3.18(¹⁄₈in)
	3	1″IPO	3734.26	1862.78	—	3.18(¹⁄₈in)

表3　某油气田B平台气举阀使用数据

井号	阀级	阀类型	井深/m	垂深/m	温度/℃	阀嘴孔径/mm
B1	1	1″IPO	972	958	88.8	4.8(³⁄₁₆in)
	2	1″IPO	1916	1756.6	108.2	4.8(³⁄₁₆in)
	3	1″IPO	2700	2373	122.4	4.8(³⁄₁₆in)
B3H	1	1″IPO	1005	1003.4	79.1	4.8(³⁄₁₆in)
	2	1″IPO	1889	1874.3	103	4.8(³⁄₁₆in)
	3	1″IPO	2610	2585.8	120.5	6.4(¹⁄₄in)

B平台中气举阀所在井深温度较高，最高达到122°，气举诱喷成功，证明了气举阀中的密封元件和单流阀性能可靠。

5　结论

（1）改进后的偏心工作筒，有效解决了大斜度井中使用气举阀的磕碰问题，对气举阀起到有效保护，工具一次入井成功率达到100%，丰富了大斜度井采油工具技术序列，拓展了气举技术的应用领域。

（2）新型偏心工作筒在实例油气田及平湖油气田的成功应用，显示出较好的气举效果，同时降低了油田后期动管柱大修作业的几率，节省了作业成本，同时提高了油气田的采油工艺水平。

（3）改进型偏心工作筒的地面试验对其他气举工具有很好的借鉴作用。采用盖板形式连接气举阀和工作筒，在不增加螺纹加工难度的前提下，使二者之间的连接强度大大增强，达到了设计要求。

参　考　文　献

[1]王克伟，杨菁华．气举采油技术新进展[J]．石油化工应用，2009，28(4)．

[2]丘宗杰，张凤久，俞进，等．海上采油工艺新技术与实践[M]．北京：石油工业出版社，2009：71-76．

[3]任爽，冯仁东，刘会琴，等．大斜度井气举完井管柱研究及应用[J]．石油机械，2010，38(6)．

[4]刘洪海，樊文利，魏瑞金，等．气举投捞工艺技术及其应用[J]．西部探矿工程，2001，73(6)．

[5]周和平，李霖，郭文军，等．ZYPT-1型偏心工作筒在文东油田的应用[J]．钻采工艺，2012，64．

[6]万仁溥，等．采油工程手册[M]．北京：石油工业出版社，2003：543-545．

第一作者简介：宋立辉，2013年毕业于中国石油大学（北京）油气井工程专业，完井防砂工艺工程师，主要从事完井防砂工艺技术研究及完井工具设计。邮箱：songlh7@cosl.com.cn，电话：13752560783。

通讯地址：天津市塘沽海洋高新区华山道450号；邮编：300459。

络合酸体系研究与现场应用

苏毅[1]　王贵[2]　陈凯[2]　冯浦涌[2]　高纪超[2]　王春林[2]

[1. 中海石油(中国)有限公司天津分公司 渤西作业公司；
2. 中海油田服务股份有限公司 油田生产研究院]

摘　要　砂岩酸化解堵技术在海上油田开发中得到了广泛应用，传统施工程序为依次注入前置液、处理液及后置液三段液体段塞，该工艺占用平台时间和空间，耗费淡水及淡水运输资源。本文论述了一种络合酸体系，从液体角度实现"单步法酸化"代替传统"三步法酸化"的施工意图，使酸化施工工艺得到简化，采用络合酸与平台注入水按比例混合稀释，从而大幅度节约酸化作业时间、空间、淡水及淡水运输资源，为海上油田油水井增产增注提供了一种经济、高效的酸化施工工艺技术。该体系对碳酸钙溶蚀率为100%、残酸体系防膨率为86.60%、鲜酸表面张力为22.90mN/m、鲜酸界面张力为0.63mN/m、残酸表面张力为26.35mN/m、残酸界面张力为0.70mN/m及岩心驱替实验表明，经1.5PV酸液处理未经污染的岩心，岩心渗透率提高近4倍。该体系在M油田进行2井次注水井解堵现场试验，解堵后，视吸水指数提高近5倍，效果显著。

关键词　酸化　单步法酸化　酸液　二次沉淀

1　前言

在常规砂岩酸化解堵工艺中，使用氢氟酸溶解黏土、长石及石英等矿物以达到解堵增产增注的目的，然而酸液体系中的氟离子会优先与储层中的钙质反应，生成氟化钙二次沉淀：$CaMg(CO_3)_2 + 4HF \rightarrow CaF_2\downarrow + MgF_2\downarrow + 2CO_2\uparrow + 2H_2O$，氢氟酸与石英反应会生产氟硅酸盐二次沉淀：$SiO_2 + 6HF + 2NaOH \rightarrow Na_2SiF_6\downarrow + 3H_2O$，氢氟酸与长石黏土反应生产水合二氧化硅沉淀：$26HF + Al_2Si_4O_{10}(OH)_2 \rightarrow 4H_2SiF_6 + 2AlF(OH)_2 + 8H_2O$，$H_2SiF_6 + 6Al^+ + 2HO^- \rightarrow 6AlF^{2+} + SiO_2 \cdot 2H_2O\downarrow$，此外，酸化过程中引入的铁离子在一定pH下会产生氢氧化铁及氢氧化亚铁二次沉淀。为了防止这些二次沉淀对酸化造成的不利影响，在传统酸化工艺中采用前置液-主体液-后置液的"三步法"对砂岩进行酸化作业，通常在主体液之前用氯化铵盐水前置液来将地层水顶替离开近井地区处理或HCl前置液清除钙质；为了防止水合硅沉淀的生成，通常在HF主酸中加入HCl或有机酸；而防止酸化后由于酸液pH值的升高生成金属氢氧化物沉淀，通常会在主体酸后注入HCl后置液等。但这种"三步法"酸化施工工艺占用平台时间和空间，耗费淡水及淡水运输资源。

本研究提出一套络合酸体系，由于该体系不仅能溶解岩石矿物和解除堵塞物，而且能有效预防二次沉淀，避免新伤害，实现了以"单步法"代替"三步法"的施工工艺意图，简化施工流程、节约了平台作业时间及空间，不但大大降低了客户施工成本，而且增加施工终点控制性，酸液分配更加合理。

2 实验部分

2.1 实验药品和仪器

盐酸、氢氟酸、无水碳酸钠、三氯化铁、氯化钙及硅酸钠均为分析纯试剂，钙基膨润土为市售、络合酸（自制）、SD1 井垢样、PD28 井岩屑、模拟岩心、P 平台注入水及蒸馏水。

恒温水浴、JK – 99C 表面张力仪、TX – 500 界面张力仪、FDS（Core lab）。

2.2 结果和讨论

2.2.1 配伍实验

目前海上油田注水井酸化工艺中，酸化注液过程完成后，酸液不返排，酸化结束即恢复注水，这种处理方式的后果是酸液长期存在于地层，可能会引起酸液与注入水不配伍，进而造成对储层的伤害，另外该酸液体系可与注入水按比例伴注，这样可节约淡水及淡水运输资源，因此有必要研究酸液与注入水的配伍性（表 1）。从实验照片，络合酸酸液体系在室温与 60℃下，反应前配伍性良好（图 1）。

表 1　酸液与注入水配伍性测试数据

体系	时间/h	温度/℃	颜色	透明度	沉淀	分层
络合酸	0	常温	棕黄	透明	无	无
P 平台注入水	2	常温	棕黄	透明	无	无
（1:2）	2	60	棕黄	透明	无	无

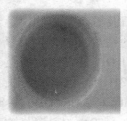

图 1　络合酸和注入水 1:2 混合（室温、60℃，2h）外观

2.2.2 酸溶蚀实验

对海上注水井来说，污染原因主要来自注入水体污染，污染物以固悬物，结垢为主，成分主要为碳酸盐岩、黏土及铁矿物，因此，本研究采用分析纯碳酸钙及现场垢样对酸液进行测试（表 2）。对于海上油井基质酸化，以处理黏土、长石及石英矿物为主，以达到扩孔，疏通油流通道为主，因此实验采取 PD28 井岩屑对酸液体系开展溶蚀实验。

表2 垢溶解能力测试数据表

编号	配方	污染物	反应温度/℃	反应时间/h	岩样溶蚀率/%	平均溶蚀率/%
1	33%络合酸	碳酸钙	60	2	100.0	100.0
2					100.0	
3		SD1 井垢样			74.9	73.8
4					72.6	

从表3可以看出，络合酸对无机垢溶解能力强，可有效解除注水井有机垢污染；络合酸体系对 PD28 井岩屑溶蚀能力高于标准低浓度土酸 7.5% HCl + 1.5% HF 对岩屑溶蚀能力，低于标准高浓度土酸 12% HCl + 3% HF 对岩屑溶蚀能力，既保证了酸液的解堵能力，又保障了酸液不破坏岩石骨架。

表3 垢溶解能力测试数据表（PD28 井）

编号	配方	污染物	反应温度/℃	反应时间/h	溶蚀率/%
1	7.5% HCl + 1.5% HF	岩屑	60	0.5	16.8
2	12% HCl + 3% HF				33.2
3	33%络合酸				20.5

2.2.3 缓速实验

采用土酸体系对砂岩储层酸化，经常会因为酸液体系对胶结物质（即碳酸盐岩、黏土矿物）过度溶蚀，导致其发生严重的微粒运移，引起岩石骨架结构的破，坏堵塞注水及油流通道，本文采用测定了络合酸在不同时间内对 PD28 井岩屑溶蚀速率（图2）。

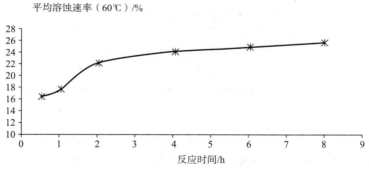

图2 缓速性能评价图

由图2可以看出，络合酸随着时间的增加，对岩屑的溶蚀率不断增加，证明络合酸对岩屑溶蚀具有缓速特征。

2.2.4 沉淀抑制性实验

氟化钙二次沉淀抑制试验。由"单步法"取代"多步法"酸化工艺核心解决的问题在于如何实现"单步法"酸液体系对二次沉淀的有效抑制，实验方法设计如下：络合酸与注入水按照1:2配比配置100mL，在体系中加入9g氯化钙；观察外观；加入6g碳酸钠；观察外观；室温下静止2h后，观察外观；再加入4g碳酸钠，观察外观；室温下静止2h后，观察外观；在 60℃ 下静止 2h 后，观察外观。实验结果显示，络合酸液体系对沉淀具有良好的悬浮性，且在 60℃ 下表现出良好的抑制氟化钙二次沉淀的作用。

氟硅酸盐二次沉淀抑制试验。氢氟酸与储层骨架颗粒石英反应生成硅酸，在遇到储层水中阳离子会产生二次沉淀：$SiO_2 + 6HF + 2NaOH \rightarrow Na_2SiF_6 \downarrow + 3H_2O$，在"多步法"酸化工艺中一般是使用前置液将主体液与地层水隔离开来，那么对"单步法"的无隔离液情况，需要考察体系对氟硅酸盐二次沉淀抑制能力：按络合酸与注入水 1:2 配比，配置 100mL 溶液，置于比色管中，观察外观；配制浓度 20% 硅酸钠溶液；在比色管加入 2mL 硅酸钠溶液，室温静置 2h，观察外观；60℃ 下静置 2h，观察外观。络合酸体系对沉淀具有良好的悬浮性，未发生沉淀现象，在 60℃ 下也表现出良好的抑制氟硅酸钠二次沉淀的作用。

铁二次沉淀抑制试验。酸液及酸化工艺过程中对储层引进的铁离子在一定条件下会生成氢氧化铁，氢氧化亚铁二次沉淀，为防止该种二次沉淀，在络合酸体系中加入了特殊的络合剂以稳定铁离子，防止二次沉淀，为评价该酸液对铁二次沉淀抑制能力。取络合酸与注入水按 1:2 稀释后，用碳酸钙中和至 $pH = 5 \sim 7$，参考 SY/T 6571—2003《酸化用铁离子稳定剂性能评价方法》开展实验。经过评价残酸具备良好的稳定铁离子能力：625mg/100mL。

2.2.5 残酸防膨性能评价实验

黏土矿物成为酸化处理主要对象之一，除了溶解已经脱落运移的黏土矿物，打通注水和油流通道外，还需要对充当胶结物的黏土进行稳定及防膨处理，增加酸化处理的有效期，因此需要对酸液体系考虑防膨效果，综合考虑到酸本身具备防膨效果，且酸液在储层中处于不断消耗的过程，因此，需要考察残酸的防膨能力，参照 SY/T 6571—2003《酸化用铁离子稳定剂性能评价方法》开展实验，计算防膨率(表4)。

表4 络合酸残酸防膨实验测试结果

配方	体系	防膨率/%	平均防膨率/%
1#	33% 络合酸残酸	87.5	86.6
		85.7	

2.2.6 表界面张力测定实验

该络合酸体系中配入特殊的表面活性剂以改善体系的表界面张力，低表界面张力有利于油流动，同时对由于有机垢导致储层岩石润湿反转，从而产生的酸化后增液不增油有良好的处理效果。从表5测试结果可以看出无论是鲜酸，还残酸的表界面张力都非常低。

表5 酸液表面张力测试结果

体系	鲜酸表面张力/(mN/m)	鲜酸界面张力/(mN/m)	pH	残酸表面张力/(mN/m)	残酸界面张力/(mN/m)
33% 络合酸	22.90	0.63	中和至 5~7	26.35	0.70

2.2.7 岩心驱替实验

通过岩心驱替模拟未经污染油井岩心解堵实验(表6)，单步酸化的岩心渗透率提高2倍；通过岩心驱替模拟经注入水污染的水井岩心解堵实验，可见，仅 50PV 注入水使得岩心渗透率下降近50%（图3），通过1.5PV络合酸处理，岩心渗透率得到良好恢复。酸化后岩心端面完整。

表6　模拟岩心成分含量表

碳酸盐岩/%	石英/%	长石/%		黏土/%				泥质/%
方解石	细砂	正长石	斜长石	蒙脱石	伊利石	高岭石	绿泥石	
1.0	50.0	2.2	5.4	16.0	9.0	12.0	4.0	0.4

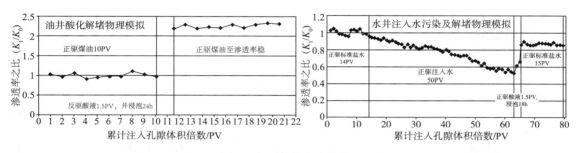

图3　岩心酸化流动曲线图

3　现场应用

QP-X井为新钻调整井，射开层位为E3s2（1、2、3）、E3s2（4、5）、E2s31油组，油层垂厚69.9m，日注475m³/d，油压10.2MPa。根据氧活化吸水剖面测试结果，第二、三、四层段无法达到分层配注量，其中第三层段与配注相比相差较大，第四层段不吸水。污染原因分析，是由运移膨胀黏土、碳酸盐无机垢以及注水中的悬浮固相等形成的多种污染物共同作用的结果。此次酸化解堵使用络合酸解除以钙质、黏土矿物、固相颗粒、铁垢以及酸敏性物质为主的堵塞物，最终达到提高注入量降低注入压力的目的。

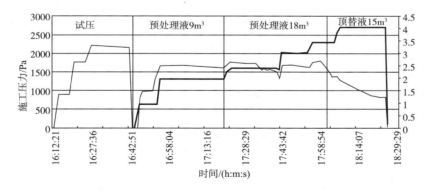

图4　QP-X井酸化作业施工曲线

由图4可以看出：正挤预处理液二时，酸液接触地层，压力下降，排量上升，视吸水指数不断上升，正挤顶替液时压力持续下降，表明解堵体系选择有效且用量合理；停泵压力瞬间降低为0MPa，说明储层污染解除彻底。该井措施后投注，日注914m³/d，油压5.2MPa，视吸水指数175.6m³/（d·MPa）；较酸化前的视吸水指数46.6m³/（d·MPa），提高近5倍，增注效果显著。

4 结论与认识

（1）该络合酸具备与注入水配伍性良好、无机垢解除能力强、二次沉淀抑制能力强、缓速效果好、防膨效果好及表界面张力等特点，从液体体系方面实现了单步法酸化的施工意图。

（2）络合酸使相应酸化施工工艺得到简化，从而可大幅度节约酸化作业时间、空间、淡水及淡水运输资源，为海上油田油水井增产增注提供了一种经济、高效的酸化施工工艺技术。

（3）该络合酸体系在 QP－X 井进行了注水井解堵现场试验，解堵后，视吸水指数提高近 5 倍，效果显著。

参 考 文 献

[1]王玮，赵立强，刘平礼，等. 国外"单步法"基质酸化技术综述[J]. 国外油田工程，2010，26(07)：20-24.

[2]刘平礼，孙庚，邢希金，等. 砂岩储层酸化智能复合酸液体系研究及应用[J]. 西南石油大学学报(自然科学版)，2015，37(06)：138-143.

第一作者简介：苏毅，2005 年毕业于中国石油大学石油工程专业，工程师，现从事渤海油田采油工艺类相关工作，邮箱：suyi3@ cnooc. com. cn，电话：13752659198。

通讯地址：中国天津市滨海新区海川路 2121 号；邮编：300459。

海上油田非均相在线调驱技术研究与应用

吴慎渠　刘全刚　吕鹏　石端胜　左清泉

（中海油能源发展股份有限公司工程技术三次采油技术分公司）

摘　要　渤海油田大部分油藏储层属中高孔渗类型，储层非均质性严重，长期注水开发易形成水流优势通道，导致油田出现含水上升快，产量递减快等问题，亟需实施有效的稳油控水技术。针对目前应用的常规调剖技术，由于占地面积大，一旦开展实施，其他作业无法同时开展，影响了平台的生产作业任务。因此开展了非均相在线调驱技术的油藏研究、体系实验研究、工艺研究和矿场的实施应用。结果表明：非均相在线调驱技术全部设备占地面积仅为 $5 \sim 10 \mathrm{m}^2$，不仅能够解决常规调剖调驱占地面积大的问题，还能够有效地对高渗通道进行封堵，扩大水驱波及体积，达到稳油控水、提高采收率目的。目前该项技术已在渤海油田应用 7 个井次，平均增油达到 $7000 \mathrm{m}^3 /$井次，降水 $5600 \mathrm{m}^3 /$井次，形成了非均相在线调驱技术的油藏、体系实验、工艺及现场应用一体化研究能力。

关键词　非均相　分散相　连续相　在线调驱　稳油控水

1　引言

截止到 2015 年 12 月，渤海油田共 29 个注水开发油田，根据对各油田开发状况统计，到 2012 年 12 月，高于 60% 的油田达到 11 个，占全部注水开发油田的 37.9%；到 2015 年 12 月，高于 60% 的油田达到 19 个，占全部注水开发油田的 65.5%（图 1）。油田含水上升速度快成为目前油田开发面临的关键问题。

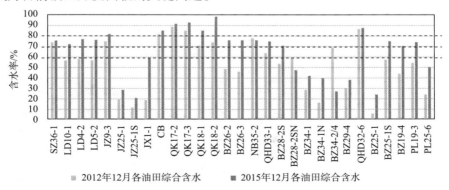

图 1　渤海油田综合含水状况

渤海油田大部分油藏储层属中高孔渗类型，储层非均质性严重，长期注水开发易形成水流优势通道。以渤海湾 QHD32 - 6 油田为例，孔隙度平均 35%、渗透率平均（3000 ~ 4000）× $10^{-3}\mu m^2$，渗透率级差大（2 ~ 300），变异系数几乎都大于 0.7。在相同采出程度下，QHD32 - 6 油田综合含水较其他主力油田注水突进更加严重，含水上升速度更快。油田亟需研究应用有效的稳油控水技术，抑制含水上升、改善开发效果、提高油田原油采收率。

渤海油田近几年来针对以上的开发问题，主要采取常规调剖为主的多种稳油控水技术，取得了一定的降水增油的效果。但是经过多年的实施发现，常规调剖实施时，全部设备铺开占地面积达到 60 ~ 100m²，而海上平台由于空间狭小，一旦相关技术开展实施，其他作业必然无法同时开展，很大程度的影响了平台的生产作业任务。海上油田亟需具备占地面积小、小型集约化等特点的稳油控水技术。

非均相在线调驱技术是一项采用小型撬装化设备将药剂直接注入到注水井的注水流程中，能够实现连续不间断在线注入的稳油控水技术。该项技术所采用的技术体系主要由分散相与连续相组成，其中分散相属软固体颗粒产品，具有良好的黏弹性和封堵性，连续相为增粘流体，能够有效地改善水油流度比，由于分散相与连续相体系能够快速溶解、分散，使得该项技术体系采用极简单的注入工艺即可实施，设备占地面积小，具有同类技术不具备的优势。

2　非均相调驱体系技术原理

与常规调剖调驱体系相比，非均相体系稳油控水的机理主要是依靠分散相的封堵性以及连续相的改善水油流度比、扩大波及体积的协同作用，如图 2 所示。分散相是一种黏弹性高分子颗粒，属于预交联凝胶颗粒类，通过其在孔隙内滞留，堵塞大孔隙通道，由于其溶于水时能吸水溶胀，具有良好的黏弹性，在外力作用下能发生形变而通过多孔介质，在孔喉处不断"堆积→堵塞→压力升高→变形通过"，具有深部液流转向作用。连续相为增黏流体，其主要功能是携带分散相并在地层中进行流度控制，因此可大幅度提高波及体积。通过实现这种"固液共存"的非均相调驱体系"驱"和"调"的双重作用，对高渗通道进行有效封堵，扩大水驱波及体积，达到稳油控水、提高采收率目的，对海上油田的稳油控水有很好的适应性。

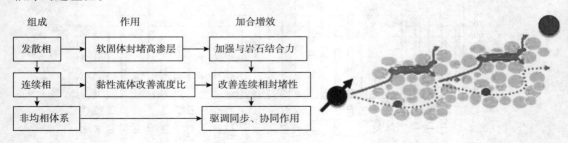

图 2　非均相体系组成及作用机理

3 室内实验

分散相是一种粘弹性高分子颗粒，新型液流转向剂，属于预交联凝胶颗粒类，高吸水性树脂类新型高分子材料。由于其具备深部运移驱油能力、能够在水中稳定存在、遇水膨胀、遇油不变化。连续相为增黏流体，在增加体系黏度的同时，用于携带分散相体系，易溶解、注入工简单，颗粒尺寸及溶胀倍数可调。因此对于分散相、连续相的设计以及两者相互组合形成的非均相体系相关性能评价开展了相关室内实验研究。

3.1 分散相设计与性能评价

3.1.1 分散相设计

由于分散相为黏弹性高分子颗粒，因此其初始粒径和溶胀后的粒径尺寸大小必须与现有油藏的孔喉直径中值相匹配。而各油田在经过长期水冲刷后，现有的油藏孔喉较原始油藏孔喉均有一定的变化，本文广泛调研总结了油藏孔喉特征的研究方法，以及油田开发注水开发过程中孔喉变化规律的研究方法，包括取心资料对比法、水冲刷驱替实验法、油藏工程方法、数值模拟法和示踪剂分析研究法，根据陆上油田经验，高孔高渗油藏开发至高含水期孔喉半径增幅可达 9.15% ~ 59.5%。

本文根据开发初期的取心压汞资料，分析了相关油田（BZ25 – 1S、QHD32 – 6 等油田）油藏原始孔喉分布特征，目标油田储层平均孔喉半径范围为 $0.5 \sim 21\mu m$，最大孔喉半径范围为 $8 \sim 110\mu m$。随着渗透率的增加，储层孔喉半径呈增大趋势。结合陆上油田调研结果，总结了渤海目标油田示踪剂解释资料、以及油藏数值模拟资料，分析研究注水冲刷后至含水 80% 时，高渗层孔喉半径变化增幅 15.3% ~ 75.4%，因此分散相颗粒尺寸的筛选必须符合水冲刷后油藏孔喉的变化规律，以确保能够"进得去、堵得住"。

3.1.2 分散相的性能评价

对于分散相体系，室内对其各项性能进行了评价，其中主要包括与目标油藏注入水的配伍性、耐温耐盐性、黏浓关系实验、注入性评价、封堵性评价、调剖分流能力评价以及驱替实验等。以下选取其主要的两项性能进行分析：注入性和调剖分流能力。

1）分散相的注入性评价

实现条件：取 BZ25 – 1S 油田注入水，配置分散相体系，分散相浓度为 2000mg/L。采用 60cm 岩心，平均渗透率为 $3200 \times 10^{-3}\mu m^2$，油藏温度下注入分散相体系 0.5PV，再开展后续水驱，考察其压力变化情况。

从实验结果分析，如图 3 所示，注入分散相体系后，注入压力初始注上升快，但之后压力上升缓慢，3 个点都有压力上升，入口端上升幅度较高，说明分散相体系的注入性和传导性较好。

2）分散相的液流转向能力

实验条件：采用岩心尺寸为 $60cm \times 2.5cm \times 2.5cm$，高中低三管并联，岩心渗透率为 $3200 \times 10^{-3}\mu m^2$、$1000 \times 10^{-3}\mu m^2$、$500 \times 10^{-3}\mu m^2$，采用 BZ25 – 1S 油田注入水配制 2000mg/L 分散相体系，水驱油高渗层含水达到 80% 后，注入 0.3PV 分散相体系溶液，转后续水驱，观察各层液流变化情况。

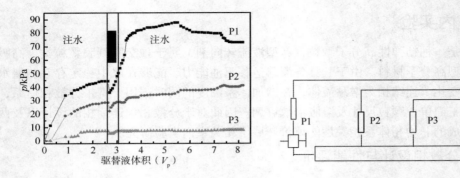

图3　分散相注入后压力变化

从实验结果分析，如图4，注入分散相体系后，高渗层分流量由80%迅速下降至60%，中深层分流量由15%上升至30%，低渗层分流量由3%上升至10%，分散相体系能使驱替流体从高渗透层分流到中、低渗透层，具有一定的液流转向能力，能有效改善层状非均质模型的吸液剖面。

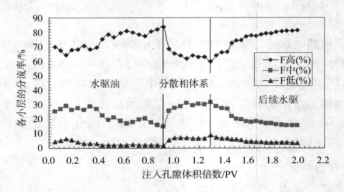

图4　分散相注入后分流量变化

3.2　连续相的性能评价

连续相主要功能是携带分散相并在地层中进行流度控制，相关体系的筛选依据主要是根据油藏温度、矿化度、注入流体性质以及连续相本身的物性等，其必须具备良好的配伍性、快速溶解性、注入性、耐温耐盐性能以及增黏性能。通过矿场实际应用证明，速溶聚合物、乳液聚合物以及交联聚合物通过工艺上的改进，均可作为该项技术应用的连续相产品。

由于连续相必须具备一定的流度控制作用，因此其增黏性为其最为重要的一项性能指标之一。本文选取乳液聚合物与耐温耐盐交联剂交联形成的交联聚合物体系为例进行增黏实验评价。选用1600～2000mg/L的乳液聚合物与800～1000mg/L的交联剂组成的交联体系，在75℃条件下老化0～70d，考察其体系强度的变化。

从实验结果分析，如表1所示，采用上述交联体系的连续相，在1600～2000/800～1000mg/L的浓度下，老化70d后，体系黏度范围为53～85mPa·s，且能够保持持久。

表 1　不同配方体系强度（mPa·s）

体系（乳液聚合物/交联剂）	聚交比	老化时间/d							
		0	1	2	3	5	22	54	70
2000/1000	2.0	20.1	25.4	38.1	56.0	188	128	107	85
2000/1500	1.33	20.5	21.2	36.3	51.3	184	130	104	75
2500/1000	2.5	37.1	39.3	46.7	73.4	197	135	113	94
2500/1500	1.67	38.3	39.1	47.5	78.7	201	165	129	99
1600/800	2.0	15.1	19.5	26.3	40.5	135	96	75	53

3.3　非均相体系驱油性能评价

实验条件：采用三层平板岩心模型，岩心尺寸：$30cm \times 4.5cm \times 4.5cm$，岩心渗透率为 $3200 \times 10^{-3} \mu m^2$、$1000 \times 10^{-3} \mu m^2$、$500 \times 10^{-3} \mu m^2$，采用 BZ25-1S 油田现场注入水配制相关体系，模拟油在油藏温度下黏度为 100mPa·s，实验温度 75℃，注入速度为 0.4mL/min。实验采用三种方案，方案 1：水驱至含水 98%，注入分散相体系 0.3PV，转后续水驱至含水 98%；方案 2：水驱至含水 98%，注入连续相体系 0.3PV，转后续水驱至含水 98%；方案 3：水驱至含水 98%，注入非均相体系 0.3PV（分散相体系 0.1PV + 连续相 0.2PV），转后续水驱至含水 98%。

表 2　非均相体系驱油实验结果

方案	驱替类型	采收率/%				采收率增加值/%
		水驱	分散相驱	连续相驱	非均相体系驱	
1	分散相驱 0.3PV	44.3	49.7	—	—	5.4
2	连续相驱 0.3PV	45.6	—	53.3	—	7.7
3	非均相体系驱（分散相 0.1PV + 连续相 0.2PV）	43.5	—	—	54.4	10.9

实验结果表明，如表 2 所示，单独采用分散相、连续相以及采用组合非均相调驱均能提高水驱采出程度，其中采用组合非均相调驱效果最高，在水驱的基础上提高采收率 10.9%。

4　注入工艺研究

综合陆上油田在线调驱注入工艺和海上采油平台空间小的特点，在线调驱注入工艺设计原则应遵循：设备小型化、高度集成撬装化、多功能化和在线注入。高度集成撬装化对装置不仅要求设备形体小，对其性能参数要求也比较高，多功能化要求装置既可注单一体系还可以根据需要注复合（非均相）体系。在线注入要求注入装置小，满足平台闲置空间的摆放要求，工艺流程简单，满足井口采油树间空间狭小的特点，不影响相邻生产井正常的修井作业，同时还要求注入体系现场配制简单，注入时率大于 90%。

经过近几年来海上油田的实际应用，目前形成的全部在线调驱设备占地面积 5～10m²，能够满足不同注入量要求（100～2000m³/d），适合交联体系、非均相体系等不同体系的注入，形成了"一撬一井"、"一撬多井"等注入工艺，施工人员只需要 4～5 人即可，典型注入工艺流程如图 5 所示。

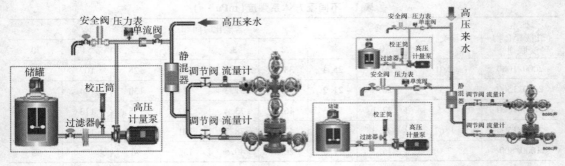

（a）单个小撬装　　　　　　　　　（b）组合小撬装

图5　非均相在线调驱注入工艺流程图

5　海上油田实施效果

5.1　井组筛选的原则

井组的筛选，主要从油藏静态和动态两个方面考虑。静态特征包括：主力砂体的储层分布、连通性、油层厚度、孔隙度、渗透率、非均质程度、流体性质以及井网完善程度。动态特征包括：注采井组的注采比、采油速度、注入水突破情况、受边底水影响大小、储量采出程度和井组含水率等。

5.2　海上油田实施概况

2013年，该项技术在BZ25 – 1S油田E32井首次成功开展矿场试验，取得了预期的降水增油效果。2014年，在BZ19 – 4油田B6、B9井组中进一步实施，2015年开始，逐渐推广至QHD32 – 6油田E16井、BZ25 – 1S油田E7井、E11井、E23井，目前仍有部分井组正在实施中。表3为已实施完成的井组处理量以及降水增油情况，各井实施处理量介于22119～42599m³，增油有效期7～12月，部分井组仍在有效期内。

表3　非均相在线调驱技术在海上油田实施情况

序号	井号	措施日期	处理量/m³	含水最高下降/%	增油计算天数/d	累增油/m³	累降水/m³
1	BZ25 – 1S – E32	2013. 10. 27 – 2014. 5. 12	30550	20	273	19081	13892
2	BZ19 – 4 – B06	2014. 11. 26 – 2015. 9. 1	22119	5	335	5653	7113
3	BZ19 – 4 – B09	2014. 11. 7 – 2015. 9. 1	38435				
4	BZ25 – 1S – E07	2015. 9. 26 – 2016. 2. 24	42599	18	213	10781	6500
5	BZ25 – 1S – E11	2015. 9. 26 – 目前	26816				

5.3　实施效果评价

以常用的油藏工程方法为参考，建立了非均相调驱动态分析与效果评价方法，主要内容包括注入特征评价(注入压力、视吸水指数、阻力系数等)，生产特征评价(含水率、产油变化等)以及降水增油计算。根据评价结果分析，实施非均相调驱后，注入压力升高、视吸水指数下降，各井组取得不同程度的降水增油效果。选取已实施完井组效果进行分析，详见表4。

表4 实施非均相在线调驱的效果

井号	注入压力		视吸水指数		力系数
	调驱前	调驱后	调驱前	调驱后	
E32	9.1	11.0	13.0~18.2	11.4~11.7	1.24~1.55
B6	0.9	7.4	101.1	13.1	1.07
B9	3.5	10.3	94.5	18.6	1.18
E7	0~7.7	8.0~8.2	>12.2	>9.0	>1.26
E11	1.6~6.5	8.5~10.6	12.6~61.4	8.5~16.3	1.19~4.59

以 E11 井 b 段为例，对实施情况进行分析，如图 6、图 7 所示，根据压降曲线，调驱后和调驱完成时，压降曲线明显变缓，根据吸水指示曲线，相同注入量下注入压力明显升高，高渗条带得到有效封堵。根据霍尔曲线，注入非均相调驱体系后，霍尔曲线斜率明显变大，视阻力系数为 1.19，表明注入调驱体系后，由于体系的封堵作用以及后续扩大波及作用，地层渗流阻力增加，调驱取得明显的封堵效果。

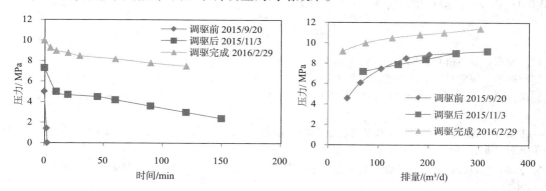

图6 E11b 井调驱过程中各阶段压降及吸水的变化曲线

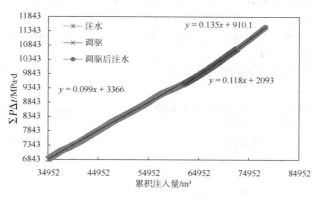

图7 E11b 井水驱、非均相调驱以及后续注水阶段霍尔曲线

已实施调驱完成的井组均见到了明显的降水增油效果，5 个井组累计增油为 $3.5 \times 10^4 m^3$，降水 $2.7 \times 10^4 m^3$，平均增油达到 $7000 m^3$/井次，降水 $5600 m^3$/井次，投入产出比大于 1:4，获得了很好的经济效益，对油田稳产上产起到重要作用。同时，调驱井组也取得明显的降水效果，单井最高含水率由 91% 下降至 71%，最高下降 20%。调驱效果持续时间普遍在 8 个月以上。

6 结论

(1)面对渤海油田含水上升较快、产量递减快等现象，非均相在线调驱作为一种实用新型在线深部调驱技术，在海上油田取得成功的应用。

(2)室内实验表明，组成非均相调驱体系的分散相具有良好的注入性与分流性能，连续相具备稳定的增黏性，不管是单一组分还是相互组合，两者均能有效地提高原油采收率，且组合后提高采收率幅度更大。

(3)设计了"一撬一井"、"一撬多井"2种非均相调驱在线注入工艺，全套设备全部占地面积 $5 \sim 10 m^2$，能实现大剂量在线连续注入深部调驱，其"在线"的独特优势将成为海上油田调驱发展的方向。

(4)已实施调驱完成的井组均见到了明显的降水增油效果，5个井组累计增油为 $3.5 \times 10^4 m^3$，降水 $2.7 \times 10^4 m^3$，平均增油达到 $7000 m^3$/井次，降水 $5600 m^3$/井次，投入产出比大于 $1:4$，获得了很好的经济效益，对油田稳产上产起到重要作用，在海上油田应用具有广阔的应用前景，值得推广。

参 考 文 献

[1]陈晓彦. 非均相驱油及应用方法研究[J]. 石油钻采工艺，2009，31(5)：85-88.

[2]崔晓红. 新型非均相复合驱油方法[J]. 石油学报，2011，32(1)：122-126.

[3]朱洪庆，吴晓燕，吴雅丽. PPG非均相复合驱的研究进展及应用[J]. 天津科技，2012，(5)：124-126.

[4]王昕立，姚远，刘峰，等. 长期冲刷条件下的储层物性参数变化规律研究[J]. 重庆科技学院学报(自然科学版)，2011，13(3)：8-9.

[5]李军，蔡毅，崔云海. 长期水洗后储层孔隙结构变化特征[J]. 油气地质与采收率，2002，9(2)：68-70.

[6]曹绪龙. 非均相复合驱油体系设计与性能评价[J]. 石油学报(石油加工)，2013，29(1)：115-121.

[7]张润芳，吴晓燕，翁大丽. 非均相调驱体系评价方法标准化研究[C]. 全国石油天谈起标准化技术委员会秘书处，石油工业标准化技术委员会秘书处编. 第十四届石油工业标准化学术论坛论文集，石油工业出版社，2014，240-243.

[8]廖新武，刘超，张运来. 新型纳米微球调驱技术在海上稠油油田的应用[J]. 特征油气藏，2013，20(5)：129-132.

[9]刘敏，邹明华，吴华晓，等. 海上油田聚合物驱平台配注工艺技术[J]. 中国海上油气，2010，22(4)：259-261.

[10]高淑玲，邵振波，顾根深. 霍尔曲线在聚驱过程中的应用[J]. 大庆石油地质与开发，2007，26(3)：119-121.

第一作者简介：吴慎渠，2012年毕业于中国石油(华东)大学油气田开发专业，工程师，现从提高采收率工艺技术研究，邮箱：wushq6@cnooc.com.cn，电话：18920927689。

通讯地址：天津市滨海新区塘沽渤海石油路688号增产作业公司；邮编：300450。

电泵机组及异型附件落井处理技术研究

谢国海　代刚

（中海油田服务股份有限公司油田生产事业部）

摘　要　电泵机组生产管柱是目前海上油田最主要的开采管柱，常因各种因素造成管柱遇卡、断裂落井，无法正常起出，常规修井打捞技术处理效率低，国内外尚无快速有效的处理方法。为了提高电泵机组及异型附件打捞处理效果，通过创新技术思路，工具改进，优化处理管柱的组合结构，研究出一套完善的处理技术及配套工具，在现场多井次应用中，均获得了成功。电泵机组及异型附件落井处理技术研究为海上油田的电泵机组及异型附件打捞开辟了新的思路，提高了修井效率，减少了作业时间。

关键词　电泵机组　异型附件　大修工具改进　管柱组合优化

1　概述

海上油田生产井及水源井95％以上为电潜泵机组管柱，在生产过程中常因液流冲腐断裂、丝扣断脱等原因造成部分电泵机组管柱落井事故。管柱上带有大、小扁电缆、井下压力计电缆、电缆绑带、机组手铐、电缆护罩等附件，此类附件尺寸特殊、形状极不规则、且易发生应力变形，本文将此类落物统称为异型附件。目前国内外对电泵机组及异型附件落井尚无很有效的处理方法，采用常规修井工具及处理技术很难解决。对此，我们进行了深入研究，通过技术思路创新、处理工具改进、处理管柱组合优化，研究出一套较为完善的处理技术及配套工具，并进行了试验论证和现场实施。

2　电泵机组打捞处理技术研究

海上油田目前采用的电泵机组落井处理技术中，多采用开窗捞筒进行打捞处理，但油气井和水源井的电泵机组落井遇卡原因及井况不同，因此需单独分析，区别处理。

2.1　油气井电泵机组处理

2.1.1　问题分析

油气井电泵机组落井遇卡原因主要有两种：一是由于油井生产过程中出砂，含砂液流长期冲蚀分离器进液口部位，导致分离器断裂，或井液中含有 H_2S 等腐蚀性物质腐蚀机组，最终导致机组断裂落井。落井机组上部经常被动力电缆和电缆护罩等落物覆盖。二是油气井长期生产过程中将油层中的砂子抽到井筒内，堆积在机组周围造成砂埋卡，此时通用做法是从电泵机组以上第一根油管中部采进行化学（电缆）切割，起出以上油管及电缆，此时会有部分油管、电泵机组和异型附件留在井内。

海上油田油气井的下部完井防砂管柱多为带有插入密封及密封筒，电泵机组外径尺寸大于顶部封隔器及下部防砂管柱内径，因此电泵机组如果发生断裂落井或处理时落鱼下移，底部电机部分（渤海油田常用电机外径在 116 ~ 143mm）在井筒内只能下行至顶部封隔器位置。如管柱底部上带有压力计，则带有压力计及压力计电缆的空心抽油杆（或小油管）会插入顶封伸入防砂管内腔，但此部分对整体处理打捞基本没有影响。

2.1.2 常规处理技术现状

油气井电泵机组打捞处理存在鱼顶上堆积杂物多、鱼顶多样化、处理工序繁琐等问题。目前常规处理工具有开窗捞筒、套铣筒、电泵捞筒、可退式卡瓦打捞筒、母锥等。

当鱼顶为切割后油管时，常规处理方法通常采取套铣、震击解卡、分段套捞处理。即先用短套铣筒套铣方式清理鱼顶，再采用可退式卡瓦打捞筒＋震击器，利用打捞筒抓或油管鱼顶，震击解卡打捞出被卡管柱。如整体解卡无效，则分段套铣，打捞。

当机组鱼顶上部堆积的电缆较少时，常规处理方法通常采取分段套铣，大力上提打捞处理。即先用长套铣筒套铣方式清理鱼顶和机组外环空，再采用开窗捞筒，利用对开成组的捞筒窗舌上部端面卡住机组各部位连接的法兰盘下部台阶实现打捞，逐级将电泵机组分段打捞出来。

由于可退式卡瓦打捞筒打捞范围小，被捞鱼顶外径一般不得超过打捞卡瓦通径的 3 ~ 5mm，一旦落井电泵机组鱼顶变形或鱼顶上面堆积有异型附件落物，就会造成打捞失败。而开窗捞筒只适合打捞卡阻力较小的落物，因被卡电泵机组部分整体较长，无法一次套铣完全部落物，一般情况下卡阻力都较大，采用开窗捞筒的成功率很低。因此，常规处理电泵机组遇卡的工具都存在着不足之处，造成处理周期长。

2.1.3 新工具的研究

针对常规处理电泵机组工具存在的不足，设计研究出可套铣式闭窗捞筒和可套铣式卡瓦打捞筒。

可套铣式闭窗捞筒，采用侧面开出两组打捞窗舌，利用薄铁板封住开窗口部位，闭窗结构设计解决了开窗无法循环的问题，也加强了打捞窗舌的上提拉力。上下两端采用双级扣设计，其上下部均可连接长套铣管，底部连接套铣鞋，这样就结合了闭窗捞筒和套铣筒两种工具的功能，实现了电泵机组的套铣、打捞一趟完成。

可套铣式卡瓦打捞筒，采用分瓣式卡瓦、卡瓦燕尾槽式悬挂连接，增加了打捞范围，可实现打捞通径在 20 ~ 30mm 以内的调节，上下两端采用双级扣设计，上下部均可连接套铣管，底部连接套铣鞋。该工具解决了卡瓦打捞筒打捞范围小的问题，同时又可配合套铣管使用，实现了电泵机组的套铣、打捞一趟完成。可套铣式卡瓦打捞筒结构见图1。

2.1.4 现场实施情况

可套铣式闭窗捞筒和可套铣式卡瓦打捞筒目前在渤海油田修井现场已运用 8 井次，均一趟套铣打捞出落井的电泵机组，其中最大井斜分别为 92.53° 和 92.51°。通过现场实施证明研制的工具在水平井和大斜度井可以满足施工要求，也证实了一趟套铣、打捞电泵机组技术可行性和技术。图 2 为某井采用可套铣式闭窗捞筒套铣打捞出的电泵机组。

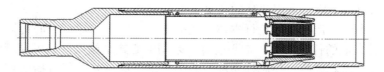

图1　可套铣式卡瓦打捞筒

图2　打捞出的电泵机组落物

2.1.5　优点及创新

（1）可套铣式闭窗捞筒和可套铣式卡瓦打捞筒，上下端双级扣结构，可根据被捞落物情况和井况，在其上下加接套铣管，技术可控性和可操作性强。

（2）常规处理电泵机组只能采用套铣、打捞分开进行的方式，与常规处理方法相比，可套铣式闭窗捞筒和可套铣式卡瓦打捞筒可实现套铣、打捞一趟完成。

（3）可套铣式卡瓦打捞筒，操作简单，打捞成功率高，可根据落物尺寸更换打捞卡瓦。

（4）工具使用后现场分解保养便捷，可重复使用。

2.2　水源井电泵机组处理

2.2.1　问题分析

水源井电泵机组落井遇卡原因主要是由于水源井机组排量过大，大量液流长期冲蚀分离器进液口部位，液流冲蚀效应最终导致机组断裂落井。常规处理方法是采用套铣、打捞。常规处理工具有开窗捞筒、套铣筒、电泵捞筒、可退式卡瓦打捞筒、母锥等工具。

海上油田水源井的生产周期长达数年，井筒内壁上附着有大量水垢，在打捞处理电泵机组时会不断脱落堆积在机组鱼顶上面，造成打捞困难。水源井的下部完井防砂管柱多为尾管悬挂方式，最为常见的管柱结构为9⅝in套管悬挂7in尾管（内径157.1～161.7mm）方式，电泵机组可以掉落至尾管内腔。方法进行，只能在电泵机组卡阻在上部9⅝in套管内时进行，一旦落入7in尾管内则无法套铣，长期以来无有效处理手段，只能采取下推落物至油层以下方式处理，但现场实际施工中常因下推过程中水垢不断堆积在电泵机组下部，而导致落物被卡在尾管内腔，无法下推和打捞，最终造成水源井报废，被迫转为侧钻。

当电泵机组从油气分离器冲蚀断裂时，鱼顶分为两种情况：一是叶轮杆高于分离器外体；二是分离器外体略高于叶轮杆。

2.2.2　处理工具的研究

针对电泵机组在7in尾管内无有效技术手段的难题，改变处理思路，采取从内向外处理方法和穿越式处理打捞技术，设计研制出专用系列的处理打捞工具：多功能打捞器、空心磨鞋、空心捞矛、空心公锥。

多功能打捞器(图3),采用独特的活页式卡瓦结构,当叶轮杆顶开活页式卡瓦后,在弹簧力的作用下多组卡瓦捞获叶轮杆本体,上提即可打捞出叶轮杆。底部短倒角设计,可以打捞露出鱼顶5cm的杆状落鱼。空心磨鞋,采用空心式结构设计,可穿越叶轮杆直接清理断裂后的油气分离器内腔。空心捞矛和空心公锥,可穿越叶轮杆打捞清理后的油气分离器内腔。

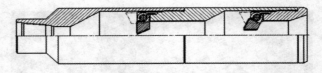

图3 多功能打捞器

2.2.3 现场运用情况

该系列专用处理打捞工具已在渤海油田实施2井次,解决了长期困扰水源井修井技术难题。其中渤海油田某油矿FW井最为典型,该井为该区块唯一的一口水源井,最大井斜31.5°(790m),生产套管9⅝in,47磅,悬挂7in防砂管,防砂管柱最小内径5.68in,电泵机组最大外径5.63in(143mm)。检泵作业时发现泵吸入口以下机组腐蚀落井,经实物对照测绘,泵轴(叶轮杆)在吸入口断裂面以上30mm,落井电泵机组深度不详,电缆从电机插线出拔断未造成落井,原井小扁护罩1个落井。通过套铣、开窗捞筒打捞,打捞出小扁护罩、部分断碎电缆,将电泵机组部分下推顶封以下,打捞失败,返出大量黑色水垢;采用闭窗捞筒套铣、打捞,母锥打捞均未捞获,鱼顶被下推进入顶封;下磨鞋下推落鱼,鱼顶下推进入7in防砂管内腔7m后再无进尺,打捞无效,暂停作业,采取侧钻方式。

经重新梳理技术思路,调整方案,设计研制处理工具;采用空心磨鞋清理叶轮杆与分离器本体之间环空;下空心捞矛,成功打捞住分离器本体,经活动解卡,捞出全部落物:断裂油气分离器0.25m+保护器+电机+2⅞in NU扶正器。部分作业图片见图4。

通过验证,针对水源井研制的专用处理工具能够解决电泵机组无法套铣情况下的打捞问题。

2.2.4 优点及创新

(1)空心磨鞋能够很好的清理叶轮杆与分离器本体堆积的杂物。

(2)空心捞矛和空心公锥能够实现对带有叶轮杆的断裂电泵机组穿越式打捞。

(3)多功能打捞器能够有效的实现露出鱼顶超过5cm以上机组叶轮杆打捞。

(4)空心捞矛和多功能打捞器现场分解保养便捷,可根据落物尺寸更换打捞卡瓦,可重复使用。

3 异型附件处理综合技术研究

电泵机组落井时,鱼顶上部往往堆积有各种异型附件,当堆积物较少时可采用套铣、打捞方式处理,但当堆积物较多,影响到电泵机组的打捞时,就必须先对异型附件进行处理。异型附件主要分为电缆类落物和不规则硬性落物两大类,需采用针对性的处理措施和技术研究。

（a）结垢严重的原井管柱

（b）捞出的断碎电缆

（c）返出大量黑色水垢

（d）捞出的碎胶皮

（e）采用的空心磨鞋

（f）大水眼空心捞矛

图4　某水源井打捞电泵作业情况

3.1　绳缆落物综合处理技术研究

当落井机组鱼顶上部堆积的绳缆类落物（大扁电缆、小扁电缆、压力计电缆）较多时，在处理电泵机组之前需先进行电缆打捞处理，直至打捞处理至不影响电泵机组的处理为宜。常见的绳缆类落物落井分为松散、砂埋、堆积成团三种情况，需要认真分析和区别处理。

3.1.1　绳缆落井松散状态下处理

电泵机组断裂落井时，绳缆落物一般都处于松散状态，是打捞处理最佳阶段，目前常规打捞工具有带防卡盘的死外钩、活动外钩、内钩，常规钩类工具的钩齿呈向上弯曲状，在打捞操作时需要多次加压旋转将电缆缠绕在钩齿上，实现打捞。但经过反复加压旋转后的绳缆极易压实、堆积成团、断碎，造成后期处理困难。且一般的钩类打捞工具长度在1~2m之间，绳缆类落物在打捞时捞获的长度多取决于打捞工具的长度，因此常规打捞绳缆类落物时所捞获的长度有限，当井内落井绳缆落物较长时，需要多趟打捞。

针对常规钩类打捞工具钩齿不易挂住绳缆、易将绳缆钩断，每次绳缆类落物打捞长度较少等问题，钩齿在打捞过程中易断裂落井，研制出拨钩和偏心外钩。

拨钩，根据打捞时旋转方向，采用旋叶式钩齿结构设计，利于绳缆落物被钩齿缠绕，增加了落物打捞量，钩齿尖采用圆弧型过渡，降低了绳缆落物被挂断的风险，底部斜尖状结构，便于引入绳缆落物鱼顶。

偏心外钩，根据打捞时旋转方向，改变钩齿尖倾角方向，利于绳缆落物被钩齿钩捞，钩齿尖平滑过渡，降低了绳缆落物被挂断的风险，利用偏心原理，在打捞过程中可增大在井筒内的打捞范围，提高落物打捞量。

3.1.2 绳缆落井砂埋状态下处理

部分油气井电泵机组遇卡落井是因为长期生产，砂埋机组造成管柱无法正常起出，如砂卡井段较长，井内剩余的落物需交替打捞处理，当电泵机组上部的油管打捞处理完后，会有较长段电缆堆积在机组以上，此时井内绳缆落物处于砂埋状态。目前常规打捞处理工具无有效打捞处理工具，一些油田设计研制出可冲洗钻铣式外钩，是利用滑块捞矛杆或公锥作为钩杆部分，在杆体上焊制钩齿，以实现冲洗和打捞的功能，但因其水眼较小，冲砂效果不佳。

针对常规打捞处理砂埋绳缆落物无有效方法，改进的可冲洗钻铣式外钩冲砂效果差，打捞砂埋绳缆落物效率低等问题，设计研制出加长可冲洗式外捞绳器。

加长可冲洗式外捞绳器，采用旋叶式钩齿结构设计，利于绳缆落物被钩齿缠绕，钩齿尖采用圆弧型过渡，降低了绳缆落物被挂断的风险；空心结构设计，实现了对砂埋绳缆落物的大排量冲洗；底部斜尖状结构，并铺焊有部分硬质合金，利于插入绳缆落物；加长结构设计，增加了打捞绳缆落物量。

3.1.3 绳缆堆积成团状态下处理

当绳缆落物经反复多次处理、加压吨位过大、旋转圈数过多、打捞操作方式不当等情况时，均会造成绳缆的堆积成团，如采取的处理措施再有不当，将会导致打捞处理十分困难，甚至生产井报废。常规处理工具有可钻铣式外钩、套铣筒。

可钻铣式外钩，是在常规外钩的底部铺焊部分硬质合金，利用底部铺焊的硬质合金的耐磨性，通过加压旋转，使外钩强行插入成团绳缆落物内腔，实现钩捞，该方法虽然具有一定的打捞效果，但会造成绳缆落物严重断碎，断碎的绳缆落物再采用可钻铣式外钩打捞效果很差。当使用钻铣式外钩无效时，只能采用套铣处理措施，通过套铣作业，将绳缆落物压实成团，卡在套铣管内携带出来。但套铣管内径上下相同，很难卡住绳缆，将其携带出来，在起钻过程中，钻杆内的液柱也会有向下的重力作用，将部分绳缆从套铣管内压出，重新落回井内，再次套铣收集的难度将增加，重复性的套铣也将造成绳缆落物断碎，处理难度更大。

针对绳缆落物堆积成团，套铣方法收集打捞效果低的问题，研制出复合套铣壁钩。

复合套铣壁钩，内部钩齿采用旋叶式钩齿结构设计，提高了绳缆落物的打捞效果；上下双级扣结构，可根据井况组配套铣管及套铣鞋，以获得最佳处理效果。

3.1.4 现场实施情况

研制出的拨钩、偏心外钩、加长可冲洗式外捞绳器、复合套铣壁钩在渤海油田已成功运用十余井次，使用效果良好，大幅提高了绳缆类落物的处理效果。其中，在渤海油田某油矿 A 井打捞施工中，采用加长可冲洗式外捞绳器，仅用 7 趟钻就打捞出落井 570m 压力计电缆，提高了对绳缆类落物打捞的技术认识。渤海油田某油矿 E 井，该井电泵机组从分离器吸入口处断裂，电泵机组及上部有 30m 小扁电缆落井并被砂埋，采用加长可冲洗式外捞绳器，一趟打捞出机组以上全部电缆，采用开窗捞筒一趟打捞出电泵机组。通过验证，研制的处理打捞工具能够解决多种工况下的绳缆落物打捞问题，完善了绳缆落物处理技术（图5）。

（a）捞出的压力计电缆　　　　　　（b）捞出的大扁电缆

图5　打捞绳缆落物作业图片

3.1.5　优点及创新

（1）研制和改进的钩类打捞处理工具，可满足多种工况下的绳缆落物打捞处理。

（2）旋叶状钩齿结构，实现了绳缆落物打捞量的提高，提高了钩齿打捞提拉力，

（3）工具使用不易损坏，维护保养简单，可重复使用。

（4）打捞成功率高。

3.2　不规则硬性落物打捞处理技术研究

在电泵机组落井的同时，各种机组附件均有可能会落在鱼顶以上，如电缆绑带、机组手铐、电缆护罩、过电缆封隔器胶皮等，这些附件尺寸不一，形状各异。这些不规则的落物大体分为带磁性和非磁性两大类。

处理此类落物常规方法有磁吸法、套铣法、磨铣法。磁性落物采用强磁打捞器打捞，非磁性落物采用套铣法处理，如无效，则采用磨鞋磨铣处理。这些处理技术都存在着易将落物套磨成小块，采用正循环冲洗难以返出地面，小块的落物会卡在电泵机组外侧，增加了电泵机组在井筒内的卡阻力，导致后期难以处理。为此，针对两类落物的不同特性，结合海上油田修井特点，针对性研究出反循环套捞技术及配套工具，反循环强磁打捞技术及改进型强磁打捞工具。

3.2.1　反循环套捞技术

常规套铣一般都采用正循环方式进行，海上油田平台存在设备老化，泵排量不足的问题，且上部套管较大，钻具内腔与环空比多大，较大粒径的不规则硬性落物碎块无法返出地面，极易造成卡钻事故。

针对正循环套铣存在碎块无法上返的问题，改变技术思路，采用反循环套铣方式进行，对于过大的碎块上返困难，研制出内置式打捞杯，配合反循环套铣作业。

内置式打捞杯，用于收集反循环套铣产生各类落物碎块，上部连接钻具，下部双级扣和钻杆扣两种扣型，用于连接套铣管或下部钻具。

3.2.2　强磁改进型工具研究

磁性落物常规处理采用强磁打捞器正循环冲洗、磁吸打捞，强磁打捞器打捞组件在底部平面，当落物为不规则状况时，打捞效率很低。为提高磁性落物打捞效果，结合反循环套捞技术，研制出内强磁打捞器和反循环强磁打捞篮。

内强磁打捞器，内置环状强磁组件，用于收集反循环套铣产生的磁性硬性落物碎块，上下双级扣结构，可根据被套铣落物情况组配套铣管柱组合。反循环强磁打捞篮，内置环状强磁组件，用于收集反循环套铣产生的磁性硬性落物碎块，下部弹簧篮筐结构，利于碎块的收集和打捞，底部球头式结构铺焊硬质合金，利于钻进和收集碎块。

3.2.3 现场实施情况

反循环套捞和改进强磁打捞技术在渤海油田已成功运用 7 井次，针对碎小异型附件的打捞处理取得了良好效果(图6)，其中在渤海油田某油矿 D 井打捞丢手管柱施工中，使用套铣鞋＋套铣管＋内引式强磁打捞器＋内置式强磁打捞杯的钻具组合，采用反循环套铣技术清理丢手上部，打捞收集出大量封隔器胶皮，电缆绑带和机组护罩，为后期一趟打捞出全部丢手管柱奠定了基础。

(a)内置式打捞杯中带出的胶皮和电缆绑带 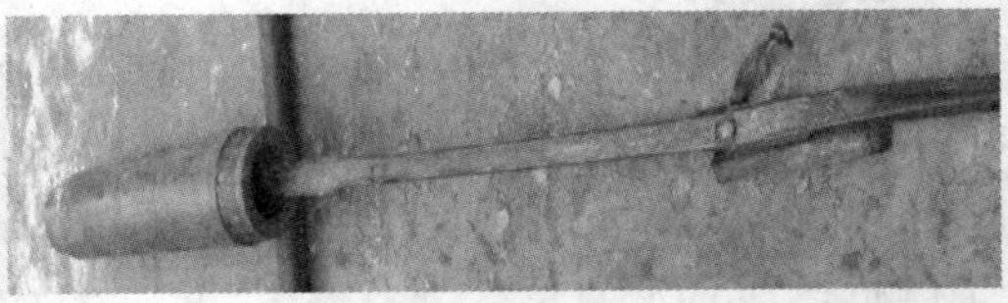　　　(b)内引式强磁打捞器带出的小扁电缆护罩

图6　反循环套铣打捞出的不规则落物

通过验证，研究出的反循环套铣打捞技术和配套强磁改进工具能够有效的解决不规则落物打捞问题，研究出较为全面的绳缆落物处理技术。

3.2.4 优点及创新

(1)内置式打捞杯，完善了反循环套铣管柱结构，提高了不规则落物的收集打捞效果。

(2)反循环强磁打捞篮，结合了磁吸和篮抓两大打捞功能，采用反循环方式进行，实现了磁性和非磁性不规则落物打捞效果的提高。

(3)反循环用处理打捞工具，操作简单，现场使用后易于拆装保养。

4　结论与认识

(1)针对海上电泵机组落井处理打捞效果不佳、工序繁多、周期长的难题，研制出具备套铣、打捞功能一体化的可套铣闭窗捞筒和可套铣卡瓦打捞筒，形成了套铣打捞电泵机组的新处理技术。

(2)针对水源井电泵机组遇卡难以处理，落入防砂段无法套铣打捞的难题，研制出专用处理打捞工具，并且现场运用效果良好，拓展了复杂井况下处理打捞电泵机组新思路。

(3)通过技术研究和工具改进，研制出针对不同井况下的绳缆落物打捞处理工具，形成了较为完善的绳缆类落物处理技术。

(4)针对常规处理工具和技术对不规则硬性落物处理效果不佳，研制出反循环套捞工具和强磁改进型工具，研究反循环套捞和反循环强磁打捞技术，提高了不规则落物的打捞处理效果，形成了工艺操作规程并有效指导现场施工。

参 考 文 献

[1]周兴全，等. 钻采工具手册(上)、(下)[M]. 北京：科学出版社，2000.

[2]赵金洲，张桂林. 钻井工程技术手册[M]. 北京：中国石化出版社，2005.

第一作者简介：谢国海，2007 年毕业于中国石油大学(华东)石油工程专业，助理工程师，现从事井下作业修井及大修打捞技术研究，邮箱：xiegh4@cosl.com.cn，电话：18322028187

通讯地址：中国天津市滨海新区塘沽海洋高新区黄山道 4500 号　邮编：300459。

低浓度胍胶压裂液体系在临兴-
神府致密砂岩气水平井压裂中的应用

熊俊杰　李春　张亮　王世华　杨生文　李昀昀

（中海油能源发展股份有限公司工程技术分公司）

摘　要　某-1H 水平井是鄂尔多斯盆地临兴-神府致密砂岩气区块第一口水平分段压裂井。该井太2段以石英砂岩、岩屑石英砂岩为主，平均孔隙度为8.65%，平均渗透率为0.651mD，储层压力系数0.9~1.0，温度55℃左右。该类储层存在压裂液破胶难度大、压后返排困难、压裂液对地层伤害大等问题。针对该类储层特征，优选了低浓度胍胶压裂液配方，其中胍胶浓度为0.25%~0.3%。室内研究表明，该压裂液体系各项性能良好：在170s^{-1}，55℃，剪切2h，黏度大于50mPa·s；静态滤失系数0.732×10^{-3} m/min$^{0.5}$；55℃下破胶1h，破胶液黏度在5mPa·s以下；表面张力19.66mN/m；防膨率92.64%；残渣含量344mg/L；岩心基质渗透率损害率为11.17%。

该井使用连续混配装置进行配液施工，现场施工情况表明，压裂液性能良好，施工压力稳定；在压裂施工最后一段，采用连续混配施工技术，成功实现即配即用，有效的避免了压裂液的浪费及提高了压裂效率。压后1h快速放喷返排，返排效果良好，压后增产效果显著。

关键词　低浓度胍胶压裂液　水平井分段压裂　低温破胶　连续混配技术

1　概述

鄂尔多斯盆地临兴-神府区块致密砂岩气藏孔隙度为3.7%~15%，渗透率为0.01×10^{-3}~3×10^{-3}μm^2。总体而言，属于低孔低渗气藏类型，一般需要实施增产措施才能获得工业气流。压裂是实现其高效开发的最主要技术手段。

某-1H 水平井是临兴-神府致密砂岩气区块第一口水平分段压裂井。该井压裂目的层太2段以石英砂岩、岩屑石英砂岩为主，平均孔隙度为8.65%，平均渗透率为0.651mD，储层压力系数0.9~1.0，温度55℃左右，该类储层存在压裂液破胶难度大、压后返排困难，压裂液对地层伤害大等问题。

针对该井储层情况，优选了低浓度胍胶压裂液体系。该体系具有易破胶，易返排、对地层伤害小等优点。通过使用低浓度胍胶压裂液体系，结合连续混配装置，快速、高效地完成了一层7段压裂施工。该井压裂总用液量2137.32m^3，加砂量174.35m^3。施工过程中，压裂液性能良好，压后1h返排，破胶情况良好。压后增产效果显著，取得了良好的压裂效果。

2 压裂液体系配方及性能评价

2.1 压裂液体系配方

配方：0.3%胍胶 + 0.005%杀菌剂 + 0.1%黏土稳定剂 I + 0.1%黏土稳定剂 II + 0.1%助排剂 + 0.18% pH 调节剂 + 0.02%交联剂 I + 0.1%交联剂 II + 0.02%低温破胶催化剂 + 0.017%破胶剂 + 0.033%生物酶破胶剂

2.2 压裂液性能评价

1）压裂液抗剪切性能

评价了配方在55℃下的抗剪切性能，如图1所示。

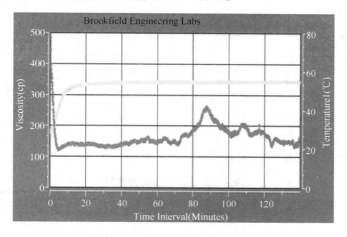

图1 55℃下压裂液抗剪切性能

由图1可知，在55℃，170s^{-1}下，连续剪切2h，黏度为100mPa·s以上，说明压裂液具有良好的抗剪切性能，满足压裂施工要求。

2）压裂液破胶性能

常用的破胶剂有过硫酸铵。在温度较低时，过硫酸铵分解速度较慢，降低了压裂液的破胶速率，需要加入低温破胶催化剂和生物酶以加速压裂液破胶。

本配方在压裂液中添加了低温破胶催化剂及生物酶破胶剂，提高了压裂液在低温下破胶性能，减少了残渣含量。图2所示为压裂液中分别添加不同浓度破胶剂后的破胶性能实验结果。

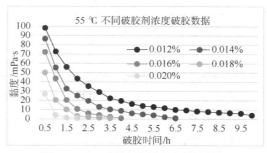

图2 55℃不同破胶剂浓度破胶数据

由图 2 可知，在破胶剂浓度分别为 0.012%、0.014%、0.016%、0.018%、0.02% 时，压裂液分别在 10h、6.5h、4h、3.5h、2h 内达到破胶，破胶液黏度小于 5mPa·s。

3）压裂液对岩心基质渗透率损害率

低浓度胍胶压裂液体系使用的胍胶浓度为 0.25%～0.3%，胍胶浓度越低，对地层伤害越小。本井使用胍胶浓度为 0.3%，为了评价压裂液对岩心基质渗透率的伤害性能，选取储层岩心进行伤害实验。实验结果见表 1。

表 1　压裂液对岩心基质渗透率损害率

岩心号	岩心长度/cm	岩心直径/cm	损害前渗透率/ $10^{-3}\mu m^2$	损害后渗透率/ $10^{-3}\mu m^2$	伤害率/%
5－5	5.12	2.50	0.799	0.716	10.40
5－3	4.69	2.50	0.231	0.203	12.10
5－4	5.00	2.50	0.206	0.70	17.51

由表 1 看出，低浓度胍胶压裂液体系对储层三块岩心的岩心基质渗透率损害率为 10.40%～17.51%，平均为 13.34%，远低于水基压裂液对储层岩心基质渗透率损害率小于 30% 的通用技术要求，说明其具有低伤害的特点。

4）压裂液其他性能

进行了压裂液其他性能的评价，部分结果见表 2。

表 2　压裂液其他部分性能

序号	检测项目	检测结果
1	静态滤失系数/m	55℃条件下：0.732×10^{-3}
2	残渣含量/(mg/L)	344
3	防膨性能/%	92.64
4	配伍性	体系无沉淀、无絮状物

由表 2 可知，压裂液静态滤失、残渣含量等各项性能良好，满足现场施工要求。

3　水质检测及配液用水准备

该体系要求水质矿化度 ≤10000ppm，总硬度 ≤500ppm，pH 为 5～8。压裂备水前，对水质进行了矿化度分析，见表 3。

表 3　矿化度分析

离子类型	$Na^+ + K^+$	Mg^{2+}	Ca^{2+}	CO_3^{-1}	HCO_3^{-1}	SO_4^{2-}	Cl^{-1}
离子含量/ppm	80.38	39.21	4.31	11.55	318.86	28.39	22.86
总矿化度/ppm	505.56	pH	7.0	水型	NaHCO₃		

由表 3 可知，总矿化度为 505.56ppm，总硬度 43.52ppm，pH 为 7.0，备水前，使用 10μ 滤网进行过滤，水质满足配液要求。

本次施工压裂共准备 2600m³ 清水。具体情况如下：

现场挖清水池，储水容量 1200m³，准备储液罐 12 套，容量共计 1140m³，合计 2340m³。

提前往清水池备水 1200m³，储液罐到位后，通过潜水泵将清水从清水池泵入储液罐。

在施工过程中，根据配液和施工情况，及时补充清水。

4 连续混配装置配液及压裂液性能检测

4.1 连续混配装置配液

该井共配制压裂液 2350m³，完全使用连续混配装置进行配制。连续混配装置基本参数如下：压裂液混配能力 2～6m³/min、配液浓度 0.2%～0.7%、干粉容量 5m³、混合罐有效容积为 21m³。装置尺寸：8800mm（长）×2500mm（宽）×6200mm（高）。

配液排量 2.5～3.5m³/min，各添加剂排量按设计要求使用液添泵加入。

具体流程：使用潜水泵将清水池清水泵入 7#、8#储液罐，利用 7#、8#储罐清水进行配液，再将配制完成的基液泵入 1#～6#、9#～12#储液罐备用。具体配液流程见图 3。

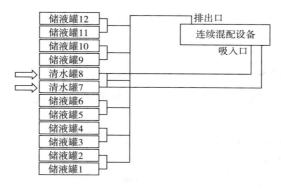

图 3　配液流程示意图

为了评价连续混配装置配制压裂液性能，配液过程中，在连续混配装置出口进行取样，并放置一定时间，检测压裂液性能，见表 4。

表 4　连续混配装置出口压裂液性能检测

时间/min	基液黏度/mPa·s	pH 值	交联性能
0	39	7	交联良好
3	39	7	交联良好
5	39	7	交联良好
10	39	7	交联良好
20	39	7	交联良好

从表 4 看出，连续混配装置出口基液黏度为 39mPa·s，放置一定时间，基液黏度保持不变，即连续混配装置出口黏度为最终黏度，说明连续混配装置满足压裂液连续混配施工要求。

4.2 压裂液稳定性能检测

配液过程中，每间隔 10min 检测储罐压裂液性能，见表 5。

表5　各储罐压裂液性能检测表（配液）

储罐	基液黏度/mPa·s	pH 值	交联性能
1	36	7	交联良好
2	39	7	交联良好
3	39	7	交联良好
4	39	7	交联良好
5	36	7	交联良好
6	39	7	交联良好
9	39	7	交联良好
10	39	7	交联良好
11	39	7	交联良好
12	39	7	交联良好

从表5看出，各储罐基液黏度为 $36\sim39$ mPa·s，pH 为 7，交联时间 $30.2\sim35.2$ s，交联性能良好，满足现场施工要求。

5　连续混配压裂施工

一般而言，为应对处理压裂过程中出现的异常情况，压裂液准备液量要比设计液量多 $10\%\sim20\%$，这样易造成压裂液的浪费。

为了节约压裂液用量，避免资源浪费，同时提高压裂效率，本井第七段采用连续混配压裂施工技术，边配液边施工。

本井第七段设计用液量 288m³，加砂量 28m³。压裂施工前，提前配制 170m³ 压裂液，施工过程中仅配制 135m³ 压裂液，配液排量 2.8m³/min。按传统配液方式压裂施工，压裂液准备液量比设计液量多 20% 计算，比较了两种不同配液方式的配液量及配液时间，见表6。

表6　不同压裂配液方式下的配液情况

	压裂施工前配液量/m³		压裂施工前配液时间/min	
	传统方式	连续混配压裂施工方式配液	传统方式	连续混配压裂施工方式配液
	345	305	123	61
节约量	40m³		62min	
节约率	13.0%		50.4%	

由表6可知，使用连续混配压裂施工方法节约压裂液 40m³，压裂液节约率 13.0%；节约配液时间 62min，时间节约率 50.4%。有效的避免了压裂液的浪费及提高了压裂效率。

6　现场应用情况

2015 年，使用低浓度胍胶压裂液体系在某 – 1H 水平井中共完成 7 段压裂施工，采用裸眼封隔器和投球滑套分段压裂预置管柱完井，管柱外径为 $4\frac{1}{2}$in。

6.1 压裂液同步破胶

为了避免压裂液进入地层后破胶过快，造成压裂液滤失量大，对地层造成伤害。通过优化不同压裂井段的破胶剂加量，实现压裂液不提前破胶，仅在放喷返排时压裂液完全破胶，从而降低压裂液对地层伤害。

本井的压裂设计和施工贯彻了同步破胶的理念，各段破胶剂加量见图4。

通过优化各段破胶剂加量，保证了压裂液的同步破胶(破胶数据见图2)，降低了储层伤害。

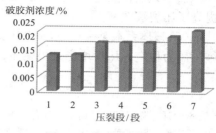

图4　各段破胶剂加量

6.2 现场施工情况

本井7段压裂施工总用液量2137.32m³，加砂量174.35m³。如图5所示。

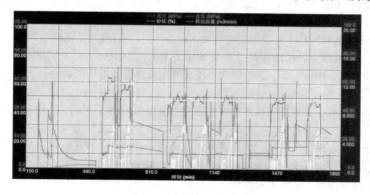

图5　压裂施工曲线

由图5可见，施工过程中，压裂液性能良好，施工压力稳定。压后1h放喷返排，破胶剂黏度小于5mPa·s，压裂液破胶良好，返排液无砂，返排良好。

6.3 压裂效果

该井地层压力系数0.92，温度55℃，压前不产气。预测压后无阻流量$15 \times 10^4 m^3/d$，压后实测无阻流量$13.6 \times 10^4 m^3/d$，压裂增产效果明显，且基本达到预期增产目标。

7 结论

(1)低浓度胍胶压裂液体系胍胶浓度为0.25%～0.3%。室内研究表明，该压裂液体系各项性能良好，压裂液对储层岩心基质渗透率损害率为13.34%，远低于水基压裂液对储层岩心基质渗透率损害率小于30%的通用技术要求，说明压裂液具有低伤害的特点。

(2)针对储层温度低情况，通过优选低温破胶催化剂和生物酶破胶剂，提高了压裂液破胶性能，实现了压后1h快速放喷，返排效果良好。

(3)采用压裂液连续混配装置进行配液，配制压裂液性能良好，可满足即配即用要求。快速高效的完成了该井压裂液配制工作。

（4）通过优化破胶剂加量，实现压裂各段同步破胶，降低压裂液对地层伤害。

（5）该套体系满足连续混配压裂施工要求，实现即配即用，有效避免了压裂液的浪费，提高了压裂液效率。

（6）该体系在某－1H 水平井中共完成 7 段压裂施工，施工过程中，压裂液性能良好，施工压力稳定，压后增产效果明显，可推广到鄂尔多斯盆地其他致密砂岩气水平井压裂。

参 考 文 献

[1]韦代延，陈宏伟. 延川地层浅井超低温压裂液研究与应用[J]. 石油钻采工艺，2000，28（4）：41-43.

[2]任占春，孙慧毅. 羟丙基胍胶压裂液低温破胶系统的研究[J]. 油田化学，1995，12（3）：234-236.

[3]李秀花. 近期国内外水基压裂液添加剂的发展概况[J]. 石油与天然气化工，1995，2（1）：12-17.

[4]李希明，陈勇，谭云贤等. 生物酶破胶研究及应用[J]. 石油钻采工艺，2006，28（2）：224-226.

[5]张文胜. 新型压裂液破胶剂的研究与应用[J]. 钻井液与完井液，2002，19（4）：10-12.

[6]徐晓峰，郭旭跃，胡佩. 新型压裂液低温破胶体系的研制[J]. 特种油气藏，2004，11（6）：89-91.

[7]李健萍，王稳桃，王俊英，等. 低温压裂液及其破胶剂技术研究与应用[J]. 特种油气藏，2009，16（2）：72-75.

[8]吴锦平. 低温压裂液破胶技术对浅气层增产技术改造 [J]. 钻采工艺，2000，23（5）：79-81.

[9]韩俊华. 新型压裂液跌完破胶活化剂[J]. 石油钻采工艺，2001，23（4）：82-85.

[10]杨建军，叶仲斌，张绍彬，等. 新型低伤害压裂液性能评价及现场试验[J]. 天然气工业，2004，24（6）：61-63.

[11]徐兵威，王世彬. 低伤害压裂液体系伤害性研究与应用[J]. 钻采工艺，2010，33（4）：87-89.

第一作者简介：熊俊杰，工程师，2011 年毕业于西南石油大学，硕士。现主要从事油气田压裂酸化技术研究等工作。邮箱：xiongjj@ cnooc. com. cn，电话：13820652392。

通讯地址：天津市塘沽区滨海石油新村滨海写字楼（南楼）；邮编：300452。

"一投三分"在大斜度注水井分层配注中的创新应用

徐玉霞　柴世超　李想　汪本武　张洁　杨友国　阮新芳
何滨　徐文娟　孟国平

［中海石油(中国)有限公司天津分公司］

摘　要　近年来渤海油田常用的分层注水工艺主要为地面分注和井下分注,其中地面分注工艺因存在套管承压、套管长期被水浸泡后腐蚀穿孔风险已逐步被淘汰,而传统的井下分注工艺只能适用于井斜小于60°的注水井。为了提高注水开发效果,针对海上大斜度注水井分层配注的难题,创造性的提出将传统"一投三分"工作筒上移的分层配注方案,将传统的工作筒从储层中深位置上移至井斜小于60°处,注入水一部分通过"一投三分"工作筒的上水嘴组进入第一目的注水层,另一部分注入水通过下水嘴组经油管的带孔管后进入第二目的注水层,经渤海油田2口先导试验井的成功实践后,又首次将"一投三分"改进为"一投二分"分注工艺,不仅解决了海上大斜度注水井分层配注的难题,又满足了后期注水井进行吸水剖面测试的需要,克服了传统"一投三分"工艺的局限性,避免了地面分注的风险,节省了注水井流程改造费用近200万元,对海上分两段注水大斜度注水井的分层配注,具有较好的推广价值。

关键词　大斜度井　分层配注　一投三分　注水开发　增产方案

1　引言

油田开发生产实践证明,注水井分层配注能有效解决笼统注水时的层间非均质性问题,显著提高油田水驱开发效果,但是对于大斜度注水井分层配注问题,仍然是油田开发生产过程中面临的难题。目前渤海油田使用的分层注水工艺主要为井下分注和地面分注两种,其中井下分注工艺主要用于井斜小于60°的注水井,但对于大斜度注水井,目前仍主要以地面分注工艺为主,但是地面分注存在套管承压、套管长期被水浸泡后腐蚀穿孔风险,易引起地质性溢油事故。同时,地面分注工艺必将会进行注水井地面流程的改造,这部分费用会导致注水井分层配注总体工程费用的升高。

2　大斜度注水井分层配注技术创新与实践

2.1　大斜度注水井分层配注的必要性

由于海上丛式井网的限制,海上油田大多数采用一套井网开发,一次井网主要考虑的是油田的主力油层，经数年的开发生产后，油田较多的非主力油层仍然是未动用的。为了提高油田的储量动用程度，2014 年对渤中 28 - 2 南油田的主力砂体 1 - 1167 砂体进行了 3 口井的上返补孔油藏方案研究，其中原注水井 A18h 井上返 1 - 1167 砂体后，与目前的 1 - 1195 砂体一起进行分层配注（图 1），3 口井上返补孔的增油量为 22 × 10⁴ m³。在上返补孔方案实施过程中最大的问题是，注水井 A18h 井上返层位的井斜为 70.94° ~ 76.46°，如用常规的空心集成的分注管柱，空心集成的配水器芯子将只能安放在目的油层中深部位，而 70.94° ~ 76.46° 的井斜无法满足后期进行钢丝作业调配注水量的需求。如果采用地面分注管柱，必将会在套管中给其中一层目的层位注水，而套管中注水存在套管有承压、套管长期被水浸泡后腐蚀穿孔风险，易引起地质性溢油事故。

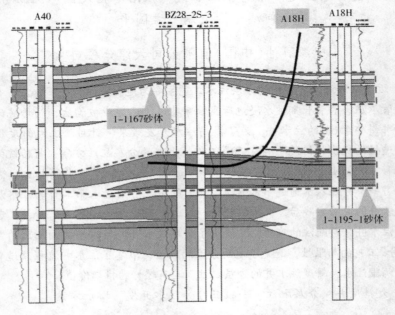

图 1   渤中 28 - 2 南油田 A18h 井上返补孔层位示意图

2.2   "一投三分"在大斜度注水井分层配注中的创新应用

针对渤中 28 - 2 南油田大斜度注水井需要进行分层配注的难题，通过地质油藏、生产工艺及工程作业多方的论证，创造性提出了将"一投三分"工作筒上移后应用于大斜度注水井分层配注的方案，成功解决了大斜度注水井分层配注的难题。对于渤中 28 - 2 南油田大斜度注水井（井斜 76.46°）上返补孔后需要进行分层配注的问题，将"一投三分"工作筒上移至井斜 55.6° 处，通过"一投三分"工作筒的上水嘴组进入第一目的注水层位，另一部分注入水通过"一投三分"工作筒的下水嘴组进入第二目的注水层位，再通过油管的带孔管进入下层的水平段注水层位，同时，由于"一投三分"工作筒位于井斜 55.6° 处（图 2），方便了后期的注水量调配，成功地解决了 A18h 井的分层配注问题。A18h 井在下入该分层配注管柱后，对该井的第一注水层段进行过验封试验，试验结果证明 A18h 井满足了分层配注的要求，A18h 井第一注水层段和第二注水层段的配注量分别为 200m³/d 和 240m³/d，而 A18h 井分层调配后，两段的实际注水量分别为 207m³/d 和 236m³/d，较好地满足了地质油藏的需求，确保了油田注水开发效果。

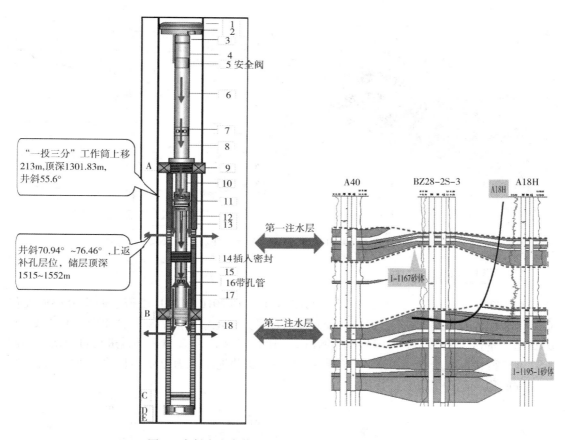

图2 大斜度注水井 A18h 井分层配注创新技术方案

2.3 本创新思路再次成功应用于渤中34－1N油田C18H井

C18h井为渤中34－1N油田NmⅡ油组3D－1244砂体的一口水平注水井，C18h井过路上部NmⅡ油组C18h－1256砂体，钻遇有效厚度为9m的油层，按油底计算该砂体地质储量为$25×10^4m^3$，为未动用砂体(图3)。为了提高C18h－1256砂体的储量动用程度，于2014年8月对C18h－1256砂体进行上返补孔作业。C18h井上返后排液生产一年后，在2015年5月开发井E3h井在C18h－1256砂体上投产。E3h投产后呈现生产气油比高、压力下降快的生产特征，C18h－1256砂体急需注水补充地层能量，因此地质油藏需求C18h井能够尽快实现分层配注。但是C18h井目的层井斜高达77°，常规的地下分注工艺无法解决这种大斜度注水井的分层配注问题。以渤中28－2南油田A18h井的成功经验为基础，再次提出将"一投三分"工作筒上移至井斜58°处，利用"一投三分"解决大斜度注水井的分层配注问题。因C18h井在井斜58°处已经位于原顶部封隔器之上，通过探索提出，在"一投三分"工作筒之上再增加一个顶部封隔器，将"一投三分"工作筒较好地应用在大斜度注水井的分层配注工艺中，注入水通过油管与盲管之间的环空注第一目的层，通过油管注第二目的层，成功解决了大斜度注水井的分层配注问题，对应油井E3H井的地层压力呈明显上升趋势，日增油量达到20m³/d，确保了C18h井上、下两个注水层位的注水开发效果。

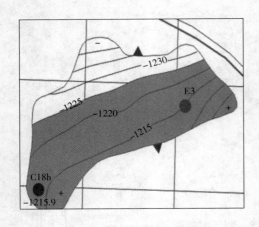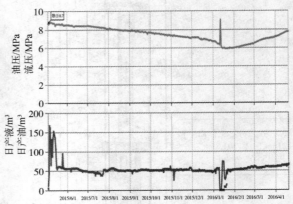

图 3　渤中 34 – 1N 油田 C18h 分层配注后油井效果

3　现场应用效果

渤中 28 – 2 南油田 A18h 井分别在 2015 年 1 月和 2016 年 4 月进行过两次分层调配作业，两段配注合格率100%（图4），较好地满足了井组注水开发需求，井组内油井 A46h 井的日增油量达 18m³/d。渤中 34 – 1N 油田 C18H 井于 2016 年 2 月和 6 月进行过两次分层调配作业，两段配注合格率100%，对应井组内 E3H 井地层压力已明显回升 1MPa，为井组内油井的稳产起到了重要的作用。

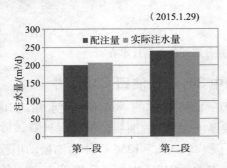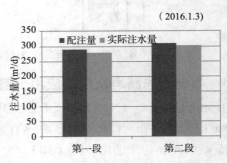

图 4　渤中 28 – 2 南油田 A18h 井两次分层调配结果

4　大斜度注水井分层配注技术革新

通过 A18h 井和 C18h 井的成功实践后，结合这两口井的注水动态，对该注水工艺又进行了新的改进，将"一投三分"改进为"一投二分"分注工艺，"一投二分"工作筒主要有以下两方面的改进（图 5）：①将传统"一投三分"工作筒的桥式通道由 3mm 拓宽至 8mm，便于后期注水过程中杂质的下行，确保注水稳定；②将传统"一投三分"工作筒内径由 1.9″加粗至 2.3″，能成功满足大斜度注水井分层配注、钢丝作业进行管柱验封和吸水剖面测试等要求，较好地克服了传统的"一投三分"分注工艺不能进行测试作业的弊端。截止到目前，本创新工艺计划在渤海油田 7 口大斜度注水井推广应用。

5   结论

（1）创新应用"一投三分"技术能成功解决海上油田分两段注水的大斜度注水井分层配注的需求。

（2）通过渤海油田 2 口先导试验井的现场应用效果证明，将传统"一投三分"工作筒上移的创新思路是可行的。

（3）"一投二分"分注工艺不仅能解决大斜度注水井分层配注的问题，也能满足后期注水过程中的测试需求，对于海上油田分两段注水的大斜度注水井的分层配注具有较好的推广应用价值。

参 考 文 献

［1］贾晓飞，马奎前，李云鹏，等 . 基于剩余油分布的分层注水井各层配注量确定方法［J］，2012，40（5）：72-76.

［2］刘敏 ."一投三分"分层配注及分层测试技术［J］. 中国海上油气（工程），2000，2（4）：38-40.

［3］程心平，马成晔，张成富，等 . 海上油田同心多管分注技术的开发与应用［J］. 中国海上油气，2008，20（6）：402-415.

［4］夏竹君，李跃辉，王祥，等 . 油套分层注水井注水剖面测井新技术［J］. 大庆石油地质与开发，2004，23（1）：72-73.

［5］王建华，李金堂，邓小华，等 . 分层注水工艺技术［J］. 断块油气田，2002，9（5）：61- 62.

［6］邹皓，罗懿 . 斜井小排量油套分注工艺技术研究及应用［J］. 石油机械，2004，32（8）：7-9.

［7］张林周，翁继清，毛彤，等 . 渤海油田复杂井身结构注入剖面测井技术［J］. 石油仪器，2011，25（4）：55-57.

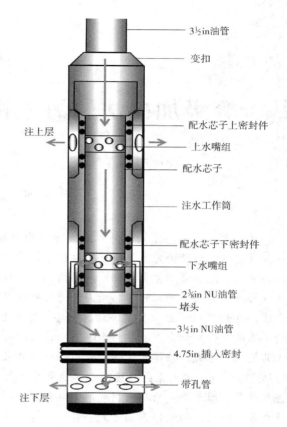

图 5 "一投二分"注水管柱与配水器芯子示意图

图中标注：
3½in油管
变扣
配水芯子上密封件
上水嘴组
配水芯子
注水工作筒
配水芯子下密封件
下水嘴组
2⅜in NU油管
堵头
3½in NU油管
4.75in 插入密封
带孔管
注上层
注下层

第一作者简介：徐玉霞，2006 年毕业于长江大学油气田开发与工程专业，高级工程师，现从事油气田开发技术研究，邮箱：xuyx@ cnooc. com. cn，电话：13502169026。

通讯地址：天津市滨海新区海川路 2121 号渤海石油管理局大厦 A 座；邮编：300459。

基于等级加权法的海上机械采油方式优选方法

杨阳　曹砚锋　隋先富　于继飞　欧阳铁兵

（中海油研究总院）

摘　要　目前海上油田总体开发方案中机械采油方式优选部分比较薄弱，选择方法单一，以定性指标评价为主，缺乏必要理论支撑与数据支持。针对上述问题以及海上油田采油的特殊性，综合考虑技术指标、经济指标、工程指标的影响，以机采方式优选为目标，采用等级加权法对三个指标的各影响因素进行赋值以及权重的分配，建立海上机械采油方式优选方法，并利用 Matlab 软件编写计算程序，对海上 X 重质油油田机采方式进行了优选，结果表明：油田在开发初期产液量为 $40 \sim 108m^3/d$，属于低、中产液的范围内，螺杆泵的得分远大于其他机采方式，推荐开发初期采用螺杆泵开采；在开发后期产液量为 $200m^3/d$ 以上，最高可达 $279m^3/d$，电潜泵得分远高于其他举升方式，同时考虑到是稠油油田，应采取降黏措施进行开采，推荐开发后期采用电潜泵 + 掺稀/化学降黏方式开采，优选结果与海上油田总体开发方案中采用的机械采油方式一致，优选方法的建立可以指导选用合理的、经济的、对海洋工程影响较小的机械采油方式，提高海上油气田的开发效益。

关键词　机械采油　等级加权法　层次分析法　海上油田　方式优选

1　概述

我国大部分海上油田开采都采用机械采油的方法，在机械采油过程中，常见的采油方式有电潜泵、射流泵、气举、螺杆泵等，另外，水力潜油泵（HSP）等新型机采方式也在进行可行性研究。在油田的开发过程中，机采方式的合理性对于油井产能的充分释放、生产成本的降低以及采收率的提高有着非常重要的作用。目前，海上油田选择机械采油方式的方法较为简单，只是将几种机械采油方式的优缺点对比，再结合油田的基本参数进行定性评价，缺乏理论支撑与数据支持，优选结果难以令人信服。

近年来，国内外学者对于机械采油方式的选择进行了深入的研究，但是针对的都是陆上油田，对海上油田机械采油方式优选研究甚少。考虑到海上油田采油的特殊性，海上机械采油方式的选择不仅要考虑技术上可行，还要有好的经济效益，同时还要充分考虑采油方式的选择对后续海洋工程方面的影响，例如占地面积的大小、动力来源以及施工难度等，特别是机械采油方式对海洋工程方面的影响是国内外学者以往的研究中没有考虑到的。

等级加权法是简洁实用的决策方法，计算简单，所需定量数据信息较少，具有一票否决机制，但是也存在打分主观性较强的缺点。针对打分主观性较强的问题可以根据多名海上采油专家的意见进行综合打分，使打分系统具有针对性，更加适合海上机械采油方式的优选，变缺点为优点。

本文旨在基于各种机采方式的生产实践资料知识挖掘与规律总结，引入等级加权法，全面考虑各影响因素，包括技术指标、经济指标和工程指标来进行采油方式的综合评价，建立一套海上机械采油方式优选方法，进一步完善海上油田总体开发方案中采油方式优选环节，提供必要的理论支撑与数据支持，指导选用合理的、经济的、对海洋工程影响较小的机械采油方式，提高海上油气田开发效益。

2 各机械采油方式敏感因素及得分

根据等级法是将不同机械采油方式的指标进行分类，并对各个指标及敏感因素进行分级。将各类因素分为最好、好、适合、不好、不可行 5 个等级，相应的等级数值分别为 4，3，2，1，0。用等级法进行筛选比较简单，因为某一方法中只要有一个为零，则不能采用，也就是一票否决。

海上油田选择机械采油方式与陆上油田指标稍有不同，不仅要考虑技术和经济指标，还要考虑工程指标。技术指标的敏感因素包括产液量、举升高度、流体油藏特性及生产操作问题、井型、采油工艺及后期措施和复杂性参数。经济指标的敏感因素包括初期投资、操作成本、配套设施费用和维护费用。考虑到海上油田采油的特殊性及机采方式的选择对后续海洋工程方面的影响，工程指标的敏感因素包括占地面积、动力来源、对平台要求和施工难度。

表 1 ~ 表 3 是海上采油专家给出的不同机械采油方式技术、经济和工程指标的敏感因素得分。

表 1 不同机械采油方式技术指标敏感因素得分

敏感因素		电潜泵	水力潜油泵	液压抽油机	螺杆泵	水力射流泵	气举
产液量	高产量（＞200m³/d）	4	4	2	0	3	4
	中产量(50~200m³/d)	4	4	4	3	4	4
	低产量（＜50m³/d）	2	2	4	4	4	2
举升高度	深（＞3 000 m）	1	0	1	0	2	1
	中深（2 000~3 000 m）	2	0	2	0	1	3
	中（1 000~2 000 m）	3	2	3	2	2	4
	浅（＜1 000 m）	4	4	4	4	4	4
流体油藏特性及生产操作问题	高气油比（≥100m³/m³）	2	3	2	4	2	4
	高黏度（≥100mPa·s）	2	2	2	4	3	2
	高含蜡（＞10%）	3	2	2	4	3	1
	腐蚀	1	1	1	2	2	2
	井温（≥100 ℃）	2	3	3	2	3	4
	井温（＜100 ℃）	4	4	4	3	4	4
	含砂（≤1%）	3	3	2	4	2	4
	含砂（＞1%）	0	0	0	4	0	2

续表

	敏感因素	电潜泵	水力潜油泵	液压抽油机	螺杆泵	水力射流泵	气举
井型	定向井适应性	2	2	2	2	3	2
	小井眼适应性	2	1	2	2	1	4
采油工艺及后期措施	强化采液能力	4	4	3	2	2	2
	采油工艺完整性	4	4	2	2	2	3
	试井，取资料	3	3	3	2	2	4
	运转周期	3	3	3	1	2	3
复杂性参数	使用可靠性	3	1	2	2	2	3
	能量利用效率	2	2	2	3	2	1
	设备简便性	3	3	2	3	2	2

表2 不同机械采油方式经济指标敏感因素得分

敏感因素	电潜泵	水力潜油泵	液压抽油机	螺杆泵	水力射流泵	气举
初期投资	2	1	2	3	1	1
操作成本	2	2	2	2	2	3
配套设施费用	2	2	2	3	2	2
维护费用	2	3	2	2	3	3

表3 不同机械采油方式工程指标敏感因素得分

敏感因素	电潜泵	水力潜油泵	液压抽油机	螺杆泵	水力射流泵	气举
占地面积	2	2	1	3	2	1
动力来源	3	2	3	3	2	0 或 4
对平台要求	3	1	1	2	1	1
施工难度	3	2	2	3	2	2

3 各指标和敏感因素权重的确定

3.1 确定各指标敏感因素的权重

根据不同机械采油方式技术适应性评价指标体系，运用 Staaty 提出的 1～9 比率标度法，邀请若干海上采油专家和工程技术人员，对各指标下敏感因素的相对重要程度进行判断，构造判断矩阵，利用 Matlab 编程进行计算。

1）技术指标各敏感因素权重分配

技术指标敏感因素的权重分配需要考虑2种情形，一种是普通油藏，另一种是稠油油藏和出砂油藏。

普通油藏的判断矩阵 P 为：

$$P = \begin{array}{c} \\ B_1 \\ B_2 \\ B_3 \\ B_4 \\ B_5 \\ B_6 \end{array} \begin{bmatrix} P & B_1 & B_2 & B_3 & B_4 & B_5 & B_6 \\ 1 & 2 & 3 & 5 & 3 & 9 \\ 1/2 & 1 & 2 & 4 & 2 & 8 \\ 1/3 & 1/2 & 1 & 4 & 1 & 8 \\ 1/5 & 1/4 & 1/4 & 1 & 1/2 & 5 \\ 1/3 & 1/2 & 1 & 2 & 1 & 7 \\ 1/9 & 1/8 & 1/8 & 1/5 & 1/7 & 1 \end{bmatrix} \qquad (1)$$

式中，P 为技术指标；B_1 为产液量；B_2 为举升高度；B_3 为油藏流体特性及生产操作问题；B_4 为井型；B_5 为采油工艺及后期措施；B_6 为复杂性参数。

利用 Matlab 编程计算普通油藏判断矩阵的最大特征值及对应特征向量，并对特征向量进行归一化。普通油藏判断矩阵的最大特征值为 6.2231，特征向量 $W = (0.7488，0.4838，0.3279，0.1401，0.2752，0.0482)$，归一化特征向量 $W_1 = (0.3700，0.2390，0.1620，0.0692，0.1360，0.0238)$。

普通油藏判断矩阵的一致性指标为 0.04462，平均随机一致性指标为 1.26，则普通油藏判断矩阵的随机一致性比率小于 0.1，因此，普通油藏判断矩阵具有满意的一致性。故普通油藏技术指标敏感因素产液量的权重 $b_1 = 0.3700$，举升高度的权重 $b_2 = 0.2390$、油藏流体特性及生产操作问题的权重 $b_3 = 0.1620$，井型的权重 $b_4 = 0.0692$、采油工艺及后期措施的权重 $b_5 = 0.1360$、复杂性参数的权重 $b_6 = 0.0238$。

稠油油藏和出砂油藏的判断矩阵为：

$$P = \begin{array}{c} \\ B_1 \\ B_2 \\ B_3 \\ B_4 \\ B_5 \\ B_6 \end{array} \begin{bmatrix} P & B_1 & B_2 & B_3 & B_4 & B_5 & B_6 \\ 1 & 2 & 1/2 & 5 & 3 & 9 \\ 1/2 & 1 & 1/3 & 4 & 2 & 8 \\ 2 & 3 & 1 & 6 & 4 & 9 \\ 1/5 & 1/4 & 1/6 & 1 & 1/2 & 5 \\ 1/3 & 1/2 & 1/4 & 2 & 1 & 7 \\ 1/9 & 1/8 & 1/9 & 1/5 & 1/7 & 1 \end{bmatrix} \qquad (2)$$

利用 Matlab 编程计算稠油油藏和出砂油藏判断矩阵的最大特征值及对应的特征向量，并对特征向量进行归一化，检验判断矩阵的一致性。通过计算得到稠油油藏和出砂油藏技术指标敏感因素产液量的权重 $b_1 = 0.2580$，举升高度的权重 $b_2 = 0.1699$，油藏流体特性及生产操作问题的权重 $b_3 = 0.3834$，井型的权重 $b_4 = 0.0616$，采油工艺及后期措施的权重 $b_5 = 0.1044$，复杂性参数的权重 $b_6 = 0.0228$。

2）经济指标敏感因素权重分配

经济指标敏感因素判断矩阵 P_1 为：

$$P_1 = \begin{array}{c} \\ C_1 \\ C_2 \\ C_3 \\ C_4 \end{array} \begin{bmatrix} P_1 & C_1 & C_2 & C_3 & C_4 \\ C_1 & 1 & 1/2 & 2 & 1/2 \\ C_2 & 2 & 1 & 3 & 1 \\ C_3 & 1/2 & 1/3 & 1 & 1/4 \\ C_4 & 2 & 1 & 4 & 1 \end{bmatrix} \tag{3}$$

式中，P_1 为经济指标；C_1 为初期投资；C_2 为操作成本；C_3 为配套设施费用；C_4 为维护费用。

通过计算得到经济指标敏感因素初期投资的权重 $c_1 = 0.1850$，操作成本的权重 $c_2 = 0.3452$，配套设施费用的权重 $c_3 = 0.0997$，维修费用的权重 $c_4 = 0.3701$。

3）工程指标敏感因素权重分配

工程指标敏感因素判断矩阵 P_2 为：

$$P_2 = \begin{array}{c} \\ D_1 \\ D_2 \\ D_3 \\ D_4 \end{array} \begin{bmatrix} P_2 & D_1 & D_2 & D_3 & D_4 \\ D_1 & 1 & 2 & 4 & 6 \\ D_2 & 1/2 & 1 & 2 & 4 \\ D_3 & 1/4 & 1/2 & 1 & 3 \\ D_4 & 1/6 & 1/4 & 1/3 & 1 \end{bmatrix} \tag{4}$$

式中，P_2 为工程指标；D_1 为占地面积；D_2 为动力来源；D_3 为对平台要求；D_4 为施工难度。

通过计算得到工程指标敏感因素占地面积的权重 $d_1 = 0.5097$，动力来源的权重 $d_2 = 0.2731$，对平台要求的权重 $d_3 = 0.1522$，施工难度的权重 $d_4 = 0.0668$。

3.2 确定各指标的权重

各指标判断矩阵 P_3 为：

$$P_3 = \begin{array}{c} \\ E_1 \\ E_2 \\ E_3 \end{array} \begin{bmatrix} P_3 & E_1 & E_2 & E_3 \\ E_1 & 1 & 2 & 3 \\ E_2 & 1/2 & 1 & 3 \\ E_3 & 1/3 & 1/3 & 1 \end{bmatrix} \tag{5}$$

式中，P_3 为机采方式；E_1 为技术指标；E_2 为经济指标；E_3 为工程指标。

通过计算得技术指标的权重 $e_1 = 0.5278$，经济指标的权重 $e_2 = 0.3325$、工程指标的权重 $e_3 = 0.1396$。

4 计算各机械采油方式得分

利用加权法对机械采油方式得分进行计算，技术指标、经济指标和工程指标的得分为各敏感因素的得分与其权重相乘后相加，最终机械采油方式的得分为三指标的得分与其权重相乘后相加，计算公式为：

$$F_1 = b_1 f_1 + b_2 f_2 + b_3 f_3 + b_4 f_4 + b_5 f_5 + b_6 f_6 \tag{6}$$

$$F_2 = c_1 f_7 + c_2 f_8 + c_3 f_9 + c_4 f_{10} \tag{7}$$

$$F_3 = d_1 f_{11} + d_2 f_{12} + d_3 f_{13} + d_4 f_{14} \tag{8}$$

$$F = F_1 e_1 + F_2 e_2 + F_3 e_3 \qquad (9)$$

式中，F_1 为技术指标得分；f_1 为产液量得分；f_2 为举升高度得分；f_3 为油藏流体特性及生产操作问题得分；f_4 为井型得分；f_5 为采油工艺及后期措施得分；f_6 为复杂性参数得分；F_2 为经济指标得分；f_7 为初期投资得分；f_8 为操作成本得分；f_9 为配套设施费用得分；f_{10} 为维护费得分，；F_3 为工程指标得分；f_{11} 为占地面积得分；f_{12} 为动力来源得分；f_{13} 为对平台要求得分；f_{14} 为施工难度得分；F 为机械采油方式得分。

5 实例计算

海上 X 油田的地面原油具有黏度高、密度大、含硫量低、凝固点低、含蜡量中等等特点，属重质稠油。X 油田南区油藏埋深 900～1300m，配产 40～108m³/d，开发 6 年后单井的产液量可以达到 200m³/d 以上，最高可达 279m³/d，并且产出液含水率急剧增大，举升深度 1000m 左右，井温 52.1～56.1℃，气油比为 6m³/m³，地层原油黏度为 413～741mPa·s，地面脱气原油黏度为 1789～3635mPa·s，平均 2343mPa·s，含蜡量 4%，井型为定向井和水平井，产出液无固相和腐蚀性流体，无产出气井可以当做动力来源。

X 油田为重质稠油油田，开发初期产液量在低、中范围内，开发后期在高产液量范围内，故分开发初期和开发后期进行计算，其他参数都在正常范围内。

5.1 开发初期机械采油方式优选

（1）低产量（<50m³/d）井机械采油方式优选。将油田配产、举升高度、井温、气油比等基本参数输入用 Matlab 编制好的计算程序中，计算结果显示：电潜泵得分为 2.3167，水力潜油泵得分为 2.1228，液压抽油机得分为 2.3357，螺杆泵得分为 2.8183，水力射流泵得分为 2.4813，气举得分为 0。由此可看出开发初期低产液时螺杆泵的得分远大于其他机械采油方式，故开发初期低产量时推荐使用螺杆泵采油。

（2）中产量（<200m³/d）井机械采油方式优选。将配产改为 108m³/d，其他参数不变进行计算，计算结果显示：电潜泵得分为 2.5890，水力潜油泵得分为 2.3952，液压抽油机得分为 2.3357，螺杆泵得分为 2.6821，水力射流泵得分为 2.4813，气举得分为 0。开发初期中产液时螺杆泵得分最高，故开发初期中产量时推荐使用螺杆泵采油。

5.2 开发后期机械采油方式优选

开发后期产液量增大，实际上开发 6 年后产液量就可以达到 200m³/d 以上，最高可达 279m³/d，并且产出液含水急剧增加。计算结果显示：电潜泵得分为 2.5890，水力潜油泵得分为 2.3952，液压抽油机得分为 2.0634，螺杆泵得分为 0，水力射流泵得分为 2.3452，气举得分为 0。开发后期产液量增大，螺杆泵得分为 0，电潜泵得分远高于其他机械采油方式，并且考虑到产出液含水急剧增加，井筒流体黏度将大幅度降低，十分适合电潜泵举升。由于该油田是稠油油田，最好同时采取掺稀或掺化学药剂降黏的措施，故开发后期推荐选用电潜泵＋掺稀/化学降黏的方式采油。

5.3 机械采油方式选择

开发初期产液量不高，含水率也不高，采用螺杆泵采油；开发后期随着产液量增大，含水率也急剧增大，改用电潜泵＋掺稀/化学降黏的方式开采，这与海上 X 油田总体开发方案设计中采油方式的选择相一致。

对 X 油田开采过程中的机采方式进行了统计，结果如下：

前期使用螺杆泵采油，后期转电潜泵采油的井有 7 口，目前使用状况良好；

前期使用电潜泵，投产很短时间便转螺杆泵采油的井有 4 口。这是由于这些井产液量较小（$10m^3/d$ 左右），前期使用电潜泵采油，机械采油方式选择不当，应使用螺杆泵采油；

开发过程中一直使用螺杆泵采油的井有 4 口，目前有 3 口井已经停产，停产前日产液 $50m^3$ 左右，停产原因是抽油杆脱落，暂未修井；一直使用电潜泵采油的井有 4 口，目前 2 口井由于井口无产出液停产，停产前日产液 $110m^3$ 左右，其原因是泵轴断，暂未修井。

由此可以看出，开发前期使用电潜泵和整个开发过程一直使用电潜泵或者螺杆泵采油的井，都存在一定的问题，而前期使用螺杆泵，后期使用电潜泵采油的井使用状况良好。故由等级加权法推荐的前期螺杆泵后期转电潜泵的机械采油方式最优。

6 结论及建议

（1）基于等级法、层次分析法以及加权法建立了海上机械采油方式优选方法，并利用 Matlab 软件编写了其计算程序，弥补了海上油田总体开发方案中机械采油方式优选薄弱的缺点。

（2）基于等级法、层次分析法和加权法的机械采油方式优选方法可以指导海上油田机械采油方式的优选。

（3）基于等级加权法的海上机械采油方式优选方法考虑的敏感因素可能不全面，对一些敏感因素的范围划分的不够细。因此，建议应用该方法优选机械采油方式时，应根据海上油田的具体情况，增加敏感因素，并对一些敏感因素进行细分。

参 考 文 献

[1] 王卫刚，赵亚杰，刘通，等. 延长油田机采方式优选及系统效率优化研究[J]. 钻采工艺，2014，37 (5)：84-86.

[2] 张琪，万仁溥. 采油工程方案设计[M]. 北京：石油工业出版社，2002：322-325.

[3] 谢宇新，周宇鹏，崔海清. 机械采油方式优选的模糊评价法[J]. 科学技术与工程，2010，10(34)：8528-8532.

[4] 邵争艳. 机械采油方式优选综合评价研究[D]. 哈尔滨：哈尔滨工程大学，2004：43-68.

[5] 吴怀志，吴昊. 关于海上采油工艺发展的思考[J]. 中国海上油气，2012，24(1)：79-81.

[6] 刘超，李丙贤，曹亚鲁，等. 埕岛油田稠油区块采油工艺改进及其效果[J]. 中国海上油气，2010，22(3)：190-192.

[7] 赵莹莹. 机械采油井技术经济分析与工况管理系统研究[D]. 青岛：中国石油大学，2009：20-29.

[8] 杨顺辉，郑晓志，刘文臣. 采油方式综合评价系统在塔北西达里亚油田的应用[J]. 石油钻探技术，2000，28(3)：44-45.

[9] 李晓明，吴仕贵. 采油方式综合决策系统的研究与应用[J]. 油气采收率技术，2000，7(4)：34-38.

[10] 吴晗，吴晓东，付豪，等. 海上气田气举诱喷排液一体化技术[J]. 中国海上油气，2011，23(4)：263-266.

[11] 刘锦，李剑平，赵鹊桥. 垦东 12 块油藏采油方式优选及工艺研究[J]. 特种油气藏，2006，13(6)：77-79，94.

[12] 周宇鹏. 抽油机、螺杆泵机采方式优选方法研究及应用[D]. 大庆：东北石油大学，2011：11-22.

[13]潘新莲. 机械采油方式的综合评价与决策模型研究[D]. 青岛：中国石油大学(华东)，2011：28-42.

[14]尹志红，李大鹏，巩艳芬，等. 人工举升方式技术适应性组合评价[J]. 科学技术与工程，2011，11（8）：1884-1887.

[15]鹿强. 油田单井人工举升方式综合评价研究[D]. 大庆：东北石油大学，2010：23-25.

第一作者简介： 杨阳，2014 年毕业于中国石油大学(华东)油气田开发工程专业，工程师，现从事采油工程设计及研究工作，邮箱：yangyang42@ cnooc. com. cn，电话：18510087332。

通讯地址：北京市朝阳区太阳宫南街 6 号院中海油大厦 A707 - 5；邮编：100028。

弯曲与热耦合作用下热采井极限
井底温度确定

于法浩　蒋召平　白健华　刘义刚　孟祥海　赵顺超

［中海石油(中国)有限公司天津分公司］

摘　要　防砂筛管的耐温能力决定了热采井注热时井底温度的上限。目前，防砂筛管的耐温能力主要通过室内高温试验的测试手段获得，由于试验条件的限制，该方法不能模拟实际服役环境下筛管所受弯曲载荷对其热稳定性的影响，针对此问题，本论文开展了以下研究：①以实际井眼中的防砂筛管为研究对象，分析弯曲与热耦合作用下筛管的破坏机理；②对三维弯曲井眼中的防砂筛管进行受力分析，建立弯曲载荷理论计算模型，定量描述筛管所处的弯曲状态。在此基础上，考虑温度的影响，建立防砂筛管有限元模型，进行弯曲与热耦合作用下筛管应力数值模拟计算，确定弯曲井眼中防砂筛管的耐温能力；③以渤海油田热采井为例，建立井眼轨迹、筛管类型与耐温能力之间的匹配关系。研究成果在一定程度上丰富了热采井中防砂筛管的破坏理论，也为后期注热温度的优化设计提供了理论指导。

关键词　防砂筛管　耐温能力　注热　弯曲　稠油

1　概述

防砂筛管被称为"油井之肾"，适度出砂理论下扮演着挡砂、滤砂的角色。但是在渤海油田已开发的热采井中，却出现了一些异常情况：因为出砂导致的电泵故障率为77%，更有甚者，有些热采井在洗井返出液中发现有充填陶粒，而在同一区块的冷采井中并没有这种情况。由此可见，热采井中防砂筛管易破坏让其患上了严重的"肾衰竭"。

而高温引起的热破坏作为防砂筛管最快速、直接的破坏形式，十一、二五期间，国内外学者做了大量的研究，提出了高温对防砂筛管的破坏机理，并通过室内试验，给出了筛管350℃耐温等级，以此作为热采井注热温度设计的门限值。

但这些研究主要针对试验台上的防砂筛管，与实际弯曲井眼中防砂筛管所处的复杂环境存在较大差异。为此，本论文以三维弯曲井眼中的防砂筛管为研究对象，在分析弯曲与热耦合作用下防砂筛管破坏的机理上，利用理论计算弯曲应力、数值模拟计算热应力的方法，得出了弯曲影响下防砂筛管的耐温能力，研究成果更为符合现场实际。

2 弯曲与热耦合作用下防砂筛管破坏机理

2.1 井眼弯曲对防砂筛管破坏的影响

由于地层非均质性及可钻性的差异，水平段井斜角和方位角处于不断变化状态，形成三维弯曲井眼。完井过程中下入的防砂筛管将长期承受弯曲载荷的作用，其对筛管的影响如图1所示。

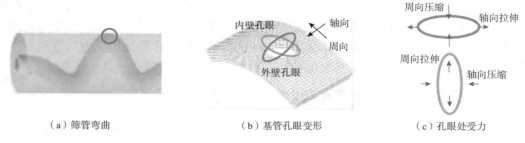

（a）筛管弯曲　　　　　（b）基管孔眼变形　　　　　（c）孔眼处受力

图 1　弯曲应力对防砂筛管破坏的影响

弯曲载荷作用下，基管外壁孔眼在轴向上受到拉伸载荷作用，在周向上承受压缩载荷作用；而内壁孔眼则承受与外壁孔眼相反的载荷作用。并且这个弯曲载荷会随着井眼曲率的增大而增大。当弯曲载荷超过其自身的屈服强度时，基管孔眼产生不可恢复的塑性变形，由圆形变为椭圆形，发生屈服破坏。

2.2 注热引起的高温对防砂筛管破坏的影响

渤海油田热采井常用优质筛管＋砾石充填的完井方式，防砂管柱结构及注热对筛管的影响如图2所示。

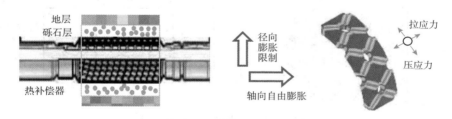

图 2　注热对防砂筛管破坏的影响

高温对防砂筛管破坏的影响主要体现在以下两个方面：①防砂筛管自身性能降低。高温会使得防砂筛管的屈服强度、抗拉强度、弹性模量等性能参数降低，筛管自身抵抗破坏的能力下降；②热应力影响。防砂筛管比砾石充填层和地层的线膨胀系数大。受热时，砾石充填层和地层会限制筛管在径向上的自由膨胀，因为变形受到限制，防砂筛管内部产生轴向拉伸、周向压缩热应力作用，当热应力大于筛管自身的屈服强度时，筛管发生破坏。

2.3 弯曲与热耦合作用下防砂筛管破坏分析

当实际井眼中处于弯曲状态下的防砂筛管受到注热引起的高温时，其破坏机理如图3所示。

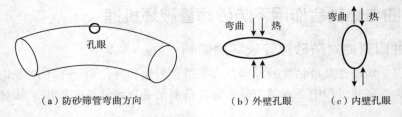

（a）防砂筛管弯曲方向　　　　（b）外壁孔眼　　（c）内壁孔眼

图3　弯曲应力与热应力耦合作用下防砂筛管破坏机理

从图3中可以得出：①对于图中筛管的弯曲方向，弯曲应力与热应力作用于外壁孔眼的方向和效果是相同，即在轴向上使孔眼产生拉伸变形，在周向上使孔眼产生压缩变形，结果导致外壁孔眼更容易发生破坏；②相比于外壁孔眼，内壁孔眼处热应力与弯曲应力方向和效果是相反的，所以其不容易发生破坏。

3　实际井眼中防砂筛管弯曲应力计算

实际钻井过程中，地层非均质性和可钻性的差异往往导致井眼轨迹的井斜角、方位角等基本参数的改变，形成三维弯曲井眼，如图4所示。防砂管柱下入后将长期承受弯曲载荷作用，在计算弯曲载荷之前，首先对三维弯曲井眼的形态进行描述，如图4所示，A、B为井眼轨迹上两个相邻的测点，β_A、β_B为两侧点处的井斜角，γ_A、γ_B为两侧点处的方位角，井深的增量为$\mathrm{d}l$。

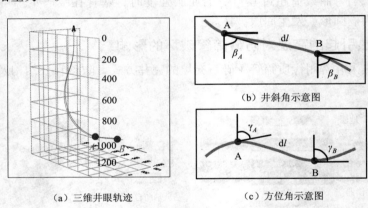

（a）三维井眼轨迹　　　　　　　（c）方位角示意图

图4　三维弯曲井眼形态示意图

这样，任意测点A处井眼曲率的计算公式为：

$$k_{o,A} = \sqrt{\left(\frac{\beta_A - \beta_B}{\mathrm{d}l}\right)^2 + \sin^2\beta_A\left(\frac{\gamma_A - \gamma_B}{\mathrm{d}l}\right)^2} \tag{1}$$

防砂管柱在测点A处所受的弯矩为：

$$\begin{cases} M_A = EIk_{o,A} \\ I = \dfrac{\pi}{64}(r_o^4 - r_i^4) \end{cases} \tag{2}$$

$$\sigma_{Mi,A} = \pm\frac{4M_A r_i}{\pi(r_o^2 - r_i^2)}; \sigma_{Mo,A} = \pm\frac{4M_A r_o}{\pi(r_o^2 - r_i^2)} \tag{3}$$

式中，$k_{o,A}$ 为测点 A 出的井眼曲率，$1/m$；M_A 为防砂管柱在测点 A 处所受的弯矩，N·m；E 为筛管的弹性模量，Pa；I 为惯性矩，m^4；r_o 为筛管外径，m；r_i 为筛管内径，m；$\sigma_{Mi,A}$ 为防砂筛管内壁在测点 A 处所受弯曲应力，MPa；$\sigma_{Mo,A}$ 为防砂筛管外壁在测点 A 处所受弯曲应力，MPa。

4　高温条件下防砂筛管热应力计算

实际井眼中的防砂筛管受热后，在轴向上和径向上发生膨胀。热补偿器的存在可以使得筛管在轴向上自由膨胀，而在径向上，由于筛管的热膨胀系数较充填砾石和地层岩石的大，筛管膨胀受到限制而在内部产生热应力作用。热应力的求解涉及温度场与变形场的耦合作用。

4.1　防砂筛管热应力计算模型

防砂筛管热应力计算模型包括应力－应变方程、热传导方程，热－固耦合变形场本构方程为：

$$\begin{cases} \sigma_x = \dfrac{E}{(1+\nu)(1-2\nu)}[(1-\nu)\varepsilon_{xx} + \nu\varepsilon_{yy} + \nu\varepsilon_{zz} - (1+\nu)\alpha\Delta T] \\[2mm] \sigma_y = \dfrac{E}{(1+\nu)(1-2\nu)}[\nu\varepsilon_{xx} + (1-\nu)\varepsilon_{yy} + \nu\varepsilon_{zz} - (1+\nu)\alpha\Delta T] \\[2mm] \sigma_z = \dfrac{E}{(1+\nu)(1-2\nu)}[\nu\varepsilon_{xx} + \nu\varepsilon_{yy} + (1-\nu)\varepsilon_{zz} - (1+\nu)\alpha\Delta T] \\[2mm] \tau_{xy} = G\gamma_{xy}, \tau_{yz} = G\gamma_{yz}, \tau_{xz} = G\gamma_{xz} \end{cases} \quad (4)$$

式中，σ_x、σ_y、σ_z 分别为 x、y、z 方向的正应力，MPa；τ_{xy}、τ_{yz}、τ_{xz} 分别为 xy、yz、xz 平面的剪应力，MPa；ν 为泊松比，无量纲；ε_{xx}、ε_{yy}、ε_{zz} 分别为 x、y、z 方向的应变，无量纲；α 为热膨胀系数，$\mathrm{℃}^{-1}$；ΔT 为升高的温度，℃。

温度场方程为：

$$\frac{\lambda}{\rho c_p}\left(\frac{\partial^2 T}{\partial^2 x} + \frac{\partial^2 T}{\partial^2 y} + \frac{\partial^2 T}{\partial^2 z}\right) = \frac{\partial T}{\partial t} \quad (5)$$

式中，T 为温度，℃；λ 为导热系数，W/(m·℃)；ρ 为密度，kg/m^3；c_p 为比热，J/(kg·℃)；t 为时间，s。

4.2　防砂筛管热应力计算方法

由于应力－应变方程和热传导方程为多元微分方程，得到方程的解析解非常困难。本论文利用 Comsol Multiphysics 有限元软件，对防砂筛管的热应力进行数值模拟计算。以热采井常用的金属网布优质筛管的基管为研究对象，运用 SolidWorks 软件按照表 1 中的数据绘制¼圆周三维几何模型，如图 5 所示。

表 1　几何模型基础数据及边界条件

名称	数值	名称	数值
筛管内(外)径/mm	124(139.7)	原始地层温度(应变相对温度)/℃	45(20)
模型圆心角/(°)	90	温度边界	内边界/300℃

续表

名称	数值	名称	数值
孔眼直径/mm	1000	内（外）压/MPa	15（17）
周向孔距/（°）	40°	筛管材质	HS100H
孔排距/mm	25.4	弹性模量/热膨胀系数	见图6

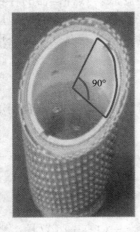 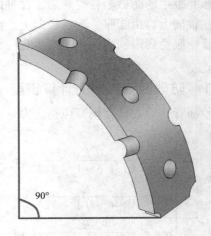

（a）金属网布筛管实物　　　　　（b）¼圆周筛管基管几何模型

图5　防砂筛管基管几何模型

在有限元软件中同时建立"温度场＋固体力学场"，按照表1中的参数设定相应的边界条件，经过网格划分，同时考虑钢材性能参数在高温下的弱化特性，如图6所示。进行热固耦合迭代计算，热应力计算结果如图7所示。

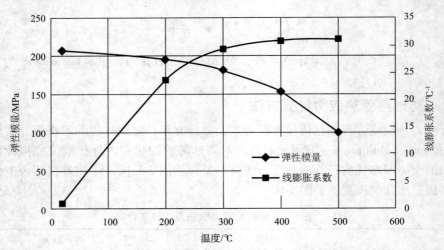

图6　HS110H 钢材弹性模量和线膨胀系数随温度变化

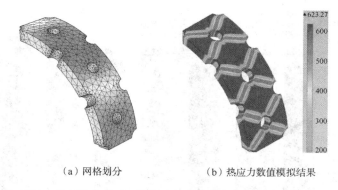

（a）网格划分　　　　　　　　　（b）热应力数值模拟结果

图 7　井底温度 300℃ 条件下防砂筛管热应力数值计算结果

5　弯曲与热耦合作用下渤海油田热采井极限井底温度确定

以渤海海域南堡 35 – 2 – 30H 稠油热采井为例，分析弯曲与热耦合作用下防砂筛管的破坏情况。该井采用优质筛管 + 裸眼砾石充填的完井方式，筛管类型为金属网布优质筛管，最大外径为 6.693in，基管内外径为 5.5in 和 4.892in，基管材质为 HS100H，筛管下入段最大狗腿度曲率为 4.78°/30m。按照 2、3 节中防砂筛管弯曲应力与热应力计算方法，以基管管材的屈服强度作为判断其不发生破坏的临界值，得出弯曲与热耦合作用下该井注热时的极限井底温度，如图 8 所示。

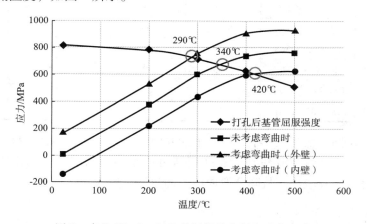

图 8　南堡 35 – 2 – 30H 井极限井底温度确定方法

计算结果表明：①考虑弯曲时的极限井底温度比未考虑弯曲时降低了 50℃，说明处于实际井眼状态下的防砂筛管，弯曲与热的耦合作用更容易使其发生破坏；②这样，确定热采井注热温度时，应以实际弯曲井眼中的防砂筛管为研究对象，而非试验台上的筛管，弯曲与热耦合作用下的耐温能力才更为符合现场实际。

同时，以渤海油田实际稠油热采井（南堡 35 – 2 油田、旅大 27 – 2 油田）为例，对实际井眼中防砂筛管进行弯曲与热耦合作用下的破坏分析，未考虑弯曲应力与考虑弯曲应力的极限井底温度对比结果如图 9 所示。结合这些井的井斜数据，对井眼狗腿度、筛管类型对极限井底温度的影响程度开展定量分析，如表 2 所示。

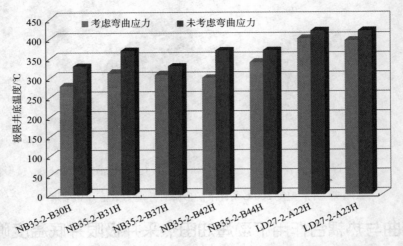

图9　未考虑弯曲应力与考虑弯曲应力情况时的极限井底温度对比

表2　井眼弯曲、筛管类型对极限井底温度的影响程度

井号	筛管下入井段/m	下入井段最大狗腿度/[(°)/30m]	极限井底温度降低值/℃	狗腿度增加1°/30m极限井底温度降低值/℃	筛管类型
南堡35－2－B30H	1424.8～1733	4.78	50	10.46	外径6.693in、内径4.892in筛管
南堡35－2－B30H	1227～1483.5	4.38	55	12.56	
南堡35－2－B30H	1324～1400	1.66	20	12.05	
南堡35－2－B30H	1979.62～2368	8.47	70	8.26	外径4.882in、内径3.476in筛管
南堡35－2－B30H	1407.7～1672.1	3.53	30	8.50	
旅大27－2－A22H	2059.14～2262.16	2.79	20	7.17	外径6.21in、内径4.892in筛管
旅大27－2－A23H	1837.33～2161	4.13	25	6.05	

表2说明：①同一筛管尺寸下，筛管下入井段最大狗腿度越大，对极限井底温度降低值的影响越明显；②在弯曲井段加筛管扶正器可以减小弯曲应力；③相比于金属网布筛管，桥式复合筛管外径较小，从降低弯曲应力的角度，桥式复合筛管较好。

6　结论

（1）不同于前期实验室研究中以试验台上的防砂筛管为研究对象，论文以实际井眼中的防砂筛管为研究对象，定性阐述了弯曲与热耦合作用下筛管的破坏机理，在一定程度上丰富了热采井中筛管破坏的理论。

（2）建立了筛管弯曲应力和热应力计算模型，形成了一套理论计算弯曲应力，数值模拟计算热应力的热采井极限井底温度确定方法。

（3）计算结果表明，弯曲将会显著降低热采井的极限井底温度，弯曲与热的耦合作用下防砂更容易使其发生破坏。因此，以实际井眼中防砂筛管为研究对象得出的耐温能力才能更为符合现场实际。

（4）井眼狗腿度、防砂筛管类型均会对筛管的耐温能力产生显著影响。对于渤海油田热采井，从提高耐温能力的角度出发，桥式复合筛管比金属网布筛管更有优势。

参 考 文 献

[1]刘彤，刘敏珊.金属材料弹性常温与温度关系的理论分析[J].机械工程材料，2014，38（3）：85-89.

[2]高彦才，张海龙，刘正伟.稠油井注热对井下筛管的影响因素研究[J].新疆石油天然气，2012，8（2）：86-89.

[3]车强.超稠油油藏水平井筛管损坏研究与保护对策[D].东营：中国石油大学，2009.

[4]张万才，马振生，郭立君，等.热采井套管损坏机理及防治技术—以单家寺油田为例[J].油气地质与采收率，2005，12（2）：74-76.

[5]张洪伟.连续油管力学分析[D].中国石油大学，2010：15-35.

[6]隋晓东.热采水平井完井管柱受力分析及优化技术研究[D].山东东营：中国石油大学，2011：25-41.

[7]刘正伟，解广娟，张春杰，等.海上稠油热采井防砂筛管热应力分析[J].石油机械，2012，40（2）：26-29.

[8]吴建平.防砂筛管受热变形分析[J].石油钻采工艺，2010，32（1）：45-49.

第一作者简介：于法浩，2015年毕业于东北石油大学石油与天然气工程专业，助理工程师，现从事人工举升设计和井下工具研究，E-mail：yufh3@cnooc.com.cn，电话：15102272785。

通讯地址：天津滨海新区海川路2121号渤海石油管理局B座；邮编：300459。

海上稠油多元热流体注采一体化
关键技术研究

张华　　周法元　　王秋霞　　张伟　　韩晓冬　　陈征

[中海石油(中国)有限公司天津分公司]

摘　要　中国海上稠油储量大，2008年开始在渤海NB35－2油田开展了多元热流体吞吐先导性试验累计22井次，取得了显著的开发和增油效果。由于受关键技术耐温耐压的限制，海上热采开发一直采用两趟管柱进行注热和生产，既增加了作业时间，也增加了作业成本，同时作业过程中冷流体洗压井还会对热采效果造成消极影响。耐高温高压的井下安全阀、封隔器、穿越器等是实现多元热流体注采一体化工艺的关键技术，本文介绍了此关键技术的结构原理、材料优选及室内高温高压试验情况，历经多次的优化与改进，最终研发出的关键工具技术指标整体耐温达250℃，耐压21MPa，达到国际先进水平，满足了海上稠油多元热流体注采一体化工艺技术要求。

关键词　注采一体化　多元热流体　海上稠油　耐高温高压　关键技术

1　前言

渤海NB35－2油田南区自实施多元热流体热采技术示范以来，日产油进入了快速增长期，油田日产油由热采前的218m³上升到最高641m³，增幅达194%，油田采油速度由0.27%升至最高0.75%。截止到目前，南堡35－2油田南区热采累产油46×10⁴m³，累增油17×10⁴m³，取得了显著的开发和增油效果。随着海上稠油热采开发步伐的不断推进，试验规模及单井轮次的增加，目前采取常规的注热和采油分离的两趟管柱已不能满足海上热采的需求。注采一体化管柱是可以同时实现注热和采油两种功能的管柱，在胜利、辽河等油田热采井中已有相关应用。注采一体化管柱在注热作业前下入井中，实现注热作业，油井自喷结束后无需更换管柱，可直接转为泵抽生产。实现多元热流体吞吐一体化管柱，可大幅降低热采操作费用，大幅降低热采的成本，同时避免了洗压井过程中冷流体对地层的伤害，提高了热能利用率。

海上热采试验示范通过加强程序管理与升级热采井口来控制安全风险，由于受高温高压限制均未下入安全控制工具，未达到海油安办"25号令"要求，因此，要实现多元热流体注采一体化工艺技术，并有效控制注采阶段井下安全风险及发挥热能最大潜力，就必须突破关键技术耐高温耐高压的瓶颈。

2　注采一体化关键技术研究

目前国内外电潜泵技术比较成熟，国外电潜泵耐温达到275℃，国内制造厂商也具备250℃电潜泵制造能力，海上平台蒸汽吞吐温度达到350℃，超过高温电泵的最高耐温等级。目前高温电潜泵能满足多元热流体吞吐注采一体化的温度要求，为符合海上安全生产要求，重点攻关研发了耐高温井下安全阀、耐高温封隔器、耐高温穿越器等关键技术。

2.1　耐高温井下安全阀

常规井下安全阀所有需要密封的地方全部采用密封圈密封，动力组件采用活塞式结构，橡胶密封材质耐温性能可以达到250℃以上，但其可靠性、稳定性、持久性不够。因此，设计的耐高温井下安全阀整体无橡胶密封件，采取全金属密封方式，提高了其可靠性和持久性。

2.1.1　设计特点

(1)设计的高温井下安全阀，不使用任何橡胶或高分子材料。由于普通橡胶材料在高温下会发生性能改变，因此不适用于高温高压井下状况，此次设计的高温井下安全阀在连接密封性等方面全部采用金属密封，解决了高温下的动密封和静密封问题。

(2)设计高温井下安全阀动力机构采用液控组件传动，摒弃传动的活塞式结构或者滑动芯轴结构。采用液控组件传动，提高了产品的使用次数和寿命，改变了传统的连接方式，增加密封性能。

(3)控制管线的连接采用全金属密封连接，增加了工具的密封性能。

2.1.2　工作原理

高温井下安全阀上下螺纹连接油管并安装一根连续的控制管线下入井中，控制管线加压推动液控组件动作，经过液控组件中传递组件推动中心管下移，压缩弹簧并打开阀板，油管上下连通。当需要关闭时，控制管线卸压，弹簧推动中心管和液控组件后移，关闭阀板，油管上下被截断。高温井下安全阀主要结构如图1所示，包括以下几部分：

(1)高温筒体，包括上接头、中接头、下接头以及中心管；

(2)液控组件，包括弹性组件，液压组件，传递组件；

(3)蝶阀组件，包括阀板、阀座以及弹性元件；

(4)密封加压接头组件，包括接头以及压帽等。

图1　耐高温井下安全阀三维图

2.1.3　技术指标

- 最高工作压力5000psi(34.5MPa)
- 工作温度350℃
- OD 6in[153mm]

- ID 2.87in[72.9mm]
- 控制管线¼in
- 最大安装深度1500m
- 开启压力>1800psi
- 阀板关闭后常温，5000psi下漏失量<10mL/min

2.1.4 整体试验

1）高温井下安全阀常温试验

常温下将井下安全阀按照下井方向进行放置，测试井下安全阀开启关闭压力，压力升至8MPa时中心管与阀板接触，井下安全阀开启压力为15MPa，压力突降至11MPa，全开压力为17MPa，关闭压力为3.5MPa。

2）高温井下安全阀高温试验

将井下安全阀按照下井方向放置于烘箱内，开始加热温度升至150℃时，测试井下安全阀开启压力为15MPa，压力突降至11MPa，全开压力17MPa，关闭压力3.5MPa；

温度升至250℃时，开启压力15MPa，压力突降至12MPa，全开压力17MPa，关闭压力3.5MPa左右；

温度升至350℃，开启压力16MPa，压力突降至12MPa，全开压力17.5MPa，关闭压力3.5MPa左右；

350℃保温3h后，开启压力为17MPa，压力突降至12.5MPa，全开压力17.5MPa，关闭压力3MPa左右；

360℃保温6h后，开启压力为17.5MPa，压力突降至12MPa左右，全开压力18MPa，关闭压力3MPa左右，停止加热。

3）高温井下安全阀高温试验后常温试验

待井下安全阀降至常温状态，测试井下安全阀开启关闭压力，开启压力为15MPa，压力突降至11MPa，全开压力为17MPa，关闭压力为3.5MPa。

试验结论：耐高温井下安全阀在常温状态、高温状态以及高温后的常温状态，开启关闭试验正常，在350℃环境中可以长时间保持正常工作性能。

高温井下安全阀采用全金属结构以及特殊的液控组件动力机构，增加了井下安全阀在高温下的密封性和安全性。高温井下安全阀按照 API Spec 14A 井下安全阀设备规范的要求，经过一系列检测，符合 API 检测要求，检测合格。高温井下安全阀在350℃高温下，经过检测工作性能正常。

2.2 耐高温过电缆封隔器

海上在用过电缆封隔器不满足耐高温高压要求，耐高温过电缆封隔器既要满足注热时环空补氮隔热要求，又要满足生产时套管压力过高时套管气的释放，还要保证高温条件下胶筒的耐温性能，研发过程中对其结构进行了多次改进，对材质进行了反复优选，最终研发的高温过电缆封隔器满足了多种工况下的生产要求。

2.2.1 设计及性能特点

（1）设计了防中途坐封装置，封隔器在下放过程中所受的力都作用在中心管上，不会中途坐封；

（2）设计了双面螺纹步进锁紧机构，这种锁紧机构由双面带有特殊螺纹的锁环和锁环套等组成；

（3）设计了卡瓦单面螺纹步进锁紧机构，这种锁紧机构由一面带有特殊螺纹，另一面带有锥面的锁环和锁环座等组成，锁环可以在锁环座上单方向移动，反方向锁紧。保证胶筒硬度降低的情况下，封隔器仍在坐封状态；

（4）锚定方式选择了整体卡瓦，解封后，整体卡瓦受自身应力影响回弹，封隔器更容易解封；

（5）在承受由上而下的压差时，封隔器中心管将承受一定的上顶力，上顶管柱，使得封隔器产生解封的趋势，因此，封隔器承压能力越高，解封力就越大；

（6）设计机构液压缸系统和封隔器承压系统隔离机构，坐封后如果液缸系统出现了渗漏，不会导致整个封隔器耐压性能降低，提高了封隔器的耐温耐压的可靠性；

（7）胶筒的耐温、耐压能力是衡量封隔器好坏的技术指标。胶筒的材质选择了耐温能达400℃的碳纤维复合密封组件，防突机构选择了硬度以及变形量较好的紫铜，既提高和保持接触压力，又获得了良好的密封性。

2.2.2 结构组成

过电缆封隔器设计了防中途坐封装置，采用了液压坐封丢手、筒状卡瓦锚定和上提管柱解封的结构形式，具有下放时抗碰撞、液压坐封灵活、防上顶能力强等特点（图2）。

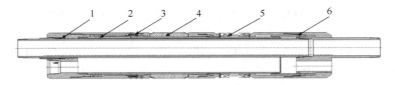

图2 电缆封隔器结构图
1—中心管密封机构；2—液缸机构；3—胶筒锁紧机构；4—胶筒密封机构；
5—卡瓦及卡瓦锁机构；6—解封机构

封隔器的结构组成：

锚定机构采用筒状卡瓦、上锥体和下锥体，其主要作用是锚定封隔器，承受封隔器以下管柱重力和封隔件以上压力对封隔器产生的载荷，并锚定封隔器不上下移动和蠕动。

坐封部分主要由活塞、缸套、坐封剪钉组成，其主要作用是为封隔器提供坐封载荷。采用液压管线坐封，从井口加压，实现封隔器坐封，工作结束以后，上提管柱解封，这种作业方式操作方便、省力。

密封部分主要由密封胶筒及其密封滑组成的密封结构。主要作用是封闭油套环形空间。

锁紧部分主要由锁齿、锁齿座等组成，其主要作用是防止卡瓦、封隔件回弹，保证封隔器的长期密封。

解封部分主要由解封剪钉、偏心接头、防顶锁块、连接主轴等部件组成。解封剪钉的主要作用是控制其解封力。剪断解封销钉即可实现解封。

防中途坐封装置包括偏心接头、锁块连接套、锁环、卡瓦锁紧装置、下锥体等，封隔器在下井过程中受到的力都通过下部连接套及锁块连接套内偏心接头中上的凸台作用到中心管上，无论怎样碰撞，都不会将力作用到卡瓦上而使卡瓦张开造成中途坐封。

2.2.3　技术指标

FRD - 9⅝ NDCF 耐高温电缆封隔器	
套管尺寸：9⅝in 40~47#	电缆穿越孔上部扣型：2⅜ EU BOX
最大外径：216mm	液压管线孔上部扣型：¼in NPT
主通道最小内径：76mm	主通道下部扣型：3½ EU BOX
电缆穿越通道最小内径：52mm	最小坐封压力：5000psi
放气阀通道最小内径：35mm	主体材质：42CrMo（卡瓦：40Cr）
液压管线通道最小内径：10.5mm	密封胶筒：碳纤维复合密封组件
长度：1564mm	温度：0~300℃
最大下入深度：3000m	提升短节长度：2000mm
工作压差：3000 psi	解封载荷：270kN（最大）
主通道上部扣型：3½ EU BOX	穿越孔数：4 孔

2.2.4　整体试验

1）耐温性能评价

耐高温过电缆封隔器密封件在试验井筒中加热至300℃保温24h恢复至常温后其硬度变化下于3%，外观尺寸变化小于3%；刚体在试验井筒中加热至300℃。其硬度、尺寸不变，金相组织不变；经受300℃高温后解封负荷与设计负荷变化小于5%。

2）耐压性能评价

耐高温电缆穿越封隔器在经受300℃三次高温交变试验，高温后温度降至80~50℃时，9⅝in套管内防顶21MPa。

3）高低温交变实验评价

耐高温电缆穿越封隔器在试验井筒中加热至300℃进行验封，冷却至模拟井下温度再次进行验封，三次交变温度后密封件仍能满足耐压21MPa的指标。

试验结论：耐高温过电缆封隔器在经历过高温、低温及交变试验后，其整体耐温性能达到300℃，耐压达到21MPa，满足海上稠油多元热流体注热及生产要求。

2.3　耐高温电缆穿越器

由于电缆穿越器是高压电器产品，在高温电缆穿越器的设计中，既要考虑其在250℃高压饱和水蒸气的恶劣环境下的密封性能、耐压力性能，还需具有绝缘性能、耐电压性能以及高温导电材料的导电性能和壳体材料耐高温性能。经过多次试验、反复论证后发现，传统的电缆穿越器结构不能满足设计要求，需采用全新的设计。

2.3.1　主体结构设计

根据井口相关技术参数及外形尺寸，确定了高温井口穿越器主体的内部结构尺寸，高温井口电缆穿越器主体结构由两部分组成：上部、下部（如图3）。上部的作用是保证高温井口电缆穿越器主体的绝缘、密封和承压性能；下部的主要作用是保证高温井口电缆穿越器主体内部电极与电缆连接后的绝缘、密封和封固性能。

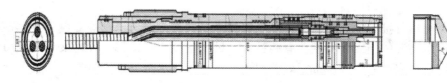

图 3　高温井口电缆穿越器主体结构图

2.3.2　材料优选

1）高温壳体材料优选

材料牌号 X 不锈钢，属于耐热钢，耐温耐腐蚀性能优良，但不锈钢机械强度较低，高温高压环境下承受压力较差，试验后在薄弱部位变形拉裂。

材料牌号 Y 合金结构钢（表面镀镍），合金结构钢机械强度高，变形量小，耐温性能优良。表面镀镍处理后，其耐高温、耐腐蚀性能更加突出，高温高压试验后表观颜色不变，光亮如新。高温高压下承受压力的能力比不锈钢优良。试验后测量壳体各部位尺寸大小无明显变化，且能保持密封性能，因此合金钢 Y（表面镀镍）符合该项目高温高压的技术要求，试验数据如表 1 所示。

表 1　高温壳体材料优选试验数据表

材料名称	材料牌号	表面处理	加热温度/℃	加热时间/h	压力/MPa	密封性	结论
合金结构钢	Y	表面镀镍	280	4	35	满足	合格
不锈钢	X	未处理	280	4	35	在薄弱部位有变形裂痕	不合格

2）高温密封圈材料优选

高温密封圈材料的好坏直接影响高温电缆穿越器的密封性能。密封圈材料型号 3018，耐温 288℃，硬度 90 IRHD，耐水蒸气，经试验，发现高温的密封性能确实不错，但它只实用于单一高温，由于密封圈的硬度高，中温和低温（接近环境温度）就失去密封性能，不适用于温度变化的使用环境。密封圈材料型号 0090 和 6375 两种型号的密封圈材料，他们的耐温分别是 250℃ 和 275℃，硬度分别是 95 IRHD 和 75 IRHD，它们均能耐水蒸气。硬度高的，保证高温的密封，硬度低的，保证中低温的密封，同时取消密封圈挡圈，经试验高低温的密封性能良好，满足技术要求，试验数据如表 2 所示。

表 2　高温密封圈优选试验数据表

密封圈材质	加热温度/℃	加热时间/h	压力/MPa	密封性能	结论
氟橡胶	250	4	25	变形泄漏	不合格
高温 0 圈	250	4	25	变形泄漏	不合格
3018	250	4	25	无泄漏	合格
	275	4	25	无泄漏	合格
6375 和 0090 组合	250	4	25	无泄漏	合格
	275	4	25	无泄漏	合格

3）高温主体绝缘材料优选

主绝缘材料直接影响穿越器的绝缘性能和密封性能，同时也影响穿越器高温下的承压能力。目前耐高温的绝缘材料主要有两种，一种是聚酰亚胺，另一种是聚醚醚酮（PEEK）。这两种绝缘材料耐高温的性能都很好，但聚酰亚胺不耐水蒸气，试验数据如表3所示。

表3　主体绝缘材料试验数据

高温主绝缘材料	加热温度/℃	保温时间/h	压力/MPa	密封性	结论
聚酰亚胺	250	8	25	泄漏	不合格
聚醚醚酮	250	8	25	不泄漏	合格
PEEK	250	72	25	泄漏	不合格
聚醚醚酮 PEEK　GF30	250	72	25	不泄漏	合格

2.3.3　整体试验

耐温耐压性能指标是考核井口穿越器的重要指标，同时高低温交变条件下的可靠性是现场多轮次热采应用的重要保障。利用高温装置进行耐温、耐压及高低温交变条件性能测试，试验流程及试验装置如图4所示。

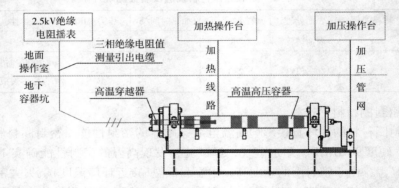

图4　高温高压试验流程图

1）耐温性能测试

加热至250℃，保温7d(168h)，然后停止加热，自然冷却。随着温度的升高，井口穿越器绝缘值逐步降低，最终稳定在2MΩ左右；随着温度降低，井口穿越器绝缘值增大，温度降到120℃时，绝缘电阻值约为1GΩ，符合设计要求。

2）耐压力性能评价

实验装置升温至250℃后加压至25MPa，保温保压7d(168h)，压力表读数无明显变化，同时容器未发现液体渗漏现象，符合设计要求。

3）高低温交变试验评价

实验装置恒温250℃、恒压25MPa，5h后自然冷却至50℃，再升温至250℃，恒温恒压5h后自然冷却至50℃，再进行恒温250℃、恒压25MPa、5h。实验结果显示三次温度冷却至50℃时，井口穿越器绝缘值恢复为+∞，井口穿越器符合设计要求，试验数据如图5所示。

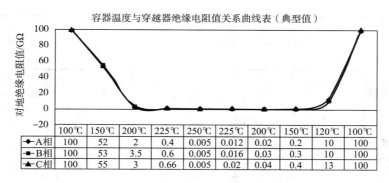

图5　温度与电阻值关系曲线

2.4　总结

通过不断的改进与优化及室内工装反复的试验，目前研发的多元热流体注采一体化关键工具整体耐温性能达到250℃，耐压21MPa，满足海上稠油多元热流体注采一体化技术要求，具体指标参数见表4。

表4　注采一体化关键工具技术指标参数

工具名称		耐温耐压性能指标	备注
电缆穿越器		21MPa 250℃	受限于高温电缆耐温性，故最高温度250℃
井下安全阀		21MPa 300℃	完成研究及样机加工，待现场试验
高温封隔器		21MPa 300℃	完成研究及样机加工，待现场试验
耐高温伸缩节		21MPa 300℃	完成研究及样机加工，待现场试验
放气阀		21MPa 300℃	完成研究及样机加工，待现场试验

3　注采一体化管柱设计研究

选取NB35-2油田B27H1井进行注采一体化管柱设计研究，因受限电泵电缆耐温，考虑安全施工，井口最高注入温度建议不超过240℃，对应井底温度为210℃。

注采一体化管柱特点包括以下几点：

(1)增加耐高温安全阀+高温生产封隔器，保证井下安全控制；

(2)增加伸缩管可起到防止套管抬升及封隔器的密封；

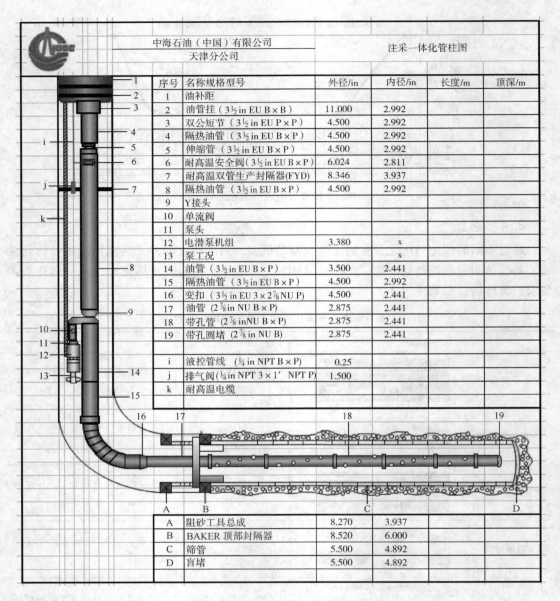

序号	名称规格型号	外径/in	内径/in	长度/m	顶深/m
1	油补距				
2	油管挂（3½ in EU B×B）	11.000	2.992		
3	双公短节（3½ in EU P×P）	4.500	2.992		
4	隔热油管（3½ in EU B×P）	4.500	2.992		
5	伸缩管（3½ in EU B×P）	4.500	2.992		
6	耐高温安全阀（3½ in EU B×P）	6.024	2.811		
7	耐高温双管生产封隔器(FYD)	8.346	3.937		
8	隔热油管（3½ in EU B×P）	4.500	2.992		
9	Y接头				
10	单流阀				
11	泵头				
12	电潜泵机组	3.380	x		
13	泵工况		x		
14	油管（3½ in EU B×P）	3.500	2.441		
15	隔热油管（3½ in EU B×P）	4.500	2.992		
16	变扣（3½ in EU 3×2⅞ NU P）	4.500	2.441		
17	油管（2⅞ in NU B×P）	2.875	2.441		
18	带孔管（2⅞ in NU B×P）	2.875	2.441		
19	带孔圆堵（2⅞ in NU B）	2.875	2.441		
i	液控管线　（¼ in NPT B×P）	0.25			
j	排气阀(¼ in NPT 3×1′ NPT P)	1.500			
k	耐高温电缆				
A	阻砂工具总成	8.270	3.937		
B	BAKER 顶部封隔器	8.520	6.000		
C	筛管	5.500	4.892		
D	盲堵	5.500	4.892		

中海石油（中国）有限公司　天津分公司　　注采一体化管柱图

图6　注采一体化管柱图

（3）排气阀配合封隔器共同作用，可保证油套环空进行注氮气隔热；

（4）采用Y接头和耐高温电泵，实现注采一体化；

（5）优化后的带孔管及带孔圆堵设计，保证水平段注汽均匀。

分段注气方案设计如下：

引鞋＋1根普通油管＋S型配注阀＋1根普通油管＋S型配注阀＋1根普通油管＋S型配注阀＋1根普通油管＋S型配注阀＋1根普通油管＋S型配注阀＋1根普通油管＋O型配注阀＋1根普通油管＋O型配注阀＋2根普通油管＋O型配注阀＋2普通油管＋O型配注阀＋3普通油管＋O型配注阀＋4普通油管＋O型配注阀配管至变扣。如图6所示。

4 经济效益评价

多元热流体注采一体化按租赁模式计算投入产出比 1:3.18，国外高温电泵比较昂贵，而国内低成本高温电泵耐温已达 250℃，为多元热流体注采一体化规模应用拓宽了渠道，为 NB35－2 油田快注快采提高采收率奠定坚实的基础。

5 结论

（1）历经多次的优化与改进，最终研发出的关键工具技术指标整体耐温达 250℃，耐压 21MPa，达到国际先进水平，满足了海上稠油多元热流体注采一体化关键技术要求。

（2）注采一体化管柱设计满足了注热、生产过程中多种复杂工况条件下的生产要求，发挥了注采一体化工艺技术特点。

（3）多元热流体注采一体化工艺技术即节省了作业时间，也节省了作业成本，也有效避免了作业过程中冷态伤害，从经济效益方面计算，投入产出比可观，达到了降本增效的目的，是一种低成本的采油工艺技术。

参 考 文 献

[1]王新根，乔卫杰．海上多元热流体热采工艺应用方法研究与实践[J]．中外能源，2014，3：010.

[2]崔政，张建民，蔡晖，等．渤海油田多元热流体吞吐技术的现场试验[J]．长江大学学报（自然版），2014.

[3]唐晓旭，马跃，孙永涛．海上稠油多元热流体吞吐工艺研究及现场试验[J]．中国海上油气，2011，3：009.

[4]周守为．海上油田高效开发技术探索与实践．中国工程科学，2009，11(10)：55-60.

[5]刘小鸿，张风义，黄凯．南堡 35－2 海上稠油油田热采初探[J]．油气藏评价与开发，2011，1(1)：61-63.

[6]尚跃强，李啸南，安申法，等．稠油蒸汽吞吐注采一体化工艺技术[J]．2005 年石油装备技术发展学术交流年会论文集，2005.

[7]李颖，王成彪，刘宝林，等．稠油热采井注采一体化配套开关装置[J]．石油机械，2009，37(2)：45-47.

[8]王学忠．春风油田浅层超稠油注采一体化技术应用研究[J]．钻采工艺，2015，38(2)：57-58.

[9]白彦华，简家斌．稠油天然气吞吐注采一体化技术研究[J]．石油机械，2008，36(8)：74-77.

[10]朱学东．埕东油田埕南深层超稠油开采配套工艺技术[J]．石油天然气学报，2013 (1)：138-140.

[11]林涛，孙永涛，孙玉豹，等．注热与电潜泵机采管柱在海上油田的应用[J]．石油化工应用，2012，31(8)：10-12.

[12]李大军，王艳红，刘杰．注采一体化管柱在特超稠油生产中的应用[J]．胜利油田职工大学学报，2008，22(1)：160-161.

[13]佘月明，佘梅卿，申秀丽，等．超浅层稠油水平井注采工艺的研究与应用[J]．石油机械，2010 (6)：56-59.

[14]李贵川，杨进，严德，等．海上油田同井注采一体化技术研究与应用[J]．断块油气田，2012，19 (3)：386-388.

第一作者简介：张华，2007 年毕业于长江大学石油工程专业，工程师，现从事稠油热采工艺技术研究工作，邮箱：zhanghua24@cnooc.com.cn，电话：02266501147。

通讯地址：天津滨海新区海川路 2121 号渤海石油管理局 B 座；邮编：300459。

渤海油田注水井高效智能测调技术研究与应用

张乐　张志熊　蓝飞　陈征

[中海石油(中国)有限公司天津分公司渤海石油研究院]

摘　要　渤海油田分注井单井调配占平台时间长，加上平台作业量大，无法为钢丝、电缆测调作业提供足够的作业窗口，并且钢丝、电缆作业在大斜度、水平注水井实施困难，导致近年来调配率和层段合格率均较低，影响分注开发效果。因此，针对上述问题研究形成了电缆永置智能测调技术，该技术以智能测调工作筒为硬件主体、以地面测调软件为人机界面，以电缆为电力和数据传输介质，实现对多口井、多个注水层段的实时监测与流量连续调节，无需钢丝或电缆作业，大大提高了测调效率及测试结果的准确度，解决了大斜度井、水平井测调难题。现场试验表明，该技术能够较好地满足海上油田大斜度井、水平井精细化注水的需求，可为海上油田经济、高效开发和稳油控水提供技术支持。

关键词　海上油田　分注　智能测调　电缆永置

1　引言

分层注水技术是缓解层间矛盾、提高储层动用程度和油田采收率的重要手段。目前渤海油田有85%的注水井采用分层注水方式，广泛应用的分层注水技术包括空心集成、同心边测边调、多管分注等。上述分注技术除多管分注技术之外，其他技术均需要通过钢丝或电缆作业进行验封和流量测试调配，单井调配占平台时间长，加上平台作业量大，无法为钢丝、电缆调配作业提供足够时间和空间，同时大斜度、水平注水井钢丝、电缆作业测调实施难度较大，导致近年来调配率和层段合格率均较低，影响了分注开发效果。

针对常规分注技术在应用中存在的问题，为满足海上油田高效开发需求，对分层注水技术进行升级研究，形成了一套适用于海上油田注水井的电缆永置智能测调技术。

2　技术组成及原理

2.1　技术组成

电缆永置智能测调技术主要由井下工艺管柱和地面测调控制系统两大部分组成。其中井下工艺管柱主要包括智能测调工作筒、过电缆密封工具、电缆保护器、电缆连接器、¼in钢管电缆以及其他辅助工具等；地面测调控制系统主要包括地面控制器、测调控制软件、计算机等。

2.2 技术原理

该技术是通过在井下预置电缆的方式将井下智能测调工作筒与地面控制器相连(图1),井下智能测调工作筒与过电缆密封工具配合实现分层配注;通过调节智能测调工作筒的水嘴大小实现单层注水量的调整;钢管电缆作为电能和数据信号的传输媒介,实现井下智能测调工作筒与地面控制器的通信;地面控制器能够实时接收与监测智能测调工作筒测得的温度、压力和流量数据,并且可以通过远程控制实现对井下各级智能测调工作筒水嘴开度的控制,从而完成单层流量的测试与调配。

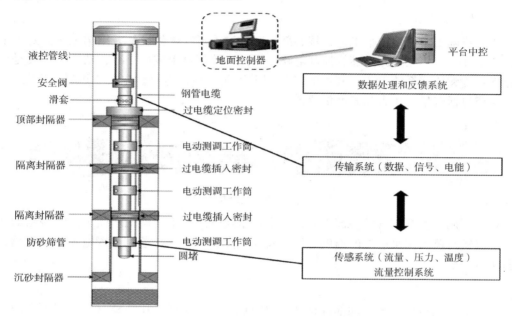

图1 电缆永置智能测调技术组成及原理示意图

2.3 技术参数

(1)适用井斜:任意井斜;

(2)完井方式:套管完井/防砂完井;

(3)防砂密封筒内径:4.75in;

(4)单层最大注入量:800m³/d;

(5)压力工作范围:0~60MPa;

(6)温度工作范围:0~150℃;

(7)适用于最大井深:5000m;

(8)单一地面控制器可控井数:7口。

2.4 技术特点

(1)该技术实现了单层流量实时监测与控制,调配效率高,能够最大限度地提高注水合格率,实现高效注水,无需钢丝或电缆作业,井斜、分注层段数不受限制,特别适用于海上油田大斜度井、水平井分层注水。

(2)可长期监测井下流量、压力等参数,为水井油藏分析提供数据支持,出现问题能及时报警，并能及时采取措施，可有效确保注水安全；可对层间封隔情况进行在线验封，保证封隔失效时能及时报警，避免了无效注水现象的发生。

（3）智能测调工作筒采用电缆供电，稳定性更强、寿命更长，能有效保证该工艺技术长期有效性。

3　关键技术研究

3.1　智能测调工作筒研制

3.1.1　结构组成

智能测调工作筒为整个工艺的核心部分，经过了多次优化设计，结构上主要是由上接头、流量计、一体化可调水嘴、控制电路、下接头等部分组成（图2）；功能上主要是由流量控制系统和传感系统组成，其中流量控制系统包括控制电路、电机、可调水嘴等部分，传感系统包括流量、压力和温度传感器。

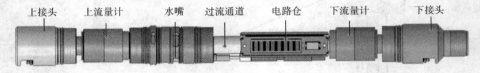

上接头　　上流量计　　水嘴　过流通道　　电路仓　　下流量计　　下接头

图 2　测调工作筒结构示意图

智能测调工作筒随管柱一起下井，每个注水层下入1个测调工作筒来控制该层的注水量，可以实时监测注水层位的温度、压力及注入量等参数，并通过预置电缆传输数据，在地面实时显示。

3.1.2　流量计

采用电磁流量计，无可动部件，减少故障点；电极材料选用纯钛材料，保证了测试精度；采用双流量传感器，可直接获取单层流量，同时实现流量计备份，提高了可靠性；传感器密封采用干式密封，保证仪器可靠性。

通过对流量计进行重复性试验（图3）和标定试验（图4），其精度可达到1.5%；重复性误差0.1%～0.25%，线性度0.02%，满足实际需要。

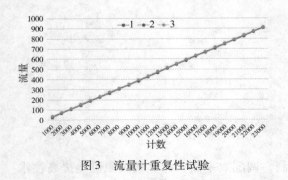

图 3　流量计重复性试验　　　　　　　　图 4　流量计标定试验

3.1.3　可调水嘴

一体化可调水嘴（图5）为测调工作筒的唯一可动部件，通过多次方案优化，最终采用三通结构设计，过流面积增大1倍，单层最大流量可达到800m³/d，且嘴损不超过0.8MPa（图6）；电机选用进口电机及减速器，可实现水嘴连续无极调节；水嘴可自锁，断电后确保开度保持不变；采用平衡压设计，20MPa压差下顺利开启；设计有角度传感器，水嘴开度可知；水嘴选用氧化锆陶瓷，耐冲蚀、震动、冲击。

图5　一体化可调水嘴结构示意图

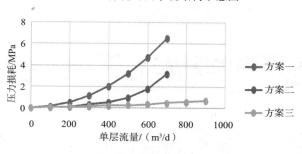

图6　水嘴嘴损曲线

3.1.4　压力计

水嘴前、后各安装一只高精度压力传感器，分别读取油管和油层压力，可实现在线验封；并且能够实时监测油层注入压力，保障注水安全。

在室温13℃和高温135℃时，对测调工作筒水嘴前后压力计实施标定（图7），测量精度小于0.1%，满足实际需要。

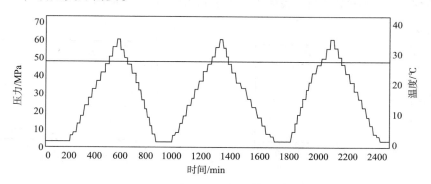

图7　压力计标定试验曲线

3.1.5　机电部分

机电部分选用质量成熟的、高性能的电机，并采用三重保护设计，在容量上冗余设计，具备过流保护和限位保护功能；核心控制单元双重备份，电路仓防潮处理，增强了可靠性和稳定性。

3.1.6 技术参数

外径 114mm，长度 1408mm，最大内通径 44mm，最大单层排量 800m³/d，耐温 150℃，耐压等级 60MPa。

3.2 其他配套工具研制

3.2.1 过电缆密封工具

该技术配套的过电缆密封工具包括 6in 过电缆定位密封、4.75in 过电缆插入密封，主要由上接头、密封本体、过电缆通道、密封模块、隔环、下接头和固定螺钉组成（图8）。工具集成应用成熟密封模块、swagelok 密封扣，实现层间封隔并满足电缆穿越和密封，解决电缆过密封筒磕碰风险，适用于多段防砂完井的分注井中。

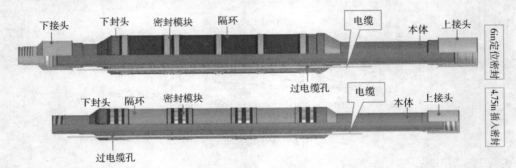

图8 过电缆密封工具结构示意图

为了确保所研制的过电缆密封工具的性能，进行了工具承压试验（图9）。实验时将工具装入试验工装内，进行上、下环空打压，依次打压 5MPa、10MPa、15MPa 稳压 10min 后，压力未降，继续打压 20MPa 稳压 30min 压力未降，将工具取出后，其外表面、密封模块硫化橡胶部分无刮伤无磨损，验证了插入密封各部分组合性能良好。

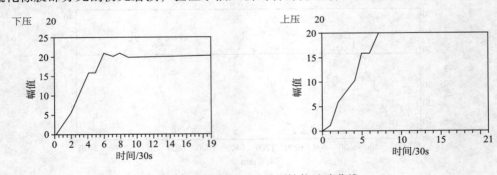

图9 过电缆密封工具承压性能试验曲线

3.2.2 一体式电缆保护器

电缆随管柱下入过程中在油管接箍处可能会发生磕碰导致其损坏，同时还可能与井壁摩擦导致刮伤。由于常规油管接箍保护器外径较大，无法在防砂段使用，为了保证电缆下入过程中的可靠、安全，针对防砂段的特点，设计了防砂段油管一体式电缆接箍保护器（图10），其最大外径为 102.3mm，满足防砂段内通径要求。保护器设计有四个对称保护槽，在使用时该接箍保护器上、下分别与油管连接，电缆在保护槽内通过，并用过盈胶条固定电缆，避免电缆松散而在油管上缠绕，保证了电缆安全。

3.2.3　电缆连接器

电缆连接器采用2级锥面硬密封，选用世伟洛克锥面密封组件，如图11所示。电缆两端不锈钢外管采用2级冗余密封方式。该电缆对接接头已经在现场大量应用，可以保证现场应用的可靠性。

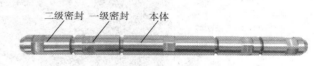

图10　防砂段一体式电缆接箍保护器　　　　图11　电缆连接器

3.3　测调控制系统

3.3.1　地面控制器研制

1）结构组成

地面控制器由开关电源、主控板、通讯板、驱动板、显示板及附件构成，通过电缆与井下多层智能测调工作筒建立联系，对井下智能测调工作筒供电，并实现实时监测井下流量、压力、温度等参数，从而完成流量测试与调配（图12）。

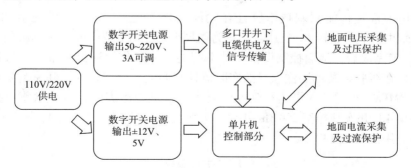

图12　地面控制器工作流程设计

2）技术参数

外形尺寸 800mm×600mm×160mm，输入电压 220V，防爆等级 DIIBT4，防护等级 IP55~56，适应工作环境温度 −40~85℃，输出接口 USB。

3）特点

防爆、隔爆、防潮，满足海上井口工作环境；具有手动/自动控制两种工作模式，满足远程操控要求；实现长期、实时监测井下流量、温度、压力等参数，并完成分层注水量的控制；通过一根电缆连接井下的各层位测调工作筒，通讯距离不小于 5000m；每台控制器可分时控制 7 口井；连接数据线，可以读取井口现有流量计数据。

3.3.2 测调软件开发

测调软件（图 13）由地面监测软件和井下控制软件组成，通过地面控制器中转，实现井下数据与地面指令的双向传输，可进行在线直读验封，完成对井下数据的自动采集和自动控制，实现分层注水井智能化控制。

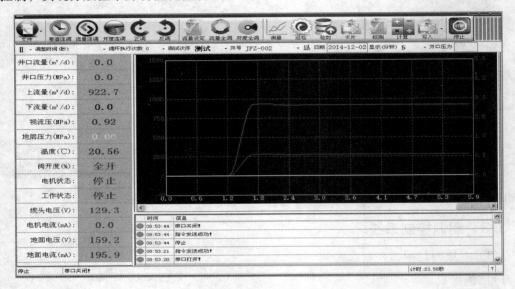

图 13   测调控制软件界面

4   现场应用

目前，电缆永置智能测调技术已经在渤海油田实施 3 井次（分别为 A 井、B 井、C 井）。其中 A 井已平稳运转 11 个月，该井为两层分注，井斜为 56.4°，单层最大配注量为 400m³/d，施工完成后，地面控制设备与井下智能测调工作筒通讯正常，通过远程控制完成了分注管柱在线验封及单层注入量的实时监控与调配，分注管柱层间密封良好，井口注入压力为 1.8MPa，单层注入量均达到配注要求。现场应用表明，该技术将单井测调时间由原来的平均 4d/井次缩短至 2~3h/井次，大大提高了测调效率，并且降低了测试成本，具有良好的应用前景（表 1）。

表 1   A 井测调结果

层段	配注量/(m³/d)	注入量/(m³/d)	阀开度/%
第一层	100	103	36.5
第二层	400	382.5	100

5   结论

（1）电缆永置智能测调技术摆脱了钢丝或电缆测调作业，实现了井下分层数据实时监测、注水量自动调整和在线直读验封，验封测调效率高，能够有效确保分注井调配率及层段合格率，同时可降低测调成本，满足海上油田大斜度井、水平井经济、高效注水开发需求。

（2）该技术具备系统异常情况报警保护功能，实现了地层超压报警、井口压力超压报警，并能实现水嘴的自动关断功能，保证了注水安全。

（3）实现了远程操控，不占用平台作业空间，可为其他措施作业提供更多的作业窗口，同时便于规模化管理，提高海上油田分注井管理效率。

（4）该技术在满足分层注水需求的同时，能够全面的获取油藏动态数据，为油藏生产动态分析、开发方案调整提供充分的数据支持；同时其研究思路可以扩展到油井分采技术研究中，可以为海上油田稳油控水、提高采收率提供技术手段，推动数字化油田建设，具有良好的应用前景。

参 考 文 献

[1] 赵敏. 分层注水工艺在油田的实际应用[J]. 中国石油和化工标准与质量，2014(12)：108.

[2] 王立. 分层注水技术的发展前景[J]. 石油仪器，2013(02)：57-61.

[3] 程心平，刘敏，罗昌华，等. 海上油田同井注采技术开发与应用[J]. 石油矿场机械，2010(10)：82-87.

[4] 郭雯霖，白健华，沈琼，等. 渤海油田分层注水管柱防卡及洗井工艺[J]. 石油机械，2013(09)：56-58.

[5] 罗昌华，程心平，刘敏，等. 海上油田同心边测边调分层注水管柱研究及应用[J]. 中国海上油气，2013(04)：46-48.

[6] 刘颖，刘友，李明平，等. 斜井分层注水工艺研究与应用[J]. 石油机械，2014(02)：84-87.

[7] 贾德利，赵常江，姚洪田，等. 新型分层注水工艺高效测调技术的研究[J]. 哈尔滨理工大学学报，2011(04)：90-94.

[8] 徐国民，苗丰裕. 注水井高效测调技术的研究与应用[J]. 科学技术与工程，2011(05)：958-963.

[9] 黄强，张立，郭鑫，等. 分注井测试与调配联动技术的改进与应用[J]. 内蒙古石油化工，2011(05)：87-89.

[10] 许增魁，马涛，王铁成，等. 数字油田技术发展探讨[J]. 中国信息界，2012(09)：28-32.

第一作者简介：张乐，2009 年毕业于西南石油大学油气田开发工程专业，工程师，现从事油田分注分采技术研究工作，邮箱 zhangle3@cnooc.com.cn。

通讯地址：天津市滨海新区海川路 2121 号渤海石油管理局 B 座；邮编：300459。

渤海油田锦州9-3油田聚驱受效井过筛管压裂解堵增产新技术研究

张丽平　孟祥海　刘长龙　高尚　兰夕堂　符扬洋　张璐

[中海石油(中国)有限公司天津分公司渤海石油研究院]

摘　要　渤海油田 JZ9-3 油田为聚驱油田，随着注聚开采的进行，在聚驱产出端近井地带形成聚合物包裹砂等的复杂堵塞物，常规解堵措施难以突破堵塞区，效果较差。研究提出通过采用过筛管压裂配套技术，利用水力喷射工具产生高速流体穿透筛管、套管、岩石，形成液流通道，通过端部脱砂工艺造出一条具有很高导流能力的支撑裂缝，来突破近井地带堵塞区，提高注聚油井产液量。结合 JZ9-3 油田的储层特征及筛管完井方式，对水力喷砂射孔参数、端部脱砂施工参数、压裂防砂方式、覆膜砂优选等进行了研究，形成了适合聚驱受效井解堵增产的过筛管压裂技术，解决聚驱受效井产能下降问题，为聚驱油田的稳产及上产提供技术支持。

关键词　锦州9-3油田　聚驱受效井　过筛管　压裂　水力喷射　覆膜砂

1　前言

注聚合物驱油以其技术简单、经济有效性高等特点，已成为海上中高渗疏松砂岩油田高效开采的稳产、增产技术之一。渤海油田锦州9-3油田目前形成聚驱井8口、受效井22口的注聚规模。对于注聚区的疏松砂岩油藏，现场多采用绕丝筛管砾石充填对油井进行防砂处理，随着注聚开采的进行，注聚开采区凸显出以下问题：①聚合物与地层流体、地层微粒的综合作用在见聚油井的近井地带形成复杂堵塞物，包括聚合物、油、沥青质、胶质、腐蚀产物以及结垢等，造成部分油井产液量大幅降低，严重影响注聚效果；②见聚采出井产出液的黏度增大，携砂能力增强，加剧了油井出砂，降低了受益井的防砂有效期；③随着注聚过程的进行、多轮次解堵、酸化作业后，堵塞范围逐步加深、堵塞类型复杂化(调剖井更复杂)，导致解堵效率变差、常规解堵难以突破堵塞区。鉴于上述这些问题，提出通过采用过筛管压裂配套技术，利用水力喷射工具产生高速流体穿透筛管、套管、岩石，形成液流通道，通过端部脱砂工艺造出一条具有很高导流能力的支撑裂缝，来突破近井地带堵塞区，提高注聚油井产液量。同时利用覆膜陶粒+纤维的联合挡砂、滤砂作用，降低支撑剂回流，实现地层深部防砂，将增产效果最大化。

2   水力喷射压裂技术研究

渤海油田锦州 9 − 3 油田为疏松砂岩储层，采用筛管、割缝衬管等防砂管柱进行直接防砂或采用绕丝筛管外砾石充填的方式实现防砂。筛管完井方式的井要实施压裂需要射孔，而常规射孔弹射孔由于工艺自身的作用原理，常规射孔将不可避免的造成二次伤害，其伤害源主要包括射孔液、射孔残渣及射孔产生的高速气流。因此选择水力喷砂射孔方式。水力喷射形成的孔道质量优于常规射孔，水力喷砂射孔主要通过加压泵，加速含石英砂、陶粒等磨料物质的水砂浆，形成高速射流切削靶件，完成射孔。射孔过程中，单位时间内含砂射流的质量 m 可表示为：

$$m = \frac{V_0 A_j \gamma}{g} \tag{1}$$

被加速的砂液流与筛管、套管或其他物质接触时，其动量在很短的作用时间内转化为冲量，对靶件造成破坏或切割，最终形成具有一定孔径和深度的孔眼。由水力学动量定理，砂液流动量为：

$$P = m V_0 = \frac{V_0^2 A_j \gamma}{g} \tag{2}$$

式中，V_0 为射流速度，m/s；A_j 为喷嘴横截面积，m^2；γ 为射流重率，kN/m^3；g 为重力加速度，取 $9.8 m/s^2$。

理论上，对于不含砂的水力射流，当其在靶件上的冲击力大于靶件材质的抗压强度时，同样有切割效果，但对射流泵的要求很高，而含砂射流则可在较低的工作压力下，使用普通的高压泵即可完成作业。从机理上分析，含砂射流的作用过程属于冲蚀磨损范畴，包括两个不同的冲蚀过程：对筛管、套管柔性材料磨蚀和冲击的微切割过程，表现为压坑—形唇—锻打—剥落的变形磨损机理；对岩石脆性材料的微冲蚀过程，破坏形式为产生赫兹锥形裂纹、径向裂纹和横向裂纹的形式，此外，水流会在裂纹中形成水楔压力，对裂缝的延伸和扩展具有一定作用，同时增强了破岩能力。

2.1   喷砂射孔数模研究

在过筛管压裂中，采用含砂射流射穿多层物料，属于典型的液固两相湍流问题。需采用多相流模型对问题进行求解计算，FLUENT 中提供了三种多相流模型：VOF 模型、Mixture 模型和 Eulerian 模型。本章采用 Eulerian 模型，对液相、固相使用独立的守恒方程单独进行计算，保证计算精度。

1）几何模型的建立及网格划分

计算前，首先通过 Geometry 完成几何模型的建立，导入 Mesh 中生成网格，并进行网格划分，最后由 FLUENT 进行计算设置和计算结果后处理（图 1）。

2）边界条件及其他设置

入口边界条件定义为速度入口 v，总压为喷嘴入口压力 p，设置为 20MPa；出口边界条件定义为出流边界条件；中心轴线定义为轴对称条件；除出口、入口和轴线外，所有流动边界均设定光滑壁面无滑移条件，即壁面处速度为 0；用标准函数法处理壁面边界层流动。液固两相流描述模型选择欧拉多相流模型，定义基础两相参数（表 1）：水为基本相，磨料为第二相且均匀分布，初始径向速度为 0，只存在轴向速度。

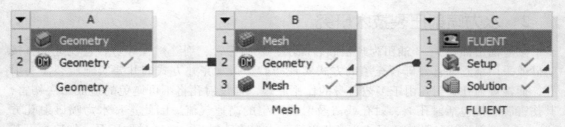

图1 分析求解流程

表1 模拟计算参数

多相流模型	Eulerian 模型	求解方法	SIMPLE
射流速度	160、180、200、220m/s	环空距离	15、20、25、30、35mm
砂体密度	2300kg/m³	水相密度	998kg/m³
磨料浓度	8%	磨料粒径	0.6mm
喷嘴直径	5mm	筛管直径	6in
套管直径	9⅝in	井眼直径	12.25in
压力、动量离散格式		二阶迎风格式	
湍动能、能量耗散率离散格式		一阶迎风格式	

3）射流速度的影响

通过模拟，计算了不同射流速度对流场特性的影响（图2）：在喷嘴出口处，射流存在一段等速核心区，区域内速度基本保持不变；随着距离的增加，速度迅速降低，表明该区域内流体动量交换剧烈；当射流作用于壁面时，射流动量转化为冲量，产生射流冲击力，以此来射穿套管及水泥环，达到射孔目的。

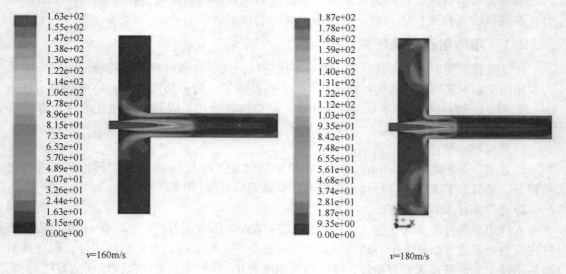

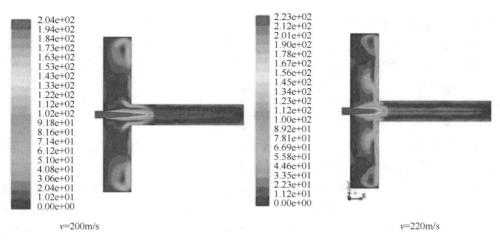

$v=200m/s$ $v=220m/s$

图2　入口速度对速度场的影响（单位：m/s）

　　不同射流速度对射流压力场的影响（图3），从射流的压力云图可以看出，压力上升段与速度降低段相对应，反应出射流能量的转换过程。受流体对流剪切作用的影响，压力在距离孔眼一定位置时增幅放缓，在孔眼纵深处达到最大值。在喷嘴内，由于摩阻损失，压力有所降低。

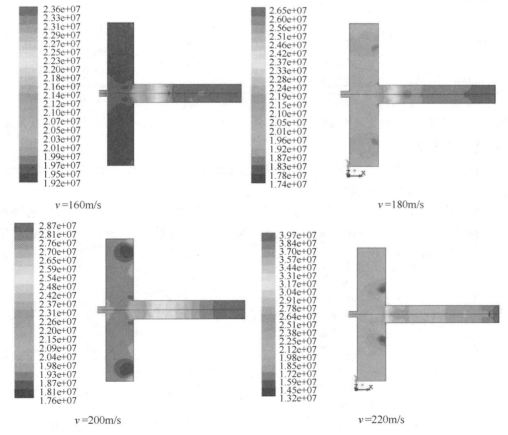

$v=160m/s$ $v=180m/s$

$v=200m/s$ $v=220m/s$

图3　入口速度对压力场的影响（单位：MPa）

2.2 喷嘴组合的影响

喷嘴排量和压降参数是水力喷射水力参数的重要部分。只有确定了喷嘴个数和直径的组合、排量、压降等参数,才能对施工排量、施工压力进行计算和优化,基于实验数据和理论研究,喷嘴压降与排量的关系满足以下关系:

$$P_b = \frac{513.559 Q^2 \rho}{A^2 C^2} \tag{3}$$

式中,P_b 为喷嘴压降,MPa;Q 为工作排量,L/s;ρ 为流体密度,g/cm³;A 为喷嘴总面积,mm²;C 为喷嘴流量系数,一般取 0.9。

根据喷嘴组合模拟结果,8 个 6mm 的喷嘴能在 2m³/min 时获得 150m/s 的喷射速度,为此在喷嘴处的压降损失为 15MPa,对于常规套管完井,根据经验 150m/s 的喷射速度,120kg/m³ 的砂比,喷射 5min 已经足以破坏套管和水泥环,考虑到要破坏筛管的基管和绕丝,以及套管,对喷射的能力有较高的要求,因此采用了 180m/s 的喷射速度,由图 4 和图 5 可知,为此喷枪的压降达到 22MPa,排量达到 2.5m³/min。

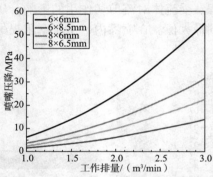

图 4 不同喷嘴组合工作排量与喷嘴压降关系   图 5 不同喷嘴组合工作排量与射流速度关系

2.3 喷射实验

喷射实验采用了地面高压泵组和磨料射流实验装置对磨料浓度,类型,喷射时间,岩性影响,和围压对喷射效果的影响进行了实验测定。

实验以水泥作为基本喷射对象,选取了石英砂和陶粒作为对比,3% ~ 12% 的磨料浓度,喷射时间从 5min 到 25min,围压范围 5 ~ 20MPa,最后对砂岩进行了不同喷射对象的研究,结果如图 6 ~ 图 9 所示。

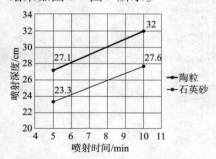

图 6 对磨料类型对喷射效果的影响图

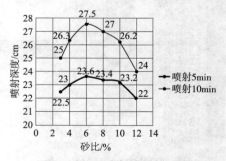

图 7 砂比对喷射效果的影响

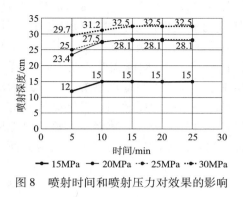

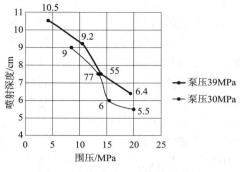

图 8　喷射时间和喷射压力对效果的影响　　　　图 9　喷射时围压对效果的影响

根据上述研究结果，通过实验确定了喷砂工艺参数，见表 2。

表 2　喷砂射孔工艺参数

喷嘴数量/个	8	孔径/mm	6
磨料	陶粒	砂比/%	7
喷射时间/min	>5	砂量/m³	>1
喷嘴压降/MPa	22	回压/MPa	<6

3　疏松砂岩增产防砂机理

锦州 9－3 油田储集层结构疏松，胶结模式以孔隙型为主，颗粒间以点线接触为主，胶结物包括泥质、白云石和方解石，其中以泥质为主。计算的泊松比 0.26～0.31，杨氏模量 13000MPa 左右。针对此类疏松软地层，端部脱砂工艺具有较好的防砂和相对增产效果。端部脱砂压裂，与常规水力压裂工艺相比，就是在确认地层较软的前提下，通过设计低于常规水平的前置液比例，使其在水力压裂过程中滤失殆尽后，携砂液中的支撑剂运动到接近裂缝尖端的位置被卡住，桥架形成堵塞裂缝向前延伸的支撑剂团块，继续注入高砂比混砂液将裂缝宽度撑大，继而沿缝壁形成全面砂堵，缝中储液量增加，泵压增大促使裂缝膨胀变宽，缝内填砂量增大，从而造出一条具有很高导流能力裂缝。

通过端部脱砂压裂技术在储层中形成短宽缝，裂缝的具体形成过程如图 10 所示。

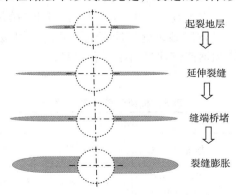

图 10　压裂防砂过程中裂缝形态变化

疏松砂岩油藏以压裂为手段既增产又能防砂，其主要技术原理在于：压裂前均质地层流体流入井底的模式为径向流，压裂后流体运动模式为双线性流动模式，包括 2 个阶段，一是地层内部向裂缝的垂直于缝面的线型流；第二阶段是流体沿裂缝直接流入井底。压裂形成的裂缝增加了近井渗流面积，提高了导流能力。双线性流动模式改善近井压力降分布，缓解或阻止岩石结构的破坏，同时降低了流体流速，缓解了对地层砂的携带，这为压裂防砂增产效果奠定了基础。压裂充填后形成的高导流能力裂缝以及短宽缝突破近井污染带可实现较好的增产及降低注入压力的效果，缓解岩石骨架的破坏，减轻生产流体对地层砂冲刷和携带能力以及支撑剂对地层砂的桥堵。总之双线性流动模式是基础，其他方面相互作用形成了压裂防砂的增产防砂机理。

4 端部脱砂压裂工艺设计

4.1 端部脱砂工艺实现方法

要实现端部脱砂需要考虑以下几个方面：

岩石力学参数和滤失系数将决定裂缝在前置液滤失完时的裂缝长度，即确定脱砂地点。通过压裂软件的模拟优化第一阶段泵注程序和前置液量将确定脱砂时间。裂缝有效长度主要受到前置液量和加砂量控制。前置液越多，液体黏度越高，排量越大，则施工中所产生的水力裂缝越长，宽度越大，加砂量越大。

优化压裂液黏度，压裂液破胶程序，调整排量，确保在加砂中期出现压力上升趋势，以保证后期能人工降排量产生脱砂。液体黏度越高，排量越大，裂缝延伸的高度越大，可能导致支撑剂进入不希望沟通的水层、干层。

施工限压将决定脱砂以后能够进一步增加的裂缝宽度，以便优化脱砂后的加砂程序。

4.2 端部脱砂工艺设计

评价压裂效果好坏的主要技术指标是压裂后裂缝导流能力的大小，裂缝导流能力可表示为：

$$C_{fD} = \frac{k_f w}{k x_f} \tag{4}$$

式中，C_{fD} 为裂缝无因此导流能力，无量纲；x_f 为裂缝半长，m；k_f 为裂缝充填渗透率，mD；k 为储层渗透率，mD；w 为裂缝宽度，m。

中高渗储层压裂设计中，支撑剂数一般小于 0.1，对于端部脱砂工艺，典型支撑剂数范围为 0.0001 ~ 0.01。结合端部脱砂裂缝延伸理论研究，利用压裂软件 MFrac Suit 软件对不同条件下的裂缝延伸规律和增产倍比进行了优化设计。

1）基本参数（表 3）

表 3　模拟计算基本参数

基本参数				
目的层垂深 （厚度）/m	1600(10)	地层温度/℃	60	施工管柱	2000m 3½in 油管
压裂液	羟丙基瓜胶压裂液体系	滤失系数/ （m/min$^{0.5}$）	1.5e − 03	支撑剂	低密度陶粒，31MPa 下渗透率178dc

基本参数				
地层杨氏模量/MPa	12000	岩石泊松比	0.3	储隔层应力差/MPa	2.5MPa
模拟变量				
缝长/m	10	20	30	40	50
导流能力/dc·cm	10	50	90	130	170
排量/（m³/min）	1	1.5	2	2.5	—
平均砂比/%	—		前置液比例/%	—	—

2）裂缝长度及导流能力优化

研究了不同裂缝半长及裂缝导流能力对压后产能的影响。不同裂缝长度及导流能力条件下压后改造产能见图 11。随着裂缝缝长和导流能力的增加，增产效果逐渐提高，但压后日产量和累计产量的增加幅度减缓，优化裂缝缝长 30～40m，导流能力 120dc·cm 左右。

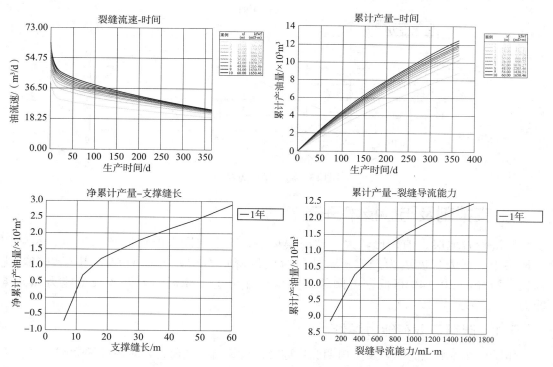

图 11　不同裂缝长度及导流能力条件下压裂产能

3）净压力及裂缝形态

对于端部脱砂压裂，开始加砂后，缝内净压力快速增长是是否形成有效的支撑剂充填的特点之一。模拟发现渗透率越高，排量越小，获得净压力越高（图 12）；压裂时净压力越高则裂缝宽度越大，裂缝长度越短，井口施工压力越高（图13）。模拟结果显示，20m³ 支撑剂加砂强度下，排量 2.5m³/min，平均砂比 25%，前置液比例 27%，压裂缝长达到 36m，并获得很好的端部脱砂效果，裂缝导流能力 128dc·cm。

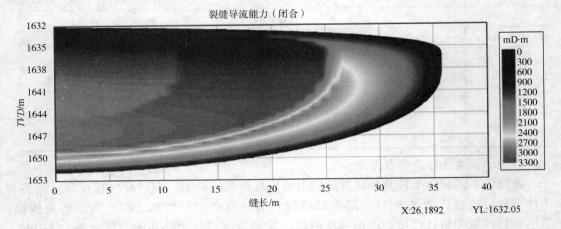

图 12　裂缝导流能力模拟

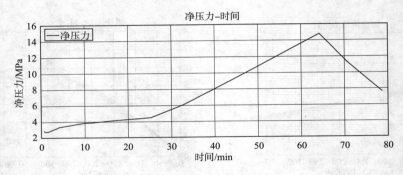

图 13　施工净压力模拟

5　支撑剂及防砂技术研究

疏松砂岩地层，泊松比较大，地层偏塑性，支撑剂嵌入的情况较为严重，在弱胶结地层中，嵌入程度更为严重，致使裂缝宽度降低至初始缝宽的 60% 甚至更多。优选较大粒径的 20~40 目低密度陶粒，并重点评价了支撑剂的耐循环载荷能力和导流能力。

5.1　耐循环载荷能力评价

作用在支撑剂上的应力发生周期变化称之为受到循环载荷，其对破碎率影响巨大，多次的开关井及修井作业会改变作用在支撑剂上的应力大小，从而产生更多的碎屑，将严重影响压裂施工的效果，在循环载荷之下的破碎率进行了实验，实验方法如下。

1）仪器及原料

底盘及两个孔眼尺寸对应相应的公称粒径范围的美国标准分样筛（详如 ASTM E 11 - 81 中规定）。振动分样筛；天平；水压机；2in 活塞式岩心试验夹持器；砂样。

2）测定步骤

（1）将分样筛叠放好并向顶筛倒入足够量的砂样；

（2）倒掉上层砂样，保留下层截留的砂样；

（3）称取 40g 上述下层砂样，并将其倒入夹持器，不断晃动使夹持器中的砂样表面尽可能水平；

（4）无压下放入活塞并旋转 180°；

（5）小心不要晃动，将上述插入活塞的夹持器放到水压机上；

（6）对样品加压至下表 4 中所示的压力负荷，加压至额定负荷的时间控制在 1min 以内，并在额定负荷下保持 2min；

（7）泄压并取出夹持器；

（8）清洁小孔眼的滤筛和底盘，准确称量空底盘质量 W_P；

（9）将上述分样筛和底盘叠放好，将夹持器中的样品悉数倾倒至分样筛上，并用毛刷刷干净；

（10）将分样筛和底盘放置在振动器上，振动分样 10min；

（11）结束后移开分样筛，准确称量此时底盘质量 W_T；

（12）计算被压碎样品的质量百分数；

（13）对剩余在分样筛上的支撑剂进行称量，在补足 40g 以后，重复（3）步～（10）步。

依据该实验方法开展了不同支撑剂在不同铺砂浓度下的导流能力测试实验结果见表 4。

表 4　低密高强陶粒在循环载荷下的破碎率实验

测试次数	20/40 52MPa	20/40 69MPa	30/50 69MPa	40/70 86MPa	20/70 52MPa	30/70 52MPa
第一次	2.2	7.5	2.3	6.8	1.8	2.4
第二次	3.6	9.6	2.4	6.4	3.2	2.6
第三次	3.6	11.7	2.9	7.6	3.4	3.4
第四次	4.5	12	3.4	8	4.3	4.5
第五次	4.9	12.11	3.8	8.8	4.5	4.8

从中可以看出，经历了 5 次加压 52MPa 以后破碎率从 2.2% 增加到 4.9%，在 5 次加压 69MPa 以后破碎率从 7.5% 增加到 12.11%，表明低密高强陶粒对循环载荷的抵御能力较强。

5.2　短期导流能力评价

支撑剂的短期导流能力将决定压裂初期的增长倍数，对 20/40 目低密高强陶粒进行了短期导流能力测试。测试方法如下。

1）仪器及原料

裂缝导流仪，包括以下组成部分：压力试验机；空气压缩机；定值器；精密压力表；浮子流量计；岩心（钢板）模；游标卡尺、电子天平、砂样。

2)测定步骤

(1)将上岩心片(孔眼向下)放于下岩心片的上方,然后将上下岩心片放在试验机下承压板中心位置。

(2)岩心加压。

a)岩心放在下承压板上,用手旋转螺杆将上承压板合并,压住岩心模型,准备加载。

b)旋紧回油阀,按绿钮开机器,用送油阀慢慢加压,通过控制送油阀开启程度控制加压速度,当主动指针(黑针)转到 1.5t 时,将送油阀放慢关闭维持此点上,将定值器打开使气体进入浮子流量计中,同时浮子上升,调节定值器旋钮,使浮子指示到流量计的最高刻度值。

c)送油阀继续开动,当指针加到所规定的吨数时,保持指针示数不变。同时读出流量数 Q 和对应的压力 P(精密压力表示数)。

d)需要载荷分别依次加到 50kN、100kN、120kN、150kN、200kN、300kN 读出相应的 P,Q 值,记录在表 2 中,用达西公式计算。在测点 120kN 处,保持载荷不变,改变 P(调定值器阀),读出 Q,每测点共记 5 组数据于表 5 中,用于二项式公式计算。

e)试验结束后,关送油阀,按红钮关电源,慢慢打开回油阀卸载,将岩心取出,观察支撑剂破碎情况。

表 5　短期导流能力测试

闭合压力/MPa	导流能力/$\mu m^2 \cdot cm$	渗透率/μm^2
10	172.93	459.91
20	149.57	402.06
30	128.57	349.12
40	110.18	303.75
50	87	243.36
60	58	165.02

从表 5 可见,在闭合应力为 30MPa 的情况下,导流能力达到 $128\mu m^2 \cdot cm$,渗透率可达 $350\mu m^2$。约为地层平均渗透率 70 倍,远高于目的层平均 500mD 的水平。

5.3　覆膜陶粒 + 纤维联合控砂

端部脱砂工艺时,采用树脂覆膜砂作为部分支撑剂尾追注入,当裂缝闭合后,树脂层紧密胶结,在缝端形成一道控支撑剂回流屏障,在地层温度和压力的作用下,树脂砂发生固化反应,形成具有中等强度的可渗滤人工井壁,在改善压裂效果的同时起到滤砂、挡砂的作用。同时在携砂液阶段将特定长度和直径的惰性纤维泵入,在井筒附近的支撑裂缝中与支撑剂缠绕,提高充填支撑剂抗回流强度,防止支撑剂和地层砂进入井筒中。

1)覆膜陶粒性能

为了满足海上筛管破坏后防砂的要求,研发了适用于低温地层的树脂覆膜陶粒产品。这种树脂覆膜陶粒有外层惰性层、中间半固化层、内层全固化层构成。为了检测新产品的性能,依据 API RP56 进行了支撑剂常规指标检测试验,结果如表 6。

表6　树脂覆膜陶粒常规性能

性能指标	20/40	覆膜前视密度	2.74
20~30 目比例	>80%	覆膜后视密度	2.58
圆度	0.9	覆膜前体积密度	1.56
球度	0.9	覆膜后体积密度	1.51
酸溶解度	<2%	抗破碎能力	破碎率
浊度（FTU）	<100	4000psi/28MPa	0.21%
树脂膜稳定温度	316℃	6000psi/42MPa	0.27%
		8000psi/56MPa	0.54%

为了试验覆膜陶粒抵抗支撑剂回流的能力，进行了无侧限抗压强度测试，该测试是在给定条件下将树脂陶粒胶结固化后，利用压力机对于水平方向无支撑的固化后覆膜陶粒块加压，直至其失去强度，从而测试其抗压强度，通常情况下，固化后的抗压强度达到1MPa即可。实验方法如下。

（1）配制2%KCl溶液，携砂液使用100mL的盐水和80g覆膜陶粒、并排空气泡；

（2）样品制备：对装满润湿的支撑剂的制样桶进行加压（直径2inch，加压1000psi）；温度60℃、分别加热4h/8h/12h/16h/20h；泄压；干燥24h（温度低于49℃）；

（3）抗压强度测试：将样品测量长度和直径；放于破碎室上加压、记录破碎时的压力F_g，MPa；

（4）计算抗压强度，MPa。

实验结果如表7。

表7　树脂覆膜陶粒胶结后无侧限抗压强度

编号	加热时间/h	直径/cm	长度/cm	抗压强度/MPa
1	4		2.50	1.12
2			2.50	1.03
3	8		2.50	1.41
4			2.50	1.38
5	12	5.18	2.50	1.45
6			2.50	1.57
7	16		2.50	1.66
8			2.50	1.72
9	20		2.50	1.79
10			2.50	1.24

2）覆膜陶粒+纤维抗回流性能

模拟支撑裂缝和疏松砂岩地层，在支撑剂中混入质量比1.5%的防砂纤维，利用岩心夹持器施加1000psi围压后，从地层一侧泵入模拟地层黏度的26mPa·s线性胶液体，测量液体排量和围压，当围压稳不住时，即支撑裂缝开始失稳的时候，即发生支撑剂回流的临界流速。测量结果如表8。

表8　加入1.5%防砂纤维后支撑裂缝失稳流速

支撑剂	临界排量/(mL/min)
20/40目石英砂	19.30
20/40目陶粒	14.00
20/40目覆膜陶粒	>20(超出设备量程)

6　结论与建议

(1)注聚引起的储层伤害深度可超过10m，而现有酸化和修井的解堵工艺无法解除地层深部的堵塞，解堵效果差异大，随解堵频次增加，有效期逐年降低，难以满足稳产增注要求。过筛管压裂增产技术能形成一定缝长的高导流通道，可长效解除注聚井堵塞严重的问题。

(2)应用水力喷砂射孔+水力压裂联作的过筛管压裂工艺，其中水力喷砂射孔的方式对筛管进行定点破坏，不仅可有效避免射孔压实带伤害，形成优质孔道，而且与压裂联作时，依靠原管柱的定位密封工具分隔各层的思路，提出了采用原管柱插入密封和定位密封作为层间封隔工艺，提高了压裂起裂位置针对性。

(3)针对储层较软、塑性强、支撑剂易嵌入的特点，筛选了性能优良(破碎率低、杂质低)的低密度高强度支撑剂；从防砂、控砂角度提出了尾追表面具有惰性的大粒径树脂覆膜陶粒、纤维辅助防砂的组合防控砂技术，满足海上高孔高渗条件下压裂控砂的需求。

(4)基于端部脱砂工艺压裂设计的基本理念，优化裂缝缝长30~40m，导流能力120dc·cm左右。并充分考虑到排量、前置液量、砂量、压裂液黏度，以达到最优的裂缝形态和端部脱砂效果。模拟显示对于10m厚的储层井，$2m^3/min$排量，前置液$20m^3$，平均砂比25%能获得端部脱砂的效果。

(5)喷砂射孔数模研究结果表明：射流速度越大，越利于孔眼的形成，但却加剧了射流对喷嘴的磨损；当射流间距大于射流等速核心区长度时，对孔眼的增压作用降低，较短的射流间距利于射流切割，但当距离过短时，将加剧射流的回弹作用；结合喷射实验优选出合理的喷嘴组合、喷射排量、磨料类型及浓度等参数，8个6mm孔在$2.5m^3/min$的排量下泵注至少5min能实现喷砂射孔。

参　考　文　献

[1]李根生，牛继磊，刘泽凯，等. 水力喷砂射孔机理实验研究[J]. 石油大学学报(自然科学版)，2002，(2)：31-34.

[2]吴春方. 水力喷射压裂射孔参数优化及软件编制[D]. 中国石油大学，2011.

[3]曲海，李根生，刘营. 拖动式水力喷射分段压裂工艺在筛管水平井完井中的应用[J]. 石油钻探技术，2012，40(3)：83-86.

[4]朱秀娟. 有限元分析网格划分的关键技巧[J]. 机械工程与自动化，2009，1(152)：185-185.

[5]赵伟. 压裂防砂过程中裂缝中的压力场研究[D]. 中国石油大学(华东)，2007.

［6］Emanuele M A，Minner W A，Weijers L，et al. A Case History：Completion and Stimulation of Horizontal Wells with Multiple Transverse Hydraulic Fracture in The Lost Hills Diatomite［C］. SPE-39941-MS，prepared at SPE Rocky Mountain Regional/Low -Permeability Reservoirs Symposium，5-8 April，Denver，Colorado，1998.

［7］李勇明，刘岩，竭继忠，等. 支撑剂嵌入岩石定量计算模型研究［J］. 西南石油大学学报，2011，33（5）：94-97.

［8］李鹏，赵修太，邱广敏，等. 纤维复合防砂技术的研究及现场应用［J］. 特种油气藏，2006，12（4）：87-89.

［9］王均，何兴贵，张朝举，等. 纤维加砂新技术在川西气井压裂中的应用［J］. 钻采工艺，2009，32（3）：65-67.

第一作者简介：张丽平，2008 年毕业于中国石油大学（北京）石油工程专业，增产措施工程师，现从事压裂、酸化等增产措施的项目研究、工艺设计及技术服务等工作，邮箱：zhanglp17@ cnooc. com. cn，电话：15922173026。

通讯地址：中国天津市滨海新区海川路 2121 号渤海石油管理局；邮编：300459。

海上油田注水水质指标建立及优化技术

赵顺超　陈华兴　刘义刚　白健华　方涛　冯于恬　王宇飞　庞铭　于法浩

[中海石油(中国)有限公司天津分公司渤海石油研究院]

摘　要　水质指标合理以及水质达标控制是注水油田高效开发的基础。目前确定各油田水质指标的主要做法是参照行业标准和企业标准，标准以油田平均渗透率推荐水质指标，未考虑不同油田储层物性差异；部分油田基于室内实验推荐水质指标，但水质指标建立的实验内容、实验方法缺少统一标准，实验结果因人而异。为此，开展水质指标建立及优化技术研究工作，形成了一套海上油田注水水质指标建立方法，同时开展水质达标处理技术研究，系统总结渤海主要注水油田水处理流程及药剂存在的问题，提出合理的优化措施，有效指导新油田水处理工艺设计选型以及在生产油田水处理工艺优化。成果应用于垦利 10 - 4、渤中 34 - 9 等新投产油田水质指标推荐工作，以及旅大 10 - 1、锦州 9 - 3、锦州 25 - 1 南、锦州 25 - 1、绥中 36 - 1 等 17 个在生产油田水质指标优化工作，"十二五"期间渤海主力油田水质与"十一五"相比有较大程度改善。

关键词　海上油田　注水　水质指标

1　概述

注水开发是世界上应用较为广泛和行之有效的一种开发方式，通过注水保持压力采油是油田开发的基本措施，渤海目前有 38 个注水开发油田，注水油田年产量占总产量的 89%，可以说注水是渤海油田稳产的基础。水质达标控制又是高效注水的基础，水质超标会造成储层堵塞、吸水困难、欠注严重，管柱腐蚀结垢、拔不动，分层注水、酸化有效期短等问题，影响油田注水开发效果。合理的水质指标是油田水质控制的基础，水质指标过严会增加水处理设备投资和水处理药剂成本，过宽会增加增注成本。目前确定各油田注水水质指标的主要做法是参照石油与天然气行业标准和中海油企标，行标和企标均以储层平均空气渗透率为主要参数确定不同的水质指标，应用于具体油田有以下局限性：储层综合渗流物性的影响因素包括渗透率、孔隙结构、储层敏感性等内在因素，平均空气渗透率相同的储层，其孔隙结构、敏感性可能相差较大，从而导致储层综合渗流能力差异较大。部分油田基于室内实验推荐水质指标，但实验内容、实验方法缺少统一标准，关键指标模拟方法有待进一步细化。因此，有必要开展海上油田注水水质指标建立及优化技术研究，根据各油田自身情况，同时结合海上平台注水特点，建立一套合理的经济有效的水质标准，并根据该标准去指导新投产油田水处理工艺的设计选型，优化在生产油田现有水处理工艺流程。

2 海上油田水质指标建立方法

制定注水水质控制指标体系的根本目的是减小注入水对井筒和地层的伤害，确保注入水与储层岩石配伍、注入水与储层流体配伍、微生物引起的生物损害小。因此，从储层地质特征分析、储层敏感性研究、注水配伍性研究、注水质指标动态伤害实验研究等方面探索水质指标建立方法。本文以垦利10－4油田为例对水质建立思路、实验内容和实验方法进行介绍。

2.1 储层地质特征

储层地质特征是水质指标设计的基础。垦利10－4油田主力油组是沙河街组，以细粒长石为主，原生粒间孔发育，孔喉连通性普遍较好。岩石疏松且富含黏土矿物，黏土矿物以伊/蒙间层和高岭石为主。储层取心岩心孔隙度平均为30.1%，渗透率平均在987.6mD，以高孔高渗为主。

2.2 敏感性分析

根据行业标准《储层敏感性实验评价方法》对垦利10－4油田主力层位进行评价，实验结果表明：地层水速敏损害程度为中等偏强—强；水敏损害程度为强；盐酸酸敏为中等偏弱，土酸酸敏为强。敏感性评价结果是水质指标筛选实验流体配制、流速选择的重要依据。

2.3 注入水配伍性及储层适应性研究

垦利10－4油田依托垦利10－1油田进行注水开发，注水水源来自垦利10－1油田处理合格后的水源井水和生产污水，采用结垢软件 Scalechem 3.2 和室内实验对注入水配伍性进行研究，垦利10－1水源井水与垦利10－1地层水、垦利10－4地层水均不配伍，且结碳酸钙垢，不结硫酸钙结垢。随着地层水比例增加，结垢能力减弱。

2.4 注水水质指标动态伤害实验

2.4.1 水质指标模拟方法

1）悬浮物的模拟方法

采用 SY/T5329—2012 标准推荐的滤膜过滤法对悬浮物含量的测试，实验使用两种方式模拟悬浮物：

（1）采用超细碳酸钙颗粒模拟悬浮物，以精细过滤后的地层水作为母液，该方法悬浮物组成较为单一，颗粒分布范围窄，适用于新投产油田水质指标建立。

（2）将矿场污水除油后抽滤悬浮物，用精细过滤后的地层水稀释成不同浓度，该方法悬浮物组成更接近实际注入水中悬浮物，颗粒分布范围大，适用于在生产油田水质指标优化。

2）含油的模拟方法

室内含油污水模拟方法分为两种：

（1）向不含油的精细过滤污水中加入定量原油，同时标定含油率，该模拟方法的原油粒径大于实际污水中原油的粒径，适用于新投产油田水质指标建立。

（2）取现场污水处理流程不同节点出口污水，分别测定含油率，将不同含油率的污水按比例混合，再标定含油率，适用于在生产油田水质指标优化。

3）悬浮物中值筛选与确定

对具体的储层来说，要获得颗粒粒径与喉道的配伍关系，有针对性地进行室内或现场评价是最宜采用的方法，也是国内外普遍采用的方法；另一方面，悬浮固相对孔隙喉道和裂缝的堵塞规律也具有很大的共性，通过对这些共性的认识也可以指导油田的注入水水质指标筛选工作。

经典理论解释认为，当颗粒粒径小于喉道直径的15%时（即⅐原则），颗粒能顺利通过喉道，不会造成损害；当颗粒粒径为喉道直径的15%～30%（⅐～⅓）时，颗粒进入地层，并造成深部损害；当颗粒粒径大于喉道直径的30%（≥⅓）时，颗粒极易在喉道处"架桥"，从而限制后面的颗粒继续进入，导致颗粒在"桥塞"处堆积。

统计了渤海多个油田近300条压汞曲线获得的孔隙结构参数，结合经典过滤理论，计算出渤海油田不同物性储层注水水质悬浮物粒径中值的范围（表1），与行标相比，参考该范围初步推荐粒径中值指标更贴近渤海实际。垦利10-4油田以小于主流喉道直径的⅐确定悬浮物粒径中值控制范围，入井悬浮物中值≤3.3μm为宜。

表1　渤海油田不同物性储层入井悬浮物颗粒粒径中值控制范围

渗透率/mD	以中值喉道 R_{50} 计算的悬浮物粒径中值/μm			以平均喉道半径 R_A 计算的悬浮物粒径中值/μm			以主流喉道半径 R_C 计算的悬浮物粒径中值/μm		
	>⅓ 喉道直径	⅓～⅐ 喉道直径	<⅐ 喉道直径	>⅓ 喉道直径	⅓～⅐ 喉道直径	<⅐ 喉道直径	>⅓ 喉道直径	⅓～⅐ 喉道直径	<⅐ 喉道直径
<50	>0.2	0.09～0.2	<0.09	>0.7	0.3～0.7	<0.3	>2.8	1.2～2.8	<1.2
50～500	>1.26	0.54～1.3	<0.54	>2.49	1.1～2.5	<1.1	>5.8	2.5～5.8	<2.5
500～1500	>3.3	1.4～3.3	<1.4	>4.6	2.0～4.6	<2.0	>9.81	4.2～9.8	<4.2
1500～3000	>6.5	2.8～6.5	<2.8	>7.0	3.0～7.0	<3.0	>14.1	6.1～14.1	<6.1
>3000	>9.9	4.2～9.9	<4.2	>10.2	4.4～10.2	<4.4	>18.9	8.1～18.9	<8.1

2.4.2　水质指标评价

在评价水质指标时，遵循从单因素到多因素的原则，先进行悬浮物浓度、粒径中值、含油量单因素筛选，随后采用正交实验，进行综合指标筛选及评价。综合评价结果见表2，参照渗透率损害率小于20%及30%作为推荐依据。

表2　注入水综合水质指标对垦利10-4油田天然岩心的损害评价实验结果

岩心编号	主要水质指标 SS/d/O/ (mg/L)/μm/(mg/L)	K_g/mD	ϕ/%	K_i	K_r	I_r
2-030V	15/4/35	1235.40	30.82	951.50	615.74	35.30
2-014A	15/4/35	818.06	29.77	261.83	152.41	41.80
5	10/4/30	150.84	29.4	77.97	53.89	30.9
10	10/4/30	645.84	28.57	592.57	386.46	34.79

续表

岩心编号	主要水质指标 $SS/d/O/$（mg/L）/μm/（mg/L）	Kg/mD	ϕ/%	Ki	Kr	Ir
1	15/3/30	336.94	30.38	456.15	327.26	28.26
3	10/3/25	703.4	15.5	878.51	657.43	25.17
4	10/3/25	615.9	30.4	193.17	153.25	21.66
6	10/3/20	187.85	28.6	173.6	162.3	6.5
7	10/3/20	268.8	28.3	330.9	279.8	15.5

备注：Kg—气测渗透率，mD；Ki—驱污水前渗透率，mD；Kr—驱污水后渗透率，mD；I—渗透率损害率，%；SS—悬浮物浓度，mg/L；O—含油率：mg/L。

2.4.3 水质指标推荐

除参照行业标准、企业标准、实验评价结果，原则上要求对于敏感性、腐蚀、结垢严重的储层考虑推荐较为严格的指标（表3），油田早期开发可采用渗透率损害率 <20% 的推荐指标，开发后期指标可适当放宽采用渗透率损害率 <30% 的推荐指标，其他辅助指标参考行业标准。

垦利 10 -4 油田储层速敏损害程度为中等偏强—强；水敏损害程度为强，清污混注结碳酸钙垢，建议采用渗透率损害率 <20% 的指标。

表3 垦利 10 -4 油田推荐水质指标

油田名称		垦利 10 -4 油田			
渗透率损害率		<20%（推荐）	<30%（推荐）	行业标准	海油企标
控制指标	悬浮物固体含量/（mg/L）	≤10.0	≤15.0	≤10.0	<7
	悬浮物颗粒直径中值/μm	≤3.0	≤3	≤4.0	<3.0
	含油量/（mg/L）	≤20	≤30	≤30	≤20
	平均腐蚀率/（mm/年）	≤0.076			
	SRB/（个/mL）	≤25	≤25		<25
	TGB/（个/mL）	$n \times 10^3$	$n \times 10^4$		$n \times 10^3$
	铁细菌/（个/mL）	$n \times 10^3$	$n \times 10^4$		$n \times 10^3$
辅助指标	总铁/（mg/L）	≤0.5			≤0.5
	溶解氧/（mg/L）	≤0.05			≤0.5
	硫化物/（mg/L）	≤2			≤2

注1：1 < n <10。

3 水质达标控制技术

水质达标控制是高效注水的基础，实际生产中有许多因素制约水质达标，例如关键水处理设备处理效能达不到设计要求，加药点堵塞、刺漏，不同药剂局部高浓度混合影响药效，注水缓冲罐、管汇及海管对水质二次污染等。为此系统梳理海上油田在水质达标控制存在的问题，并提出针对性的优化控制措施。

3.1 优化关键水处理设备，提高水处理系统效能

渤海油田水处理工艺流程为典型的"三段式"水处理流程，斜板除油器、气浮选器、水力旋流器、核桃壳/双介质/纤维球过滤器是主要的水处理设备。流程短、闭式循环，使得海上油田水质达标处理难度较大。本文收集整理渤海 34 个注水油田水处理设备存在的共性问题，并提出针对性的优化措施，下面以斜板除油器为例具体介绍。

3.1.1 斜板除油器存在问题与优化措施

1）斜板除油器所存在的共性问题总结为 3 点。

（1）易损构件损坏、坍塌，内部填料为玻璃钢材质的波纹板，易破损、坍塌，例如在聚驱油田中污油泥产量大，设备内部污油泥无辅助清理机构，不能定期顺畅清理，长期大量堆积，最终导致内部填料被含聚污泥压塌、损坏。

（2）收油效率低：波纹孔板倾角较小，相同大小的除油器斜板倾角越小，分离面积越小，处理量也越小，除油效率也会降低；收油管线管径较小，如果长期积累的污油泥达到一定量，会导致两侧的收油槽和收油管线被堵塞，严重影响斜板除油器的正常收油。

（3）排泥不畅：底部无有效的排泥措施，污油泥大量堆积，这些均导致污水处理效率逐渐变差，如果进入后续设备，给下一级处理设备增添了很大的负荷，也会产生严重的堵塞现象，带来了频繁的清淤工作。

2）针对性改进措施。

（1）通过对内部结构的改造，提升斜板除油器的收油和排污效率。在混合室两侧增加坡状收油槽，从而提高收油效率；在水室增加收油漏斗，解决水室不能收油的问题；增加冲洗管线，实现收油槽油泥的冲洗功能；在罐体底部加装砂（泥）包，方便现场对流程各个罐体底部污油泥的清理，确保生产水处理系统的水质。

（2）对于填料类型优化设计，选择不锈钢材质波纹板填料。

（3）对于填料安装角度的优化设计，将波纹孔板原 45° 倾角改为斜管 60°、65° 倾角，分离面积增大，既提高处理能力，又有利于污泥的排除。

（4）通过对入口构件的优化：选用下孔箱式入口构件，一方面能吸收进入设备高速液流的动能，减小来液对内流场的冲击和扰动；另一方面能根据来流速度较高的特点，利用惯性或离心的方式，实现一定程度上的预分离作用。

（5）采用设备外部可调节堰板高度的方式进行收油液位调整。圆柱体容器类水室建议在操作液位上设计排油管线，方罐类常压容器建议操作液位上方设计排式收油槽，且在收油管线上设置取样观察口。

3.1.2 其他水处理设备存在的问题及优化措施

与斜板除油器类似，系统梳理气浮选器、核桃壳过滤器、双介质过滤器、注水缓冲罐存在的问题，并提出针对性的优化措施（表4）。

表4　其他水处理设备存在的问题及优化措施

设备名称	存在问题	优化技术
气浮选器	（1）起泡装置设计缺陷； （2）有腐蚀风险； （3）气浮效果不达标	（1）优选微气泡发生装置； （2）优化上下挡板位置，浮选区和分离区有效分离； （3）增加单独的清水室； （4）混合分离区加装斜板填料； （5）内部改变收油槽结构，增加横向收油槽； （6）采用氮气作为气源
核桃壳过滤器、双介质过滤器	（1）前处理设备效果差，污染滤料； （2）布水系统连接处密封性较差，滤料漏失严重； （3）纤维束容易发生脱落，堵塞地层	（1）防滤料漏失，将核桃壳搅拌机构的轴承盒、定板、堵板换成了耐腐蚀性更好的不锈钢材质； （2）核桃壳过滤器内部使用筛管结构
注水缓冲罐	部分注水缓冲罐缺乏收油装置，对水质造成二次污染	注水缓冲罐增加收油装置

3.2　加强药剂性能质控，优化加药方式

目前现场的化学药剂注入管线以平行排列或垂直交叉形式插入油水管汇（材质多为普通碳钢）顶部或中部，再焊接固定，同一加药点中不同药剂注入点之间的距离在20～25cm左右。

3.2.1　化学药剂加注方式存在问题

（1）化学药剂注入管汇后，靠液流摩擦携带、流体紊流扰动或油气混合扰动等作用，实现药剂在油水管汇中与流体的混合，混合方式单一。

（2）化学药剂注入点（图1）附近易形成局部高浓度区，如果所有药剂均具有协同增效的作用则有利，否则会在高浓度区相互反应和干扰，影响药剂性能正常发挥，严重者反而污染水质，且一定程度上造成了药剂的无效消耗。

图1　海上油气田化学药剂注入点

（3）药剂注入点处及附近的管汇长时间接触高浓度的药剂液体，使这一部位更加容易腐蚀刺漏，进而影响油田产量和油水井生产时率。

3.2.2 化学药剂加注方式优化措施

1）化学药剂注入部位及加药点间距优化。

图2是药剂注入口在管汇上部及在管汇中部的单加药点和注入口在管汇中部的三加药点3种加药方式的数值模拟仿真结果，以管道内部纵截面的药剂体积浓度为参数，来显示各区域的混合效果。

管汇中部的单加药点（图2b），药剂主要集中在管的中部，贴近管壁处药剂浓度很低，但是药剂溶解均匀的距离远远短于现行加药方式（图2a），图1c是三加药点集中加药方式的模拟结果，3个加药管都位于管汇中部，并且每个加药管的加药量和单加药点相同，其药剂浓度分布情况与（图2b）情况相似，但是高浓度区域面积较单加药点大，这表明三加药点集中加药方式的药剂混合效果比单加药点方式混合效果差。为避免各药剂在未混合均匀的状态下发生药剂不配伍、药剂性能互相干扰，建议增大加药点之间的距离，同时建议加药管线插入管汇中部。

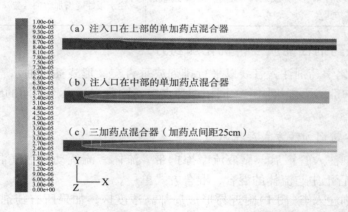

图2 3种药剂加药方式主管道内纵截面药剂浓度分布图

2）化学药剂溶解方式优化

SK型静态混合器可以起到改变流道，增加流体扰动能力的作用。为了提高药剂混合效果，缩短药剂溶解距离，本文提出了一种化学药剂快速溶解的加药方式（图3），其中化学药剂注入管为顺流羽状管，插入管汇中部，在药剂注入点顺流方向40cm处再安装一节由单孔道左右扭转的螺旋片组焊而成的SK型静态混合器。

图4为数值模拟后的纵截面药剂浓度分布图，由图可知在距离药剂注入口之后90cm的距离内药剂便混合均匀。

3.3 控制海管对水质的二次污染

注水海管易对注水水质造成二次污染，以绥中36－1油田为例，统计CEP－A－J海管进出口水质，可以发现悬浮物浓度随注水海管长度的变化值为0.0029mg/L·m；总铁随注水海管长度的变化值为0.0002mg/L·m，硫酸盐还原菌SRB随注水海管长度的变化值为2.0357个/mL·m，注水中悬浮物浓度、总铁、硫酸盐还原菌均沿注水海管发生了增加。

3.4 制定合理的规章制度，确保设备运转性能正常

（1）建立定期组织第三方专业技术人员或者厂家高级技术人员对各级关键处理设备进

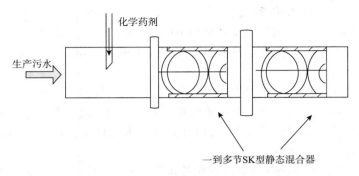

图3 带有 SK 型静态混合器的加药方式示意图

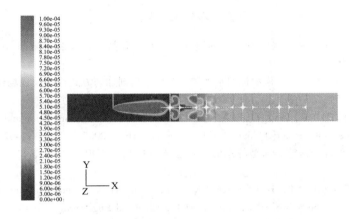

图4 新型加药方式的纵截面药剂浓度分布图

行运行效果评估、运行参数优化调整以及安全能力检验评估，以明确其运行状况及安全能力状态的制度。

（2）现场生产操作人员应定期对斜板除油器、加气浮选器、核桃壳过滤器、双介质过滤器等设备进行检查，判断设备收油、排污是否正常，斜板除油器油室、水室是否存在串通或渗漏、加气浮选器鼓气量是否足、曝气头是否存在堵塞、核桃壳滤器、双介质过滤器的进口分配筛管是否堵塞、滤料是否漏失、反洗是否充分等。

（3）对水质进行分级管控，对斜板除油器、气浮选器、核桃壳过滤器、双介质过滤器等均要制定控制标准，保障每级水处理系统水质合格输往后续节点，不加重下一级水处理的负荷，各级设备有序良性循环，有问题及时发现。

（4）现场生产操作人员应定期对各级水处理设备及关键节点进行收油、排污，并监测各节点进出口水质。当水质出现异常时，采取加密收油排污或反洗等应对措施。

（5）现场生产操作人员应根据流程运行情况，适当对各级水处理设备的运行参数进行调整，以保证流程处于良好运行状态。

4　结论与认识

（1）经过多年的探索与实践，形成了一套海上油田注水水质指标建立方法，该方法充分考虑具体油田储层地质特征、敏感性特征、流体配伍性特征，明确水质指标筛选实验实验方法、实验内容，包括水质指标模拟方法、单因素水质指标筛选与评价试验、综合指标的筛选和评价试验等。应用该方法完成垦利 10 – 4、渤中 34 – 9 等新投产油田的水质指标推荐工作，以及旅大 10 – 1、锦州 9 – 3、锦州 25 – 1 南、锦州 25 – 1、绥中 36 – 1 等在生产油田水质指标优化工作。

（1）从影响油田注水水质的主要因素入手，提出三大项水质达标控制举措，内容涵盖水处理设备、药剂加注方式优化以及水质管理创新。重点梳理水处理设备及加药过程存在的问题，提出优化措施 21 项，能够有效指导新油田水处理工艺设计选型以及在生产油田现有水处理工艺优化。

（3）海上油田注水水质指标建立及优化技术研究成果应用于渤海多个油田水质指标建立及达标控制，"十二五"期间渤海主力油田水质与"十一五"相比有较大改善。

参 考 文 献

［1］陈华兴，唐洪明，赵峰，等．绥中 36 – 1 油田注入水悬浮物特征及控制措施［J］．中国海上油气，2010，22（3）：179-182.

［2］陈华兴，唐洪明，刘义刚，等．渤海油田水处理系统化学药剂加药方式优化及现场试验［J］．中国海上油气，2015，27(5)：62-67.

［3］RAHMANI R K，KEITH T G，AYASOUFI A．Three-dimensional numerical simulation and performance study of an industrial helical static mixer［J］Journal of Fluids Engineering，2005，127(3)：467-483.

［4］孟辉波，吴剑华，禹言芳，等．新型静态混合器湍流特性数值模拟［J］．化学工程，2008，36(5)：20-23

［5］VISSER J E，ROZENDAL P F，HOOGSTRATEN H W，et al．Three dimensional numerical simulation of flow and heat transfer in the Sulzer SMX static mixer［J］．Chemical Engineering Science，1999，54（12）：2491-2500.

［6］龚斌，包忠平，张春梅，等．混合元件数对 SK 型静态混合器流场特性的影响［J］．化工学报，2009，60(8)：1974-1980.

第一作者简介：赵顺超，2014 年毕业于西南石油大学油气田开发专业，助理工程师，现从事注水过程储层保护技术研究，邮箱：zhaoshch2@cnooc.com.cn，电话：18202266735。

通讯地址：天津市滨海新区海川路 2121 号渤海石油管理局 B 座；邮编：300459。

层内生成 CO_2 调驱技术研究及在蓬莱油田的应用

徐景亮　郑玉飞　李翔　张博　刘文辉　冯轩

（中海油服油田生产事业部增产中心）

摘　要　层内生成 CO_2 调驱技术兼具降压增注、调剖和驱油等多种功能，且工艺简单、适应性强，还能减少温室气体排放，因此具有广阔的应用前景。本文结合蓬莱油田的地质油藏特征，对层内生成 CO_2 调驱技术进行了体系筛选和工艺优化，将其成功应用于蓬莱油田。矿场试验表明，层内生成 CO_2 调驱技术对蓬莱油田的降压增注和稳油控水都起到了显著效果，措施后实现累计增注 $69986m^3$，累计增油 $23306m^3$，展现出良好的技术应用前景。

关键词　层内生成 CO_2　蓬莱油田　体系筛选　工艺优化　增产增注

1　引言

CO_2 驱油技术具有适用范围大、驱油成本低和采收率提高显著等优点，同时可解决 CO_2 的封存问题，减轻温室效应危害，但 CO_2 的收集、储存、输送及其对设备腐蚀等问题极大限制了其在现场的推广应用。为克服 CO_2 驱的限制因素，俄罗斯研究人员率先提出层内自生 CO_2 技术，其核心是向地层中注入生气剂与释气剂，反应后就地产生 CO_2 并放热，有效解除地层中的无机和有机堵塞，再辅以起泡剂和稳定剂等封堵体系，能够同时实现解堵增注和调剖增油的目的。该技术具有无需天然 CO_2 资源、产气量可控、工艺简单、注入性好、适应性强等优点，中海油服油田生产事业部通过技术引进和工艺优化，使该技术满足了海上油田开发的要求。本文针对蓬莱油田存在的问题开展了层内生成 CO_2 调驱技术的研究，并将其成功应用于现场，取得了很好的经济效益。

2　蓬莱油田存在问题

蓬莱油田发现于 1999 年 5 月，属于由多个断块组成、纵横向上具多套油水系统的构造层状重质原油油藏。一方面，因储层在纵向上油层跨度大、层数多，注采连通率低，导致注入水沿阻力小的高渗透部位突进严重，采油井含水率高，产油量递减快；另一方面，由于采用注海水开发的方式，注水水质差、强度大，造成注水井无机堵塞严重，随着酸化轮次的增加，其有效期逐渐缩短，效果越来越差。此外，该油田大规模的酸化返排作业也会造成注水井的有机堵塞，使得注水量进一步下降。

3 室内实验研究

根据蓬莱油田现状，通过室内实验对生气体系、起泡体系和辅助封堵体系进行了筛选评价。

3.1 生气体系优选

本实验首先利用化学反应釜对生气剂和释气剂的组分、浓度和混合方式进行了筛选，以获得最优生气体系，具体实验装置如图 1 所示。

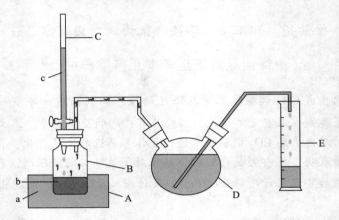

图 1　层内生气实验装置图

A—油浴锅；B—广口烧瓶；C—酸式滴定管；D—二口烧瓶；E—量筒；

a—清水；b—生气剂溶液；c—释气剂或缓释体系

分别选用相同浓度的生气剂 A，B，C 与相同浓度的释气剂 D，E，F 反应，考察其生气量和生气效率，具体实验结果如表 1 所示。

表 1　体系组分与生气效果统计表

体系	生气总量/mL	理论生气量/mL	生气效率/%
生气剂 A + 释气剂 D	279	290	96.2
生气剂 B + 释气剂 D	280	290	96.6
生气剂 C + 释气剂 D	279	290	96.2
生气剂 A + 释气剂 E	242	290	83.4
生气剂 B + 释气剂 E	249	290	85.9
生气剂 C + 释气剂 E	267	290	92.1
生气剂 A + 释气剂 F	66	290	22.8
生气剂 B + 释气剂 F	78	290	26.9
生气剂 C + 释气剂 F	123	290	42.4

如表 1 所示，以生气量与生气效率筛为指标，可知生气剂 A，B，C 与释气剂 D 反应后的最终生气量和生气效率最大，均可以达到 96% 以上。考虑经济因素及药剂稳定性，生气剂 A + 释气剂 D 是最优的生气体系。

3.2 泡沫体系筛选

3.2.1 起泡剂单剂筛选

用模拟地层水分别配制不同浓度的各种起泡剂溶液 100mL，然后采用 Waring Blender 法考察其起泡体积和半衰期，并计算其泡沫综合指数。

由图 2 和图 3 所示，在一定浓度范围内，不同类型起泡剂的起泡体积和半衰期浓度随着浓度增加而增加，但起泡剂浓度过高时，其起泡体积和半衰期反而略有下降。这是因为起泡剂浓度增加到一定程度时，其分子在气液表面排列的无序度增加，致密度降低，造成泡沫液膜强度减弱，稳定性反而降低。

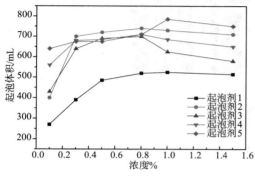

图 2　不同浓度的起泡剂的起泡体积

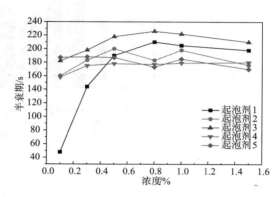

图 3　不同浓度的起泡剂的半衰期

泡沫综合指数计算结果如图 4 所示。除起泡剂 5 之外，其他的起泡剂均具有较好的泡沫性质。同时还可以看出，在浓度为 0.3% 时，起泡剂 1、起泡剂 2、起泡剂 3 和起泡剂 4 的泡沫泡沫综合指数值相近，且不再随起泡剂浓度增大而明显变化。因此选取起泡剂 1~4 在总浓度为 0.3% 的条件下做进一步复配筛选。

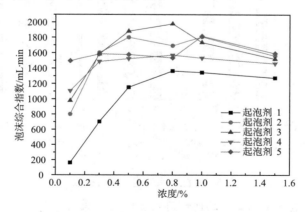

图 4　不同浓度的起泡剂的泡沫综合指数

3.2.2 起泡剂复配筛选

将起泡剂 1~4 分别以比例 2∶1、1∶2 进行复配，考察复配体系的泡沫性质，并计算泡沫综合指数。

由图5和图6可知，起泡剂1和起泡剂4的复配体系表现出优良的协同效应，其半衰期和泡沫综合指数均高于其他复配体系。因此将起泡剂1和起泡剂4作为后续研究对象。

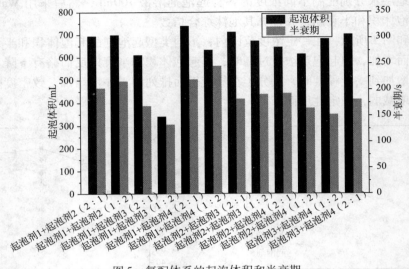

图5　复配体系的起泡体积和半衰期

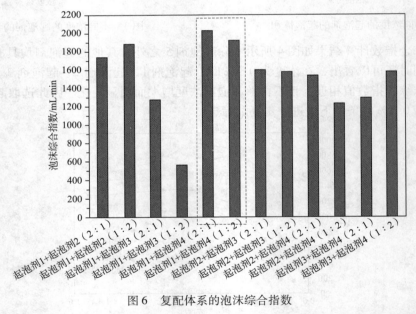

图6　复配体系的泡沫综合指数

当起泡剂1和起泡剂4以2:1的比例进行复配时，具有最高的泡沫综合指数，其半衰期高达244s。因此最后筛选出的起泡剂体系为0.2%起泡剂1+0.1%起泡剂4。

3.3　封堵体系筛选

利用填砂模型进行流动实验，考察2000～10000mD渗透率范围内四种封堵体系（稳定剂1、稳定剂2、稳定剂3和稳定剂4）对填砂模型的封堵能力。实验测定的指标主要包括阻力系数、残余阻力系数及封堵率。

如图7和图8所示，相同渗透率条件下稳定剂1的阻力系数和残余阻力系数要高于其他3类封堵体系，并且随渗透率的增大稳定剂1的阻力系数和残余阻力系数降低幅度最小，说明稳定剂1的封堵性能最好。

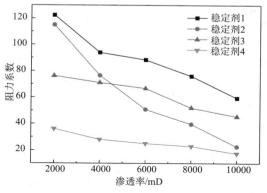

图 7   四种封堵体系阻力系数对比

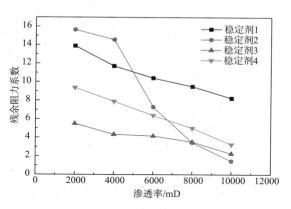

图 8   四种封堵体系残余阻力系数对比

由图9可看出，四种体系中稳定剂1在不同渗透率条件下的封堵率基本保持在90%左右，其封堵性能最好；稳定剂2对低渗孔道的封堵较好，但由于其溶解性好，易被冲刷，封堵率随渗透率升高下降很快，稳定性较差；稳定剂3和稳定剂4的封堵性能弱于稳定剂1，但这两种体系的稳定性好于稳定剂2。综上所述，稳定剂1为最优封堵体系。

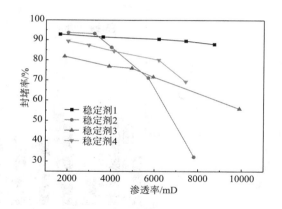

图 9   四种封堵体系封堵率对比

4   现场应用

4.1   工艺设计

针对蓬莱油田存在的问题，利用室内实验优选的药剂体系，设计层内生成 CO_2 调驱工艺，以降低注水井注入压力，增加注水量，同时提高驱油效率，增加油井产量。具体设计方案如下。

（1）根据注采井距、注水地层有效厚度、油层孔隙度等油藏资料，使用层内生成 CO_2 技术数学模型算出措施井的药剂规模。

（2）针对目标井的问题合理优化药剂段塞组合设计。采用非平衡段塞设计，大小段塞结合，分别突出现封堵和降压作用。

（3）调整稳定剂用量、浓度，前段以封堵为主，后段以稳泡为主。

（4）采用油管正注的注入方式，将生气剂和释气剂笼统或分层注入目的层位，作业方式为不动管柱作业，施工周期短、作业成本低。

（5）注入过程中根据现场地层吸水测试不断优化药剂注入排量。前期控制注入速度，使药剂优先进入高渗层进行封堵，后期适当提高注入速度，启动低渗层。

4.2 措施效果

如表2所示，作业从2015年3月至2015年12月，分为5批次进行，累计施工15井次。

表2　施工井次统计

施工批次	施工井号	施工时间
1	A1/A2/A3	2015.3～2015.4
2	C1/C2/C3/C4	2015.5～2015.6
3	C5	2015.7～2015.8
4	B1/B2	2015.9～2015.10
5	C6/C7/B3/C8/B4	2015.10～2015.12

4.2.1 增注效果

如图10和表3所示，A平台3井组视吸水指数平均增加44%，累计增注24858m³；C平台8井组视吸水指数平均增加29%，累计增注30032m³；B平台4井组视吸水指数平均增加22.1%，累计增注23142m³。

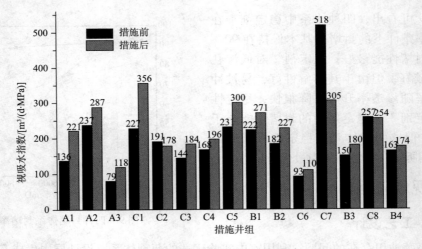

图10　措施井降压增注效果统计

表3　措施井增注效果统计

序号	施工井号	累计增注/m³	视吸水指数增量/%
1	A1	22902	61.9
2	A2	1956	21.0
3	C1	9928	57.1
4	C3	7506	28.1
5	C4	2506	16.7
6	C5	2046	29.8
7	B1	20721	24.6
8	B3	2421	20.0

4.2.2 增油效果

如图 11 所示，15 井组累计净增油 23306m³，考虑递减增油 33413m³，其中 A 平台 3 井组累计净增油 673m³，B 平台 4 井组累计净增油 2904m³，C 平台 8 井组累计净增油 18649m³。

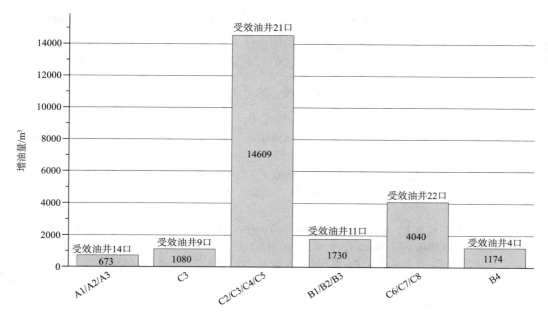

图 11　措施井组受效井增油量统计

如图 12 所示，C24 井是其中的一口受效油井，措施前平均日产油 49.37m³，平均含水 52.92%，措施后即开始见效，平均日产油增至 51.23m³，平均含水下降至 50.96%，措施有效期长达 5 个月。

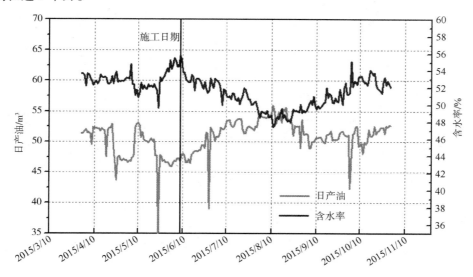

图 12　C24 井措施前后采油曲线

5 结论和认识

（1）对层内生成 CO_2 调驱技术进行体系筛选和工艺优化，将其成功应用于蓬莱油田，实现净增油 $23306m^3$，考虑递减增油超过 $35000m^3$，充分证明了层内生成 CO_2 调驱技术的有效性。

（2）对工艺设计进行了完善创新。使用非平衡段塞设计对优化药剂用量；根据措施目的合理调整稳定剂的用量和浓度；依据现场注入压力灵活控制药剂注入速度；采用不动管柱作业，缩短了作业周期，降低了成本，这些对今后作业都具有很好的借鉴意义。

参 考 文 献

[1]刘瑜. 二氧化碳地下封存与强化采油利用基础研究[D]. 大连：大连理工大学，2011.

[2]GumerskyKhKh，et al. In-Situ generation of carbon dioxide：new way to increase oil recovery[C]. SPE65170，2000.

[3]刘偲宇. 层内生成气提高油层吸水能力技术研究[J]. 内蒙古石油化工，2014，16（1）：90-92.

[4]克林斯 MA. 二氧化碳驱油机理及工程设计[M]. 北京：石油工业出社，1989.

第一作者简介：郑玉飞，2013 年毕业于中国石油大学（华东），工程师，现从事海上油田增产增注技术研究，邮箱：zhengyf4@ cosl. com. cn，电话：18622426571。

通讯地址：中国天津市塘沽海洋高新技术开发区海川路1581 号；邮编：300459。

渤海油田电控分采技术的研制与实验

邹明华　　罗昌华　　赵仲浩　　晁圣棋

（中海油能源发展股份有限公司工程技术分公司）

摘　要　分采通常采用井下阀门控制流量的方法，常规的分采工艺存在弊端，比如阀的开度大小无法在线调节，无法在线获取井下各层产液量、压力、温度等参数。本文介绍了一种电控分采工艺，研制了电控阀、封隔器等配套工具，并对配套工具进行了实验，结果表明：所研制的封隔器达到技术指标要求，电控阀的开度大小可进行无级调节，调节精度在 3% 以内，电控阀集成了流量计、压力计、温度计，信号通过单芯电缆传输，信号可在 PC 机上实时显示，可用 PC 机对电控阀的开度在线调节，工艺满足控水、合理开采的需求。

关键词　电动阀　分采　调节　流量　压力

1　概述

渤海油田地质油藏复杂，油藏非均质严重，受完井井筒条件影响，一般在 $\phi244.5mm$ 套管中进行分层开采。与陆地多使用游梁式抽油机不同，海上油田大部分使用潜油电泵进行开采，少量使用螺杆泵或者射流泵。

随着渤海油田开发的不断推进，含水也不断上升，部分主力油田进入高含水期。为了优化生产，提高开采效率，实施分层开采也是一种重要的手段，分层开采可以控制各层的生产压差，进而控制各层的产液。分采初期，为了控制含水过快上升，通常采取的办法是将高含水层的机械滑套关闭。而机械滑套的应用也受到井自身条件的限制，比如井斜。为此，渤海油田通过不断探索，尝试了压控开关进行分层开采，压控开关受电池寿命影响，应用受到限制，电池寿命还需继续攻关。近年来，渤海油田开发了电控分采技术。笔者介绍上述三种分采技术，对电控分层技术作了重点介绍。

2　现有分采技术分析

现有主要分采技术工艺管柱如图 1 所示，主要原理是通过封隔器将生产层段分成不同的层段，两个封隔器之间设置分采工具，此分采工具指机械滑套或者电池供电的压控开关等。通过设置分采工具的进液通道大小或者后续通过作业控制分采工具的开关，进而控制各层的液流，达到控水的目的。

现对主要的分采工具分析如下。

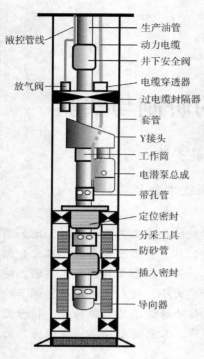

图1 常规分采管柱示意图

左侧标注：
液控管线
放气阀

右侧标注：
生产油管
动力电缆
井下安全阀
电缆穿透器
过电缆封隔器
套管
Y接头
工作筒
电潜泵总成
带孔管
定位密封
分采工具
防砂管
插入密封
导向器

1）机械滑套

需要开启或关闭某一层时，钢丝连接机械滑套开关的专用工具，到位后，通过震击下压或上提机械滑套内置的机械开关，即可实现滑套的开启或关闭。图2和图3是某一种机械滑套及其配套使用的开关工具。

图2 机械滑套示意图

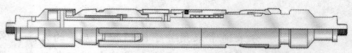

图3 机械滑套开关工具示意图

适应于防砂段最小内径≥82.55mm；适用井斜≤60°；分层段数：理论上不限制；工作温度：120℃（可调）；工作压差20MPa（可调）。

由于机械滑套在渤海油田广泛使用，机械滑套成本低。但是，机械滑套分采需要钢丝作业配合，另外，机械滑套分采工艺要获得井下数据，必须通过生产测井完成，另外，机械滑套不能调整开度的大小，所以对于一些含水高的油井，无法控水。

2）压控开关

压控开关主要原理是通过压力波的方式，控制开关的开启、关闭动作（图4）。地面人员从井口向油管内打压，将按特定格式形成压力指令波。压控开关接收并识别指令后，按指令要求产生动作（图5），每个注水层段对应的压控开关的压力波指令不同，避免了误操作。

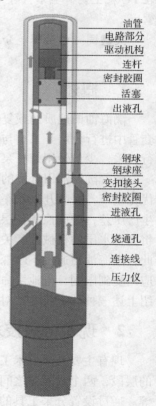

图4 压控开关示意图

右侧标注：
油管
电路部分
驱动机构
连杆
密封胶圈
活塞
出液孔
钢球
钢球座
变扣接头
密封胶圈
进液孔
烧通孔
连接线
压力仪

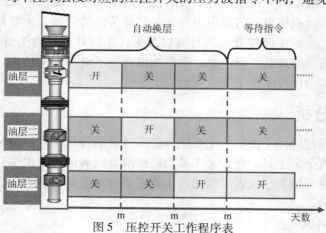

图5 压控开关工作程序表

	自动换层		等待指令	
油层一	开	关	关	关
油层二	关	开	关	关
油层三	关	关	开	开

天数

由于压控开关通过电池作为信号传输动力，其寿命也就受制于电池寿命，从目前应用情况来看，寿命在 2～3 年。另外，级数越多，压控开关的工作程序表越复杂，操作人员容易混乱进而造成误操作。

3　电控分采技术组成及原理

电控分采技术主要由电控阀，封隔器等工具组成，为突出电控分采技术特点，图 6 以水平井为例，给出了电控分采的工艺管柱示意图。

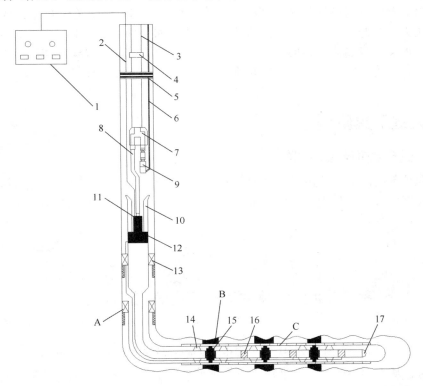

图 6　电控分采工艺示意图
1—地面控制器；2—钢铠电缆；3—油管；4—井下安全阀；5—过电缆封隔器；
6—电泵电缆；7—Y 接头；8—旁通管；9—电泵系统 10—丢手工具；11—电缆对接母接头；
12—电缆对接公接头；13—过电缆顶部封隔器；14—扶正器；15—过电缆隔离封隔器；
16—电控阀；17—丝堵；A—顶部封隔器；B—管外封隔器；C—筛管

工艺包含井下部分和地面控制部分，通过电缆进行数据传输进而对井下工具进行控制。井下部分包含两部分，一部分是生产系统管柱，另一部分是二次完井管柱，生产系统管柱与二次完井管柱通过数据对接装置实现对接，实现数据信号从地面到井下工具的传输。

生产系统管柱：采用 Y 管柱，主要包括有 Y 接头，旁通管，电泵系统、电缆对接母接头等，其中旁通管连接有扶正器和母接头。

二次完井管柱：主要包括丢手接头，电缆对接公接头，过电缆顶部封隔器，扶正器，过电缆隔离封隔器，电控阀，丝堵等。

钢铠电缆将穿越生产系统管柱和二次完井管柱，将每个层段的电控阀串联。

工艺原理：下入二次完井管柱，二次完井管柱上带有电缆，电缆终端上部是数据对接公接头，终端下部是电控阀。二次完井管柱置于井下，然后连接生产系统管柱，生产系统管柱上带有电缆，此电缆终端下部是电缆对接母接头，终端上部是地面控制器。将生产系统管柱旁通管与二次完井管柱对接，到位后，电缆对接的公母接头也实现对接，井下电控阀与地面控制器实现通信，通过地面控制器对生产控制器的开度进行调节，达到设定值范围，通过数据传输也可以得到压力、温度等数据。

顶部封隔器与隔离封隔器的验封：顶部封隔器在二次完井管柱丢手前从套管打压验封。隔离封隔器则是通过打开最底部的电控阀，其他电控阀处于关闭状态，从油管打压，判断底部压力曲线与上一个电控阀上的压力曲线，如果两者不一样，说明验封合格，同理，验封其他隔离封隔器。如果压力曲线基本一致，说明验封不合格，需要将生产系统管柱提出井筒，再将二次完井管柱提出井筒，重新下入二次完井管柱和生产系统管柱，并重新验封。

4 关键工具研制

4.1 过电缆顶部封隔器

过电缆顶部封隔器主要由三大部分组成（图7），坐封部分、锚定部分、解封部分。所研制的封隔器设置了坐封锁定机构，防止解封，同时在坐封前，设置启动剪钉，防止在下井过程中中途坐封。

图7 Y441-210 过电缆顶部封隔器结构示意图

坐封时，从上中心管打压，液压力首先剪断启动剪钉，坐封活塞向左移动，继续施加液压力，上锥体推动卡瓦径向运动，卡瓦撑开至套管内壁，同时胶筒被压缩，当液压力施加到设定的坐封压差时，封隔器完成坐封。

解封时，上提中心管，下中心管暂时不动，当拉力达到解封剪钉的剪断力时，变位套释放，锁紧结构失效，胶筒回弹，卡瓦也被释放，然后上提即可将本封隔器及其以下管柱提出井筒。本封隔器设置了解封锁定结构，当解封遇卡时，可上下活动管柱，不会再次压缩胶筒，卡瓦也不会径向运动。

表1 封隔器技术参数

通径/mm	启动压力/MPa	坐封压力/MPa	密封压差/MPa	悬挂载荷/kN	解封力/kN	耐温/℃
62	≤8	12~15	≤15	400	≤230	150

对封隔器进行坐封、环空上下承压及解封实验（表1），结果表明，封隔器中心管打压至14MPa 左右后，顺利坐封。环空上下分别打压至25MPa 左右，稳压一段时间，无明显压降，泄压后，上提中心管至219kN 后，封隔器解封，达到设计要求（图8、图9）。

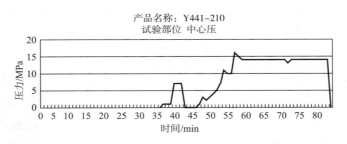

图8　Y441–210封隔器坐封实验曲线

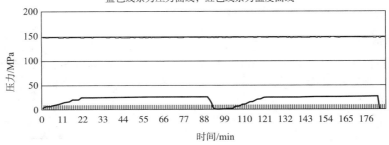

图9　Y441–210封隔器环空上下承压实验曲线

本封隔器的技术特点主要包括以下几点。

（1）设置有钢铠电缆独立的穿越槽，方便现场作业；

（2）设置有特殊的启动锁块，防止下井过程中中途坐封；

（3）解封时，遇卡后可上下活动管柱，不会再次坐封；

（4）预留NPT螺纹，电缆穿越后，直接采用标准的Swagelock连接头，密封可靠。

4.2　隔离封隔器

隔离封隔器采用遇水自膨胀型封隔器，主要由基管，挡环、胶筒、压帽等组成（表2、图10）。

表2　过电缆隔离封隔器技术参数

外径/mm	内径/mm	工作压差/MPa	膨胀天数/天
114	62	≤20	≥3

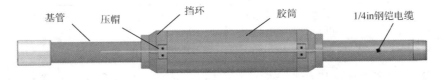

图10　隔离封隔器示意图

本封隔器有独立的钢铠电缆穿越通道，现场作业方便。

对隔离封隔器进行上下环空实验。先将隔离封隔器置于实验工装（图11）中，将工装注满水，然后缠上加热带，加热至65℃，等待7d，然后从上下环空分别打压，检验其密封效果，结果表明，在26MPa环空压力下，压力稳定，无渗漏，所设计的隔离封隔器达到设计要求。

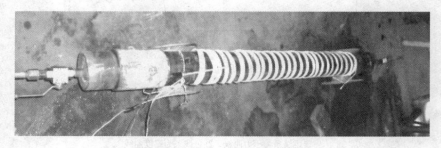

图11 隔离封隔器实验工装

4.3 电控阀

电控阀工作筒主要由：下接头部件、电缆连接头、滑环导电机构、调节臂机构、线路控制、限位机构、陶瓷阀机构、过滤网、主体部件、流量计机构、压力传感器等组成（图12），采用单缆变频载波。

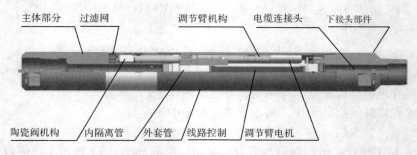

图12 电控阀结构示意图

其主要工作原理：地面控制器通过信号电缆，发送调节指令，电控阀接受到指令后，经过解码电路解码，解码后，电机控制电路开启电机工作，由调节臂结构将作用力传递给调节阀轴向运动，开度大小不断变化，可以正调或者反调。调节时磁钢会一起转动，磁钢经过霍尔元件时产生脉冲信号，芯片通过采集脉冲信号确定调节阀的行程，当调节达到调节阀开度所需值时，芯片通过电机控制电路关闭电机，完成开度调节。

电控阀技术参数如表3。

表3 电控阀技术参数

外径/mm	内径/mm	工作压差/MPa	工作温度/℃	调节行程/mm	压力范围/MPa	温度范围/℃	流量范围/（m³/d）
114	44	40	150	54	0～60	0～150	≤500

对电控阀进行了整体试压和调节实验（图13）。整体试压是把电控阀置于套筒中，将套筒打压至50MPa，并保持3d，期间不定时检测对其进行开度调节，观察其是否能正常工作，经测试，仍能正常工作。

图13　电控阀整体试压实验

然后对电控阀进行调节实验(图14),调节时设定一个流量值,测流量实际值,比较折算成调节精度。实验过程中,设定流量470m³/d,实测流量475.8m³/d,调节精度1%,设定流量30m³/d,实测流量为29.9m³/d,调节精度0.3%,调节精度控制在1%以内,完全满足精确产液的目的。

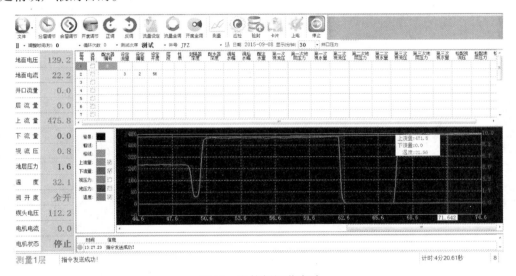

图14　电控阀调节实验

5　结束语

通过研制电控阀等工具,实现了电控分采工艺技术,并对主要工具进行了实验,通过实验检验了工具的可靠性和性能。电控分采工艺具备监测各层的流量、压力、温度的功能,并可在线无级调节,初步实现了智能化分采。

参　考　文　献

[1]姜伟.渤海绥中36–1油田生产套管修复技术[J].中国海上油气,2004,16(6):404-407.

[2]王晓鹏,韩耀图.渤海油田低效井侧钻技术应用前景分析[J].非常规油气,2015,2(5):61-65.

[3]李凡,赵少伟,范白涛,等.四级完井技术在渤海油田的应用[J].海洋石油,2014,34(1):92-97.

[4]苏彦春,李廷礼.海上砂岩油田高含水期开发调整实践[J].中国海上油气,2016,28(3):83-90.

[5]刘传刚，包陈义，鞠少栋，等．海上完井滑套开关工具弹性爪机构性能研究[J]．石油机械，2014，42(4)：34-37.

[6]胡忠太．连续油管开关滑套技术在海上某气井中的应用[J]．油气井测试，2016，25(3)：46-48.

[7]潘宏文，王在强，马国良，等．油田井下压控开关智能配水技术应用分析[J]．石油矿场机械，2008，37(8)：87-90.

[8]任龙，武秀娟，韩振国，等．压控开关找堵水工艺技术[J]．石油机械，2007，35(1)：39-41.

第一作者简介： 邹明华，高级工程师，现从事采油工艺和井下工具研究和推广工作，邮箱：zoumh@cnooc.com.cn，电话：15900356145。

通讯地址：天津市滨海新区渤海石油路 688 号工程技术公司钻采工艺实验室车间 3 楼；邮编：300452。